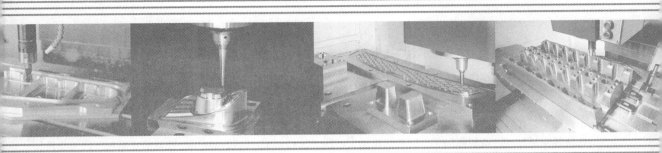

Mastercam X9

数控加工与典型案例

刘蔡保　主编

化学工业出版社

·北京·

本书以实际生产为目标，重点讲述了 Mastercam X9 数控加工的数控编程，以分析为主导，以思路为铺垫，以方法为手段，使学习者能够达到自己分析、操作和处理的效果。

本书主要内容包括：二维铣削加工的外形加工、挖槽铣削加工、平面铣削加工、钻孔加工、二维综合实例；三维曲面数控加工中，粗加工的平行铣削粗加工、放射粗加工、投影粗加工、流线粗加工、等高外形粗加工、残料粗加工、挖槽粗加工、钻削式粗加工，三维曲面精加的平行铣削精加工、等高外形精加工、环绕等距精加工、放射精加工、陡斜面精加工、浅平面精加工、流线精加工、残料清角精加工、熔接精加工、投影精加工、三维数控加工实例。书中配有专门综合加工实例讲解。

为方便学习，本书配套视频、微课及相关文件等数字资源，视频、微课等通过扫描书中二维码观看学习，Mastercam 的原始文件、完成编程的文件、IGS 格式文件等可登录化学工业出版社教学资源网 www.cipedu.com.cn 免费下载，或联系 QQ857702606 索取。

本书可作为相关技术人员学习参考用书，也可作为大中专院校数控加工专业的教材，同时也适合作为企业培训用书。

图书在版编目（CIP）数据

Mastercam X9 数控加工与典型案例 / 刘蔡保主编 .—北京：化学工业出版社，2018.5
ISBN 978-7-122-32008-7

Ⅰ.①M… Ⅱ.①刘… Ⅲ.①数控机床 - 加工 - 计算机辅助设计 - 应用软件 Ⅳ.① TG659-39

中国版本图书馆 CIP 数据核字（2018）第 077889 号

责任编辑：韩庆利　　　　　　　　　　　　　装帧设计：张　辉
责任校对：王　静

出版发行：化学工业出版社（北京市东城区青年湖南街 13 号　邮政编码 100011）
印　　装：河北鹏润印刷有限公司
787mm×1092mm　1/16　印张 37$\frac{1}{2}$　字数 1018 千字　2018 年 10 月北京第 1 版第 1 次印刷

购书咨询：010-64518888（传真：010-64519686）　售后服务：010-64518899
网　　址：http://www.cip.com.cn
凡购买本书，如有缺损质量问题，本社销售中心负责调换。

定　　价：98.00 元

前言

本书以实际生产为目标，重点讲述了 Mastercam X9 的数控编程，以分析为主导，以思路为铺垫，以方法为手段，使读者能够达到自己分析、操作和处理的效果。

本书以"入门实例＋理论知识＋加工实例＋经验总结"的方式逐步深入地学习 Mastercam X9 编程的方法，通过精心挑选的典型案例，对 Mastercam X9 数控方面的加工做了详细的阐述。

本书结构紧凑、特点鲜明，编写力求理论表述简洁易懂，步骤清晰明了，便于掌握应用。

◆ 开创性的课程讲解

本课程不以软件结构为依托，一切的实例操作、要点讲解都以加工为目的，不再做知识点的全面铺陈，重点阐述实际加工中所能遇见的重点、难点。在刀具、加工方法、后处理的配合上独具特色，直接面向加工。

◆ 独具特色的教材编排

Mastercam 编程的教材再也不是繁复厚重的工具书，也不是各种说明书、参数的简单罗列，本书力求让读者能快速地融入到 Mastercam 编程的学习中，在学习的过程中启发学习的兴趣，使其能够看懂、看会、扩散思维。

◆ 环环相扣的学习过程

针对 Mastercam 数控编程的特点，本书提出了"1+1+1+1+1"的学习方式，即"入门实例＋理论知识＋加工实例＋重要知识点＋经验总结"的过程，逐步深入学习 Mastercam 编程的方法和要领，简明扼要地用大量的入门实例和加工实例，图文并茂地去轻松学习，变枯燥的过程为有趣的探索。

◆ 简明扼要的知识提炼

本书以 Mastercam 编程为主，用大量的案例操作对编程涉及的知识点作出提炼，简明直观地讲解了 Mastercam 编程的重要知识点，有针对性地描述了编程的工作性能和加工特点，并结合实例对 Mastercam 数控编程的流程、方法，做了详细的阐述。

◆ 循序渐进的课程讲解

数控编程的学习不是一蹴而就的，也不能按照其软件结构生拆开来讲解。编者结合多年的经验，推荐本书的学习顺序是：按照编写的顺序，由浅入深、逐层进化地学习。编者对每一个重要的加工方法讲解其原理、处理方法、注意事项，并有专门的实例分析和经验总结。相信只要按照书中的编写顺序进行编程的学习，定可事半功倍地达到学习的目的。

◆ 详细深入的经验总结

在学习编程的过程中，每一个入门实例和加工实例之后都有详细的经验总结，需要好好掌握与领会。本书的最大特点即是在每个实例后都有跟踪的经验总结，详细描写了 Mastercam 编程的经验、心得，以及编程的建议，使读者更好地将学习的内容巩固吸收，对实际中加工实践的过程有一个质的认识和提高。

本书精选了大量的典型案例，取材适当，内容丰富，理论联系实际。所有项目都经过实践检验，所举的实例都进行了详细、清晰的操作说明。本书的讲解由浅入深，图文并茂，通俗易懂，即便如此，也需要学习者放正心态，一步一步踏实学习，巩固成果，才能使新的知识为我所用、便我所用。也希冀学习者采得百花成蜜后，品得辛苦之中甜。

为方便学习，本书配套视频、微课及相关文件等数字资源，视频、微课等通过扫描书中二维码观看学习，Mastercam 的原始文件、完成编程的文件、IGS 格式文件等可登录化学工业出版社教学资源网 www.cipedu.com.cn 免费下载，或联系 QQ857702606 索取。

最后本书编写得到徐小红女士鼎力相助，其参与了书稿的编写校对。由于编写人员水平之所限，书中若有不妥之处，还请批评指正。

编　者

目录

第一章　Mastercam 数控加工简介 / 1

一、Mastercam 数控加工的概述 / 1

二、Mastercam 数控加工的优点 / 1

三、Mastercam 的数控加工模块 / 2

四、Mastercam 加工流程 / 2

五、Mastercam 编程的技巧 / 3

第二章　Mastercam X9 二维铣削加工 / 5

第一节　Mastercam 的外形铣削加工 / 5

一、外形铣削加工入门实例 / 5

二、外形铣削加工的参数设置 / 11

三、外形铣削加工实例一 / 34

四、外形铣削加工实例二 / 40

第二节　Mastercam 的挖槽铣削加工 / 49

一、挖槽铣削加工入门实例 / 49

二、挖槽铣削的参数设置 / 55

三、挖槽铣削加工实例一 / 65

四、挖槽铣削加工实例二 / 73

第三节　Mastercam 的平面铣削加工 / 80

一、平面铣削加工入门实例 / 80

二、平面铣削加工的参数设置 / 85

三、平面铣削加工实例一 / 87

四、平面铣削加工实例二 / 92

第四节　Mastercam 的钻孔加工 / 105

一、钻孔加工入门实例 / 105

二、钻孔加工的参数设置 / 109

三、钻孔加工实例一 / 116

四、钻孔加工实例二 / 129

第五节　Mastercam 的雕刻加工 / 134

一、雕刻加工入门实例 / 134

二、雕刻加工的参数设置 / 137

　　三、雕刻加工实例一 / 140
　　四、雕刻加工实例二 / 142
　第六节　Mastercam 的二维铣削综合实例 / 146
　　一、二维铣削加工综合实例一 / 146
　　二、二维铣削加工综合实例二 / 155
　　三、二维铣削加工综合实例三 / 165
　　四、二维铣削加工综合实例四 / 177

第三章　Mastercam X9 三维曲面粗加工 / 198

　第一节　Mastercam 的平行铣削粗加工 / 198
　　一、平行铣削粗加工入门实例 / 198
　　二、平行铣削粗加工的参数设置 / 201
　　三、平行铣削粗加工实例一 / 204
　　四、平行铣削粗加工实例二 / 208
　第二节　挖槽粗加工 / 212
　　一、挖槽粗加工入门实例 / 212
　　二、挖槽粗加工的参数设置 / 215
　　三、挖槽粗加工实例一 / 219
　　四、挖槽粗加工实例二 / 223
　第三节　钻削式粗加工 / 226
　　一、钻削式粗加工入门加工实例 / 227
　　二、钻削式粗加工的参数设置 / 230
　　三、钻削式粗加工实例一 / 231
　　四、钻削式粗加工实例二 / 234
　第四节　放射粗加工 / 237
　　一、放射粗加工入门加工实例 / 237
　　二、放射粗加工的参数设置 / 241
　　三、放射粗加工实例一 / 242
　　四、放射粗加工实例二 / 245
　第五节　残料粗加工 / 249
　　一、残料粗加工入门实例 / 249
　　二、残料粗加工的参数设置 / 253
　　三、残料粗加工实例一 / 255
　　四、残料粗加工实例二 / 259
　第六节　等高外形粗加工 / 263
　　一、等高外形粗加工入门实例 / 263
　　二、等高外形粗加工的参数设置 / 268
　　三、等高外形粗加工实例一 / 270
　　四、等高外形粗加工实例二 / 276
　第七节　流线粗加工 / 281
　　一、流线粗加工入门实例 / 281
　　二、曲面流线粗加工的参数设置 / 285

三、流线粗加工实例一 / 286

四、流线粗加工实例二 / 290

第八节　投影粗加工 / 295

一、投影粗加工入门实例 / 295

二、投影粗加工的参数设置 / 298

三、投影粗加工实例一 / 299

四、投影粗加工实例二 / 302

第九节　粗加工相关知识点 / 305

一、粗加工的概念 / 305

二、粗加工的作用 / 305

三、表面粗糙度与表面光洁度 / 306

四、表面粗糙度对零件的影响 / 307

五、表面粗糙度各级别对照表 / 307

第十节　三维曲面粗加工实例 / 308

一、三维曲面粗加工实例一 / 308

二、三维曲面粗加工实例二 / 314

三、三维曲面粗加工实例三 / 320

第四章　三维曲面精加工 / 325

第一节　平行铣削精加工 / 325

一、平行铣削精加工入门实例 / 325

二、平行铣削精加工的参数设置 / 328

三、平行铣削精加工实例一 / 330

四、平行铣削精加工实例二 / 336

第二节　等高外形精加工 / 339

一、等高外形精加工入门实例 / 339

二、等高外形精加工的参数设置 / 343

三、等高外形精加工实例一 / 346

四、等高外形精加工实例二 / 349

第三节　环绕等距精加工 / 352

一、环绕等距精加工入门实例 / 352

二、环绕等距精加工的参数设置 / 355

三、环绕等距精加工实例一 / 357

四、环绕等距精加工实例二 / 360

第四节　放射精加工 / 366

一、放射精加工入门实例 / 366

二、放射精加工的参数设置 / 370

三、放射精加工实例一 / 370

四、放射精加工实例二 / 374

第五节　平行陡斜面精加工 / 378

一、平行陡斜面精加工入门实例 / 378

二、平行陡斜面精加工的加工参数 / 381

　　三、平行陡斜面精加工实例一 / 383
　　四、平行陡斜面精加工实例二 / 386
第六节　浅平面精加工 / 389
　　一、浅平面精加工入门实例 / 390
　　二、浅平面精加工的参数设置 / 393
　　三、浅平面精加工实例一 / 395
　　四、浅平面精加工实例二 / 398
第七节　流线精加工 / 401
　　一、流线精加工入门实例 / 402
　　二、曲面流线精加工的参数设置 / 405
　　三、流线精加工实例一 / 407
　　四、流线精加工实例二 / 412
第八节　残料清角精加工 / 415
　　一、残料清角精加工入门实例 / 416
　　二、残料清角精加工的参数设置 / 419
　　三、残料清角精加工实例一 / 421
　　四、残料清角精加工实例二 / 424
第九节　熔接精加工 / 427
　　一、熔接精加工入门实例 / 428
　　二、熔接精加工的参数设置 / 431
　　三、熔接精加工实例一 / 432
　　四、熔接精加工实例二 / 436
第十节　投影精加工 / 439
　　一、投影精加工入门实例 / 439
　　二、投影精加工的参数设置 / 443
　　三、投影精加工实例一 / 444
　　四、投影精加工实例二 / 447
第十一节　三维曲面精加工实例 / 451
　　一、三维曲面精加工实例一 / 451
　　二、三维曲面精加工实例二 / 462
　　三、三维曲面精加工实例 三 / 472

第五章　Mastercam X9 数控加工综合实例 / 488
第一节　数控加工综合实例一——多曲面凸台零件 / 488
第二节　数控加工综合实例二——多曲面模块零件 / 498
第三节　数控加工综合实例三——固定镶件模块零件 / 518
第四节　数控加工综合实例四——后视镜模具 / 530
第五节　数控加工综合实例五——游戏手柄模具凹模 / 553
第六节　数控加工综合实例六——鼠标凹模 / 573

参考文献 / 592

第一章

Mastercam 数控加工简介

一、Mastercam 数控加工的概述

Mastercam 是美国 CNC Software Inc. 公司开发的基于 PC 平台的 CAD/CAM 软件。它集二维绘图、三维实体造型、曲面设计、体素拼合、数控编程、刀具路径模拟及真实感模拟等功能于一身。它具有方便直观的几何造型，提供了设计零件外形所需的理想环境，其强大稳定的造型功能可设计出复杂的曲线、曲面零件。

在数控编程方面，Mastercam 加工刀路分为二维加工和三维加工。二维加工刀路主要用于选取二维线架进行加工，三维加工刀路主要用于选取三维曲面进行加工。二维加工有平面铣、钻孔、挖槽和外形刀路。曲面加工又分为粗加工和精加工，粗加工共有 8 种，比较常用的有挖槽粗加工、平行粗加工、残料粗加工。精加工共有 11 种，比较常用的有平行精加工、等高外形精加工、投影精加工、环绕等距精加工。

二、Mastercam 数控加工的优点

Mastercam 除了可产生 NC 程序外，本身也具有 CAD 功能（2D、3D、图形设计、尺寸标注、动态旋转、图形阴影处理等功能），可直接在系统上制图并转换成 NC 加工程序，也可将用其他绘图软件绘好的图形，经由一些标准的或特定的转换文件如 DXF 文件（Drawing Exchange File）CADL 文件（CADkey Advanced Design Language） 及 IGES 文件（Initial Graphic Exchange Specification）等转换到 Mastercam 中，再生成数控加工程序。

表 1.1.1 列出了 Mastercam 数控加工的优点。

表 1.1.1　Mastercam 数控加工的优点

序号	优点	详 细 信 息
1	独特的 2D 平面图形的加工	这是 Mastercam 区别于其他软件的最大特点。在加工模型中，Mastercam 不必赖于设计完成的 3D 图形，只需根据平面图形即可选择刀路、刀具，进行加工处理
2	十分强大的 2D 加工	Mastercam 编程的特色是快捷、方便。这一特色体现在 2D 刀路上尤为突出。2D 刀路在几种常用的编程软件里是最好用的，分析功能也很好用，串联非常快捷，只要你抽出的曲线是连续的。若不连续，也非常容易检查出来哪里有断点。一个简单的方法是：用分析命令，将公差设为最少，为 0.00005，然后去选择看似连续的曲线，通不过的地方就是有问题的。可用曲线融接的方法迅速搞定。 　　总之，在 Mastercam 中，只要先将加工零件的轮廓边线、台阶线、孔、槽位线等等，全部做好，接下来的 CAM 操作就很方便了。 　　由于 Mastercam 的 2D 串联方便快速，所以不论一次性加工的工件含有多少轮廓线，总是很容易全部选取下来。一个特大的好处是：串联的起始处便是进刀圆弧（通常要设定进刀弧）所在处。这一点，至少是 UG 目前的任何版本望尘莫及的。 　　另外，流道或多曲线加工时，往往有许多的曲线要选取，由于不需要偏置刀半径，在 Mastercam 中，可以用框选法一次选取

序号	优点	详 细 信 息
3	Mastercam 的开粗效率高	Mastercam 可以方便在工件外部选取一个点作为每次的下刀点。这一功能设计使得加工时提刀少，效率高，且基本上可以保证下刀点在同一点，加工也比较安全。 特别是在曲面挖槽时，也可以通过参数选择螺旋下刀、斜线下刀和环绕式下刀的方式，避免工件开粗过程中的直插下刀，而损伤刀具和工件，影响加工精度和效率
4	方便的刀具设置	在 Mastercam 里，建立一把刀具的同时就设定刀具的直径、R 角、转数，进给率等参数一次性设定好。以后调用此刀时，就不需要每次都设定转数、进给率了
5	简单有效的加工模拟过程	可靠的刀具路径校验功能。Mastercam 可模拟零件加工的整个过程，模拟中不但能显示刀具和夹具，还能检查刀具和夹具与被加工零件的干涉、碰撞情况
6	丰富的后处理设定	Mastercam 提供 400 种以上的后处理文件以适用于各种类型的数控系统，比如常用的 FANUC 系统，根据机床的实际结构，编制专门的后处理文件，编译 NCI 文件经后处理后便可生成加工程序。除了特种机型的加工中心，一般的电脑都能畅通无碍读取 Mastercam 产生出来的 NC 程序。初学者一般不用为后处理而头痛。另外，利用 Mastercam 的 Communic 功能进行通信，而不必考虑机床的内存不足问题

三、Mastercam 的数控加工模块

　　Mastercam 提供了多种二维和三维刀具路径，具有强劲的曲面粗加工及灵活的曲面精加工功能。 Mastercam 提供了多种先进的粗加工技术，以提高零件加工的效率和质量。Mastercam 还具有丰富的曲面精加工功能，可以从中选择最好的方法，加工最复杂的零件。Mastercam 的多轴加工功能，为零件的加工提供了更多的灵活性。

　　表 1.1.2 列出了 Mastercam 数控加工的模块。

四、Mastercam 加工流程

　　Mastercam 编程的加工流程，概括来说如图 1.1.1 所示。

表 1.1.2　Mastercam 数控加工模块

序号	加工模块		详 细 内 容
1	二维加工	外形	用于加工外形轮廓。可以加工工件外形进刀，那样更安全，还可以用于曲面光刀清角
		钻孔	用于钻盲孔、通孔、攻螺纹、镗孔等
		挖槽	对凹槽形工件进行挖槽加工，也可以对开放式串联采用开放式挖槽。对封闭槽形挖槽注意下刀方式选用，一般沿边界螺旋下刀或采用斜向下刀
		平面铣	专门用来铣削平面区域
		雕刻	用于对文字、线条进行加工。常用于厂牌、商标、材料、日期等雕刻加工对产品进行修饰
2	三维加工之曲面粗加工	平行粗加工	采用相互平行的刀具路径沿某一设定的方向来回分层铣削，加工完表面呈条纹状，计算时间稍长、刀路提刀次数稍多。对比较平坦的规则曲面加工还可以，对凸凹较多的不规则曲面或稍陡的曲面加工效果不理想
		放射粗加工	以放射中心向四周发散的方式进行铣削，通常常用于回转体或类似回转体的零件加工。放射粗加工抬刀次数过多，刀路计算时间长，效率低
		流线粗加工	沿曲面的横向或纵向流线方向加工，对曲面流线比较规则的曲面进行加工
		投影粗加工	将已有的刀路、点或曲线投影到曲面产生刀路进行加工
		等高外形粗加工	沿曲面等高线产生分层铣削。常用于二次开粗或铸件毛坯的开粗
		残料粗加工	对上一步或先前所有的刀路加工剩余的残料进行清除加工。常用来二次开粗，刀路计算时间较长
		挖槽粗加工	采用二维挖槽的计算方式和加工方式对曲面和边界之间的残料进行快速清除。加工效率非常高，计算时间非常快，是非常优秀的万能开粗刀路，常作为开粗的首选刀路
		钻削式粗加工	采用类似于钻孔刀具路径的方式钻削残料，用于比较深的工件清除残料

续表

序号	加工模块	详 细 内 容
3	三维加工之曲面精加工	
	平行精加工	采用相互平行的刀具路径沿某一设定的方向来回铣削，刀具切削负荷平稳，加工精度高，通常用于模具分型面等重要部位的精加工
	放射精加工	以放射中心向四周发散的方式进行铣削，通常用于回转体或类似回转体的零件加工，越靠近中心位置，加工刀路越密集，越靠近四周，加工刀路越稀疏，因此加工效果不均匀，靠近放射中心，加工质量高，靠近四周，加工质量差
	曲面流线精加工	沿曲面的横向或纵向流线方向加工，对曲面流线比较规则的曲面进行加工
	投影精加工	将已有的刀路、点或曲线投影到曲面产生刀路进行加工。通常采用投影曲线精加工，此时曲面预留量通常给负预留量
	等高外形精加工	沿曲面等高线产生分层铣削，或沿曲面的外形线产生切削刀具路径，常用于比较陡的曲面精加工
	陡斜面精加工	类似于平行精加工，采用相互平行的刀路对比较陡的曲面进行精加工
	浅平面精加工	采用来回双向平行或环绕的方式对比较浅的平面进行精加工铣削
	残料清角精加工	对先前的刀路留下的残料清除加工。计算时间长，加工效率低
	交线清角精加工	对两曲面相交部位进行清角加工
	环绕等距精加工	以等间距环绕加工曲面的刀具路径进行加工，对陡斜面和浅平面都可以加工
	熔接精加工	将两串联间形成的刀路投影到曲面上，形成曲面精加工刀路进行加工。此刀路实际上是双线投影加工，在 Mastercam X2 版本以后，将此刀路从投影精加工中分离出来，单独成为熔接精加工

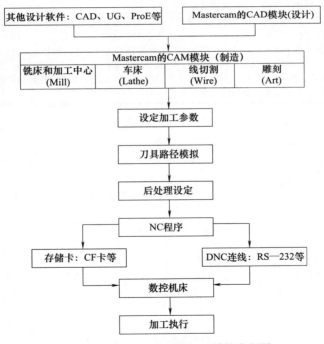

图 1.1.1 Mastercam 数控加工系统流程图

五、Mastercam 编程的技巧

Mastercam 加工将二维刀路和三维刀路分开，并且三维刀路又分开粗和光刀，因此合理选用刀路能获得高质量的加工结果。掌握一些常用的技巧，就能快速掌握 Mastercam 的编程加工。

针对数控加工的三个方面，表 1.1.3 对开粗、精光和清角三个阶段的使用技巧进行详细说明。

表 1.1.3　开粗、精光和清角三个阶段的使用技巧

序号	阶段	数控编程加工技巧
1	开粗	粗加工阶段主要的目的是去除毛坯残料，尽可能快地将大部分残料清除干净，而不需要在乎精度高低或表面光洁度的问题。主要从两方面来衡量粗加工，一是加工时间，二是加上效率。 　　一般给低的主轴转速，大吃刀量进行切削。从以上两方面考虑，粗加工挖槽是首选刀路，挖槽加工的效率是所有刀路中最高的，加工时间也最短。铜公开粗时，外形余量已经均匀了，就可以采用等高外形进行二次开粗。对于平坦的铜公曲面一般也可以采用平行精加工大吃刀量开粗。采用小直径刀具进行等高外形二次开粗，或利用挖槽以及残料进行二次开粗，使余量均匀。 　　粗加工除了要保证时间和效率外，就是要保证粗加工完后，局部残料不能过厚，因为局部残料过厚的话，精加工阶段容易断刀或弹刀。因此在保证效率和时间的同时，要保证残料的均匀
2	精光	精加工阶段主要目的是精度，尽可能满足加工精度要求和光洁度要求，因此会牺牲时间和效率。此阶段不能求快，要精雕细琢，才能达到精度要求。 　　对于平坦的或斜度不大的曲面，一般采用平行精加工进行加工，此刀路在精加工中应用非常广泛，刀路切削负荷平稳，加工精度也高，通常也作为重要曲面加工，如模具分型面位置。对于比较陡的曲面，通常采用等高外形精加工来加工。 　　对于曲面中的平面位置，通常采用挖槽中的面铣功能来加工，效率和质量都非常高。曲面非常复杂时，平行精加工和等高外形满足不了要求，还可以配合浅平面精加工和陡斜面精加工来加工。此外环绕等距精加工通常作为最后一层残料的清除，此刀路呈等间距排列，不过计算时间稍长，刀路比较费时，对复杂的曲面比较好，环绕等距精加工可以加工浅平面，也可以加工陡斜面，但是千万不要拿来加工平面，那样是极大浪费
3	清角	通过了粗加工阶段和精加工阶段，零件上的残料基本上已经清除得差不多干净了，只有少数或局部存在一些无法清除的残料，此时就需要采用专门的刀路来加工了。特别是当两个曲面相交时，在交线处，由于球刀无法进入，因此前面的曲面精加工就无法达到要求，此时一般采用清角刀路。 　　对于平面和曲面相交所得的交线，可以用平刀采用外形刀路进行清角，或采用挖槽面铣功能进行清角。除此之外，也可以采用等高外形精加工来清角。如果是比较复杂的曲面和曲面相交所得的交线，只能采用交线清角精加工来清角了

第二章

Mastercam X9 二维铣削加工

第一节 Mastercam 的外形铣削加工

外形铣削加工是对外形轮廓进行加工，通常是用于二维工件或三维工件的外形轮廓加工。外形铣削加工是二维加工还是三维加工，要取决于用户所选的外形轮廓线是二维线架还是三维线架。如果用户选取的线架是二维的，外形铣削加工刀具路径就是二维的。如果用户选取的线架是三维的，外形铣削加工刀具路径就是三维的。二维外形铣削加工刀具路径的切削深度不变，是用户设的深度值，而三维外形铣削加工刀具路径的切削深度是随外形的位置变化而变化的。一般二维外形加工比较常用。

一、外形铣削加工入门实例

加工前的工艺分析与准备

外形铣削加工入门实例

1. 工艺分析

该零件表面由 1 个五边形凸台构成（如图 2.1.1 外形铣削入门实例零件图）。工件尺寸 100mm×100mm×20mm，无尺寸公差要求。尺寸标注完整，轮廓描述清楚。零件材料为已经

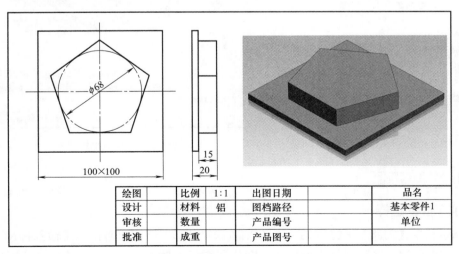

绘图		比例	1:1	出图日期		品名	
设计		材料	铝	图档路径		基本零件1	
审核		数量		产品编号		单位	
批准		成重		产品图号			

图 2.1.1　外形铣削入门实例零件图

5

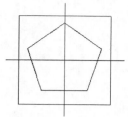

图 2.1.2　F9 键打开坐标系

加工成型的标准铝块，无热处理和硬度要求。

① 用 φ12 的平底刀外形铣削加工菱形凸台的圆形槽区域，深度：0 ～ -15；

② 根据加工要求，共需产生 1 次刀具路径。

2. 前期准备工作

（1）图形的导入　打开已绘制好的图形→按 F9 键打开坐标系，观察原点位置（如图 2.1.2 F9 键打开坐标系），然后再按 F9 键关闭。

★★★ 经验总结 ★★★

如果是打开别人绘制的图形，必须先按下 F9 键，打开坐标系，观察坐标原点的位置。以方便毛坯的设置和编程、加工时原点的寻找。此例中坐标原点在工件中心。在观察完毕后，一般将坐标系关闭。

（2）选择加工所使用的机床类型　选择主菜单【机床类型】→【铣床】→【默认】（如图 2.1.3 选择机床），此时进入铣床的加工模块。

（3）毛坯设置　在左侧的【刀路】面板中，打开【机床群组】→【属性】→【毛坯设置】（如图 2.1.4 进入毛坯设置）。

在弹出的【机床群组属性】对话框中进行设置，点击【所有图形】按钮，自动捕捉图形最大化的数据参数，设置【Z 向】的高度为 20。（如图 2.1.5 设置毛坯尺寸）。

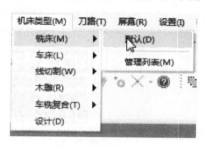

图 2.1.3　选择机床

图 2.1.4　进入毛坯设置

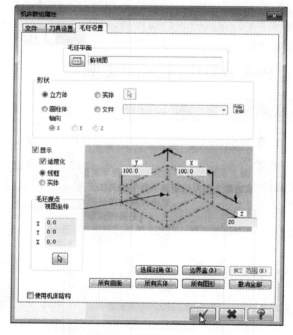

图 2.1.5　设置毛坯尺寸

五边形区域的加工

3. 加工面的选择

选择主菜单【刀路】→【外形】（如图 2.1.6 选择外形）→弹出对话框【输入新 NC 名称】，输入新的 NC 名称，名称根据需要输入，默认和图形文件同名→此处点击 ☑ 确认（如图

2.1.7 输入新 NC 名称）；

　　打开【串联选项】对话框→选择【串联】按钮（如图 2.1.8 串联对话框），并点选要加工的外形（如图 2.1.9 选择串联图形）。

图 2.1.6　选择外形

图 2.1.7　输入新 NC 名称

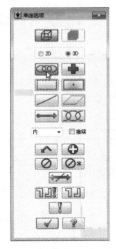

图 2.1.8　串联对话框

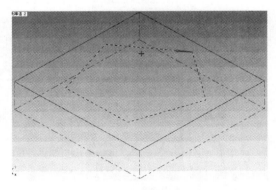

图 2.1.9　选择串联图形

4. 刀具类型选择

　　在系统弹出的【2D 刀具 - 外形铣削】对话框中选择【刀具】节点，进入【刀具设置】选项卡（如图 2.1.10 刀具路径类型选择）。

　　点击【刀具过滤】按钮，进入【刀具过滤列表设置】（如图 2.1.11 刀具过滤设置），选择【全关】按钮，【刀具类型】选择【平底刀】，【确认】，此时刀具库中只会显示过滤后的刀具（如图 2.1.11 刀具过滤设置）。

　　点击【刀具设置】选项卡的【从刀库选择】按钮，在【选择刀具】对话框中选择 $\phi12$ 的平底刀，【确认】（如图 2.1.12 选择刀具）。

5. 切削参数设置

　　打开【切削参数】节点→在对话框中设置【补正方向】左→【壁边预留量】0→【底面预留量】0→【确定】（如图 2.1.13 切削参数）。

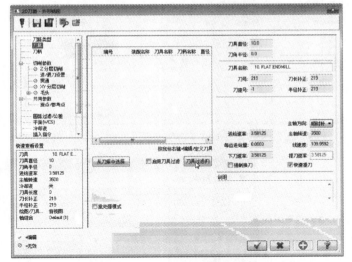

图 2.1.10　刀具路径类型选择

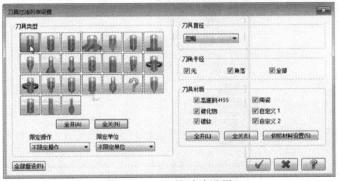

图 2.1.11　刀具过滤设置

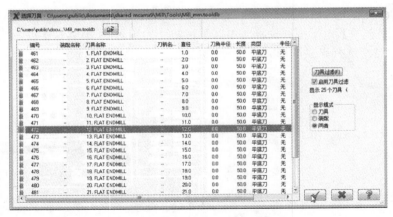

图 2.1.12　选择刀具

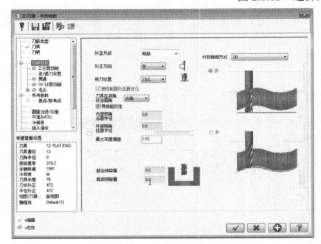

图 2.1.13　切削参数

6. Z 分层切削

打开【Z 分层切削】节点→勾选【深度分层切削】→设定【最大粗且步进量】3→【精修次数】1→【精修量】0.3→勾选【不提刀】（如图 2.1.14 Z 分层切削）。

7. XY 分层切削

打开【XY 分层切削】节点→勾选【XY 分层切削】→【粗切】→【次】4→【间距】10→勾选【不提刀】→【确定】（如图 2.1.15 XY 分层切削）。

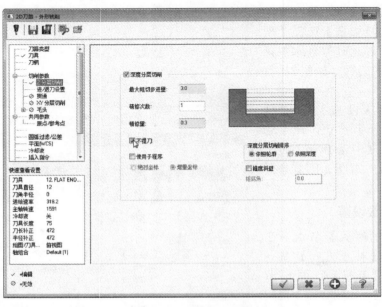

图 2.1.14　Z 分层切削

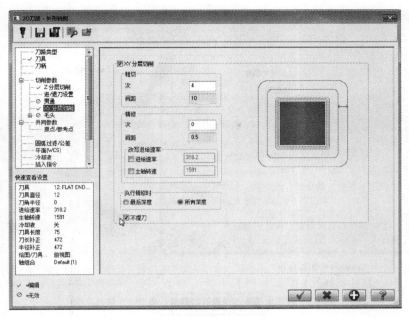

图 2.1.15　XY 分层切削

8. 共同参数

打开【共同参数】节点→设定【参考高度】【绝对坐标】5 →【下刀位置】【绝对坐标】2 →【深度】【绝对坐标】−15 →【确定】（如图 2.1.16 共同参数）。

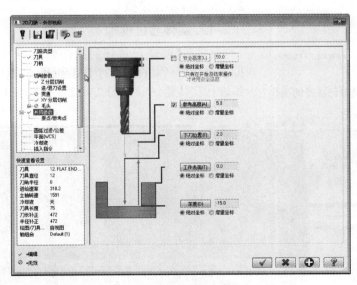

图 2.1.16　共同参数

9. 冷却液

打开【冷却液】节点→【Flood】On →【确定】（如图 2.1.17 冷却液）。

10. 生成刀路

此时已经生成刀路（如图 2.1.18 生成刀路）。

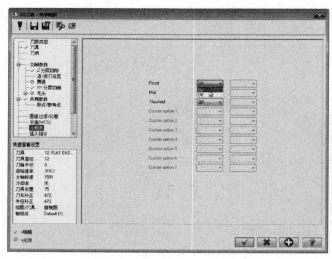

图 2.1.17 冷却液

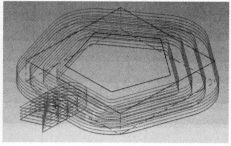

图 2.1.18 生成刀路

图 2.1.19 选择"模拟已选择的操作"

最终验证模拟

11. 刀具路径验证

选择程序，点击【模拟已选择的操作 ▧】（如图 2.1.19 选择"模拟已选择的操作"）→点击【播放 ▶】进行刀具路径模拟，此步在以后操作中可以省略（如图 2.1.20 刀具路径模拟）。

12. 实体验证模拟

打开【验证已选择的操作 ▧】，打开【Mastercam 模拟】对话框（如图 2.1.21【Mastercam 模拟】对话框），准备进行实体验证（如图 2.1.22 实体验证）。

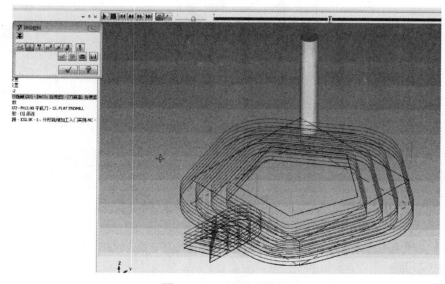

图 2.1.20 刀具路径模拟

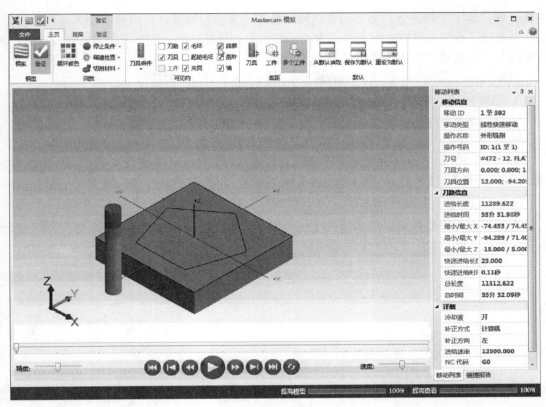

图 2.1.21　【Mastercam 模拟】对话框

隐藏【刀柄】和【线框】→【调整速度】→【播放 ▶】→观察实体验证情况。

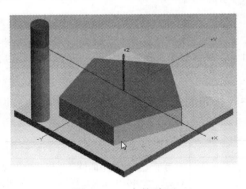

图 2.1.22　实体验证

★★★ 经验总结 ★★★

本节作为 Mastercam 第一个实例，截图说明做到尽可能地详细，希望大家牢记，在今后的本书实例中，对于已出现非必要的截图将省略，例如机床群组属性设置毛坯、冷却液节点打开切削液等操作将不再截图，只做文字说明。

二、外形铣削加工的参数设置

通过入门实例，对 Mastercam 数控加工的外形铣削有了一个详细的了解，这里将详细介绍外形铣削的参数设置，其中部分参数为公共参数。参数设置是加工编程必需的步骤，包括刀具设置、加工工件设置、加工仿真模拟、加工通用参数设置、三维曲面加工参数设置等。这些参数除了少部分是特殊的刀路才有的，其他的大部分参数是所有刀路都需要设置的，因此掌握并理解这些参数是非常重要的。

下面将逐一讲解外形铣削中所遇到的参数的含义和设置。

1. 选择模块的参数设置

选择完主菜单【机床类型→铣床→默认】，选择外形铣削的方式有两种。

第一种：选择主菜单【刀具路径→ █ 外形(C)】（如图 2.1.23 菜单选择外形）。

第二种：在工作区左侧【操作管理器】的【刀路】区域任意位置右击，选择快捷菜单【铣床刀具路径】→【外形】，也可进入外形铣削（如图 2.1.24 快捷菜单选择外形）。

2. 加工区域（串联选项）

在选择完外形铣削后，要求输入【新的 NC 名称】，当输入新名称确定之后，系统弹出串联选项对话框（如图 2.1.25 串联选项），此时便可进行加工路径的选择。

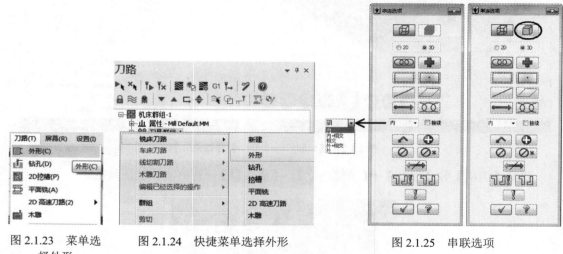

图 2.1.23　菜单选　　图 2.1.24　快捷菜单选择外形　　图 2.1.25　串联选项
择外形

【串联选项】对话框中各按钮的说明见表 2.1.1 串联选项参数设置。

表 2.1.1　串联选项参数设置

序号	名称		详　细　说　明
1		线架构	用于选择线架中的链。当模型中出现线架时，此按钮会自动处于激活状态；当模型中没有出现线架，此按钮会自动处于不可用状态
2		实体	用于选取实体的边链。当模型中既出现了线架又出现了实体时，此按钮处于可用状态，当该按钮处于按下状态时与其相关的功能才处于可用状态。当模型中没有出现实体，此按钮会自动处于不可用状态
3	◉ 2D		用于选取平行于当前平面中的链
4	◉ 3D		用于同时选取 X、Y 和 Z 方向的链
5		串联	用于直接选取与定义链相连的链，但遇到分支点时选择结束。在选取时基于选择类型单选项的不同而有所差异
6		单点	该按钮既可以用于设置从起始点到终点的快速移动，又可以设置链的起始点的自动化，也可以控制刀具从一个特殊的点进入

续表

序号	名称	详 细 说 明
7	窗口	用于选取定义矩形框内的图素
8	区域	用于通过单击一点的方式选取封闭区域中的所有图素
9	单体	用于选取单独的链
10	多边形	用于选取多边形区域内的所有链
11	项量	用于选取与定义的折线相交叉的所有链
12	部分串联	用于选取第一条链与第二条链之间的所有链。当定义的第一条链与第二条链之间存在分支点时，停止自动选取，用户可选择分支继续选取链。在选取时基于选择类型单选项的不同而有所差异
13		此下拉列表中的选项只有在 按钮或 按钮处于被激活的状态下，方可使用
	内	用于选取定义区域内的所有链
	内+相交	用于选取定义区域内以及与定义区域相交的所有链
	相交	用于选取与定义区域相交的所有链
	外+相交	用于选取定义区域外以及与定义区域相交的所有链
	外	用于选取定义区域外的所有链
14	☑接续　接续	用于选取有折回的链
15	选择上次	用于恢复至上一次选取的链
16	结束	用于结束链的选取
17	撤销选取	用于撤销上一次选取的链
18	反向	用于改变链的方向。这是串联选项对话框里最重要、也是最常用的工具，串联方向的选取直接影响到后续刀具补正方向的设定
19	串联特征选项	用于设置串联特征方式的相关选项
20	串联特征	用于设置串联特征方式选取图形
21	选项	用于设置选取链时的相关选项
22	确定	用于确定链的选取
23	帮助	弹出 Mastercam 软件自带的帮助文档

3. 毛坯设置（加工工件设置）

刀具设置和参数设置完毕后，就可以设置工件了，工件也称毛坯，它是加工零件的坯料。为了在模拟加工时的仿真效果更加真实，需要在模型中设置工件；另外，如果需要系统自动运算进给速度等参数时，设置工件也是非常重要的。加工工件的设置包括工件的尺寸、原点、材料、显示等参数。一般在进行实体模拟时，就必须要设置工件，若不进行实体模拟，工件的设置也可以忽略。

（1）设置工件尺寸及原点　要设置工件尺寸及原点，可以在"刀具路径"管理器中点击【材料设置】选项（如图 2.1.26 "刀具路径"管理器）。打开【机器群组属性】选项卡，即通常所说的材料设置（如图 2.1.27 材料设置）。

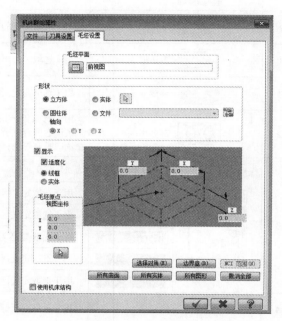

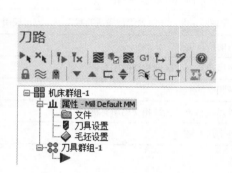

图 2.1.26　"刀具路径"管理器

图 2.1.27　材料设置

【毛坯设置】对话框中各按钮的说明见表 2.1.2 毛坯设置。

表 2.1.2　毛坯设置

序号	名称	详 细 说 明	
1	素材视角 ▦	用于设置素材视角。单击该按钮可以选择被排列的素材样式的视角（如图 2.1.28 选择平面）。例如：如果加工一个系统坐标（WCS）不同于 Top 视角的机件，则可以通过该按钮来选择一个适当的视角。Mastercam 可以根据存储的基于 WCS 或者刀具平面的个别视角创建操作，甚至可以改变组间刀路的 WCS 或者刀具平面	图 2.1.28　选择平面
2	形状	◉ 立方体	用于创建一个立方体的工件
		◉ 实体	用于选取一个实体工件。当选中此选项时，其后的 ▨ 按钮被激活，单击该按钮可以在绘图区域选取一个实体为工件
		◉ 圆柱体	用于创建一个圆柱体工件。当选中此单选项时，其下的 ◉ X ◯ Y ◯ Z 选项被激活，选中这三个单选项分别可以定义圆柱体的轴线在相对应的坐标轴上
		◉ 文件	用于设置选取一个来自文件的实体模型（文件类型为 STL）为工件。当选中此单选项时，其后的 ▨ 按钮被激活，单击该按钮可以在任意的目录下选取工件

序号	名称	详 细 说 明	
3	显示	用于设置工件在绘图区域显示。必须选中该项，其下的 ☑适度化 、◉线架加工 和◉实体 选项才能被激活	
		☑ 适度化	用于创建一个刚好包含模型的工件
		◉ 线框	用于设置以线框的形式显示工件
		◉ 实体	用于设置以实体的形式显示工件
4	毛坯原点	毛坯原点即工件原点，可以设置在立方体工件的 10 个特殊的位置上，包括立方体的 8 个角点和上下面的中心点。要设置工件原点，可以按住工件原点指示箭头并拖动到目标点即可。此外还要设置原点坐标，直接输入原点坐标值即可 	
		X	用于设置在 X 轴方向的工件长度
		Y	用于设置在 Y 轴方向的工件长度
		Z	用于设置在 Z 轴方向的工件高度
5	工件尺寸	工件尺寸设置是依据产品来确定的，设置工件尺寸有 8 种方法	
		X、Y、Z	用于设置在 X、Y 轴方向的工件长度和 Z 方向的厚度来确定工件尺寸
		选择对角 (E)	通过在绘图区选择工件的两个角点来得到工件尺寸。通常的做法是在平面中选择对角点，然后再设定 Z 的值即工件厚度。当通过此种方式定义工件的尺寸后，模型的原点也会根据选取的对角点进行相应调整
		边界盒 (B)	通过边界盒的形式来产生工件的尺寸。用于根据用户所选取的几何体来创建一个最小的工件
		NCI 范围 (N)	通过程序的刀路形状来产生工件的尺寸。用于对限定刀路的模型边界进行计算创建工件尺寸，此功能仅基于进给速率进行计算，不根据快速移动进行计算
		所有曲面	通过选择所有曲面来产生工件的尺寸
		所有实体	通过选择所有实体来产生工件的尺寸
		所有图形	通过选择所有图素来产生工件的尺寸
		撤消全部	撤销设置的工件参数

（2）设置工件材料　要设置工件材料，可以在【刀具设置】选项卡中的【材质】选项组单击【选择】按钮，（如图 2.1.29 刀具设置）。弹出【材质库】对话框，从中可以选择工件的材料（如图 2.1.30 材质库）。

4. 刀具参数

加工刀具的设置是所有加工都要面对的步骤，也是最先需要设置的参数。用户可以直接调用系统刀具库中的刀具，也可以修改刀具库中的刀具产生需要的刀具形式，还可以自定义新的刀具，并保存刀具到刀具库中。

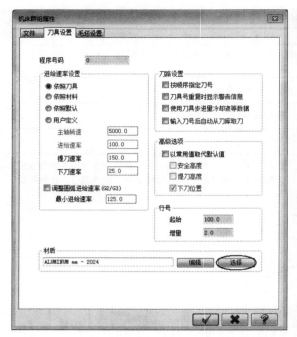

图 2.1.29　刀具设置

图 2.1.30　材质库

　　刀具设置主要包括从刀库选刀、修改刀具、自定义新刀具、设置刀具相关参数等，下面将进行相关讲解。

　　刀具可以在【刀具】参数选项卡中进行设置（如图 2.1.31 刀具参数）。

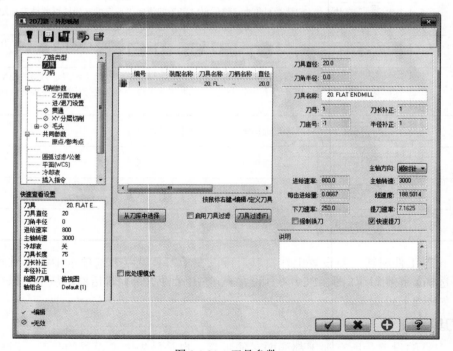

图 2.1.31　刀具参数

　　其部分参数含义见表 2.1.3 刀具参数的设置。

表 2.1.3 刀具参数的设置

序号	名称	详细说明
1	刀具名称	输入所选择刀具的名称
2	刀具号码	设置刀号，输入"1"时，将在 NC 程序中产生"T01"
3	刀座编号	设置刀头号
4	刀长补正	设置长度补偿号，输入"1"时，在 NC 程序中将输出"H1"
5	直径补正	设置刀具半径补偿，输入"1"时，将在 NC 程序中输出"D1"
6	刀具直径	输入刀具的直径
7	刀角半径	输入圆角刀具的圆角半径
8	进给速率	设置在水平 XY 平面上的刀具进给速率
9	下刀速率	设置刀具在 Z 轴方向的进给速率
10	主轴转速	设置主轴转速
11	提刀速率	设置刀具回刀速率
12	强制换刀	设置强制换刀
13	快速提刀	设置快速提刀
14	从刀库选择	从刀具库中选择刀具
15	☑启用刀具过滤 刀具过滤(F)	设置刀具过滤参数
16	批处理模式	设置批处理模式

5. 选择刀具设置

从刀具库中选择刀具是最基本最常用的方式，操作也比较简单。方法一：直接点击刀具列表下方的【从刀库选择】。方法二：在【刀具】参数选项卡的空白处单击鼠标右键，从弹出的右键菜单中选择"刀具管理"命令（如图 2.1.32 从刀库选择）。

弹出的"刀具管理"对话框（如图 2.1.33 选择刀具），该对话框用来从刀具库中选择用户所需要的刀具。其部分选项含义见表 2.1.4。

6. 修改刀具库刀具

从刀具库中选择的加工刀具，其刀具参数如刀径、刀长、切刃长度等是刀库预设的，用户可以对其修改来得到所需要的刀具。在【刀具】参数对话框中

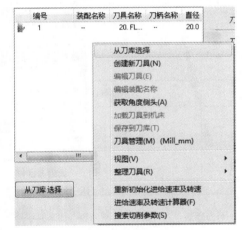

图 2.1.32 从刀库选择

选择要修改的刀具后单击鼠标右键，在弹出的右键菜单中选择【编辑刀具】选项，弹出【定义刀具图形】对话框（如图 2.1.34 定义刀具图形），可以对其参数进行修改。

表 2.1.4 选择刀具参数含义

序号	名称	详细说明
1	☑启用刀具过滤	选中"启用刀具过滤"复选框，可启用刀具过滤功能
2	刀具过滤(F)	用于选取刀具时设置单独过滤某一类的刀具。该项只有前面的"启用刀具过滤"选项选中后才有效

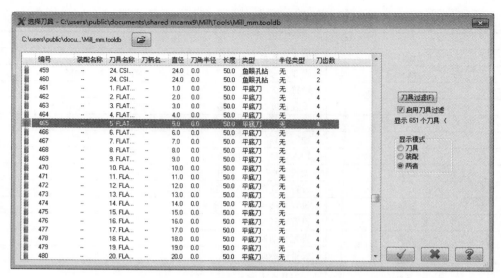

图 2.1.33　选择刀具

图 2.1.34　定义刀具图形

其部分参数含义见表 2.1.5 定义刀具图形。

表 2.1.5　定义刀具图形

序号	名称	详细说明
1	刀齿直径	可用于切削部分的刀具刀齿的直径
2	总长度	刀齿和刀身的总长度
3	刀齿长度	可用于切削部分的刀具刀齿的长度
4	刀尖 / 圆角类型	用于设置刀头的类型，可设置平底刀、圆鼻刀、圆角刀、球刀、雕刻刀、钻头等的具体数值

在基本修改完成后，还可以对刀具的详细参数进行设置，点击左侧【完成属性】按钮，进入【完成属性】对话框（如图 2.1.35 完成属性）。

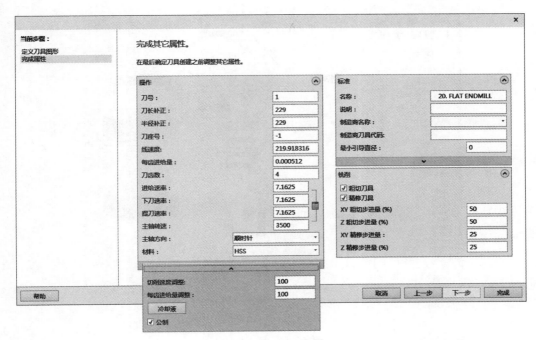

图 2.1.35　完成属性

其部分参数含义见表 2.1.6 定义刀具的完成属性。

表 2.1.6　定义刀具的完成属性

序号	名称	详细说明
1	XY 粗切步进（%）	用于定义粗加工时，XY 方向的步进量为刀具直径的百分比
2	Z 向粗切步进	用于定义粗加工时，Z 方向的步进量
3	XY 精切步进	用于定义精加工时，XY 方向的步进量
4	Z 向精切步进	用于定义精加工时，Z 方向的步进量
5	半径补正	用于设置刀具半径补偿号码
6	刀长补正	用于设置刀具长度补偿号码
7	进给率	用于定义进给速度
8	下刀速率	用于定义下刀速度
9	提刀速率	用于定义提刀速度
10	主轴转速	用于定义主轴旋转速度
11	主轴旋转方向	用于定义主轴的旋转方向，其包括 ◉顺时针 和 ◉逆时针 两个选项
12	冷却液	用于定义加工时的冷却方式。单击此按钮，系统会自动弹出 Coolant... 对话框，用户可以在该对话框中设置冷却方式
13	☑公制	用于定义刀具的规格。当选中此复选项时，为公制；反之，则为英制

7. 切削参数

在【2D 刀路 - 外形铣削】对话框中单击【切削参数】选项卡，弹出【切削参数】对话框（如图 2.1.36 切削参数），这里重点讲述该对话框中的【补正类型】和【补正方向】选项。其部分参数含义见表 2.1.7 切削参数。

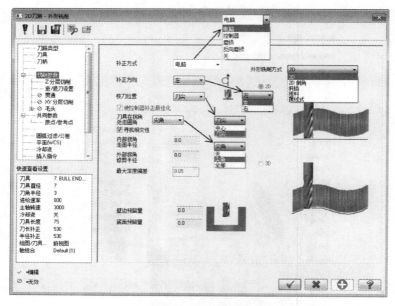

图 2.1.36　切削参数

表 2.1.7　切削参数

序号	名称		详 细 说 明
1	补正类型	电脑	刀具中心向指定的方向（左或右）移动一个补偿量（一般为刀具的半径），NC 程序中的刀具移动轨迹坐标是加入了补偿量的坐标值
		控制器	刀具中心向左或右移动一个存储在寄存器里的补偿量（一般为刀具半径），系统将在 NC 程序中给出补偿控制代码（左补 G41 或右补 G42），NC 程序中的坐标值是外形轮廓值
		磨损	即刀具磨损补偿时，同时具有"电脑"补偿和"控制器"补偿，且补偿方向相同，并在 NC 程序中给出加入了补偿量的轨迹坐标值，同时又输出控制代码 G41 或 G42
		反向磨损	即刀具磨损反向补偿时，也同时具有"电脑"补偿和"控制器"补偿，但控制器补偿的补偿方向与设置的方向反向。即当采用电脑左补偿时，系统在 NC 程序中输出反向补偿控制代码 G42；当采用电脑右补偿时，系统在 NC 程序中输出反向补偿控制代码 G41
		关	系统将关闭补偿设置，在 NC 程序中给出外形轮廓的坐标值，且在 NC 程序中无控制补偿代码 G41 或 G42
2	补正方向	左　右	刀具补正方向有左补和右补两种。铣削一凹槽，如果不补正（如图 2.1.37 不补正），刀具沿着圆走，则刀具的中心轨迹即是圆，这样由于刀具有一个半径在槽外，因而实际凹槽铣削的效果比理论上要大一个刀具半径。要想实际铣削的效果与理论值同样大，则必须使刀具向内偏移一个半径。再根据选取的方向来判断是左补偿还是右补偿（如图 2.1.38 右补正和图 2.1.39 左补正）。铣削一圆柱形凸缘，如果不补正，刀具沿着圆走，则刀具的中心轨迹是圆，这样由于有一个刀具半径在凸缘内，因而实际凸缘铣削的效果比理论上要小一个半径。要想实际铣削的效果与理论值一样大，则必须使刀具向外偏移一个半径。具体是左偏，还是右偏要看串联选取的方向。从以上分析可知，为弥补刀具带来的差距，应进行刀具补正
			图 2.1.37　不补正　　　图 2.1.38　右补正　　　图 2.1.39　左补正

续表

序号	名称		详 细 说 明
3	校刀位置	刀尖	选择刀具是刀尖沿着路径走刀还是刀头的中心沿着路径走刀。此选项主要针对球头刀、圆鼻刀等刀具有用,对于平底刀来说,此项设置无意义。一般采用系统默认的刀尖即可
		中心	
4	转角设置(刀具在转角处走圆角)	无	不走圆角,在转角地方不采用圆弧刀具路径。不管转角的角度是多少,都不采用圆弧刀具路径(如图 2.1.40 转角不走圆角)
			图 2.1.40　转角不走圆角
		尖角	在尖角处走圆角,在小于 135° 转角处采用圆弧刀具路径。在 100° 的地方采用圆弧刀具路径,而在 136° 的地方采用尖角即没有采用圆弧刀具路径(如图 2.1.41 尖角处走圆角)
			图 2.1.41　尖角处走圆角
		全部	即在所有转角处都走圆角,在所有转角处都采用圆弧刀具路径。所有转角处都走圆弧(如图 2.1.42 全部走圆角)
			图 2.1.42　全部走圆角
5	☑ 寻找相交性		用于防止刀具路径相交而产生过切
6	3D 曲线的最大深度变化		在 3D 铣削时该选项有效
7	壁边预留量		用于设置沿 XY 轴方向的侧壁加工预留量
8	底面预留量		用于设置沿 Z 轴方向的底面加工预留量
9	外形铣类型	2D	当选择此选项时,则表示整个刀具路径的切削深度相同,都为之前设置的切削深度值
		2D 倒角	当选择此选项时,则表示需要使用倒角铣刀对工件的外形进行铣削,其倒角角度需要在刀具中进行设置。用户选择该选项后,其下会出现参数设置区域(如图 2.1.43 2D 倒角),可对其相应的参数进行设置
		斜降下刀	该选项一般用于铣削深度较大的外形,它表示在给定的角度或高度后,以斜向进刀的方式对外形进行加工。用户选择该选项后,其下会出现参数设置区域(如图 2.1.44 斜降下刀),可对其相应的参数进行设置
		残料加工	该选项一般用于铣削上一次外形加工后留下的残料。用户选择该选项后,其下会出现参数设置区域(如图 2.1.45 残料加工),可对相应的参数进行设置
		轨迹线加工	该选项一般用于沿轨迹轮廓线进行铣削。用户选择该选项后,其下会出现参数设置区域(如图 2.1.46 轨迹线加工),可对相应的参数进行设置

图 2.1.43　2D 倒角　　　图 2.1.44　斜降下刀　　　图 2.1.45　残料加工　　　图 2.1.46　轨迹线加工

注:在设置刀具补偿时,可以设置为刀具磨损补偿或刀具磨损反向补偿,使刀具同时具有"电脑"刀具补偿和"控制器"刀具补偿,用户可以按指定的刀具直径来设置"电脑"补偿,而实际刀具直径与指定刀具直径的差值可以由"控制器"补偿来校正。当两个刀具直径相同的时候,在暂存器里的补偿值应该是零,当两个刀具直径不相同的时候,在暂存器里的补偿值应该是两个直径的差值。

8. 切削参数——Z 分层切削（深度切削）

在【2D 刀具路径 - 外形铣削】对话框中单击【Z 分层切削】选项卡，弹出【Z 分层切削】对话框（如图 2.1.47 Z 分层切削）。该对话框用来设置定义深度分层铣削的粗切和精修的参数。

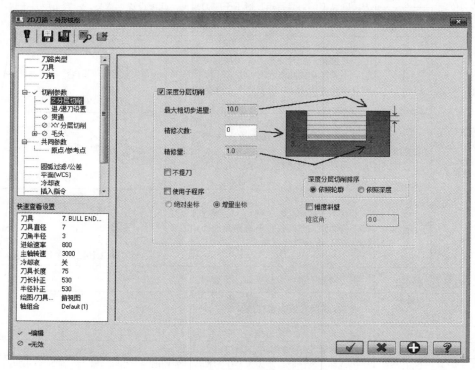

图 2.1.47　Z 分层切削

其部分参数含义见表 2.1.8 Z 分层切削。

表 2.1.8　Z 分层切削

序号	名称	详细说明
1	最大粗切步进量	用来输入粗切削时的最大进刀量。该值要视工件材料而定。一般来说，工件材料比较软时，比如铜，粗切步进量可以设置大一些，工件材料较硬，像铣一些模具钢时，该值要设置小一些。另外还与刀具材料的好坏有关，比如硬质合金钢刀进量可以稍微大些，若白钢刀进量则要小些
2	精切次数	用来输入需要在深度方向上精修的次数，此处应输入整数值
3	精修量	用来输入在深度方向上的精修量。一般设置为 0.1 ～ 0.5mm
4	不提刀	用来选择刀具在每一个切削深度后，是否返回到下刀位置的高度上。当选中该复选框时，刀具会从目前的深度直接移到下一个切削深度；若没有选中该复选框，则刀具返回到原来的下刀位置的高度，然后移动到下一个切削的深度。如不选中该复选框，粗切步进量为 1，粗切次数若有 10 次，则刀具每铣完一层深度后，抬刀再进入下一层，也就是全部铣到 −1 后抬刀再铣到 −2 的深度。若选中该复选框，则不抬刀。通常为了提高效率，要选中该复选框。深度分层不提刀与外形分层不提刀很容易混淆，用户注意理解
5	使用子程序	用来调用子程序命令。在输出的 NC 程序中会出现辅助功能代码 M98（M99），对于复杂的编程使用副程式可以大大减少程序段
6	深度分层切削排序	用来设置多个铣削外形时的铣削顺序。当选中"依照轮廓"复选框后，先在一个外形边界铣削设定深度后，再进行下一个外形边界铣削；当选中"依照深度"复选框后，先在深度上铣削所有的外形后，再进行下一个深度的铣削
7	锥度斜壁	用来铣削带锥度的二维图形。当选中该复选框，从工件表面按所输入的角度铣削到最后的角度。如果是铣削内腔，则锥度向内。如果是铣削外形，则锥度向外

9. 切削参数——进 / 退刀参数

在【2D 刀路 - 外形铣削】对话框中单击【进退 / 刀设置】参数选项卡，弹出【进退 / 刀设置】对话框（如图 2.1.48 进 / 退刀参数）。该对话框用来设置刀具路径的起始及结束，加入一直线或圆弧刀具路径，使其与工件及刀具平滑连接。起始刀具路径称为进刀，结束刀具路径称为退刀。

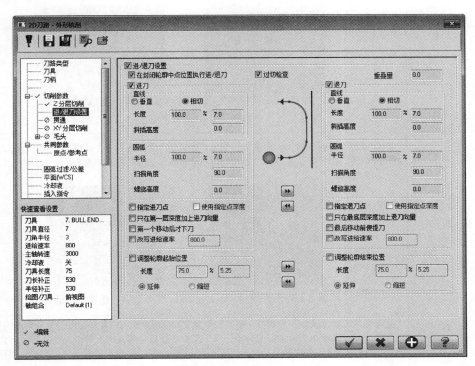

图 2.1.48　进 / 退刀参数

其部分参数含义见表 2.1.9 进 / 退刀参数。

表 2.1.9　进 / 退刀参数

序号	名称	详 细 说 明
1	在封闭轮廓的中点位置执行进 / 退刀	用来控制进退刀的位置，这样可避免在角落处进刀，如图 2.1.49 为选中【在封闭轮廓的中点位置执行进 / 退刀】复选框时的刀具路径，如图 2.1.50 为未选中【在封闭轮廓的中点位置执行进 / 退刀】复选框时的刀具路径 图 2.1.49　勾选【在封闭轮廓的中点位置执行进 / 退刀】　　图 2.1.50　不勾选【在封闭轮廓的中点位置执行进 / 退刀】

续表

序号	名称	详 细 说 明
2	重叠	在"重叠"文本框输入重叠值。用来设置进刀点和退刀点之间的距离，若设置为 0，则进刀点和退刀点重合，如图 2.1.51 所示是重叠量设置为 0 时的进退刀向量。有时为了避免在进刀点和退刀点重合处产生切痕，就在重叠量文本框中输入重叠值。如图 2.1.52 所示是重叠量设置为 20 时的进退刀向量。其中进刀点并未发生改变，改变的只是退刀点，退刀点多退了 20 的距离 图 2.1.51　重叠量为 0　　　　图 2.1.52　重叠量为 20
3	直线进 / 退刀	直线进退刀有两种模式，即垂直和相切。垂直进 / 退刀模式的刀具路径与其相近的刀具路径垂直（如图 2.1.53 垂直进 / 退刀）。相切进 / 退刀模式的刀具路径与其相近的刀具路径相切（如图 2.1.54 相切进 / 退刀） 图 2.1.53　垂直进 / 退刀　　　　图 2.1.54　相切进 / 退刀
4	长度	用来输入直线刀具路径的长度，前面的长度文本框用来输入路径的长度与刀具直径的百分比，后面的长度文本框为刀具路径的长度。两个文本框是联动的，输入其中一个，另一个会相应地变化。"斜向高度"文本框用来输入直线刀具路径的进刀，以及退刀刀具路径的起点相对末端的高度
5	圆弧进 / 退刀	圆弧进 / 退刀是在进退刀时采用圆弧的模式，（如图 2.1.55 圆弧进 / 退刀）方便刀具顺利地进入工件，该模式有 3 个参数。 （1）当选择半径时，输入进退刀刀具路径的圆弧半径。前面的半径文本框用来输入圆。路径的半径与刀具直径的百分比，后面的半径文本框为刀具路径的半径值，这两个值也是联动的。 （2）当选择扫描角度时，输入进退刀圆弧刀具路径的扫描的角度。 （3）当选择螺旋高度时，输入进退刀刀具路径螺旋的高度。 如图 2.1.56 所示为螺旋高度设置为 3 时的刀具路径。设置高度值，使进退刀时刀具受均匀，避免刀具由空运行状态突然进入高负荷状态。 图 2.1.55　圆弧进 / 退刀　　　　图 2.1.56　螺旋高度为 3

10. 切削参数——X/Y 分层切削

在【2D 刀路 - 外形铣削】对话框中单击【X/Y 分层切削】，弹出【X/Y 分层切削】对话框（如图 2.1.57 X/Y 分层切削）。该对话框用来设置定义外形分层铣削的粗切和精修的参数。

其部分参数含义见表 2.1.10 X/Y 分层切削。

表 2.1.10 X/Y 分层切削

序号	名称	详 细 说 明
1	粗加工	用来定义粗切外形分层铣削的设置，有"次数"和"间距"两项。该次数和间距文本框分别用来输入切削平面中的粗切削的次数及刀具切削的间距。粗切削的间距是由刀具直径决定，通常粗切削的间距设置为刀具直径的 60% ～ 75% 左右。此值是对平刀而言，若是圆角刀，则需要除开圆角之后的有效部分的 60% ～ 75% 左右
2	精加工	用来定义外形铣削精修的设置，有"次数"和"间距"两项。该次数和间距文本框分别用来输入切削平面中的精修的次数及精修量。精修次数与精切次数有些不同，多次使用粗切次数，直到残料全部清除为止。精修次数不需太多，一般一到两次即可。因为在粗切削过程中，刀具受力铣削精度达不到要求，需要留一些余量，精修的目的就是要把余量清除，所以 1 ～ 2 次即可。精修间距一般设置为 0.1 ～ 0.5 左右即可
3	改写进给速率	当在这里设置"进给速率"和"主轴转速"时，忽略刀具的相应设置，以此处为准
4	执行精修时	用来选择是在最后深度进行精修，还是在每层都进行精修。当选择"最后深度"按钮时，精修刀具路径在最后的深度下产生。当选择"所有深度"按钮时，精修刀具路径在每一个深度下均产生
5	不提刀	用来选择刀具在每一层外形切削后，是否返回到下刀位置的高度上。当选中该复选框时，刀具会从目前的外形直接移到下一层切削外形；若没有选中该复选框，则刀具返回到原来下刀位置的高度，然后移动到下一层切削的外形。如果没有选中该复选框，外形分层次数为 10 次，则每铣一次后都抬刀，要抬刀 10 次才将 XY 平面外形铣完。若选中该复选框，则不会提刀

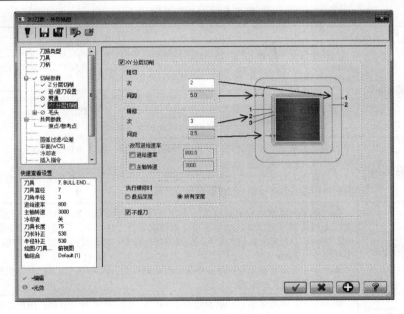

图 2.1.57 X/Y 分层切削

11. 共同参数（高度参数）

【共同参数】即【高度参数】，设置是二维和三维刀具路径都有的共同参数。【共同参数】卡中共有 5 个高度需要设置，分别是【安全高度】【参考高度】【下刀位置】【工件表面】和【切削深度】。高度还分为【绝对坐标】和【增量坐标】两种。单击参数对话框中的【共同参数】选项卡，弹出【共同参数】对话框（如图 2.1.58 共同参数）。

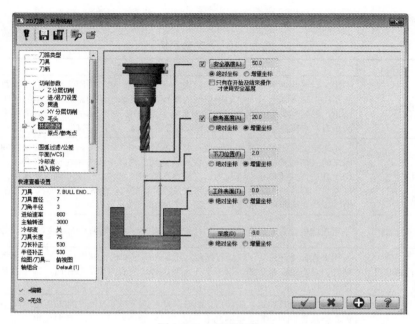

图 2.1.58　共同参数

其部分参数含义见表 2.1.11 共同参数。

表 2.1.11　共同参数

序号	名称	详细说明
1	安全高度(L)	刀具开始加工和加工结束后，返回机械原点前所停留的高度位置。选中此复选框，用户可以输入一个高度值，刀具在此高度值上一般不会撞刀，比较安全。此高度值一般设置绝对值为 50 ～ 100mm
		☑ 只有在开始及结束操作才使用安全高度　当选中该复选框时，仅在该加工操作的开始和结束时移动到安全高度；当没有选中此复选框时，每次刀具在回缩时均移动到安全高度
2	参考高度(A)	刀具结束某一路径的加工，进行下一路径加工前，在 Z 方向的回刀高度，也称退刀高度。此处一般设置绝对值为 10 ～ 25mm。 ★：高度应在进给下刀位置前进行设置，如果没有设置安全高度，则在走刀过程中，刀具的起始和返回值将为参考高度所定义的距离
3	下刀位置(F)	指刀具下刀速度由 G00 速度变为 G01 速度（进给速度）的平面高度。刀具首先从安全高度快速移动到下刀位置，然后以设定的速度靠近工件，下刀高度即是靠近工件前的缓冲高度，是为了刀具安全地切入工件，但是考虑到效率，此高度值不要设得太高，一般设置增量坐标为 5 ～ 10mm。 ★：如果没有设置安全高度和参考高度，则在走刀过程中，刀具的起始值和返回值将为进给下刀位置所定义的距离
4	工件表面(T)	即加工件表面的 Z 值。一般设置为 0。具体来说，用户可以直接在图形区中选取一点来确定工件在 Z 轴方向上的高度，刀具在此平面将根据定义的刀具加工参数生成相应的加工增量。用户也可以在其后的文本框中直接输入数值来定义参考的高度
5	深度(D)	可以直接在图形区中选取一点来确定最后的加工深度，也可以在其后的文本框中直接输入数值来定义加工深度，但在 2D 加工中此处的数值一般为负数
6	◉ 绝对坐标	是相对系统原点来测量的，选中该单项时，将自动从原点开始计算，系统原点是不变的
7	◉ 增量坐标	是相对工件表面的高度来测量的。当选中该单项时，将根据关联的几何体或者其他的参数开始计算，工件表面随着加工的深入不断变化，因而增量坐标是不断变化的

12. 圆弧过滤 / 公差（过滤设置）

在【2D 刀路 - 外形铣削】对话框中单击【圆弧过滤 / 公差】选项卡，弹出【圆弧过滤 / 公差】对话框（如图 2.1.59 圆弧过滤 / 公差）。在该对话框中可以设置 NCI 文件的过滤参数。通过对 NCI 文件进行过滤，删除长度在设定公差内的刀具路径来优化或简化 NCI 文件。

其部分参数含义见表 2.1.12 圆弧过滤 / 公差。

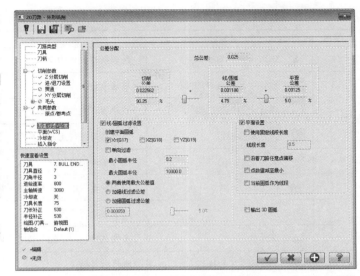

图 2.1.59　圆弧过滤 / 公差

表 2.1.12　圆弧过滤 / 公差

序号	名称	详 细 说 明
1	总公差	在【总公差】按钮右侧的文本框可以设置刀具路径的精度误差。公差越小，加工得到的曲面就越接近真实曲面，加工时间也就越长。在粗加工阶段，可以设置较大的公差值以提高加工效率
2	切削公差	切削时的误差。当两条路径之间距离小于或等于指定值时，可将这两条路径合为一条，以精简刀具路径，提高加工效率
3	线 / 圆弧公差	走圆弧的误差。指的是刀具路径趋近真实曲面的精度，值越小则越接近真实曲面，生成的 NC 程序越多，加工时间就越长
4	平滑公差	不同线段之间过渡的误差
5	最小圆弧半径	用来设置在过滤操作过程中圆弧路径的最小半径值，当圆弧半径小于该值时用直线代替
6	最大圆弧半径	用来设置在过滤操作过程中圆弧路径的最大半径值，当圆弧半径大于该值时用直线代替

13. 加工仿真模拟（实体验证）

加工参数及工件参数设置完毕后，便可以利用加工操作管理器进行实际加工前的削模拟，当验证无误后，再利 POST 后处理功能输出正确的 NC 加工程序。如图 2.1.60 所示为刀具路径管理器。

其部分参数含义见表 2.1.13 刀具路径管理器。

14. 刀具路径模拟

（1）刀路模拟对话框　要执行刀具路径模拟，可以在【刀具路径】管理器中单击【刀具路径模拟】按钮后，弹出【路径模拟】对话框（如图 2.1.61 刀具路径模拟）。

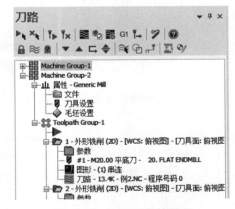

图 2.1.60　刀具路径管理器

表 2.1.13　刀具路径管理器

序号	名称	详 细 说 明
1	▶️ 选取全部操作	选取所有刀具路径操作

续表

序号		名称	详 细 说 明
2		选取全部失效操作	选取所有失效的操作
3		重建全部已选择的操作	重建所有操作
4		重建全部失效的操作	重建所有失效的操作
5		刀具路径模拟	进行刀具路径走刀的模拟
6		实体模拟	进行实体模拟
7		模拟验证选项	用于设置用于实体验证的毛坯的具体尺寸和公差值
8	G1	后处理	产生后处理操作
9		高速铣削	产生高速铣削功能，暂时不做介绍
10		彻底删除所有操作	删除所有操作

图 2.1.61　刀具路径模拟

其部分参数含义见表 2.1.14 刀具路径模拟。

表 2.1.14　刀具路径模拟

序号		名称	详 细 说 明
1		展开或缩小视窗	用于显示"刀路模拟"对话框的其他信息。"刀路模拟"对话框的其他信息包括刀具路径群组、刀具的详细资料以及刀具路径的具体信息
2		显示颜色切换	用于以不同的颜色来显示各种刀具路径
3		显示刀具	用于显示刀具
4		显示夹头	用于显示刀具和刀具卡头
5		显示快速位移	用于显示快速移动。如果取消选中此按钮，将不显示刀路的快速移动和刀具运动

续表

序号		名称	详 细 说 明
6		显示端点	用于显示刀路中的实体端点
7		着色验证	用于显示刀具所运行路径的阴影
8		选项	用于设置刀具路径模拟选项的参数，一般不需修改
9		限制路径	用于移除屏幕上所有刀路
10		关闭路径限制	用于显示刀路。当 按钮处于选中状态时，单击此按钮才有效
11		将刀具保存为图形	用于将当前状态的刀具和刀具卡头拍摄成静态图像
12		将刀具路径保存为图形	用于将可见的刀路存入指定的层

（2）刀路模拟控制　在执行刀具路径模拟时，单击【刀具路径模拟 ≋】按钮后，不仅弹出【刀路模拟】对话框，在工作区上方还会出现"刀路模拟控制"操控面板（如图 2.1.62 刀路模拟控制）。

图 2.1.62　刀路模拟控制

"刀路模拟控制"操控板中各选项的说明见表 2.1.15 刀路模拟控制。

表 2.1.15　刀路模拟控制

序号		名称	详 细 说 明
1		开始	用于播放刀具路径
2		停止	用于暂停播放的刀具路径
3		回到最前	用于将刀路模拟返回起始点
4		单节后退	用于将刀路模拟返回一段
5		单节前进	用于将刀路模拟前进一段
6		到最后	用于将刀路模拟移动到终点
7		路径痕迹模式	用于显示刀具的所有轨迹
8		运行模式	按照刀具运行的效果逐渐显示刀具的轨迹
9		设置停止条件	用于设置暂停设定的相关参数

15. 实体加工模拟

要执行实体加工模拟，可以单击【实体模拟 】，弹出【实体验证切削】对话框（如图 2.1.63 实体加工模拟）。

（1）基本信息　其部分参数含义见表 2.1.16 基本信息。

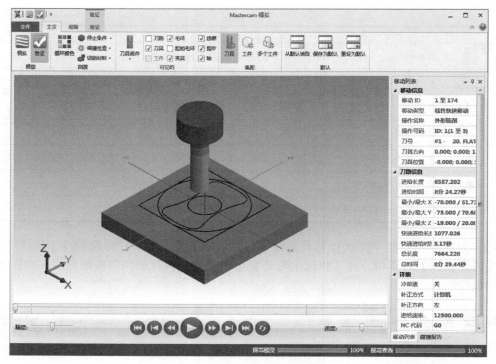

图 2.1.63　实体加工模拟

表 2.1.16　基本信息

序号	名称	详　细　说　明	
1	播放控制	**精度：**	设置实体验证模拟时，切削的精细效果
		速度：	设置实体验证模拟的速度
			重新开始，用于将实体切削验证返回起始点
			上一个操作
			用于将实体切削验证后退一段
		或	播放 / 停止，即播放，用于播放实体切削验证或用于暂停的实体切削验证
			用于将实体切削验证前进一段
			下一个操作
			直接显示实体切削验证的结果
			用于循环播放实体验证或模拟过程

续表

序号	名称		详 细 说 明
2	移动列表	移动信息	在右侧显示移动 ID 号、移动类型、操作名称、操作号码、刀号、刀具方向、刀具位置的实时信息
		刀路信息	在右侧显示进给长度、进给时间、最小 / 最大 X 值、最小 / 最大 Y 值、最小 / 最大 Z 值、快速进给长度、快度进给时间、总长度、总时间的实时信息
		详细	在右侧显示冷却液、补正方式、补正方向、进给速度、NC 代码、主轴转速的实时信息
3	碰撞列表		当实体模拟出现碰撞时此处列出碰撞位置的详细信息

（2）主页面板（如图 2.1.64 主页面板）　其部分参数含义见表 2.1.17 主页面板。

图 2.1.64　主页面板

表 2.1.17　主页面板

序号	名称		详 细 说 明
1	模型		用于选择模拟方式是进行刀具路径的模拟还是实体验证模拟
		模拟	进行刀具路径的模拟
		验证	进行实体验证模拟
2	回放	循环颜色	当选择该按钮时，实体验证时，不同加工方式将以相对应的颜色显示在毛坯和下面的时间进度条上
		停止条件	开启、关闭两种状态可选择，可选择是都在更换操作时、换刀时、碰撞时、刀具检查四种状态时停止加工模拟，以待观察出现的加工状况
		碰撞检查	显示所选择的刀具组件和材料间的碰撞。碰撞以红色显示，并将此信息添加到碰撞报告。可以检查的碰撞项目包括：铣削中刀柄、刀杆、肩部和刀齿，复合车铣中的刀柄和刀片
		切削材料	确定刀具组件可以在验证期间移除材料
3	可见的		用于显示或关闭刀路模拟或验证期间刀具、毛坯等形状特征
		刀具组件	铣削：开启、关闭两种状态可选择，用于显示刀柄、刀杆、肩部、刀齿 复合车：开启、关闭两种状态可选择，用于显示刀柄、刀片
		刀路	开启、关闭两种状态可选择，在刀路模拟或验证期间显示刀路
		刀具	开启、半透明、关闭三种状态可选择，在刀路模拟或验证期间显示刀具
		工件	开启、半透明、关闭三种状态可选择，显示零件最终模拟或验证情况
		毛坯	开启、半透明、关闭三种状态可选择，显示毛坯切削的过程
		起始毛坯	开启、半透明、关闭三种状态可选择，显示毛坯的初始状况

续表

序号	名称		详细说明
3	可见的	夹具	开启、半透明、关闭三种状态可选择，在刀路模拟或验证期间显示夹具
		线框	开启、关闭两种状态可选择，在刀路模拟或验证期间显示线框图形
		指针	开启、关闭两种状态可选择，在刀路模拟或验证期间显示指针和坐标方向
		轴	开启、关闭两种状态可选择，在刀路模拟或验证期间显示 WCS 坐标原点和轴
4	焦距	刀具	在刀路模拟或验证期间，刀具固定不动，工件绕着工具移动
		工件	在刀路模拟或验证期间，工件固定不动，刀具绕着工件移动
		多个工件	在刀路模拟或验证期间，显示两个主轴上工件，并且显示同步动作
5	默认	从默认读取	读取外部 XML 文件，用以设置 Mastercam 模拟所需的选项
		保存为默认	保存当前的 Mastercam 选项为 XML 文件，以方便以后调用
		重设为默认	将 Mastercam 模拟选项全部恢复成初始安装的设置

（3）视图面板（如图 2.1.65 视图面板） 其部分参数含义见表 2.1.18 视图面板。

图 2.1.65　视图面板

表 2.1.18　视图面板

序号	名称		详细说明
1	3D 视图	活度化	以最大化显示实体验证的毛坯和刀具图形，方便观察
		视图方向	分为等视图、俯视图、右视图、前视图、底视图、左视图、后视图
2	多重视图		以单一视窗、横排 2 个视窗、竖排 2 个视窗、4 个视窗的方式显示验证过程

（4）验证面板（如图 2.1.66 验证面板） 其部分参数含义见表 2.1.19 验证面板。

图 2.1.66　验证面板

表 2.1.19　验证面板

序号	名称		详 细 说 明
1	操作	所有操作	从操作管理器选择所有要显示的操作
		当前操作	仅显示包括当前刀具位置的操作
		段	仅显示一段，包括当前刀具位置
2	刀路	追踪	沿着路径显示
		沿着	沿着刀具绘制刀路
		两者	显示整个刀路和显示整个刀具路径
3	显示	限定描绘	删除当前所有模拟或验证到刀路图形窗口，剩下仅显示刀路，点击此按钮反复查看指定的刀路轨迹结果
		停止限定描绘	切换关闭限定描绘和显示所有刀路
		节点	在刀路中显示图形端点，允许查看刀具移动之间发生的端点
		引导	显示快速移动和重设进给移动
4	向量	启用向量	显示多轴和线切割刀路向量，以及显示该刀具和钼丝
5	分析	比较	比较一个操作结果或群组的一个工作
		保留碎片	选择要保留在屏幕上的切削毛坯截面
		移除碎片	选择要从屏幕上移除的切削毛坯截面，再次单击"移除碎片"完成选择
			选择点显示 XYZ 的坐标，可以选择多个点
			选择两个点，显示两点之间的距离
			移除之前所有的分析测量结果
6	截断	3/4	隐藏选择的实体的 1/4，来创建零件的截面视图，方便观察切削结果
		截断 XY 平面	截断 XY 平面上的验证结果，单击平面并拖动改变视图

序号	名称		详 细 说 明
6	截断	截断 YZ 平面	截断 YZ 平面上的验证结果，单击平面并拖动改变视图
		截断 ZX 平面	截断 ZX 平面上的验证结果，单击平面并拖动改变视图
7	质量	精确放大	在实体验证时，给予平滑曲面以放大的特写
		复位缩放	恢复之前的放大效果
			高亮显示实体验证结果的边界，即显示工件加工完成后的边框
			模拟过程中使用粗糙模型精度来验证模拟，然后以设置精度渲染模型，适用于较大的工件
			模拟适合螺母的螺纹，取消选择后，显示螺纹为同心圆和槽，速度快但不准确，验证需要重新启动

三、外形铣削加工实例一

外形铣削加工实例一

加工前的工艺分析与准备

1. 工艺分析

该零件表面由 1 个圆形凸台部分、1 个菱形凸台组成（如图 2.1.67 外形铣削加工实例一）。工件尺寸 100mm×100mm×28mm，无尺寸公差要求。尺寸标注完整，轮廓描述清楚。零件材料为已经加工成型的标准铝块，无热处理和硬度要求。根据图形要求分析只需使用一把 $\phi12$ 的平底刀即可。

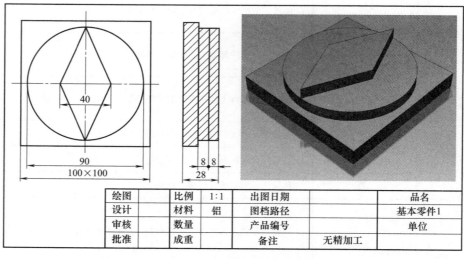

绘图		比例	1:1	出图日期		品名	
设计		材料	铝	图档路径		基本零件1	
审核		数量		产品编号		单位	
批准		成重		备注	无精加工		

图 2.1.67　外形铣削加工实例一

① 用 $\phi12$ 的平底刀外形铣削加工菱形凸台的区域，深度：0 ～ -8；
② 用 $\phi12$ 的平底刀外形铣削加工圆形凸台的区域，深度：-8 ～ -16；

③ 根据加工要求，共需产生 2 次刀具路径。

2. 前期准备工作

（1）图形的导入　打开已绘制好的图形→按 F9 键打开坐标系→观察原点位置→然后再按 F9 键关闭。

（2）选择加工所使用的机床类型　选择主菜单【机床类型】→【铣床】→【默认】，进入铣床的加工模块。

（3）毛坯设置　在左侧的【刀路】面板中，打开【机床群组】→【属性】→【毛坯设置】→【机床群组属性】对话框→点击【所有图形】按钮→设置【Z 向】的高度为 28 →【确定】。

顶部菱形区域的加工

3. 加工面的选择

选择主菜单【刀路】→【外形】→弹出对话框【输入新 NC 名称】→点击【确认】→打开【串联选项】对话框→选择【串联】按钮，并点选要加工的外形（如图 2.1.68 选择串联）。

4. 刀具类型选择

在系统弹出的【2D 刀具 - 外形铣削】对话框→选择【刀具】节点→进入【刀具设置】选项卡→【刀具过滤】按钮→选择【全关】按钮，【刀具类型】→选择【平底刀】→【确认】→【从刀库中选择】按钮→在【选择刀具】

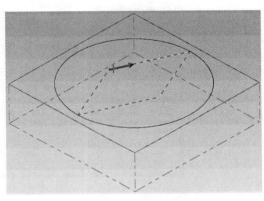

图 2.1.68　选择串联

对话框中选择 $\phi12$ 的平底刀→【确认】→设置【进给速率】300 →【主轴转速】2000 →【下刀速率】150 →勾选【快速提刀】（如图 2.1.69 刀具类型选择）。

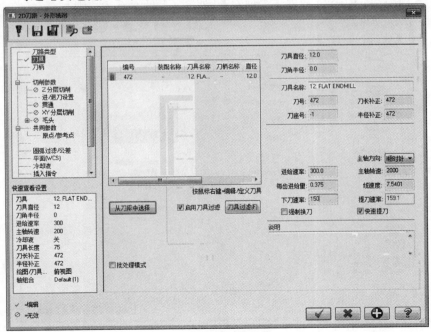

图 2.1.69　刀具类型选择

5. 切削参数设置

打开【切削参数】节点→在对话框中设置【补正方向】左→【壁边预留量】0→【底面预留量】0→【确定】（如图 2.1.70 切削参数设置）。

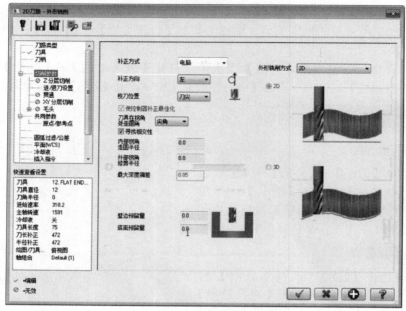

图 2.1.70　切削参数设置

6. Z 分层切削

打开【Z 分层切削】节点→勾选【深度分层切削】→设定【最大粗切步进量】3→【精修次数】1→【精修量】0.3→勾选【不提刀】（如图 2.1.71 Z 分层切削）。

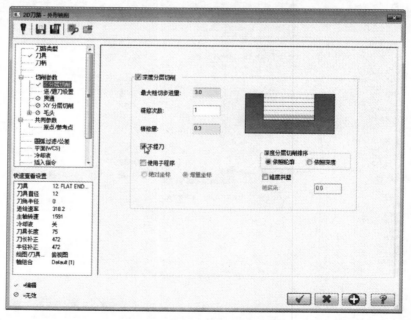

图 2.1.71　Z 分层切削

7. 进 / 退刀设置

打开【进/退刀设置】节点→勾选【进/退刀设置】→【进刀】→【直线】→【垂直】→【长度】0→【圆弧】→【半径】0→点击转换按钮 ⏩，使得进刀的参数应用到退刀上去（如图 2.1.72 进 / 退刀设置）。

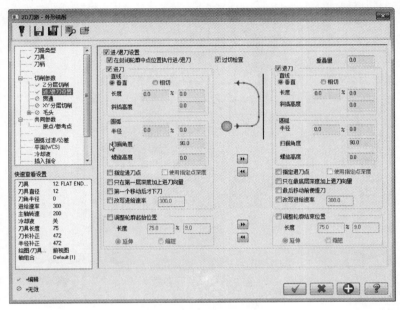

图 2.1.72　进 / 退刀设置

8. XY 分层切削

打开【XY 分层切削】节点→勾选【XY 分层切削】→【粗切】→【次】5→【间距】10→勾选【不提刀】→【确定】（如图 2.1.73 XY 分层切削）。

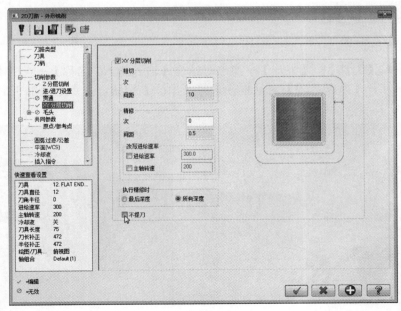

图 2.1.73　XY 分层切削

9. 共同参数

打开【共同参数】节点→设定【参考高度】【增量坐标】10 →【下刀位置】【绝对坐标】
2 →【深度】【绝对坐标】−8 →【确定】（如图 2.1.74 共同参数）。

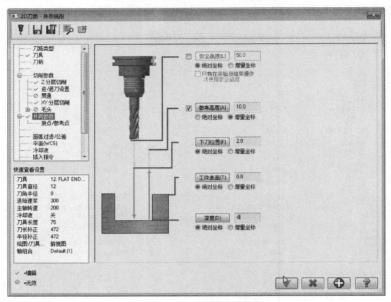

图 2.1.74　共同参数

10. 冷却液

打开【冷却液】节点→【Flood】On →【确定】。

11. 生成刀路

此时已经生成刀路（如图 2.1.75 生成刀路）。

底部圆形区域的加工

12. 加工面的选择

选择主菜单【刀路】→【外形】→弹出对话框【输入新 NC 名称】→点击【确认】→此
处点击确认→打开【串联选项】对话框→选择【串联】按钮，并点选要加工的外形（如图
2.1.76 选择串联）。

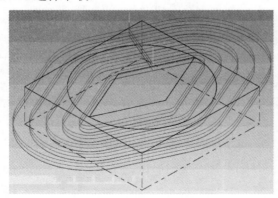

图 2.1.75　生成刀路

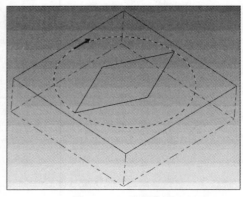

图 2.1.76　选择串联

13.【刀具】、【切削参数】、【Z 分层切削】、【进/退刀设置】均保持不变

14. XY 分层切削

打开【XY 分层切削】节点→勾选【XY 分层切削】→【粗切】→【次】3 →【间距】10 →勾选【不提刀】→【确定】（如图 2.1.77 XY 分层切削）。

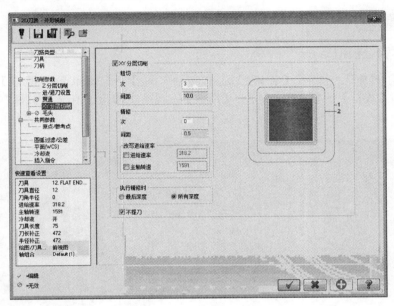

图 2.1.77　XY 分层切削

15. 共同参数

打开【共同参数】节点→设定【下刀位置】【绝对坐标】2.0 →【工件表面】【绝对坐标】–8 →【深度】【绝对坐标】–16 →【确定】（如图 2.1.78 共同参数）。

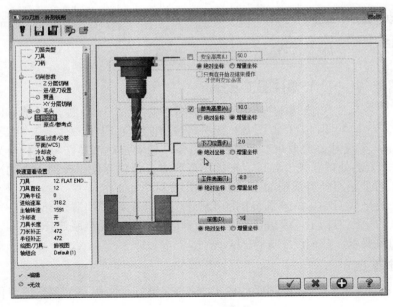

图 2.1.78　共同参数

16. 冷却液

打开【冷却液】节点→【Flood】On→【确定】。

17. 生成刀路

此时已经生成刀路（如图 2.1.79 生成刀路）。

18. 实体验证模拟

选中所有的加工→打开【验证已选择的操作 📇】→【Mastercam 模拟】对话框→隐藏【刀柄】和【线框】→【调整速度】→【播放】→观察实体验证情况（如图 2.1.80 实体验证模拟）。

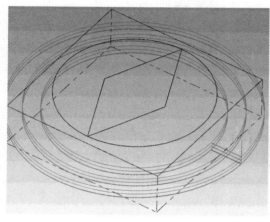

图 2.1.79　生成刀路　　　　　　　　图 2.1.80　实体验证模拟

四、外形铣削加工实例二

加工前的工艺分析与准备

1. 零件图工艺分析

外形铣削加工实例二

该零件表面由一个圆形凹槽、一个腰形凸台和一个圆形凸台组成（如图 2.1.81 外形铣削加工实例二）。工件尺寸 100mm×100mm×30mm，无尺寸公差要求。尺寸标注完整，轮廓描述清楚。零件材料为已经加工成型的标准铝块，无热处理和硬度要求。根据图形要求分析只需使用一把 $\phi12$ 的平底刀即可。

① 用 $\phi12$ 的平底刀外形铣削加工 $\phi36$ 的圆形槽区域；

② 用 $\phi12$ 的平底刀加工 –10 深度的腰形凸台区域，其路径串联选择即可；

③ 用 $\phi12$ 的平底刀加工 –19 深度的圆形凸台区域，其路径串联选择即可；

④ 根据加工要求，共需产生 3 次刀具路径。

2. 前期准备工作

（1）图形的导入　打开已绘制好的图形→按 F9 键打开坐标系→观察原点位置→然后再按 F9 键关闭。

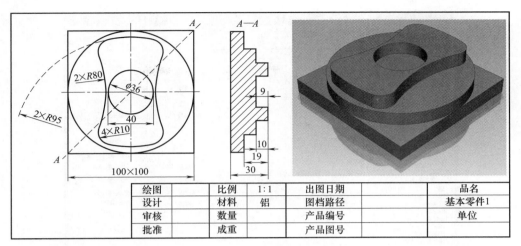

绘图		比例	1:1	出图日期		品名	
设计		材料	铝	图档路径		基本零件1	
审核		数量		产品编号		单位	
批准		成重		产品图号			

图 2.1.81　外形铣削加工实例二

（2）选择加工所使用的机床类型　选择主菜单【机床类型】→【铣床】→【默认】，进入铣床的加工模块。

（3）毛坯设置　在左侧的【刀路】面板中，打开【机床群组】→【属性】→【毛坯设置】→【机床群组属性】对话框→点击【所有图形】按钮→设置【Z 向】的高度为 30 →【确定】。

中部圆形凹槽的加工

3. 加工面的选择

选择主菜单【刀路】→【外形】→弹出对话框【输入新 NC 名称】→点击【确认】→此处点击确认→打开【串联选项】对话框→选择【串联】按钮，并点选要加工的外形（如图 2.1.82 选择串联）。

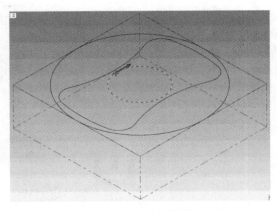

图 2.1.82　选择串联

4. 刀具类型选择

在系统弹出的【2D 刀具 - 外形铣削】对话框→选择【刀具】节点→进入【刀具设置】选项卡→【刀具过滤】按钮→选择【全关】按钮，【刀具类型】→选择【平底刀】→【确认】→【从刀库中选择】按钮→在【选择刀具】对话框中选择 ϕ12 的平底刀→【确认】→【进给速率】300 →【主轴转速】2000 →【下刀速率】150 →勾选【快速提刀】（如图 2.1.83 刀具类型选择）。

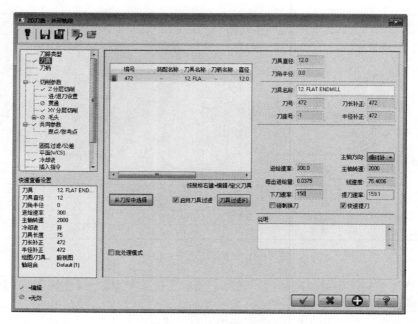

图 2.1.83　刀具类型选择

5. 切削参数设置

打开【切削参数】节点→在对话框中设置【补正方向】右→【壁边预留量】0→【底面预留量】0→【确定】(如图 2.1.84 切削参数设置)。

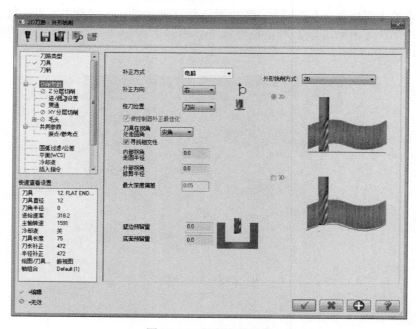

图 2.1.84　切削参数设置

6. Z 分层切削

打开【Z 分层切削】节点→勾选【深度分层切削】→设定【最大粗且步进量】3→【精

修次数】1 →【精修量】0.3 →勾选【不提刀】（如图 2.1.85 Z 分层切削）。

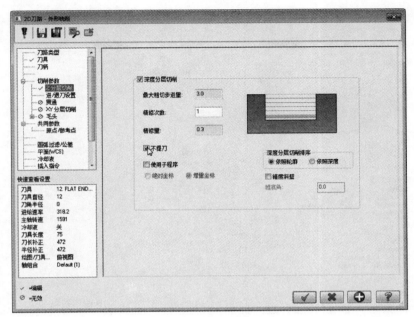

图 2.1.85　Z 分层切削

7. XY 分层切削

打开【XY 分层切削】节点→勾选【XY 分层切削】→【粗切】→【次】2 →【间距】10 →
勾选【不提刀】→【确定】（如图 2.1.86 XY 分层切削）。

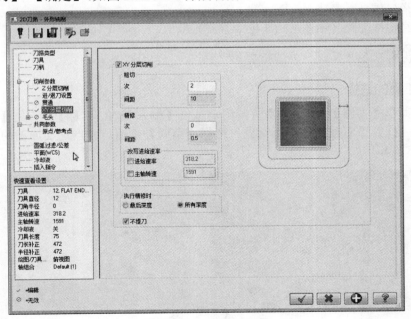

图 2.1.86　XY 分层切削

8. 共同参数

打开【共同参数】节点→设定【参考高度】【绝对坐标】10 →【下刀位置】【绝对坐标】

2 →【深度】【绝对坐标】−9 →【确定】（如图 2.1.87 共同参数）。

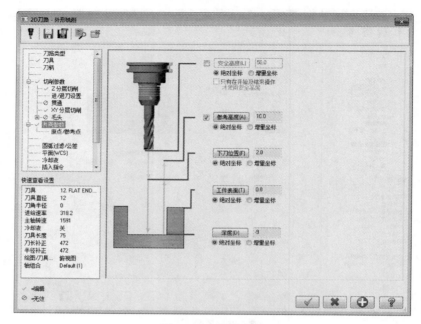

图 2.1.87　共同参数

9. 冷却液

打开【冷却液】节点→【Flood】On →【确定】。

10. 生成刀路

此时已经生成刀路（如图 2.1.88 生成刀路）。

腰形区域的加工

11. 加工面的选择

选择主菜单【刀路】→【外形】→弹出对话框【输入新 NC 名称】→点击【确认】→此处点击确认→打开【串联选项】对话框→选择【串联】按钮，并点选要加工的外形（如图 2.1.89 选择串联）。

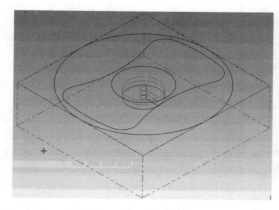

图 2.1.88　生成刀路

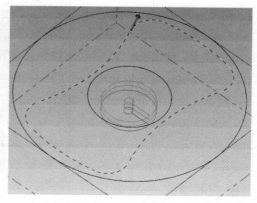

图 2.1.89　选择串联

12.【刀具】不变

13. 切削参数设置

打开【切削参数】节点→在对话框中设置【补正方向】左→【壁边预留量】0→【底面预留量】0→【确定】（如图 2.1.90 切削参数设置）。

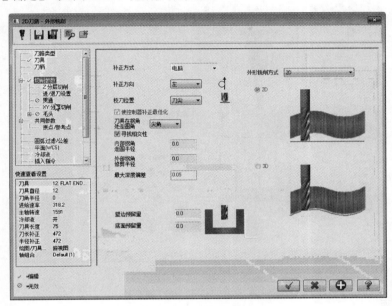

图 2.1.90　切削参数设置

14. XY 分层切削

打开【XY 分层切削】节点→勾选【XY 分层切削】→【粗切】→【次】3→【间距】10→勾选【不提刀】→【确定】（如图 2.1.91 XY 分层切削）。

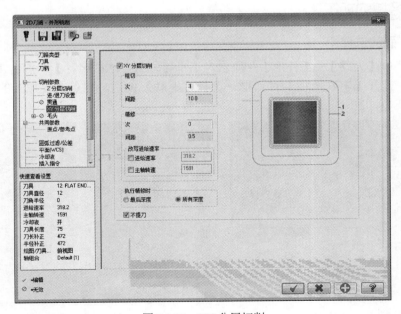

图 2.1.91　XY 分层切削

15. 共同参数

打开【共同参数】节点→设定【参考高度】【绝对坐标】10 →【下刀位置】【绝对坐标】2 →【深度】【绝对坐标】–10 →【确定】（如图 2.1.92 共同参数）。

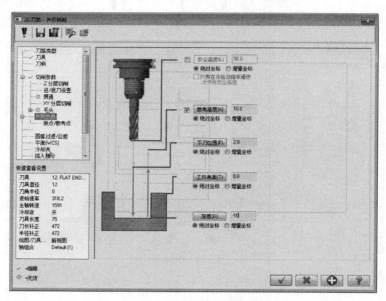

图 2.1.92　共同参数

16. 冷却液

打开【冷却液】节点→【Flood】On →【确定】。

17. 生成刀路

此时已经生成刀路（如图 2.1.93 生成刀路）。

底部圆形区域的加工

18. 加工面的选择

选择主菜单【刀路】→【外形】→弹出对话框【输入新 NC 名称】→点击【确认】→此处点击确认→打开【串联选项】对话框→选择【串联】按钮，并点选要加工的外形（如图 2.1.94 选择串联）。

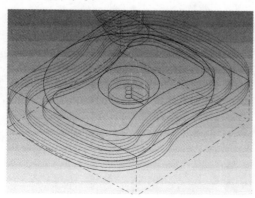

图 2.1.93　生成刀路

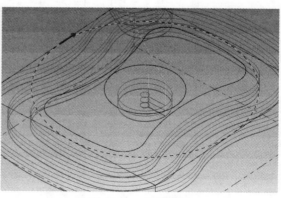

图 2.1.94　选择串联

19. 刀具类型选择

【刀具】选择 ϕ12 的平底刀→【确认】→【进给速率】300 →【主轴转速】2000 →【下刀速率】150 →勾选【快速提刀】（如图 2.1.95 刀具类型选择）。

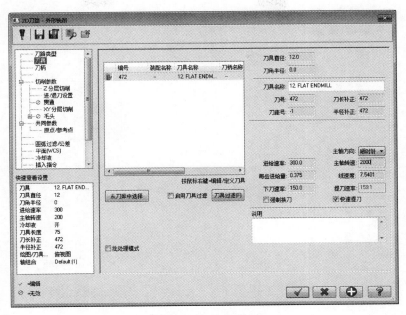

图 2.1.95　刀具类型选择

20. 切削参数设置

打开【切削参数】节点→在对话框中设置【补正方向】左→【壁边预留量】0 →【底面预留量】0 →【确定】（如图 2.1.96 刀切削参数设置）。

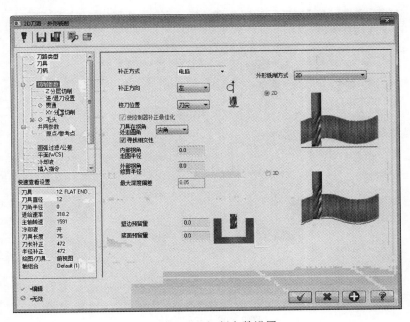

图 2.1.96　刀切削参数设置

21. XY 分层切削

打开【XY 分层切削】节点→勾选【XY 分层切削】→【粗切】→【次】2→【间距】10→勾选【不提刀】→【确定】(如图 2.1.97 XY 分层切削)。

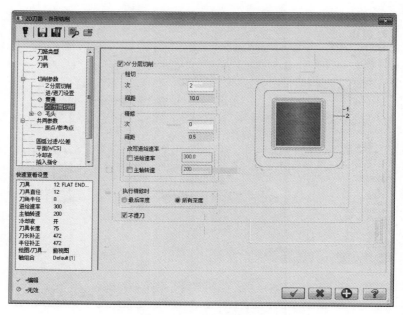

图 2.1.97　XY 分层切削

22. 共同参数

打开【共同参数】节点→设定【参考高度】【绝对坐标】10→【下刀位置】【绝对坐标】2→【工件表面】【绝对坐标】-10→【深度】【绝对坐标】-19→【确定】(如图 2.1.98 共同参数)。

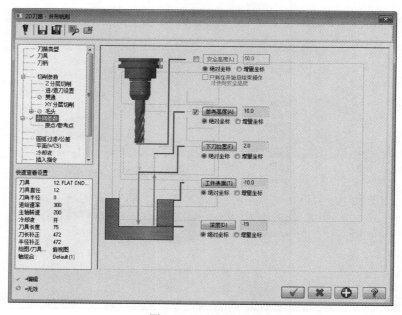

图 2.1.98　共同参数

23. 冷却液

打开【冷却液】节点→【Flood】On→【确定】。

24. 生成刀路

此时已经生成刀路（如图 2.1.99 生成刀路）。

最终验证模拟

25. 实体验证模拟

选中所有的加工→打开【验证已选择的操作 】→【Mastercam 模拟】对话框→隐藏【刀柄】和【线框】→【调整速度】→【播放】→观察实体验证情况（如图 2.1.100 实体验证模拟）。

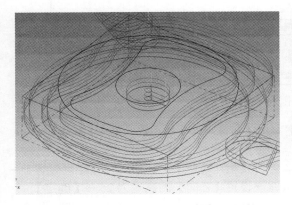

图 2.1.99　生成刀路

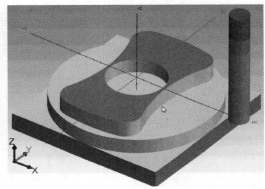

图 2.1.100　实体验证模拟

第二节　Mastercam 的挖槽铣削加工

2D 标准挖槽加工专门对平面槽形工件加工，2D 标准挖槽加工槽形的轮廓时，参数设置非常方便，系统根据轮廓自动计算走刀次数，无需用户计算。此 2D 标准挖槽加工采用逐层加工的方式，在每一层内，刀具会以最少的刀具路径、最快的速度去除残料，因此 2D 标准挖槽加工效率非常高。

一、挖槽铣削加工入门实例

加工前的工艺分析与准备

1. 零件图工艺分析

挖槽铣削加工入门实例

该零件表面由 1 个不规则形状的槽构成（如图 2.2.1 挖槽铣削入门实例零件图）。工件尺寸 100mm×100mm×25mm，无尺寸公差要求。尺寸标注完整，轮廓描述清楚。零件材料为已经加工成型的标准铝块，无热处理和硬度要求。

① 用 ϕ12 的平底刀挖槽铣削加工不规则形状的槽区域，深度：0 ～ -14；

② 根据加工要求，共需产生 1 次刀具路径。

2. 前期准备工作

（1）图形的导入　打开已绘制好的图形→按 F9 键打开坐标系→观察原点位置→然后再按 F9 键关闭。

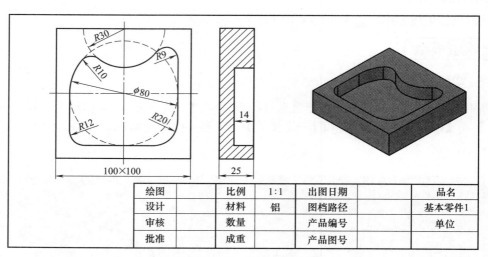

图 2.2.1　挖槽铣削入门实例零件图

（2）选择加工所使用的机床类型　选择主菜单【机床类型】→【铣床】→【默认】，进入铣床的加工模块。

（3）毛坯设置　在左侧的【刀路】面板中，打开【机床群组】→【属性】→【毛坯设置】→【机床群组属性】对话框→点击【所有图形】按钮→设置【Z 向】的高度为 25 →【确定】。

凹槽区域的加工

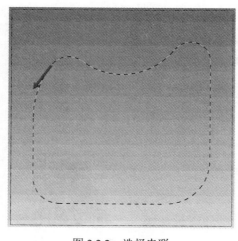

图 2.2.2　选择串联

3. 加工面的选择

选择主菜单【刀路】→【2D 挖槽】→弹出对话框【输入新 NC 名称】→点击【确认】→此处点击确认→打开【串联选项】对话框→选择【串联】按钮，并点选要加工的外形（如图 2.2.2 选择串联）。

4. 刀具类型选择

在系统弹出的【2D 刀路 -2D 挖槽】对话框→选择【刀具】节点→进入【刀具设置】选项卡→【刀具过滤】按钮→选择【全关】按钮，【刀具类型】→选择【平底刀】→【确认】→【从刀库中选择】按钮→在【选择刀具】对话框中选择 $\phi 12$ 的平底刀→【确认】→设置【进给速率】300 →【主轴转速】2000 →【下刀速率】150 →勾选【快速提刀】（如图 2.2.3 刀具类型选择）。

5. 切削参数设置

打开【切削参数】节点→在对话框中【壁边预留量】0 →【底面预留量】0 →【确定】（如图 2.2.4 切削参数设置）。

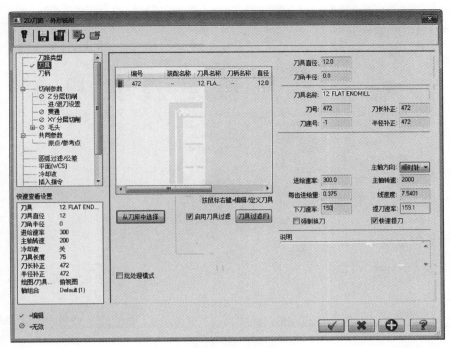

图 2.2.3　刀具类型选择

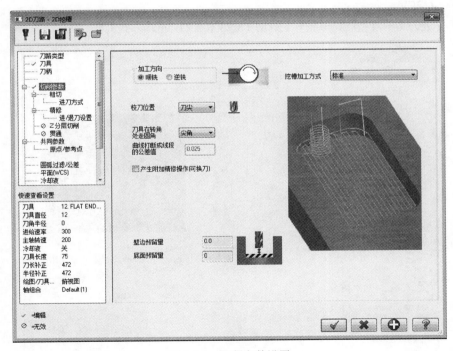

图 2.2.4　切削参数设置

6. 粗切

打开【粗切】节点→勾选【粗切】→【平行环切清角】→【切削间距】75% →勾选【刀路最佳化】（如图 2.2.5 粗切）。

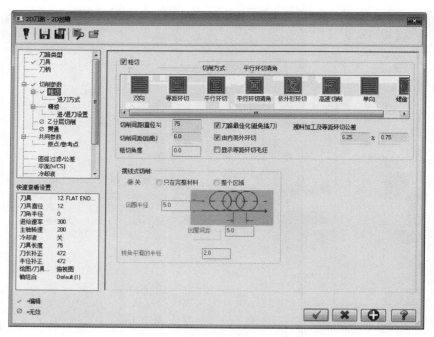

图 2.2.5　粗切

7. 进刀方式

打开【进刀方式】节点→选择【斜切】（如图 2.2.6 进刀方式）。

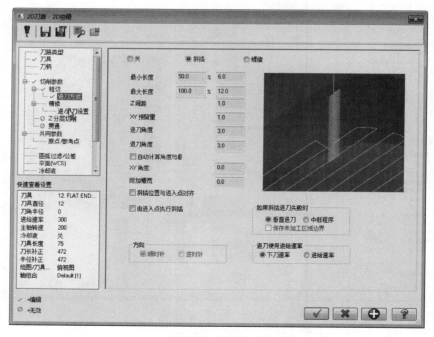

图 2.2.6　进刀方式

8. 精修

打开【精修】节点→勾选【精修】→【次】1→【间距】6→勾选【不提刀】（如图 2.2.7

精修）。

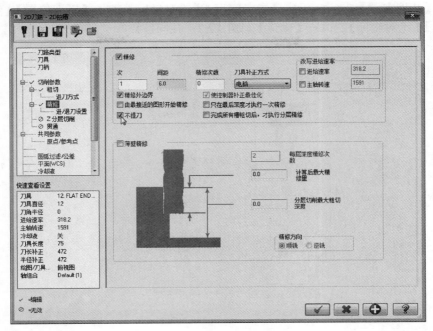

图 2.2.7　精修

9. 分层切削

打开【Z 分层切削】节点→勾选【深度分层切削】→设定【最大粗切步进量】3 →勾选
【不提刀】（如图 2.2.8 Z 分层切削）。

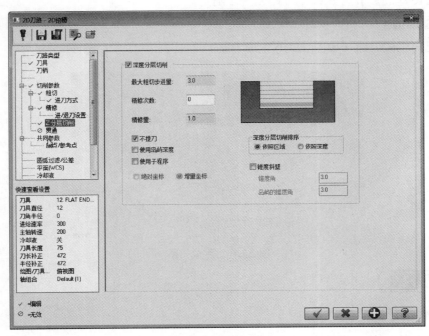

图 2.2.8　Z 分层切削

10. 参数

打开【共同参数】节点→设定【参考高度】【绝对坐标】10→【下刀位置】【绝对坐标】2→【深度】【绝对坐标】-14→【确定】(如图 2.2.9 共同参数)。

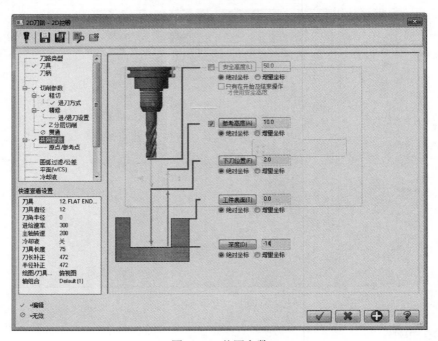

图 2.2.9　共同参数

11. 冷却液

打开【冷却液】节点→【Flood】On→【确定】。

12. 生成刀路

此时已经生成刀路(如图 2.2.10 生成刀路)。

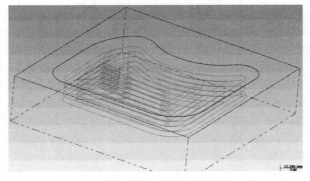

图 2.2.10　生成刀路

（最终验证模拟）

13. 实体验证模拟

选中所有的加工→打开【验证已选择的操作 📷】→【Mastercam 模拟】对话框→隐藏

【刀柄】和【线框】→【调整速度】→【播放】→观察实体验证情况（如图 2.2.11 实体验证模拟）。

二、挖槽铣削的参数设置

通过入门实例，对 Mastercam 数控加工的二维挖槽有了一个详细的了解，下面将详细介绍二维挖槽的参数设置，逐一讲解外形铣削中所遇到的参数的含义和设置。

1. 切削参数

在【2D 刀路 -2D 挖槽】参数对话框中单击切削参数选项卡，弹出【切削参数】对话框（如图 2.2.12 切削参数）。

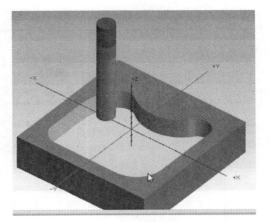

图 2.2.11　实体验证模拟

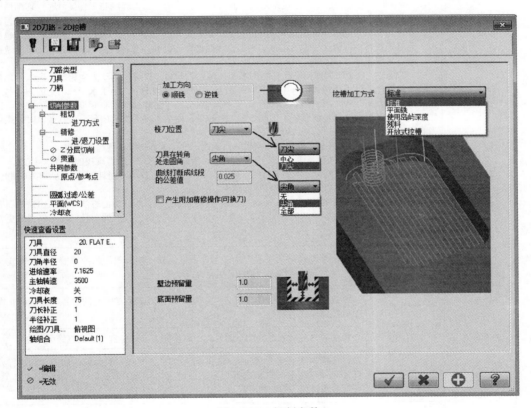

图 2.2.12　切削参数

其部分参数含义见表 2.2.1 切削参数。

表 2.2.1　切削参数

序号	名称		详 细 说 明
1	加工方向	◉顺铣	铣刀对工件的作用力在进给方向上的分力与工件进给方向相同，称为顺铣
		◉逆铣	铣刀对工件的作用力在进给方向上的分力与工件进给方向相反，称为逆铣

序号	名称	详 细 说 明	
1	加工方向	铣床的螺母和丝杠间总会有或大或小的间隙,顺铣时假如工作台向右移动,丝杠和螺母在左侧贴紧,间隙留在右侧,而这时水平铣削分力也向右,因此当水平铣削分力大到一定程度时会推动工作台和丝杠一起向右窜动,把间隙留在左侧;随着丝杠继续转动,间隙又恢复到右侧,在这一瞬间工作台停止运动;当水平铣削分力又大到一定程度时会推动工作台和丝杠再次向右窜动。这种周期性的窜动使得工作台运动很不平稳,容易造成刀齿损坏。 此外,在铣削铸、锻件时,刀齿首先接触黑皮,加剧刀具磨损;但顺铣的垂直铣削分力将工件压向工作台,刀齿与已加工面滑行、摩擦现象小,对减小刀齿磨损、减少加工硬化现象和减小表面粗糙度均有利。因此,当工作台丝杠和螺母的间隙调整到小于0.03mm时或铣削薄而长的工件时宜采用顺铣。 逆铣时铣削垂直分力将工件上抬,刀齿与已加工面滑行使摩擦加大。但铣削水平分力有助于丝杠和螺母贴紧,使工作台运动比较平稳,铣削铸、锻件引起的刀齿磨损也较小。因此一般铣削多采用逆铣。 顺铣和逆铣的特点: ① 顺铣时,每个刀的切削厚度都是由小到大逐渐变化的。当刀齿刚与工件接触时,切削厚度为零,只有当刀齿在前一刀齿留下的切削表面上滑过一段距离,切削厚度达到一定数值后,刀齿才真正开始切削。逆铣使得切削厚度是由大到小逐渐变化的,刀齿在切削表面上的滑动距离也很小。而且顺铣时,刀齿在工件上走过的路程也比逆铣短。因此,在相同的切削条件下,采用逆铣时,刀具易磨损。 ② 逆铣时,由于铣刀作用在工件上的水平切削力方向与工件进给运动方向相反,所以工作台丝杠与螺母能始终保持螺纹的一个侧面紧密贴合。而顺铣时则不然,由于水平铣削力的方向与工件进给运动方向一致,当刀齿对工件的作用力较大时,由于工作台丝杠与螺母间间隙的存在,工作台会产生窜动,这样不仅破坏了切削过程的平稳性,影响工件的加工质量,而且严重时会损坏刀具。 ③ 逆铣时,由于刀齿与工件间的摩擦较大,因此已加工表面的冷硬现象较严重。 ④ 顺铣时,刀齿每次都是由工件表面开始切削,所以不宜用来加工有硬皮的工件。 ⑤ 顺铣时的平均切削厚度大,切削变形较小,与逆铣相比较功率消耗要少些(铣削碳钢时,功率消耗可减少5%,铣削难加工材料时减少14%)。 根据以上的特点,在实际加工中,一般采取"内圆逆铣,外圆顺铣"的方法,让铣出来的面表面光洁度更好。内圆为半开放的,属于重切削(吃满刀);外圆为开放的,轻切削可以得到更好的品质	
2	挖槽类型	标准	该选项为标准的挖槽方式,也是最常用的挖槽方式,此种挖槽方式仅对定义的边界内部的材料进行铣削
		平面铣	该选项为平面挖槽的加工方式,此种挖槽方式是对定义的边界所围成的平面的材料进行铣削
		使用岛屿深度	该选项为对岛屿进行加工的方式,此种加工方式能自动地调整铣削深度
		残料加工	该选项为残料挖槽的加工方式,此种加工方式可以对先前的加工自动进行残料计算并对剩余的材料进行切削。当使用这种加工方式时,会激活相关选项,可以对残料加工的参数进行设置
		开放式挖槽	该选项为对未封闭串联进行铣削的加工方式。当使用这种加工方式时,会激活相关选项,可以对残料加工的参数进行设置
3	曲线打断成线段的公差值	讲曲线刀路转换为支线刀路,转换成线段之后的线段和原来的曲线相差的最大值,一般情况下不使用	
4	产生附加精修操作(可换刀)	在编制挖槽加工刀具路径时,同时生成一个精加工的操作,可以一次选择加工对象完成粗加工和精加工的刀具路径编制	
5	壁边预留量	用于设置沿XY轴方向的侧壁加工预留量	
6	底面预留量	用于设置沿Z轴方向的底面加工预留量	

2. 挖槽类型详述

其部分参数含义见表 2.2.2 挖槽类型。

表 2.2.2　挖槽类型

序号	名称	详 细 说 明	
1	标准	该选项为标准的挖槽方式，也是最常用的挖槽方式，此种挖槽方式仅对定义的边界内部的材料进行铣削（如图 2.2.13 标准挖槽）	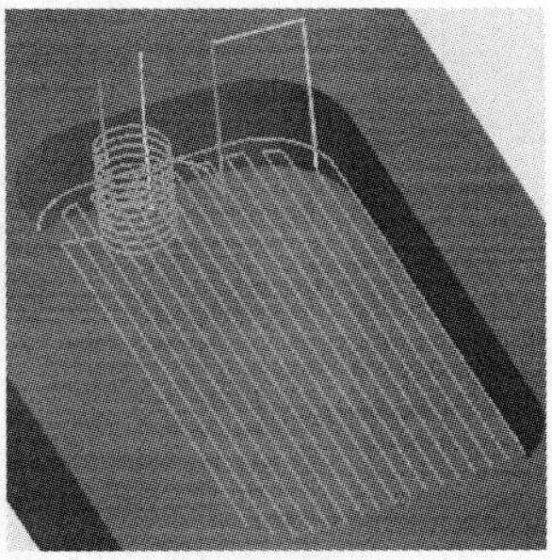 图 2.2.13　标准挖槽
2	平面铣	该选项为平面挖槽的加工方式，此种挖槽方式是对定义的边界所围成的平面的材料进行铣削。平面加工挖槽类型用于在原有挖槽加工的基础上向槽外扩宽一定的距离，即在原有的基础上额外增加部分刀路。如果选取的是嵌套串联时，内部串联将会被定义为岛屿边界。从下拉列表框中选择该选项后，会在下方出现参数选项（如图 2.2.14 平面铣）	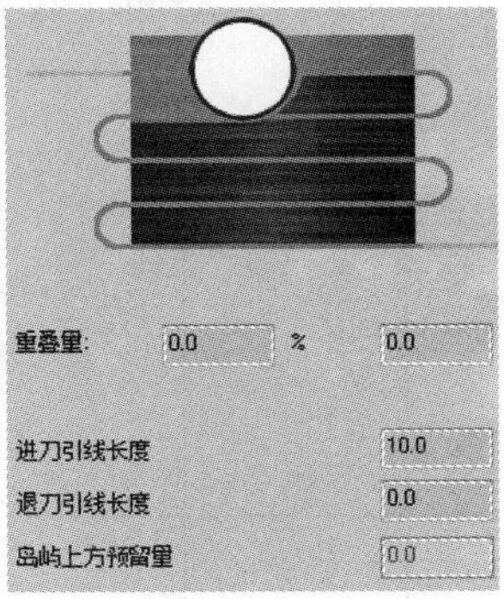 图 2.2.14　平面铣
		重叠量：在【重叠量】文本框可以用来输入向外扩宽的宽度。此处可以输入与刀具直径的百分比，也可以直接输入数值。如图 2.2.15 重叠量为 0%，图 2.2.16 重叠量为 50% 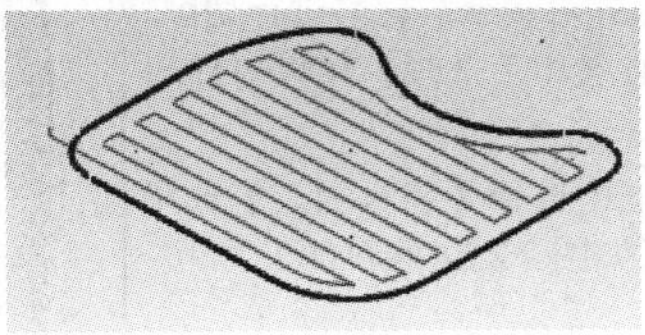 　 　图 2.2.15　重叠量为 0% 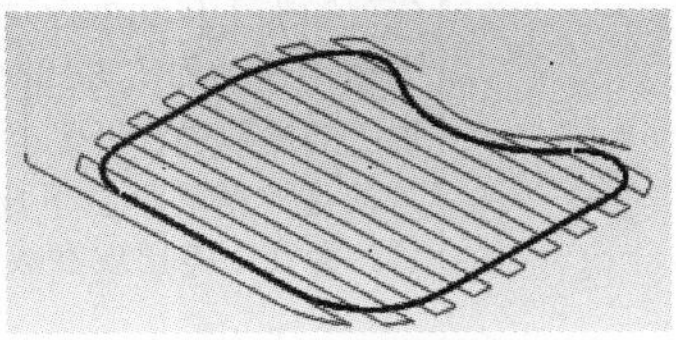　　　　图 2.2.16　重叠量为 50%	
		进刀延伸长度：在【进刀延伸长度】文本框中可以输入进刀时引线的长度，在【退刀延伸长度】文本框中可以输入退刀时的引线的长度。如图 2.2.17 延伸长度 100，图 2.2.18 延伸长度 10 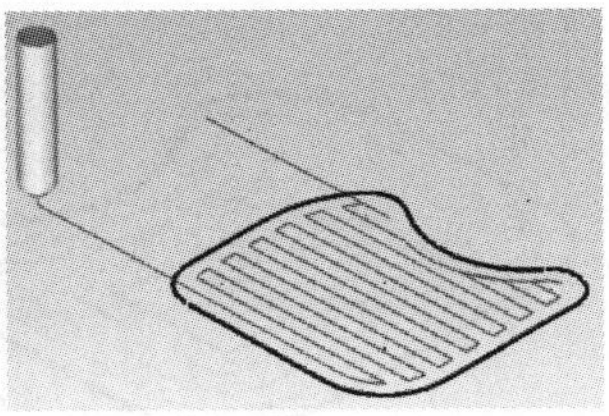 　 　图 2.2.17　延伸长度 100 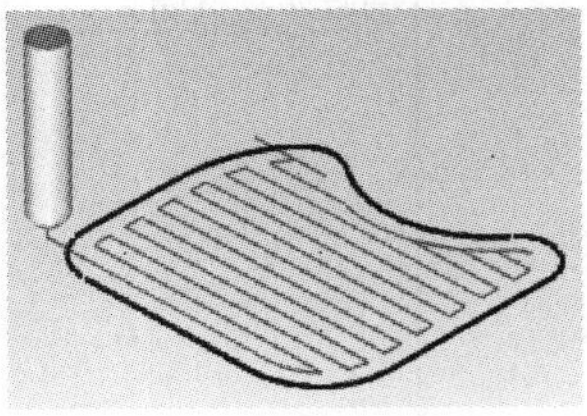　　　图 2.2.18　延伸长度 10	

序号	名称	详 细 说 明
3	使用岛屿深度	该选项为对岛屿进行加工的方式，此种加工方式能自动地调整铣削深度。使用岛屿深度挖槽可以按照设置的深度对岛屿表面进行面铣削。从【挖槽类型】下拉列表框中选择该选项后，会在下方出现参数选项（如图 2.2.19 使用岛屿深度），其中【重叠量】、【进刀延伸长度】、【退刀延伸长度】的设置与平面加工相同 图 2.2.19　使用岛屿深度 岛屿上方的预留量：在【岛屿上方的预留量】文本框可以用来输入岛屿表面加工的深度。如果输入正值或零将不会对岛屿表面加工。模型为【岛屿上方的预留量】设置为 −4 时，槽的加工情况如图 2.2.20 所示  图 2.2.20　岛屿上方的预留量
4	残料加工	该选项为残料挖槽的加工方式，此种加工方式可以对先前的加工自动进行残料计算并对剩余的材料进行切削。当使用这种加工方式时，会激活相关选项，可以对残料加工的参数进行设置。 从【挖槽类型】下拉列表框中选择【残料加工】选项后，会在下方出现参数选项（如图 2.2.21 残料加工） 图 2.2.21　残料加工 剩余材料计算方法的设置与残料加工外形铣削中讲解的一样，此处不再赘述。残料挖槽加工刀具路径如图 2.2.22 所示 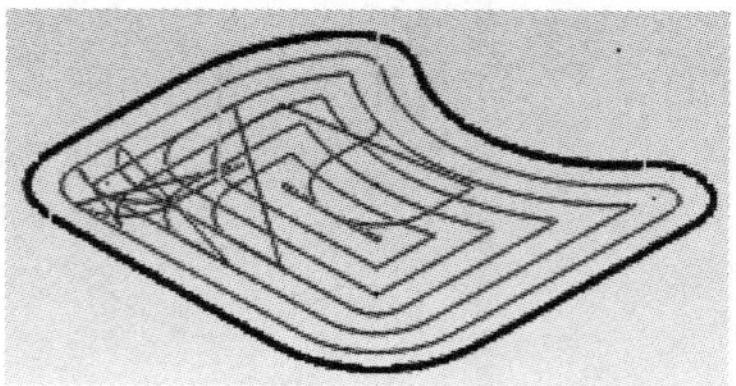 图 2.2.22　残料挖槽加工刀具路径

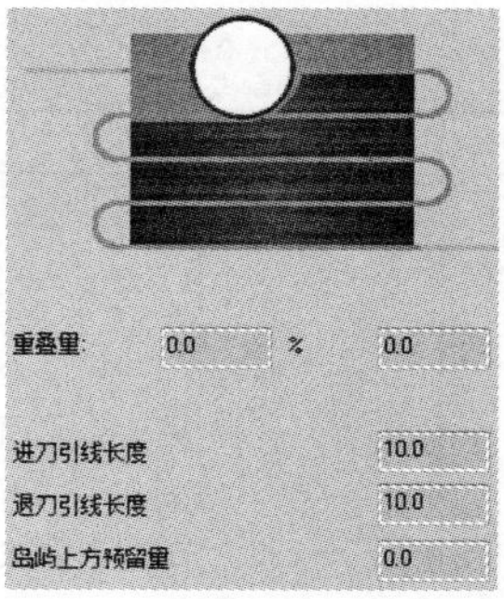

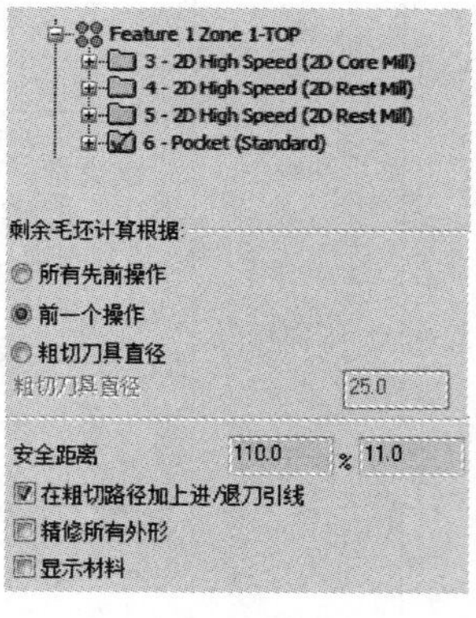

续表

序号	名称	详 细 说 明
5	开放式挖槽	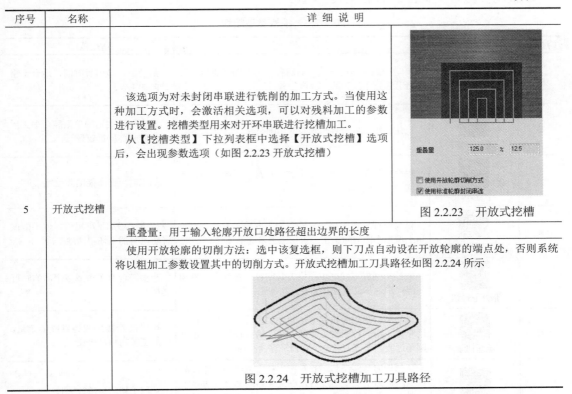 该选项为对未封闭串联进行铣削的加工方式。当使用这种加工方式时，会激活相关选项，可以对残料加工的参数进行设置。挖槽类型用来对开环串联进行挖槽加工。 从【挖槽类型】下拉列表框中选择【开放式挖槽】选项后，会出现参数选项（如图 2.2.23 开放式挖槽） 图 2.2.23 开放式挖槽 **重叠量：**用于输入轮廓开放口处路径超出边界的长度 使用开放轮廓的切削方法：选中该复选框，则下刀点自动设在开放轮廓的端点处，否则系统将以粗加工参数设置其中的切削方式。开放式挖槽加工刀具路径如图 2.2.24 所示 图 2.2.24 开放式挖槽加工刀具路径

3. 切削参数——粗切

在【2D 刀路 -2D 挖槽】对话框中单击【粗切】选项卡，弹出【粗切削】对话框（如图 2.2.25 粗切）。该对话框用来设置定义深度分层铣削的粗切和精修的参数。

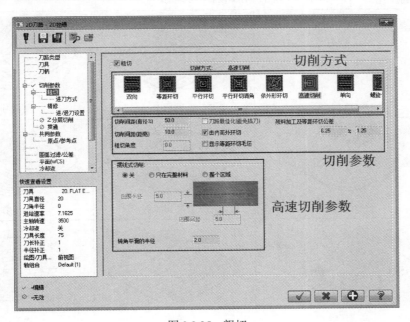

图 2.2.25 粗切

其部分参数含义见表 2.2.3 挖槽类型粗切。

表 2.2.3　挖槽类型粗切

序号	名称	详　细　说　明	适用范围
1	双向	产生一组来回的直线刀具路径。刀具路径将以相互平行且连续不提刀的方式产生	最经济、最节省时间，适合于粗铣面加工
2	等距环切	产生一组以环绕等距画圈的切削路径	适合加工规则的单型腔，加工后的型腔底部质量较好
3	平行环切	以平行螺旋方式粗加工内腔，每次用横跨步距补的方式加工至轮廓直至边界	加工时可能不能清除毛坯
4	平行环切清角	以与平行环切的相同方法粗加工内腔，但是在内腔角上增加小的清除加工，可切除更多的毛坯	该方式增加了可用性，但不能保证将所有的毛坯都清除干净
5	依外形环切	依外形螺旋方式产生挖槽刀具路径，在外部边界和岛屿间用逐步过滤进行插补，粗加工内腔	当型腔内有单个或多个岛屿时可选用
6	高速切削	以与平行环切的相同方法粗加工内腔，但其在行间过渡时采用一种平滑过渡的方法，另外在转角处也以圆角过渡，保证刀具整个路径平稳而高速	可以清除转角或边界壁的余量，但加工时间相对较长
7	单向	所建构刀具路径将相互平行，且在每段刀具路径的终点，提刀至安全高度后，以快速移动速度行进到下一段刀具路径的起点，再进行铣削下一段刀具路径的动作	适用于切削参数较大时
8	螺旋切削	以圆形、螺旋方式产生挖槽刀具路径。用所有正切圆弧进行粗加工铣削，其结果为刀具提供了一个平滑的运动和一个较好的全部清除毛坯余量的加工	该选项对于周边余量不均的切削区域会产生较多抬刀
9	不同切削方式的图例	 双向　　等距环切 平行环切　　平行环切清角　　依外形环切 高速切削　　单向　　螺旋切削	

序号	名称	详　细　说　明		适用范围
10	切削间距	设置两条刀具路径之间的距离		
		切削间距（直径 %）	以刀具直径的百分比来定义刀具路径的间距。一般为 60% ～ 75%	
		切削间距（距离）	直接以距离来定义刀具路径的间距。它与【切削间距（直径 %）】选项是联动的	
11	粗切角度	用来控制刀具路径的铣削方向，指的是刀具路径切削方向与 X 轴的夹角。此项只有粗切方式为双向和单向切削时才激活可用		
12	由内而外环切	环切刀具路径的挖槽进刀起点有两种方法决定，它是由【由内而外环切】复选框来决定的。当启用该复选框时，切削方法是以挖槽中心或用户指定的起点开始，螺旋切削至挖槽边界（如图 2.2.26 启用由内而外环切）。当取消启用该复选框时，切削方法是以挖槽边界或用户指定的起点开始，螺旋切削至挖槽中心（如图 2.2.27 取消由内而外环切） 图 2.2.26　启用由内而外环切　　　图 2.2.27　取消由内而外环切		
13	刀具路径最佳化	系统对刀具路径优化，以最佳方式走刀		

4. 进刀模式

为了避免刀具直接进入工件而伤及工件或损坏刀具，因而需要设置下刀方式。下刀方式用来指定刀具如何进入工件的方法。在【2D 刀路 -2D 挖槽】对话框中单击【进刀模式】节点，系统弹出【进刀模式】主题页，用来设置粗加工进刀参数，选择【斜插】，进入【斜插】下刀的对话框（如图 2.2.28 斜插）。

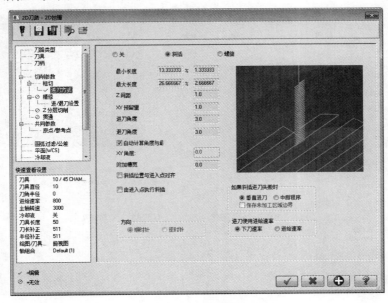

图 2.2.28　斜插

其部分参数含义见表 2.2.4。

表 2.2.4　挖槽类型斜插

切削方式的含义		
序号	名称	详 细 说 明
1	最小长度	指定进刀的路径的最小长度。输入刀具直径的百分比或直接输入最小半径值，两输入框是联动的
2	最大长度	指定进刀的路径的最大长度。输入刀具直径的百分比或直接输入最大半径值，两输入框也是联动的
3	Z 间距	指定开始斜插的高度
4	XY 预留量	指定刀具和最后精修挖槽加工的预留间隙
5	进刀角度	指定斜插进刀的角度
6	退出角度	指定斜插退刀的角度
7	自动计算角度与最长边平行	启用该复选框时，斜插进刀在 XY 方向的角度由系统决定；当取消启用该复选框时，斜插进刀在 XY 轴方向的角度由 XY 角度输入框输入的角度来决定
8	附加槽的宽度	指定刀具每一快速直落时添加的额外刀具路径
9	斜插位置与进入点对齐	启用该复选框时，进刀点与刀具路径对齐
10	由进入点执行斜插	选中该复选框时，进刀点即是斜插刀具路径的起点
11	如果斜插下刀失败	如果斜插下刀出现失败，可以选取解决方案是垂直进刀和中断程序
12	进刀采用的进给率	选取进刀过程中采用的速率，可以选择下刀速率，也可以选择进给率

选择【螺旋】，进入【螺旋】下刀的对话框（如图 2.2.29 螺旋）。

其部分参数含义见表 2.2.5。

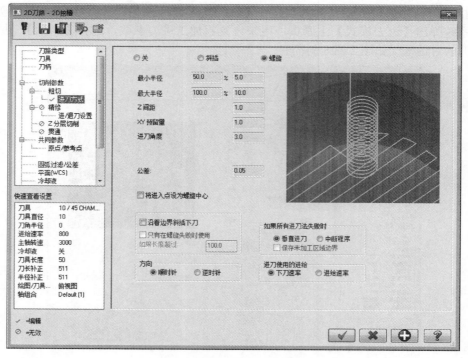

图 2.2.29　螺旋

表 2.2.5　螺旋

序号	名称	详 细 说 明
1	最小半径	指定螺旋的最小半径，输入刀具直径的百分比或直接输入最小半径值，两输入框是联动的
2	最大半径	指定螺旋的最大半径，输入刀具直径的百分比或直接输入最大半径值，两输入框也是联动的
3	Z 间距	指定开始螺旋的高度
4	XY 预留量	指定刀具和最后精修挖槽加工的预计间隙
5	进刀角度	指定螺旋进刀的下刀角度
6	方向	指定螺旋下刀的方向是顺时针还是逆时针
7	沿着边界渐斜插下刀	启用该复选框，设定刀具沿边界移动
8	只有在螺旋失败时使用	仅当螺旋下刀失败时，设定刀具沿边界移动
9	如果所有进刀方法都失败时	当所有进刀方法都失败时，设定为【垂直下刀】或【中断程式】
10	进刀采用的进给率	启用该复选框，进刀采用的进给率有两种，包括【下刀速率】和【进给率】。当选中【下刀速率】时，采用 Z 向进刀量，当选中【进给率】时，采用水平切削进刀量
11	方向	启用该复选框，螺旋下刀刀具路径采用圆弧刀具路径，以圆弧进给（G2/G3 输出）。取消启用该复选框，则以输入的路径转换为线段，螺旋下刀刀具路径采用线段的刀具路径
12	将进入点设为螺旋的中心	启用该复选框，以进入点作为螺旋下刀刀具路径的中心，进刀角度决定螺旋下刀刀具路径的长度，角度越小，螺旋的次数越多，螺旋长度越长

5. 精加工参数

精加工参数主要用来设置对侧壁和底部进行精修操作的参数，在【2D 刀路 -2D 挖槽】对话框中单击【精修】节点，系统弹出【精修】主题页，用来设置精加工的次数和精修量等参数（如图 2.2.30 精加工参数）。

其部分参数含义见表 2.2.6 精加工参数。

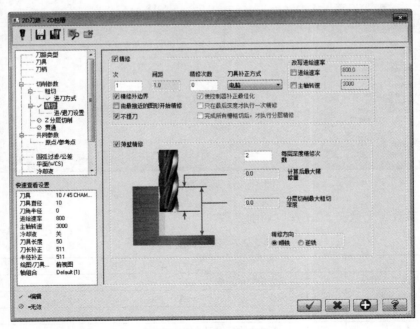

图 2.2.30　精加工参数

表 2.2.6　精加工参数

序号	名称	详 细 说 明
1	次数	设置精加工次数
2	间距	设置精加工时刀具路径之间的间距
3	精修次数	设置精修的次数
4	刀具补正方式	设置精加工时刀具补偿的类型
5	改写进给率	设置新的精修进给率和主轴转速来覆盖先前设置的粗切时的进给率和转速
6	精修外边界	对边界进行精修
7	由最靠接近的图形开始精修	从最靠近的图形开始精修
8	不提刀	精修时不提刀
9	薄壁精修	用于精加工侧壁留有的余量

6. 深度切削参数

深度切削参数主要用来设置刀具 Z 方向深度上加工的参数。在【2D 刀路路 -2D 挖槽】对话框中单击【Z 分层切削】节点，系统弹出【Z 分层切削】主题页，用来设置深度分层、精修等参数（如图 2.2.31 深度切削参数）。

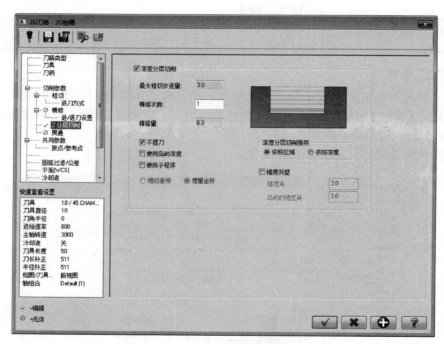

图 2.2.31　深度切削参数

其部分参数含义见表 2.2.7 深度切削参数。

表 2.2.7　深度切削参数

序号	名称	详 细 说 明
1	最大粗切步进量	输入每层最大的切削深度
2	精修次数	输入精修次数
3	精修量	精修的切削量
4	不提刀	在每层切削完毕不进行提刀动作，而直接进行下一层切削

续表

序号	名称	详　细　说　明		
5	使用岛屿深度	当槽内存在岛屿时，激活岛屿深度		
6	使用子程序	在程序中每一层的刀具路径采用子程序加工，缩短加工程序长度		
7	深度分层切削顺序	当同时存在多个槽形时，定义加工的顺序		
		依照区域	选择按区域，加工以区域为单位，将每一个区域加工完毕后才进入下一个区域的加工	
		依照深度	选择依照深度时，加工时以深度为依据，在同一深度上将所有的区域加工完毕后再进入到下一个深度的加工	
8	锥度斜壁	输入挖槽加工侧壁的锥度角		

7. 贯通参数

当要铣削的槽是通槽时，即整个槽贯通到底部，此时可以采用贯通参数来控制。在【2D 刀路 -2D 挖槽】对话框中单击【贯通】节点，系统弹出【贯通】主题页，用来设置贯通参数（如图 2.2.32 贯通参数）。

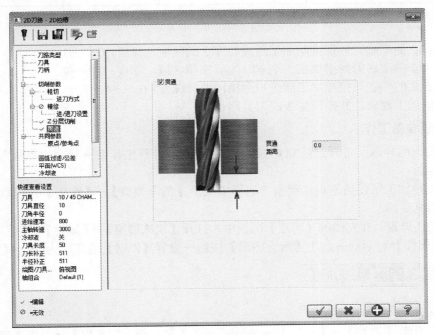

图 2.2.32　贯通参数

三、挖槽铣削加工实例一

加工前的工艺分析与准备

1. 零件图工艺分析

基本的形状由 5 个圆形的槽，一个圆角矩形的槽，还有一个圆角矩形的凸台构成（如图 2.2.33 挖槽铣削加工实例一）。那么看加工方法，圆形的槽跟圆角矩形的槽用 2D 挖槽即可，那么这个槽通过前面的讲解知道凸台区域用 2D 外形的加工会更好，那么此题的难度并不是很大，还是按步骤去做。

挖槽铣削加工实例一

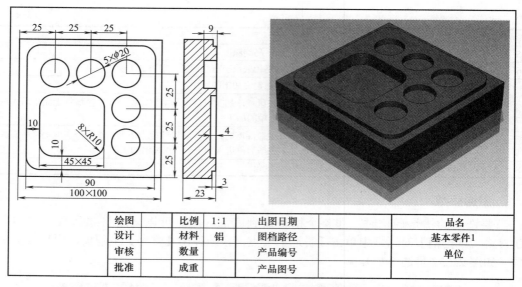

绘图		比例	1:1	出图日期		品名	
设计		材料	铝	图档路径		基本零件1	
审核		数量		产品编号		单位	
批准		成重		产品图号			

图 2.2.33　挖槽铣削加工实例一

① 用 ϕ12 的平底刀外形铣削加工四周深度 3 的区域，深度：0 ～ −3；
② 用 ϕ12 的平底刀挖槽加工 5 个 ϕ20 的圆形槽区域，深度：0 ～ −9；
③ 用 ϕ12 的平底刀挖槽加工圆角矩形槽区域，深度：0 ～ −4；
④ 根据加工要求，共需产生 3 次刀具路径。

2. 前期准备工作

（1）图形的导入　打开已绘制好的图形→按 F9 键打开坐标系→观察原点位置→然后再按 F9 键关闭。

（2）选择加工所使用的机床类型　选择主菜单【机床类型】→【铣床】→【默认】，进入铣床的加工模块。

（3）毛坯设置　在左侧的【刀路】面板中，打开【机床群组】→【属性】→【毛坯设置】→【机床群组属性】对话框→点击【所有图形】按钮→设置【Z 向】的高度为 23 →【确定】。

〔四周深度 3 的区域的加工〕

3. 加工面的选择

选择主菜单【刀路】→【外形】→弹出对话框【输入新 NC 名称】→点击【确认】→此处点击确认→打开【串联选项】对话框→选择【串联】按钮，并点选要加工的外形（如图 2.2.34 选择串联）。

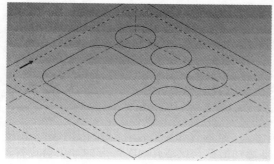

图 2.2.34　选择串联

4. 刀具类型选择

在系统弹出的【2D 刀路—外形铣削】对话框→选择【刀具】节点→进入【刀具设置】选项卡→【刀具过滤】按钮→选择【全关】按钮，【刀具类型】→选择【平底刀】→【确认】→【从刀库中选择】按钮→在【选择刀具】对话框中选择 ϕ12 的平底刀→【确认】（如图 2.2.35 刀具类型选择）。

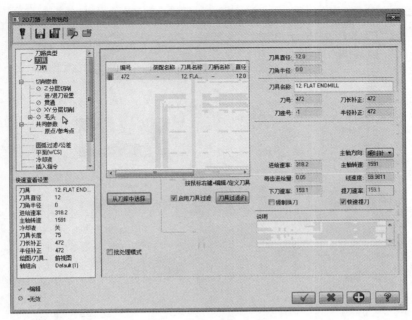

图 2.2.35　刀具类型选择

5. 切削参数设置

　　打开【切削参数】节点→在对话框中【壁边预留量】0→【底面预留量】0→【确定】（如图 2.2.36 切削参数设置）。

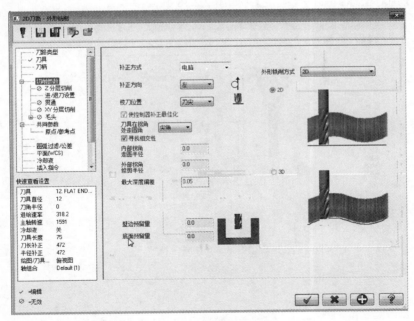

图 2.2.36　切削参数设置

6. Z 分层切削

　　打开【Z 分层切削】节点→勾选【深度分层切削】→设定【最大粗切步进量】3→【精

修次数】1 →【精修量】0.3 →勾选【不提刀】（如图 2.2.37 Z 分层切削）。

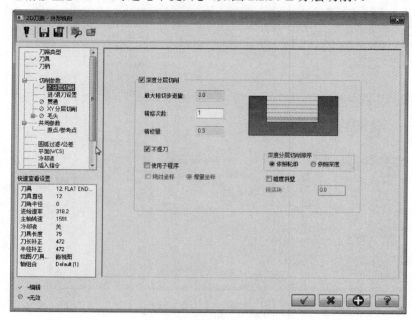

图 2.2.37　Z 分层切削

7. 共同参数

打开【共同参数】节点→设定【参考高度】【绝对坐标】10 →【下刀位置】【绝对坐标】2 →【深度】【绝对坐标】–3 →【确定】（如图 2.2.38 共同参数）。

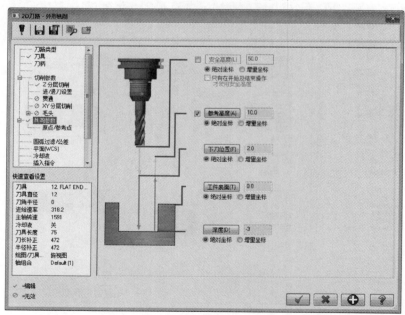

图 2.2.38　共同参数

8. 冷却液

打开【冷却液】节点→【Flood】On →【确定】。

9. 生成刀路

此时已经生成刀路（如图 2.2.39 生成刀路）。

5 个圆形槽的加工

10. 加工面的选择

选择主菜单【刀路】→【2D 挖槽】→弹出对话框【输入新 NC 名称】→点击【确认】→
此处点击确认→打开【串联选项】对话框→选择【串联】按钮，并点选要加工的外形（如图
2.2.40 选择串联）。

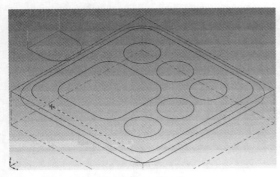

图 2.2.39　生成刀路　　　　　　　　　　　　图 2.2.40　选择串联

11. 刀具类型选择

【刀具】不变。

12. 切削参数设置

打开【切削参数】节点→在对话框中【壁边预留量】0→【底面预留量】0→【确定】（如
图 2.2.41 切削参数设置）。

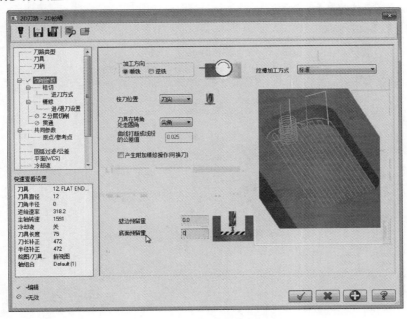

图 2.2.41　切削参数设置

13. 粗切

打开【粗切】节点→勾选【粗切】→【平行环切清角】→勾选【刀路最佳化】（如图 2.2.42 粗切）。

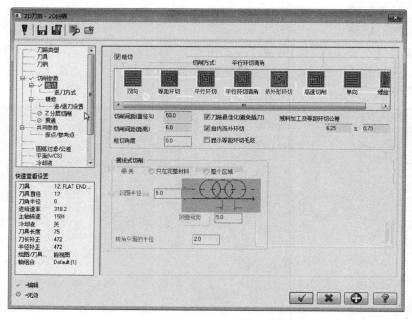

图 2.2.42　粗切

14. 精修

打开【精修】节点→勾选【精修】→【次】1 →【间距】6 →勾选【不提刀】（如图 2.2.43 精修）。

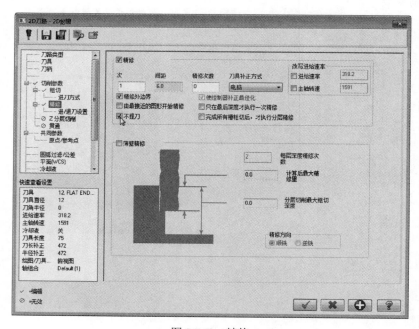

图 2.2.43　精修

15. Z 分层切削

打开【Z 分层切削】节点→勾选【深度分层切削】→设定【最大粗且步进量】3 勾选【不提刀】（如图 2.2.44 Z 分层切削）。

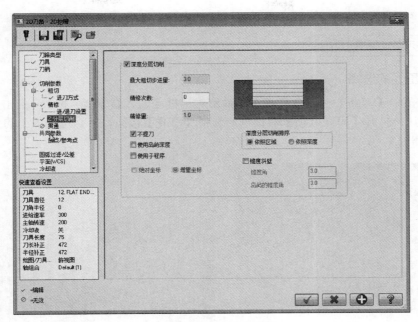

图 2.2.44 Z 分层切削

16. 共同参数

打开【共同参数】节点→设定【参考高度】【绝对坐标】10 →【下刀位置】【绝对坐标】2 →【深度】【绝对坐标】−9 →【确定】（如图 2.2.45 共同参数）。

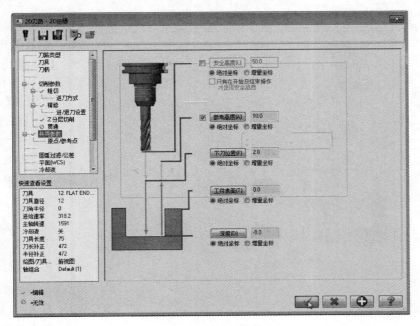

图 2.2.45 共同参数

17. 冷却液

打开【冷却液】节点→【Flood】On →【确定】。

18. 生成刀路

此时已经生成刀路（如图 2.2.46 生成刀路）。

圆角矩形槽区域的加工

19. 加工面的选择

选择主菜单【刀路】→【2D 挖槽】→弹出对话框【输入新 NC 名称】→点击【确认】→此处点击确认→打开【串联选项】对话框→选择【串联】按钮，并点选要加工的外形（如图2.2.47 选择串联）。

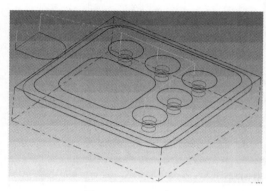
图 2.2.46　生成刀路

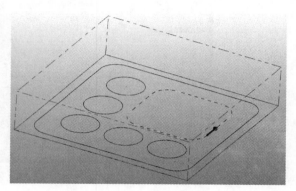
图 2.2.47　选择串联

20.【刀具】【切削参数】【精修】【Z 分层切削】设置不变

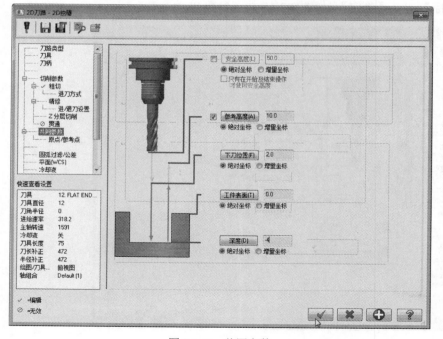
图 2.2.48　共同参数

21. 共同参数

打开【共同参数】节点→设定【参考高度】【绝对坐标】10 →【下刀位置】【绝对坐标】2 →【深度】【绝对坐标】-4 →【确定】（如图 2.2.48 共同参数）。

22. 冷却液

打开【冷却液】节点→【Flood】On →【确定】。

23. 生成刀路

此时已经生成刀路（如图 2.2.49 生成刀路）。

24. 实体验证模拟

选中所有的加工→打开【验证已选择的操作 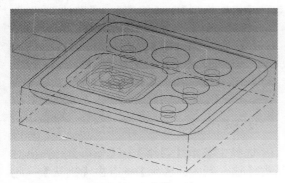】→【Mastercam 模拟】对话框→隐藏【刀柄】和【线框】→【调整速度】→【播放】→观察实体验证情况（如图 2.2.50 实体验证）。

图 2.2.49 生成刀路

图 2.2.50 实体验证

四、挖槽铣削加工实例二

加工前的工艺分析与准备

1. 零件图工艺分析

挖槽铣削加工实例二

观察右边的三维图形，采用逐层加工的方法，依次加工深度为 6、10、22 的区域（如图 2.2.51 挖槽铣削加工实例二）。图形的形状比较简单，由一个圆角矩形的槽、一个 L 形的槽，加上最中间圆角矩形的槽组成的。

① 用 $\phi12$ 的平底刀挖槽加工深度 -6 的区域槽区域，加工深度 0 ～ -6；

② 用 $\phi12$ 的平底刀挖槽加工深度 -10 的区域槽区域，加工深度 -6 ～ -10；

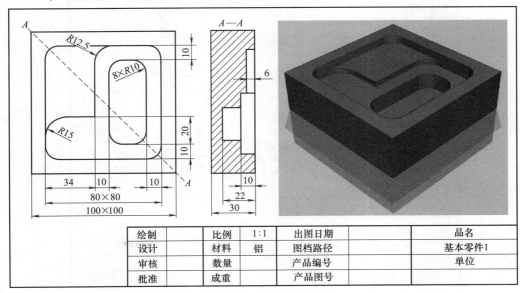

绘制		比例	1:1	出图日期		品名	
设计		材料	铝	图档路径		基本零件1	
审核		数量		产品编号		单位	
批准		成重		产品图号			

图 2.2.51 挖槽铣削加工实例二

③用 ϕ12 的平底刀挖槽加工深度 –22 的区域槽区域，加工深度 –10 ～ –22；

④根据加工要求，共需产生 3 次刀具路径。

2. 前期准备工作

（1）图形的导入　打开已绘制好的图形→按 F9 键打开坐标系→观察原点位置→然后再按 F9 键关闭。

（2）选择加工所使用的机床类型　选择主菜单【机床类型】→【铣床】→【默认】，进入铣床的加工模块。

（3）毛坯设置　在左侧的【刀路】面板中，打开【机床群组】→【属性】→【毛坯设置】→【机床群组属性】对话框→点击【所有图形】按钮→设置【Z 向】的高度为 30 →【确定】。

深度 –6 的区域的加工

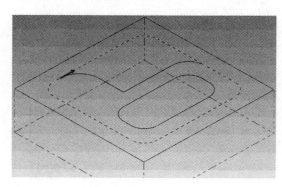

图 2.2.52　选择串联

3. 加工面的选择

选择主菜单【刀路】→【外形】→弹出对话框【输入新 NC 名称】→点击【确认】→此处点击确认→打开【串联选项】对话框→选择【串联】按钮，并点选要加工的外形（如图 2.2.52 选择串联）。

4. 刀具类型选择

在系统弹出的【2D 刀路 -2D 挖槽】对话框→选择【刀具】节点→进入【刀具设置】选项卡→【刀具过滤】按钮→选择【全关】按钮，【刀具类型】→选择【平底刀】→【确认】→【从刀库选择】按钮→在【选择刀具】对话框中选择 ϕ12 的平底刀→【确认】→【进给速率】300 →【主轴转速】2000 →【下刀速率】150 →勾选【快速提刀】（如图 2.2.53 刀具类型选择）。

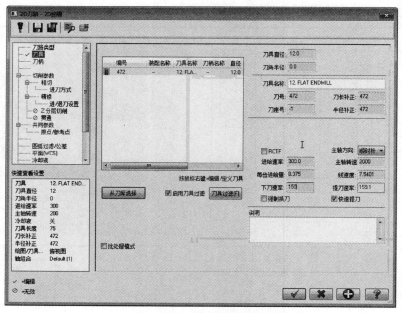

图 2.2.53　刀具类型选择

5. 切削参数设置

打开【切削参数】节点→在对话框中【壁边预留量】0 →【底面预留量】0 →【确定】（如图 2.2.54 切削参数设置）。

图 2.2.54　切削参数设置

6. 粗切

打开【粗切】节点→勾选【粗切】→【平行环切清角】→【切削间距】75% →勾选【刀路最佳化】（如图 2.2.55 粗切）。

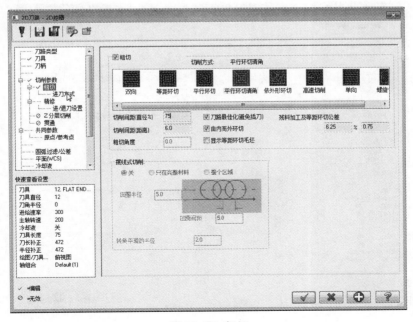

图 2.2.55　粗切

7. 进刀方式

打开【进刀方式】节点→选择【斜插】（如图 2.2.56 进刀方式）。

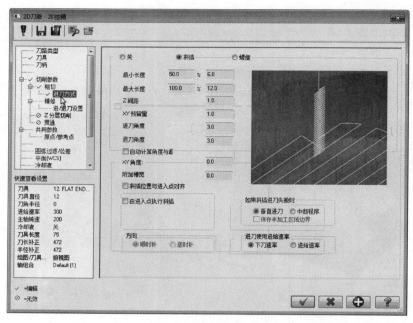

图 2.2.56　进刀方式

8. 精修

打开【精修】节点→勾选【精修】→【次】1→【间距】6→勾选【不提刀】（如图 2.2.57 精修）。

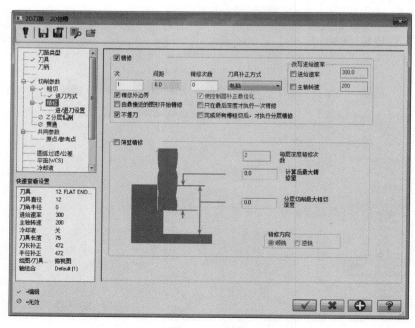

图 2.2.57　精修

9. Z 分层切削

打开【Z 分层切削】节点→勾选【深度分层切削】→设定【最大粗切步进量】3 →【精修次数】1 →【精修量】1 →勾选【不提刀】（如图 2.2.58 Z 分层切削）。

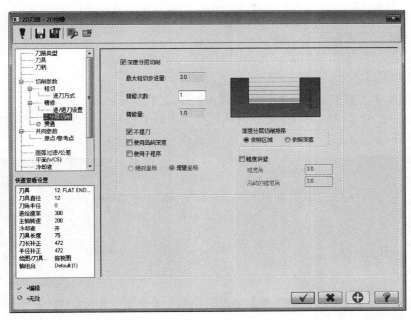

图 2.2.58　Z 分层切削

10. 共同参数

打开【共同参数】节点→设定【参考高度】【绝对坐标】10 →【下刀位置】【绝对坐标】2 →【深度】【绝对坐标】−6 →【确定】（如图 2.2.59 共同参数）。

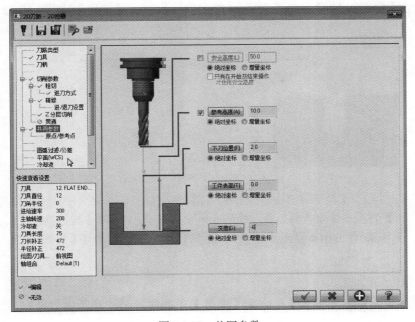

图 2.2.59　共同参数

11. 冷却液

打开【冷却液】节点→【Flood】On →【确定】。

12. 生成刀路

此时已经生成刀路（如图 2.2.60 生成刀路）。

深度 −10 的区域的加工

13. 加工面的选择

选择主菜单【刀路】→【2D 挖槽】→弹出对话框【输入新 NC 名称】→点击【确认】→此处点击确认→打开【串联选项】对话框→选择【串联】按钮，并点选要加工的外形（如图 2.2.61 选择串联）。

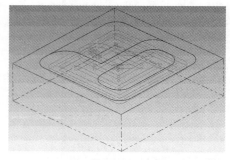

图 2.2.60　生成刀路

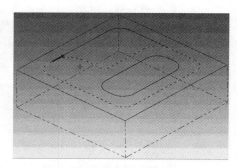

图 2.2.61　选择串联

14.【刀具】【切削参数】【精修】【Z 分层切削】【冷却液】均保持不变

15. 共同参数

打开【共同参数】节点→设定【参考高度】【绝对坐标】10 →【下刀位置】【增量坐标】2 →【工件表面】【绝对坐标】−6 →【深度】【绝对坐标】−10 →【确定】（如图 2.2.62 共同参数）。

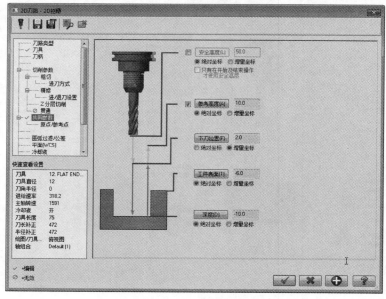

图 2.2.62　共同参数

16. 生成刀路

此时已经生成刀路（如图 2.2.63 生成刀路）。

【 深度 −22 的区域的加工 】

17. 加工面的选择

选择主菜单【刀路】→【2D 挖槽】→弹出对话框【输入新 NC 名称】→点击【确认】→此处点击确认→打开【串联选项】对话框→选择【串联】按钮，并点选要加工的外形（如图 2.2.64 选择串联）。

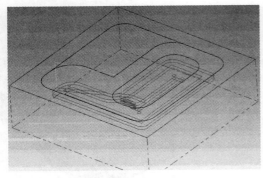
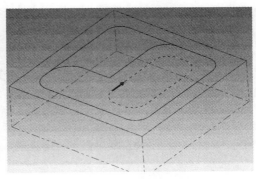

图 2.2.63　生成刀路　　　　　　　　　图 2.2.64　选择串联

18.【刀具】【切削参数】【精修】【Z 分层切削】【冷却液】均保持不变

19. 共同参数

打开【共同参数】节点→设定【参考高度】【绝对坐标】10 →【下刀位置】【增量坐标】2 →【工件表面】【绝对坐标】−10 →【深度】【绝对坐标】−22 →【确定】（如图 2.2.65 共同参数）。

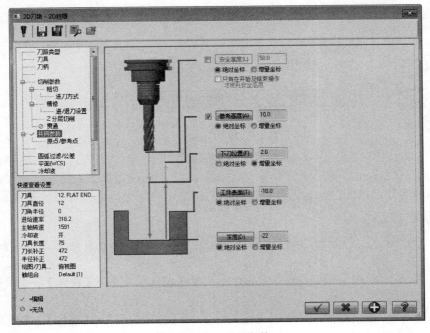

图 2.2.65　共同参数

20. 生成刀路

此时已经生成刀路（如图 2.2.66 生成刀路）。

【最终验证模拟】

21. 实体验证模拟

选中所有的加工→打开【验证已选择的操作 🖥】→【Mastercam 模拟】对话框→隐藏【刀柄】和【线框】→【调整速度】→【播放】→观察实体验证情况（如图 2.2.67 实体验证）。

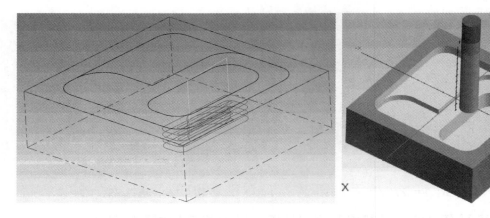

图 2.2.66　生成刀路　　　　　　　　　图 2.2.67　实体验证

第三节　Mastercam 的平面铣削加工

平面铣削加工用来在工件的表面去除一定的厚度，以消除表面不平整的缺陷，也可以用来进行不同深度的平面加工。

一、平面铣削加工入门实例

【加工前的工艺分析与准备】

平面铣削加工入门实例

1. 零件图工艺分析

该零件表面由 1 个规则的长方体构成。工件最终加工尺寸 120mm×80mm×30mm，无尺寸公差要求（如图 2.3.1 平面铣削加工入门实例）。尺寸标注完整，轮廓描述清楚。零件材料为已经加工成型的标准铝块，无热处理和硬度要求。

2. 前期准备工作

（1）图形的导入　打开已绘制好的图形→按 F9 键打开坐标系→观察原点位置→然后再按 F9 键关闭。

（2）选择加工所使用的机床类型　选择主菜单【机床类型】→【铣床】→【默认】，进入铣床的加工模块。

（3）毛坯设置　在左侧的【刀路】面板中，打开【机床群组】→【属性】→【毛坯设置】→【机床群组属性】对话框→点击【所有图形】按钮→设置【Z 向】的高度为 40 →【确定】。

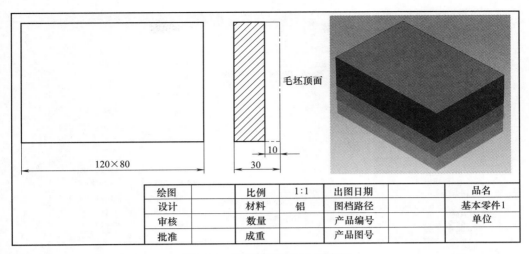

绘图		比例	1：1	出图日期		品名	
设计		材料	铝	图档路径		基本零件1	
审核		数量		产品编号		单位	
批准		成重		产品图号			

图 2.3.1 平面铣削加工入门实例

顶面区域的加工

3. 加工面的选择

选择主菜单【刀路】→【平面铣】→弹出对话框【输入新 NC 名称】→点击【确认】→此处点击确认→打开【串联选项】对话框→选择【串联】按钮，并点选要加工的外形（如图 2.3.2 选择串联）。

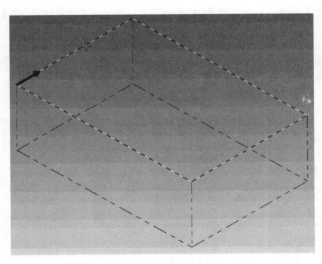

图 2.3.2 选择串联

4. 刀具类型选择

在系统弹出的【2D 刀路 - 平面铣削】对话框→选择【刀具】节点→进入【刀具设置】选项卡→【刀具过滤】按钮→选择【全关】按钮，【刀具类型】→选择【面铣刀】→【确认】→【从刀库中选择】按钮→在【选择刀具】对话框中选择 $\phi 50$ 的面铣刀→【确认】→设置【进给速率】500 →【主轴转速】1000 →【下刀速率】120 →勾选【快速提刀】（如图 2.3.3 刀具类型选择）。

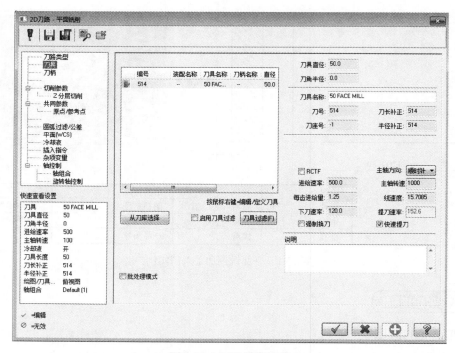

图 2.3.3　刀具类型选择

5. 切削参数设置

打开【切削参数】节点→在对话框中【类型】双向→【底面预留量】0→【确定】（如图 2.3.4 切削参数设置）。

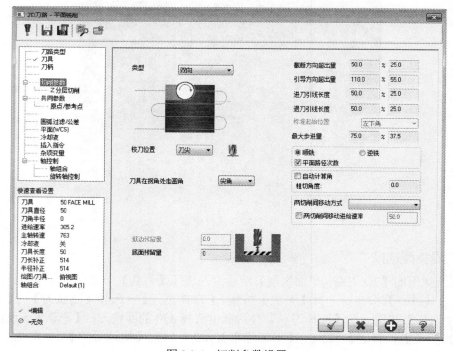

图 2.3.4　切削参数设置

6. Z 分层切削

打开【Z 分层切削】节点→勾选【深度分层切削】→设定【最大粗切步进量】3→【精修次数】1→【精修量】0.3→勾选【不提刀】（如图 2.3.5 Z 分层切削）。

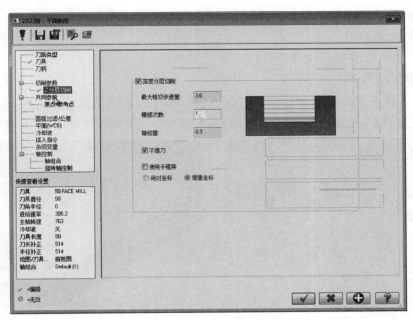

图 2.3.5　Z 分层切削

7. 共同参数

打开【共同参数】节点→设定【参考高度】【绝对坐标】10→【下刀位置】【绝对坐标】2→【深度】【绝对坐标】–10→【确定】（如图 2.3.6 共同参数）。

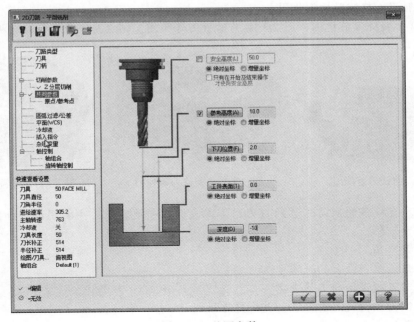

图 2.3.6　共同参数

8. 冷却液

打开【冷却液】节点→【Flood】On →【确定】。

9. 生成刀路

此时已经生成刀路（如图 2.3.7 生成刀路）。

（ 最终验证模拟 ）

10. 实体验证模拟

选中所有的加工→打开【验证已选择的操作 🔩】→【Mastercam 模拟】对话框→隐藏【刀柄】和【线框】→【调整速度】→【播放】→观察实体验证情况（如图 2.3.8 实体验证）。

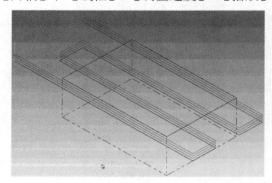

图 2.3.7　生成刀路

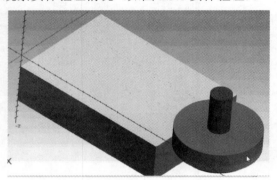

图 2.3.8　实体验证

★★★经验总结★★★

面铣刀又称作端铣刀，或端面铣刀，是用于顶面加工的铣刀，是圆盘形的，只能用端面的刀刃进行切削。端铣时，由分布在圆柱或圆锥面上的主切削刃担任切削作用，而端部切削刃为副切削刃，起辅助切削作用。

图 2.3.9 为面铣刀前视图，图 2.3.10 为面铣刀等视图，图 2.3.11 为面铣刀底视图。

图 2.3.9　面铣刀前视图

图 2.3.10　面铣刀等视图

图 2.3.11　面铣刀底视图

面铣刀具有较多的同时工作的刀刃，加工表面粗糙度较低，主要用途是加工较大面积的平面。其优点是：

① 生产效率高。
② 刚性好能采用较大的进给量。
③ 能同时多刀齿切削工作平稳。
④ 采用镶齿结构使刀齿刃磨、更换更为便利。
⑤ 刀具的使用寿命延长。

面铣刀按照结构类型可分为高速钢面铣刀、整体焊接式面铣刀和机夹焊接式面铣刀：

序号	名称	详 细 说 明	
1	高速钢面铣刀	一般用于加工中等宽度的平面。标准铣刀直径范围为ϕ80～250mm。硬质合金面铣刀的切削效率及加工质量均比高速钢铣刀高，故目前广泛使用硬质合金面铣刀加工平面	
2	整体焊接式面铣刀	该刀结构紧凑，较易制造。但刀齿磨损后整把刀将报废，故已较少使用	
3	机夹焊接式面铣刀	是将硬质合金刀片焊接在小刀头上，再采用机械夹固的方法将刀装夹在刀体槽中。刀头报废后可换上新刀头，因此延长了刀体的使用寿命	

二、平面铣削加工的参数设置

下面对面铣加工参数的设置进行详细讲解，【深度切削】【共同参数】等参数设置方法及各选项的含义已在前面讲过，此处不再赘述。

设置切削参数。切削参数包括切削方式、刀具超出量、步进量、相邻切削间的位移方式等，切削参数集中在【2D刀路 - 平面铣削】对话框的【切削参数】主题页中（如图2.3.12设置切削参数）。在【类型】下拉列表框框中提供了4种切削类型。

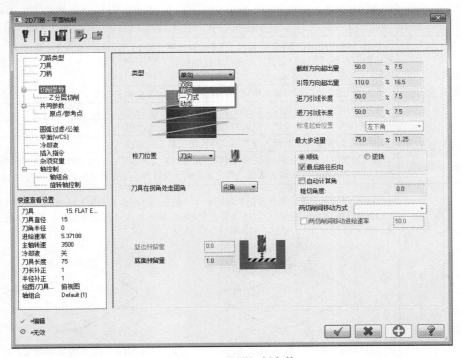

图 2.3.12　设置切削参数

其部分参数含义见表 2.3.1 设置切削参数。

表 2.3.1　设置切削参数

序号	名称	详　细　说　明		
1	类型	双向	该类型是指刀具进行往复切削，在面铣削中一般都是用双向切削类型来提高加工的效率。选择该选项后，在下拉列表下方图片控件中会出现如图 2.3.13 所示的示意图	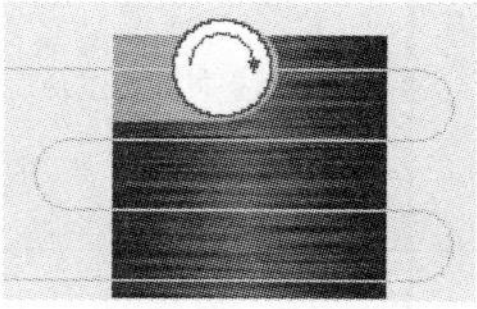 　图 2.3.13　双向
		单向	该类型是指刀具在进行完一次切削之后，提高到安全位置并沿与下一次切削起点的连线移动到新的切削位置。选择该选项后，则会出现如图 2..3.14 所示的示意图	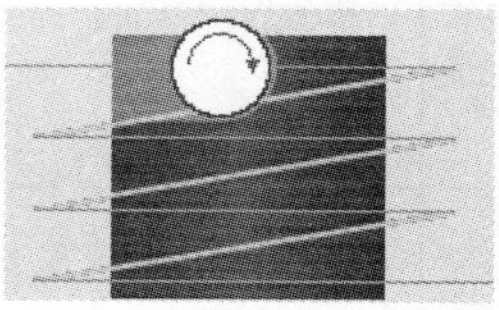 　图 2.3.14　单向
		一刀式	只进行一次切削加工，仅适用于刀具大于或等于工件宽度时的情况。选择该选项后，则会出现如图 2.3.15 所示的示意图	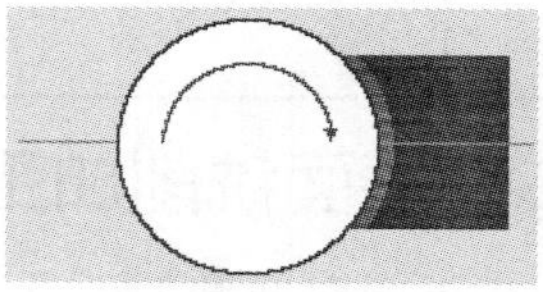 　图 2.3.15　一刀式
		动态	类型是指由外至内的方式进行走刀。选择该选项后，则会出现如图 2.3.16 所示的示意图	 　图 2.3.16　动态
2	刀具超出量	包括【横向超出量】【纵向超出量】【进刀延伸长度】【退刀延伸长度】4 个选项，可以通过相应的文本框对其进行设置。当用户选择的切削类型不同时，每一个文本框的可用状态也是不同的		
		横向超出量	用来输入横向上刀具路径超出加工轮廓的长度	
		纵向超出量	用来输入纵向上刀具路径超出加工轮廓的长度	
		进刀延伸长度	用来输入引入刀具路径超出加工轮廓的长度	
		退刀延伸长度	用来输入退出刀具路径超出加工轮廓的长度	
3	最大步进量	输入相邻刀具路径之间的间距，既可以在前面的文本框中输入与刀具直径的百分比，也可以在后面的文本框中直接输入数值，两个文本框是关联的。一般设置为刀具直径的 60%～75%		
4	自动计算角	如果用户启用了【自动计算角】复选框，系统会让切削方向与加工轮廓的最长边平行（如图 2.3.17 默认粗切角度）；如果取消启用该复选框，则可以在【粗切角度】文本框中输入与 X 轴之间的角度值为 30°（如图 2.3.18 粗切角度 30°） 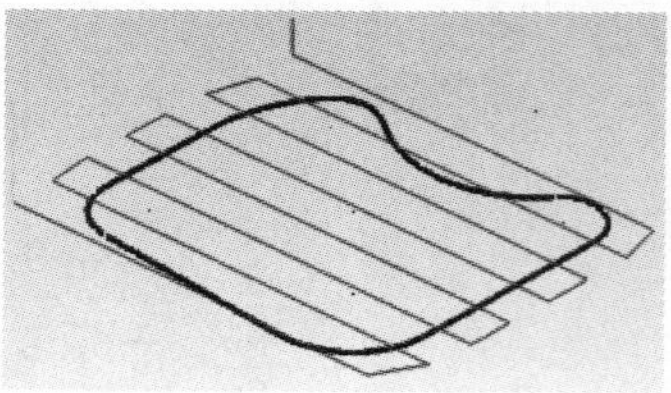 　　　　 图 2.3.17　默认粗切角度 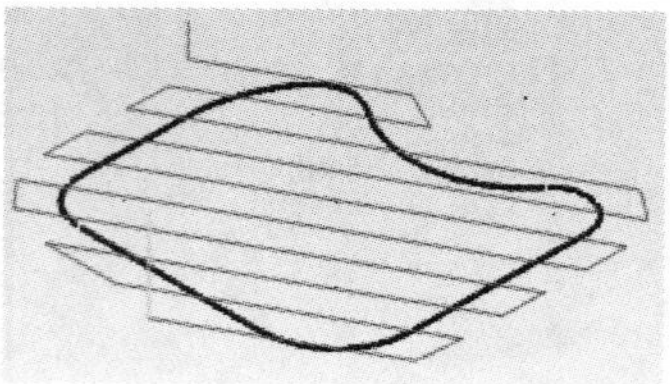　　　　图 2.3.18　粗切角度 30°		

续表

序号	名称	详 细 说 明	
5	切削之间位移	在【切削之间位移】下拉列表框中提供了 3 种相邻切削间的位移方式（如图 2.3.19 切削之间位移下拉列表），用户可以从中选择一种来控制切削间的位移方式	高速回圈 线性 快速进给 图 2.3.19　切削之间位移下拉列表
		高速回圈　该方式是指在相邻刀具路径间采用圆弧过渡方式（如图 2.3.20 高速回圈）	图 2.3.20　高速回圈
		线性　该方式是指在相邻刀具路径间采用直线过渡方式（如图 2.3.21 线性）	图 2.3.21　线性
		快速进给　该方式是指在相邻刀具路径间采用直线过渡方式，并以 G00 指令进行快速移动（如图 2.3.22 快速进给），与线性方式的区别是过渡直线为黄色	图 2.3.22　快速进给

三、平面铣削加工实例一

加工前的工艺分析与准备

平面铣削加工实例一

1. 零件图工艺分析

该零件表面由 1 个带有直线槽的规则的长方体构成（如图 2.3.23 平面铣削加工实例一）。工件尺寸 100mm×100mm×55mm，无尺寸公差要求。尺寸标注完整，轮廓描述清楚。零件材料为已经加工成型的标准铝块，无热处理和硬度要求。

① 用 ϕ12 的平底刀平面铣削加工深度 -15 的区域，深度：0 ～ -15；

② 用 ϕ12 的平底刀平面铣削加工深度 -30 的区域，深度：-15 ～ -30；

③ 根据加工要求，共需产生 2 次刀具路径。

绘制		比例	1:1	出图日期		品名
设计		材料	铝	图档路径		基本零件1
审核		数量		产品编号		单位
批准		成重		产品图号		

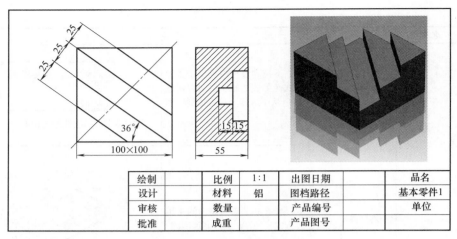

图 2.3.23　平面铣削加工实例一

2. 前期准备工作

（1）图形的导入　打开已绘制好的图形→按 F9 键打开坐标系→观察原点位置→然后再按 F9 键关闭。

（2）通过【打断】命令，将图形中所有的线段在交点处打断，方便串联的选择。

（3）选择加工所使用的机床类型　选择主菜单【机床类型】→【铣床】→【默认】，进入铣床的加工模块。

（4）毛坯设置　在左侧的【刀路】面板中，打开【机床群组】→【属性】→【毛坯设置】→【机床群组属性】对话框→点击【所有图形】按钮→设置【Z 向】的高度为 55 →【确定】。

深度 −15 区域的加工

3. 加工面的选择

选择主菜单【刀路】→【平面铣】→弹出对话框【输入新 NC 名称】→点击【确认】→此处点击确认→打开【串联选项】对话框→选择【串联】按钮，并点选要加工的外形（如图 2.3.24 选择串联）。

图 2.3.24　选择串联

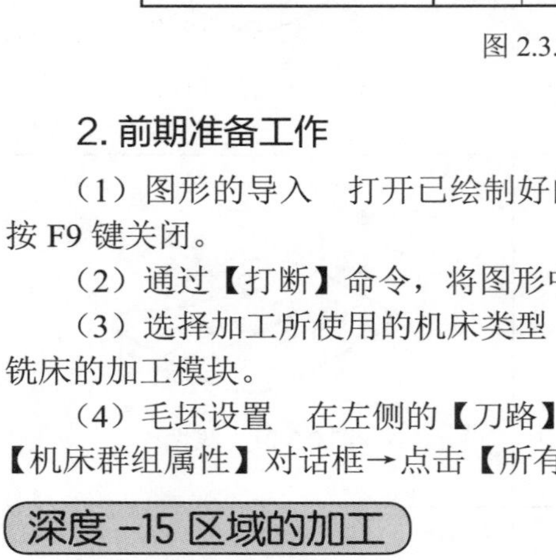

4. 刀具类型选择

在系统弹出的【2D 刀路 - 平面铣削】对话框→选择【刀具】节点→进入【刀具设置】选项卡→【刀具过滤】按钮→选择【全关】按钮，【刀具类型】→选择【平底刀】→【确认】→【从刀库中选择】按钮→在【选择刀具】对话框中选择 ϕ12 的平底刀→【确认】→设置【进给速率】300 →【主轴转速】1500 →【下刀速率】150 →【刀号】1 →【刀座号】1 →勾选【快速提刀】（如图 2.3.25 刀具类型选择）。

5. 切削参数设置

打开【切削参数】节点→在对话框中【类型】双向→【截断方向超出量】0 →【粗切角度】−36 →【底面预留量】0 →【确定】（如图 2.3.26 切削参数设置）。

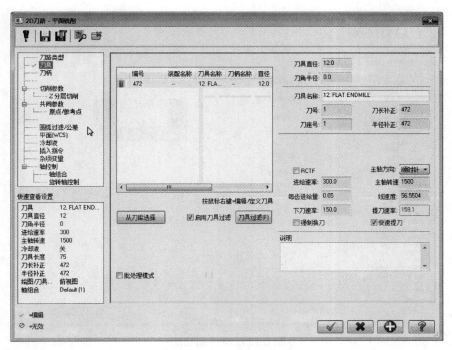

图 2.3.25　刀具类型选择

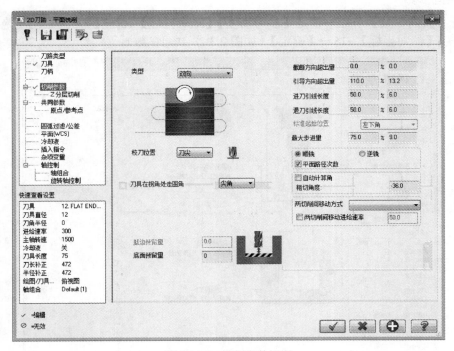

图 2.3.26　切削参数设置

6. Z 分层切削

打开【Z 分层切削】节点→勾选【深度分层切削】→设定【最大粗切步进量】3 →【精修次数】1 →【精修量】0.3 →勾选【不提刀】（如图 2.3.27 Z 分层切削）。

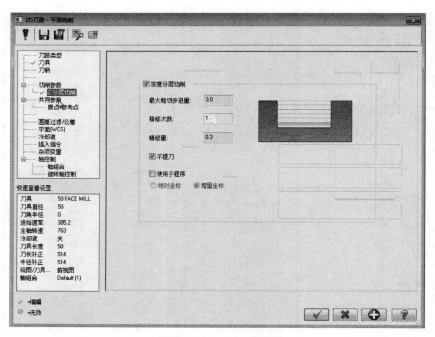

图 2.3.27　Z 分层切削

7. 共同参数

打开【共同参数】节点→设定【参考高度】【绝对坐标】10 →【下刀位置】【绝对坐标】2 →【深度】【绝对坐标】–15 →【确定】（如图 2.3.28 共同参数）。

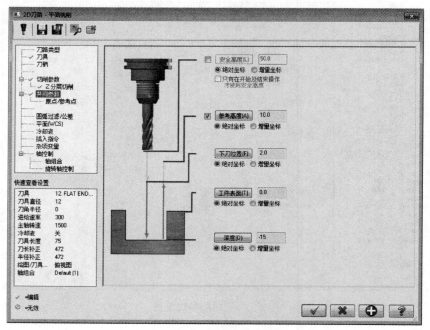

图 2.3.28　共同参数

8. 冷却液

打开【冷却液】节点→【Flood】On →【确定】。

9. 生成刀路

此时已经生成刀路（如图 2.3.29 生成刀路）。

深度 −30 区域的加工

10. 加工面的选择

选择主菜单【刀路】→【平面铣】→弹出对话框【输入新 NC 名称】→点击【确认】→此处点击确认→打开【串联选项】对话框→选择【串联】按钮，并点选要加工的外形（如图 2.3.30 选择串联）。

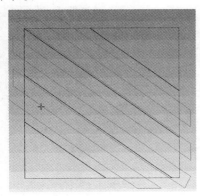

图 2.3.29　生成刀路

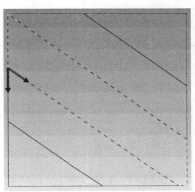

图 2.3.30　选择串联

11.【刀具】【切削参数】【Z 分层切削】【冷却液】保持不变

12. 共同参数

打开【共同参数】节点→设定【参考高度】【绝对坐标】10→【下刀位置】【增量坐标】2→【工件表面】【绝对坐标】−15→【深度】【绝对坐标】−30→【确定】（如图 2.3.31 共同参数）。

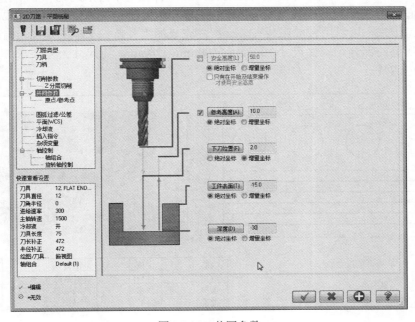

图 2.3.31　共同参数

13. 生成刀路

此时已经生成刀路（如图 2.3.32 生成刀路）。

最终验证模拟

14. 实体验证模拟

选中所有的加工→打开【验证已选择的操作 🗐】→【Mastercam 模拟】对话框→隐藏【刀柄】和【线框】→【调整速度】→【播放】→观察实体验证情况（如图 2.3.33 实体验证）。

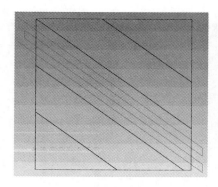

图 2.3.32　生成刀路

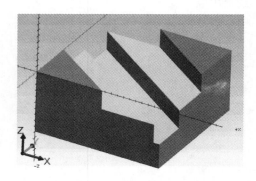

图 2.3.33　实体验证

平面铣削加工实例二

四、平面铣削加工实例二

加工前的工艺分析与准备

1. 零件图工艺分析

从零件图上可以看出，该零件由 4 个圆形的槽和 5 个台阶组成（如图 2.3.34 平面铣削加工实例二）。台阶是等距分布的，也就是说深度每次下降 2。那么从题目上可以看得出来，可以用台虎钳装夹，一次性完成加工。首先采取的是加工台阶，然后再加工 4 个圆形槽的部分。工件尺寸 100mm×100mm×20mm，无尺寸公差要求。尺寸标注完整，轮廓描述清楚。

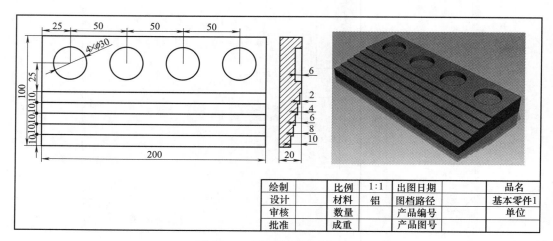

图 2.3.34　平面铣削加工实例二

① 用 $\phi10$ 的平底刀平面铣削加工深度 −2 的台阶区域，深度：0 ～ −2；

② 用 $\phi10$ 的平底刀平面铣削加工深度 −2 的台阶区域，深度：−2 ～ −4；

③ 用 $\phi10$ 的平底刀平面铣削加工深度 −2 的台阶区域，深度：−4 ～ −6；

④ 用 $\phi10$ 的平底刀平面铣削加工深度 −2 的台阶区域，深度：−6 ～ −8；

⑤ 用 $\phi10$ 的平底刀外形铣削加工深度 −2 的台阶区域，深度：−8 ～ −10；

⑥ 用 $\phi10$ 的平底刀挖槽加工深度 −6 的 4 个圆形槽区域，深度：−8 ～ −10；

⑦ 根据加工要求，共需产生 6 次刀具路径。

2. 前期准备工作

（1）图形的导入　打开已绘制好的图形→按 F9 键打开坐标系→观察原点位置→然后再按 F9 键关闭。

（2）通过【打断】命令，将图形中所有的线段在交点处打断，方便串联的选择。

（3）选择加工所使用的机床类型　选择主菜单【机床类型】→【铣床】→【默认】，进入铣床的加工模块。

（4）毛坯设置　在左侧的【刀路】面板中，打开【机床群组】→【属性】→【毛坯设置】→【机床群组属性】对话框→点击【所有图形】按钮→设置【Z 向】的高度为 20 →【确定】。

深度 −2 的台阶区域的加工

3. 加工面的选择

选择主菜单【刀路】→【平面铣】→弹出对话框【输入新 NC 名称】→点击【确认】→此处点击确认→打开【串联选项】对话框→选择【串联】按钮，并点选要加工的外形（如图 2.3.35 选择串联）。

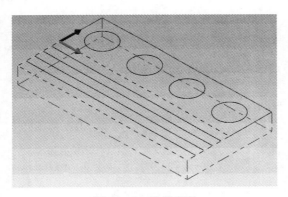

图 2.3.35　选择串联

4. 刀具类型选择

在系统弹出的【2D 刀路 - 平面铣削】对话框→选择【刀具】节点→进入【刀具设置】选项卡→【刀具过滤】按钮→选择【全关】按钮，【刀具类型】→选择【平底刀】→【确认】→【从刀库中选择】按钮→在【选择刀具】对话框中选择 $\phi10$ 的平底刀（如图 2.3.36 刀具类型选择）。

5. 切削参数设置

打开【切削参数】节点→在对话框中【类型】双向→【截断方向超出量】0 →【粗切角度】0 →【底面预留量】0 →【确定】（如图 2.3.37 切削参数设置）。

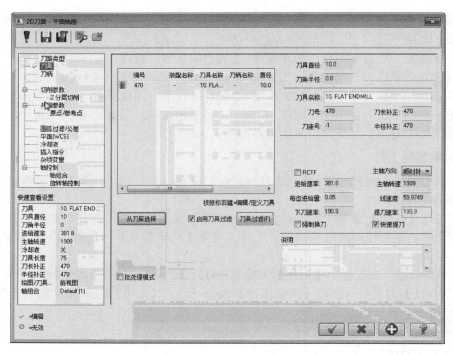

图 2.3.36 刀具类型选择

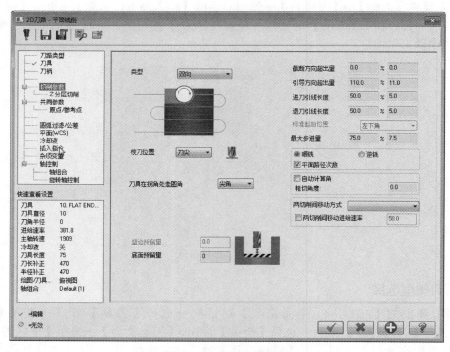

图 2.3.37 切削参数设置

6. Z 分层切削

打开【Z 分层切削】节点→勾选【深度分层切削】→设定【最大粗切步进量】2→勾选
【不提刀】（如图 2.3.38 Z 分层切削）。

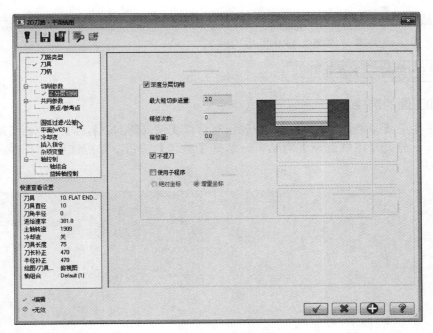

图 2.3.38 Z 分层切削

7. 共同参数

打开【共同参数】节点→设定【参考高度】【绝对坐标】10 →【下刀位置】【增量坐标】2 →【深度】【绝对坐标】−2 →【确定】（如图 2.3.39 共同参数）。

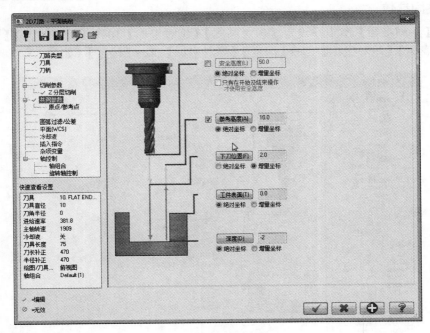

图 2.3.39 共同参数

8. 冷却液

打开【冷却液】节点→【Flood】On →【确定】。

9. 生成刀路

此时已经生成刀路（如图 2.3.40 生成刀路）。

> 深度 -4 的台阶区域的加工

10. 加工面的选择

选择主菜单【刀路】→【平面铣】→弹出对话框【输入新 NC 名称】→点击【确认】→此处点击确认→打开【串联选项】对话框→选择【串联】按钮，并点选要加工的外形（如图 2.3.41 选择串联）。

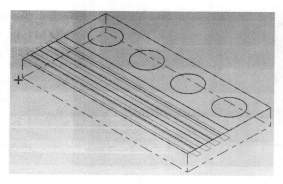

图 2.3.40　生成刀路　　　　　　　图 2.3.41　选择串联

11.【刀具】【切削参数】【Z 分层切削】【冷却液】保持不变

12. 共同参数

打开【共同参数】节点→设定【参考高度】【绝对坐标】10 →【下刀位置】【增量坐标】2 →【工件表面】【绝对坐标】-2 →【深度】【绝对坐标】-4 →【确定】（如图 2.3.42 共同参数）。

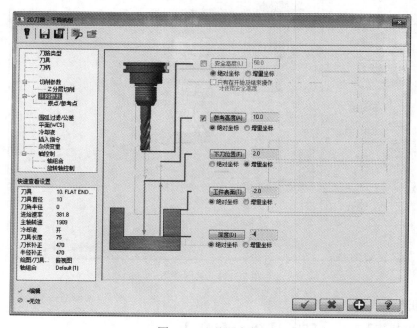

图 2.3.42　共同参数

13. 生成刀路

此时已经生成刀路（如图 2.3.43 生成刀路）。

【 深度 -6 的台阶区域的加工 】

14. 加工面的选择

选择主菜单【刀路】→【平面铣】→弹出对话框【输入新 NC 名称】→点击【确认】→此处点击确认→打开【串联选项】对话框→选择【串联】按钮，并点选要加工的外形（如图 2.3.44 选择串联）。

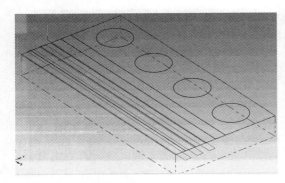

图 2.3.43　生成刀路

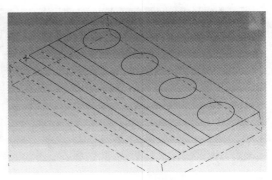

图 2.3.44　选择串联

15.【刀具】【切削参数】【Z 分层切削】【冷却液】保持不变

16. 共同参数

打开【共同参数】节点→设定【参考高度】【绝对坐标】10 →【下刀位置】【增量坐标】2 →【工件表面】【绝对坐标】-4 →【深度】【绝对坐标】-6 →【确定】（如图 2.3.45 共同参数）。

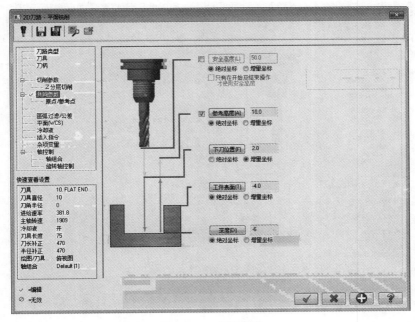

图 2.3.45　共同参数

17. 生成刀路

此时已经生成刀路（如图 2.3.46 生成刀路）。

深度 –8 的台阶区域的加工

18. 加工面的选择

选择主菜单【刀路】→【平面铣】→弹出对话框【输入新 NC 名称】→点击【确认】→此处点击确认→打开【串联选项】对话框→选择【串联】按钮，并点选要加工的外形（如图 2.3.47 选择串联）。

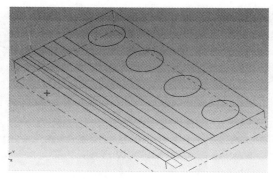

图 2.3.46　生成刀路　　　　　　　　图 2.3.47　选择串联

19.【刀具】【切削参数】【Z 分层切削】【冷却液】保持不变

20. 共同参数

打开【共同参数】节点→设定【参考高度】【绝对坐标】10 →【下刀位置】【增量坐标】2 →【工件表面】【绝对坐标】–6 →【深度】【绝对坐标】–8 →【确定】（如图 2.3.48 共同参数）。

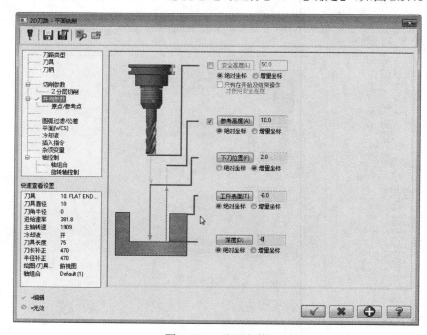

图 2.3.48　共同参数

21. 生成刀路

此时已经生成刀路（如图 2.3.49 生成刀路）。

深度 –10 的台阶区域的加工

22. 加工面的选择

选择主菜单【刀路】→【外形】→弹出对话框【输入新 NC 名称】→点击【确认】→此处点击确认→打开【串联选项】对话框→选择【串联】按钮，并点选要加工的外形（如图 2.3.50 选择串联）。

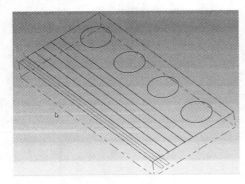

图 2.3.49　生成刀路

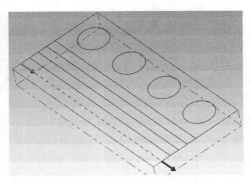

图 2.3.50　选择串联

23.【刀具】不变

24. 切削参数设置

打开【切削参数】节点→在对话框中设置【补正方向】右→【壁边预留量】0 →【底面预留量】0 →【确定】（如图 2.3.51 切削参数设置）。

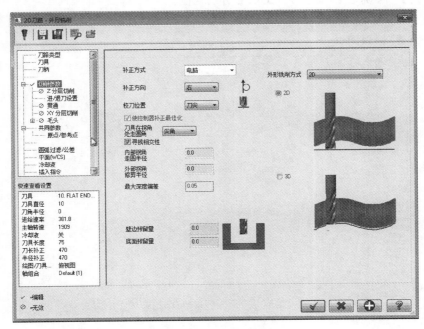

图 2.3.51　切削参数设置

25. Z 分层切削

打开【Z 分层切削】节点→勾选【深度分层切削】→设定【最大粗切步进量】2（如图 2.3.52 Z 分层切削）。

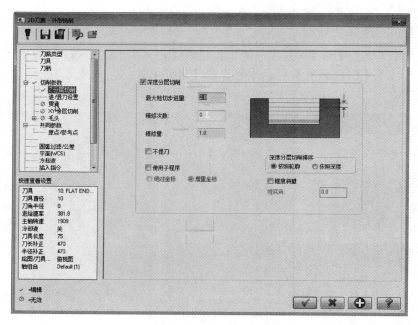

图 2.3.52　Z 分层切削

26. XY 分层切削

打开【XY 分层切削】节点→勾选【XY 分层切削】→【粗切】→【次】2→【间距】5→勾选【不提刀】→【确定】（如图 2.3.53 XY 分层切削）。

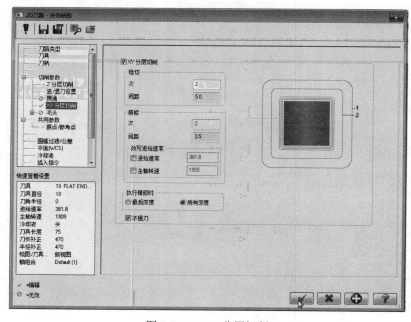

图 2.3.53　XY 分层切削

27. 共同参数

打开【共同参数】节点→设定【参考高度】【增量坐标】25→【下刀位置】【增量坐标】2→【工件表面】【绝对坐标】-8→【深度】【绝对坐标】-10→【确定】（如图 2.3.54 共同参数）。

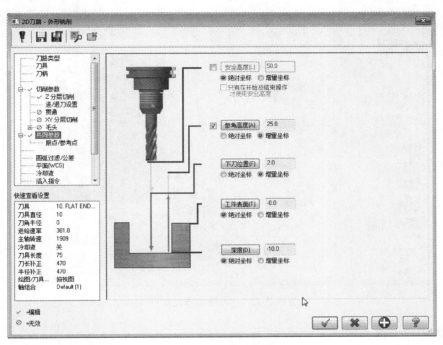

图 2.3.54　共同参数

28. 冷却液

打开【冷却液】节点→【Flood】On→【确定】。

29. 生成刀路

此时已经生成刀路（如图 2.3.55 生成刀路）。

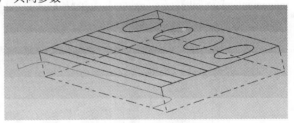

图 2.3.55　生成刀路

深度 -6 的 4 个圆形槽区域的加工

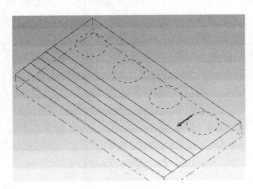

图 2.3.56　选择串联

30. 加工面的选择

选择主菜单【刀路】→【2D 挖槽】→弹出对话框【输入新 NC 名称】→点击【确认】→此处点击确认→打开【串联选项】对话框→选择【串联】按钮，并点选要加工的外形（如图 2.3.56 选择串联）。

31.【刀具】不变

32. 切削参数设置

打开【切削参数】节点→在对话框中【壁边预留量】0→【底面预留量】0→【确定】（如图 2.3.57

切削参数设置）。

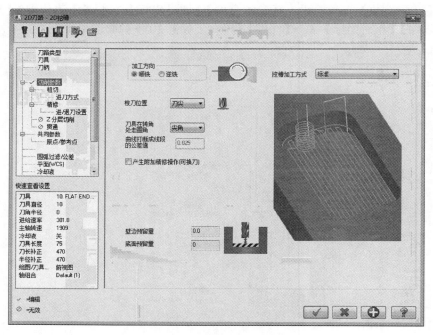

图 2.3.57　切削参数设置

33. 粗切

打开【粗切】节点→勾选【粗切】→【平行环切清角】→【切削间距】75%→勾选【刀路最佳化】（如图 2.3.58 粗切）。

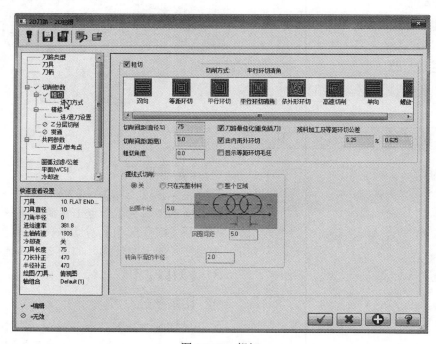

图 2.3.58　粗切

34. 精修

打开【精修】节点→勾选【精修】→【次】1→【间距】5（如图 2.3.59 精修）。

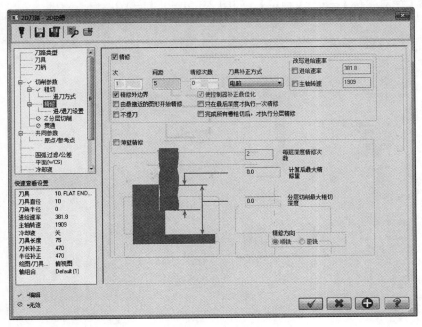

图 2.3.59　精修

35. Z 分层切削

打开【Z 分层切削】节点→勾选【深度分层切削】→设定【最大粗切步进量】3→勾选【不提刀】（如图 2.3.60 Z 分层切削）。

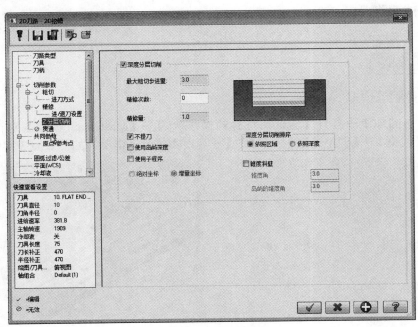

图 2.3.60　Z 分层切削

36. 共同参数

打开【共同参数】节点→设定【参考高度】【增量坐标】25 →【下刀位置】【绝对坐标】2 →【深度】【绝对坐标】−6 →【确定】（如图 2.3.61 共同参数）。

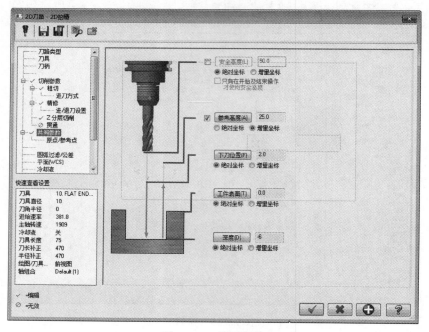

图 2.3.61　共同参数

37. 冷却液

打开【冷却液】节点→【Flood】On →【确定】。

38. 生成刀路

此时已经生成刀路（如图 2.3.62 生成刀路）。

（最终验证模拟）

39. 实体验证模拟

选中所有的加工→打开【验证已选择的操作 】→【Mastercam 模拟】对话框→隐藏【刀柄】和【线框】→【调整速度】→【播放】→观察实体验证情况（如图 2.3.63 实体验证）。

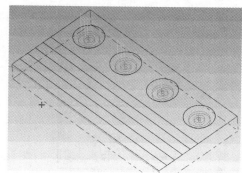

图 2.3.62　生成刀路

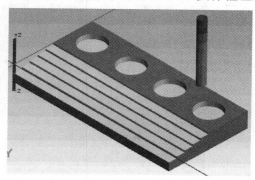

图 2.3.63　实体验证

第四节　Mastercam 的钻孔加工

钻孔加工可以生成用来进行钻孔、镗孔、攻螺纹等加工的刀具路径。钻孔加工中使用的几何模型的点，在钻孔之前需要创建孔中心所在的位置，用户可以选取已存在的点，也可以选择或创建根据规则排列的点列，作为钻孔的中心点（如图 2.4.1 为加工中心加工的阵列孔的实拍图）。

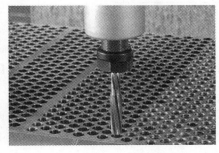

图 2.4.1　加工中心加工的阵列孔的实拍图

一、钻孔加工入门实例

加工前的工艺分析与准备

1. 零件图工艺分析

该零件表面由 15 个规则排列的通孔构成（如图 2.4.2 钻孔加工入门实例）。工件尺寸 120mm×80mm×5mm，无尺寸公差要求。尺寸标注完整，轮廓描述清楚。零件材料为已经加工成型的标准铝块，无热处理和硬度要求。

钻孔加工入门实例

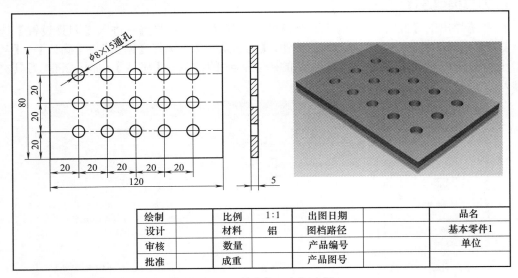

绘制		比例	1:1	出图日期		品名	
设计		材料	铝	图档路径		基本零件1	
审核		数量		产品编号		单位	
批准		成重		产品图号			

图 2.4.2　钻孔加工入门实例

① $\phi 8$ 的钻头钻孔加工深度 −5 的孔；
② 根据加工要求，共需产生 1 次刀具路径。

2. 前期准备工作

（1）图形的导入　打开已绘制好的图形→按 F9 键打开坐标系→观察原点位置→然后再按 F9 键关闭。

（2）选择加工所使用的机床类型　选择主菜单【机床类型】→【铣床】→【默认】，进入铣床的加工模块。

（3）毛坯设置　在左侧的【刀路】面板中，打开【机床群组】→【属性】→【毛坯设置】→

【机床群组属性】对话框→点击【所有图形】按钮→设置【Z 向】的高度为 5 →【确定】。

顶面区域的加工

3. 加工面的选择

选择主菜单【刀路】→【钻孔】→弹出对话框【输入新 NC 名称】→点击【确认】→此处点击确认→打开【串联选项】对话框→【选择钻孔位置】→并点选所有的圆心（如图 2.4.3 选择串联）。

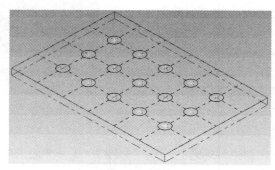

图 2.4.3　选择串联

4. 刀具类型选择

在系统弹出的【2D 刀路 - 钻孔】对话框→选择【刀具】节点→进入【刀具设置】选项卡→【刀具过滤】按钮→选择【全关】按钮，【刀具类型】→选择【钻头】→【确认】→【从刀库中选择】按钮→在【选择刀具】对话框中选择 $\phi8$ 的钻头→【确认】（如图 2.4.4 刀具类型选择）。

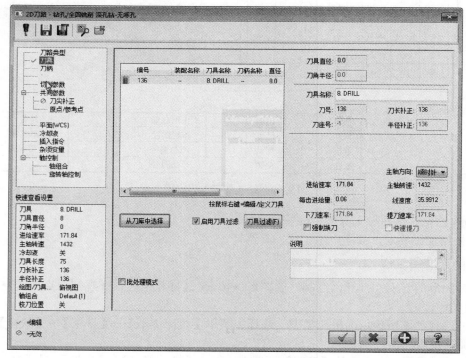

图 2.4.4　刀具类型选择

5. 切削参数设置

打开【切削参数】节点→在对话框中选择【循环方式】Drill/Counterbore（如图 2.4.5 切削参数设置）。

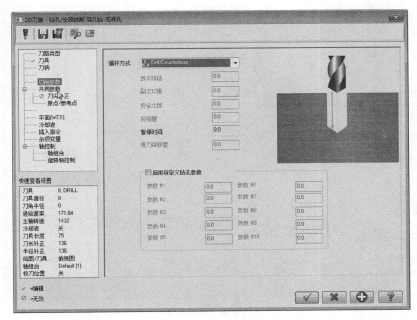

图 2.4.5　切削参数设置

6. 共同参数

打开【共同参数】节点→设定【参考高度】【绝对坐标】10 →【工件表面】【绝对坐标】0 →【深度】【绝对坐标】-5（如图 2.4.6 共同参数）。

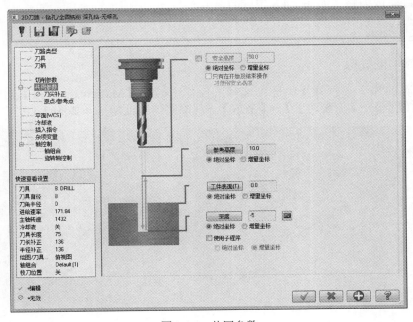

图 2.4.6　共同参数

7. 刀尖补正

打开【刀尖补正】节点→勾选【刀尖补正】→【贯通距离】0.1（如图 2.4.7 刀尖补正）。

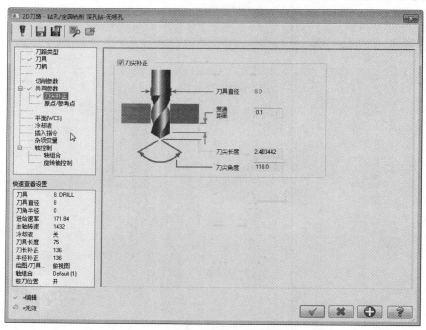

图 2.4.7　刀尖补正

8. 冷却液

打开【冷却液】节点→【Flood】On →【确定】。

9. 生成刀路

此时已经生成刀路（如图 2.4.8 生成刀路）。

（最终验证模拟）

10. 实体验证模拟

选中所有的加工→打开【验证已选择的操作 🔧】→【Mastercam 模拟】对话框→隐藏【刀柄】和【线框】→【调整速度】→【播放】→观察实体验证情况（如图 2.4.9 实体验证）。

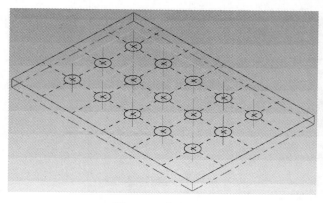

图 2.4.8　生成刀路

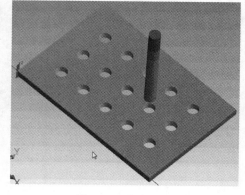

图 2.4.9　实体验证

二、钻孔加工的参数设置

1. 刀具参数

刀具参数的设置集中在【2D 刀路 - 钻孔 / 全圆铣削　深孔钻 - 无啄孔】对话框的【刀具】主题页中，设置方法与外形铣削加工相同，此处不再赘述。

制作通孔时，选择【类型】为【钻孔】，选择任意一把钻头后，双击可进行钻头的具体参数的设置（如图 2.4.10 定义钻头），该设置根据实际情况进行，相关参数含义可参照前面所描述，不再赘述。

图 2.4.10　定义钻头

2. 切削参数

切削参数主要是定义钻孔的循环方式，切削参数集中在【2D 刀路 - 钻孔 / 全圆铣削　深孔钻 - 无啄孔】对话框的【切削参数】主题页中（如图 2.4.11 切削参数）。

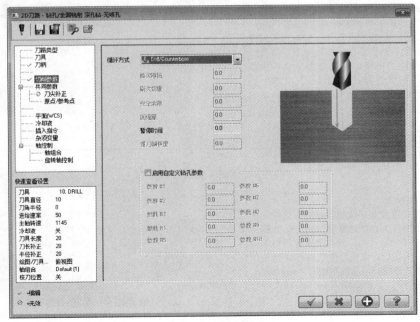

图 2.4.11　切削参数

从【循环】下拉列表框中可以选择标准循环方式或用户自定义的循环方式，在列表框的下方是每一种循环方式需要设置参数，右侧图片显示的是当前循环方式的示意图，每种循环方式说明见表 2.4.1 钻孔循环方式。

表 2.4.1　钻孔循环方式

序号	名称	详 细 说 明
1	Drill/Counterbore： 　　该循环方式用来加工孔径小于 3 倍的刀具直径的通孔或盲孔，在程序中生成 G81 指令代码。选择该方式后，【暂留时间】文本框被激活，可以输入钻头在孔底暂停的时间，则在程序中生成 G82 指令代码，如图 2.4.12 所示	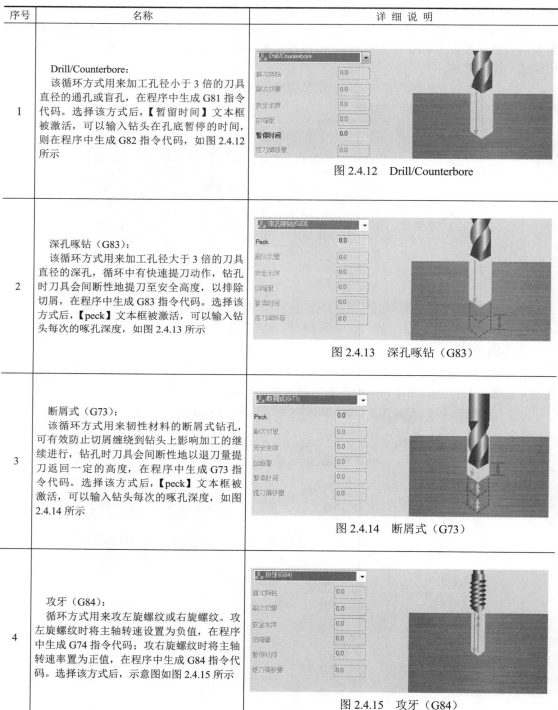 图 2.4.12　Drill/Counterbore
2	深孔啄钻（G83）： 　　该循环方式用来加工孔径大于 3 倍的刀具直径的深孔，循环中有快速提刀动作，钻孔时刀具会间断性地提刀至安全高度，以排除切屑，在程序中生成 G83 指令代码。选择该方式后，【peck】文本框被激活，可以输入钻头每次的啄孔深度，如图 2.4.13 所示	图 2.4.13　深孔啄钻（G83）
3	断屑式（G73）： 　　该循环方式用来韧性材料的断屑式钻孔，可有效防止切屑缠绕到钻头上影响加工的继续进行，钻孔时刀具会间断性地以退刀量提刀返回一定的高度，在程序中生成 G73 指令代码。选择该方式后，【peck】文本框被激活，可以输入钻头每次的啄孔深度，如图 2.4.14 所示	图 2.4.14　断屑式（G73）
4	攻牙（G84）： 　　循环方式用来攻左旋螺纹或右旋螺纹。攻左旋螺纹时将主轴转速设置为负值，在程序中生成 G74 指令代码；攻右旋螺纹时将主轴转速率置为正值，在程序中生成 G84 指令代码。选择该方式后，示意图如图 2.4.15 所示	图 2.4.15　攻牙（G84）

序号	名称	详细说明
5	Bore#1（feed-out）： 该循环方式用来精镗孔，加工时刀具以切削进给速度进刀和退刀，在程序中生成 G85 指令代码。选择该方式后，【暂留时间】文本框被激活，可以输入钻头在孔底暂停的时间，则在程序中生成 G89 指令代码，如图 2.4.16 所示	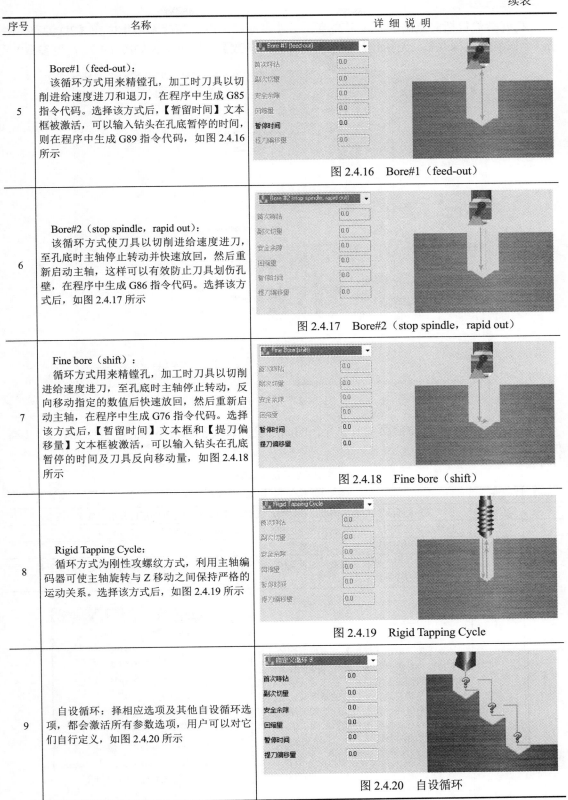
6	Bore#2（stop spindle, rapid out）： 该循环方式使刀具以切削进给速度进刀，至孔底时主轴停止转动并快速放回，然后重新启动主轴，这样可以有效防止刀具划伤孔壁，在程序中生成 G86 指令代码。选择该方式后，如图 2.4.17 所示	图 2.4.17　Bore#2（stop spindle，rapid out）
7	Fine bore（shift）： 循环方式用来精镗孔，加工时刀具以切削进给速度进刀，至孔底时主轴停止转动，反向移动指定的数值后快速放回，然后重新启动主轴，在程序中生成 G76 指令代码。选择该方式后，【暂留时间】文本框和【提刀偏移量】文本框被激活，可以输入钻头在孔底暂停的时间及刀具反向移动量，如图 2.4.18 所示	图 2.4.18　Fine bore（shift）
8	Rigid Tapping Cycle： 循环方式为刚性攻螺纹方式，利用主轴编码器可使主轴旋转与 Z 移动之间保持严格的运动关系。选择该方式后，如图 2.4.19 所示	图 2.4.19　Rigid Tapping Cycle
9	自设循环：择相应选项及其他自设循环选项，都会激活所有参数选项，用户可以对它们自行定义，如图 2.4.20 所示	图 2.4.20　自设循环

图 2.4.16　Bore#1（feed-out）

3. 高度参数

高度参数包括安全高度、参考高度、工件表面及深度，高度参数集中在【2D 刀路 - 钻孔 / 全圆铣削 深孔钻 - 无啄孔】对话框的【共同参数】主题页中（如图 2.4.21 高度参数）。

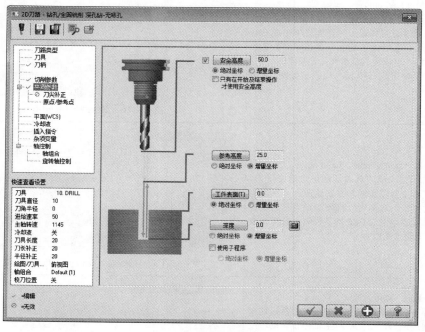

图 2.4.21 高度参数

钻孔时的高度设置与前面章节中介绍的高度设置有所不同，不同之处说明见表 2.4.2 高度参数。

表 2.4.2 高度参数

序号	名称	详细说明
1	安全高度	该高度是钻头起始位置的高度，在钻削过程中，只在起始位置和结束位置抬刀至安全高度
2	参考高度	该高度是在下刀时，由快进转为慢进的平面高度，也是刀具返回时的参考高度
3	工件表面	该高度是用于设置工件上表面的高度
4	深度	该高度用于设置钻孔的深度，如果该值已经包含了刀尖的补偿部分，则无需再进行刀尖补偿，否则还应设置刀尖补偿 计算：单击【深度】文本框右侧的【计算】按钮，打开（如图 2.4.22 深度计算）所示的【深度的计算】对话框，在该对话中可以输入刀具直径和刀具尖部包含的角度或使用当前刀具值，来精确计算出刀尖应增加的深度。可以将计算的深度值增加到设置的深度上，也可以覆盖设置的深度值 图 2.4.22 深度计算

序号	名称	详　细　说　明
4	深度	在零件加工过程中，在【参考高度】文本框中输入 25，【工件表面】文本框中输入 0，【深度】文本框中输入 –6，在【深度的计算】对话框中的参数设置如图 2.4.23 所示，深度重新计算的结果如图 2.4.24 所示 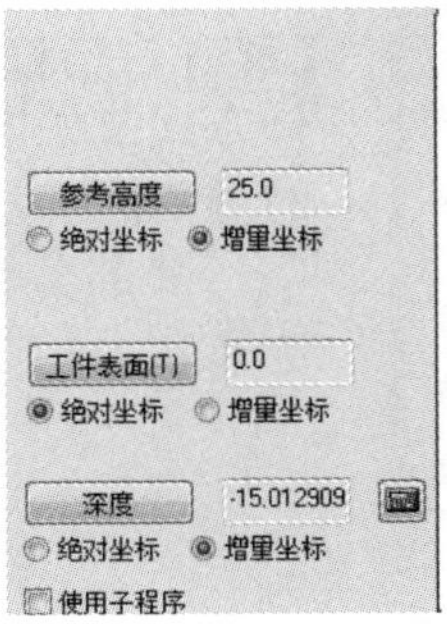 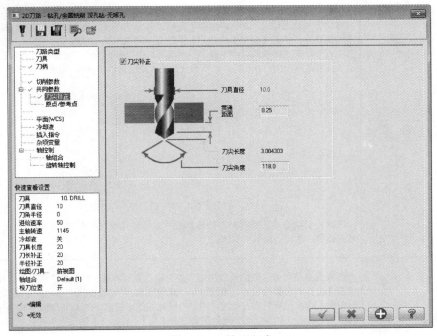 图 2.4.23　设置参数 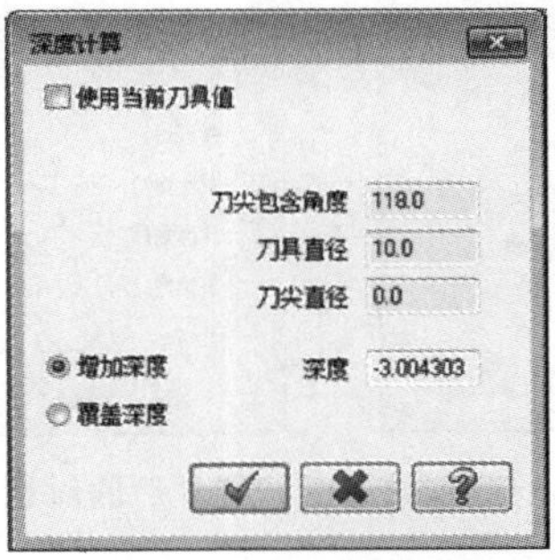　　　　图 2.4.24　计算的结果

4. 补正方式

补正方式可以自动调整钻削的深度至钻头前端斜角部位的长度（如图 2.4.25 补正方式），其部分参数含义见表 2.4.3 补正方式。

图 2.4.25　补正方式

表 2.4.3　补正方式

序号	名称	详　细　说　明
1	刀具直径	为所使用的钻头直径
2	贯通距离	用来输入钻头前端（除刀尖以外）超出工件的距离
3	刀尖长度	为钻头尖部的长度
4	刀尖角度	用来输入钻头尖部的角度

5. 钻孔点的选择方式

在进行刀具路径的编制之前，需要定义钻孔所需的点。Mastercam 提了多种钻孔点的选择方式，都是通过【选取钻孔的点】对话框来完成的，在该对话框中单击【展开对话框】按钮▼，可以打开其他选择方式（如图 2.4.26 基本对话框和展开后的对话框）。

其部分参数含义见表 2.4.4 钻孔点的选择方式。

图 2.4.26　基本对话框和展开后的对话框

表 2.4.4　钻孔点的选择方式

序号	名称	详 细 说 明
1		手动方式是系统默认的钻孔点选择方式。在"选取点图素"的提示下，在绘图区中确定点（已绘制的点、图素特征点、坐标输入的点或鼠标单击位置）作为钻孔点。该方式的好处是可以随意决定钻孔加工的顺序，若钻孔点多时效率将会比较低
2	自动	自动方式是通过用户指定的前两个点和最后一个点来自动搜寻其他的点，并将这些点都作为钻孔点。单击【自动】按钮后，系统提示"选取第一点"，在绘图区中选取一个已存在的点后，在"选取第二点"提示下选取第二个已存在的点，最后在"选取最后一点"提示下选取最后一个已存在的点，则系统会选取范围内的所有点（如图 2.4.27 自动方式选点） 图 2.4.27　自动方式选点 注意：自动选点方式有时不能选择到所需的钻孔点。如果选取的三个点是按照绘制点时的顺序，才可以选取所有的点
3	选择图形	图素选点是指将选取的线段的端点作为钻孔点或将选取的圆弧 / 圆的圆心作为钻孔点。单击【选择图形】按钮后，系统提示"选取图素"，在绘图区中选取一个图素或窗选所有的图素，选取完毕后双击绘图区的空白区域或按下键盘上的 Enter 键，则图素的特征点被选择为钻孔点（如图 2.4.28 选取图素方式选点），最后一个钻孔点为圆弧的圆心点 图 2.4.28　选取图素方式选点

序号	名称	详 细 说 明
4	窗选	窗选选点是指通过矩形框选的方式选取所需的钻孔点。单击【窗选】按钮后，在"点选视窗角落"提示下，拖拽出可以包含所需点的矩形，则系统自动选取矩形内的点作为钻孔点（如图 2.4.29 窗选方式选点，左侧为选取点时拖曳出的矩形，右侧为生成的刀具路径） 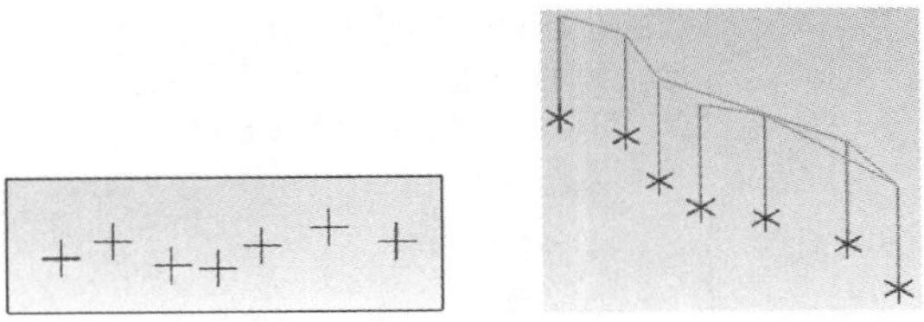 图 2.4.29　窗选方式选点
5	限定圆弧	限定圆弧是指选取所有与基准圆弧半径相等的圆弧的圆心作为钻孔点。单击【限定圆弧】按钮后，系统提示"请选取基准圆弧"，在绘图区中选取一个圆弧作为基准，然后在"选择圆弧，结束时按【Enter】"提示下，窗选所有的圆弧，选取结束后按下键盘上的 Enter 键，则所有与基准圆弧半径相等的圆弧的圆心被选取（如图 2.4.30 限定圆弧方式选点） 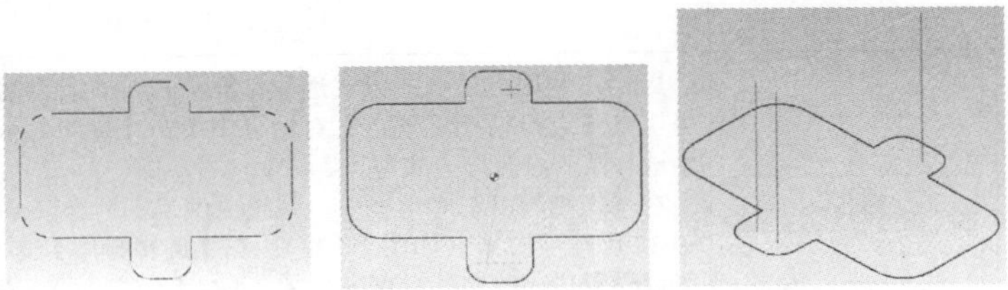 图 2.4.30　限定圆弧方式选点
6	网格点和圆周点	网格点和圆周点选项默认隐藏，需要点击【选择钻孔位置】标题旁的■打开 网格点： 　网格点即矩形阵列钻孔点，是指通过指定 X 方向上的个数和间距，Y 方向上的个数和间距来定义钻孔点。在【选择钻孔位置点】对话框中先点击左上角的下箭头，打开隐藏内容，然后启用【模版】复选框，再选中【网格点】单选按钮，接着在【X】右侧对应的文本框中输入个数和间距，在【Y】右侧对应的文本框中输入个数和间距，最后在绘图区中移动鼠标到某一位置后单击，来放置系列点（如图 2.4.31 网格点方式创建点，左侧为创建钻空点的过程，右侧为生成的刀具路径）。如果需要在栅格处同时创建点，可以启用【创建点】复选框 图 2.4.31　网格点方式创建点

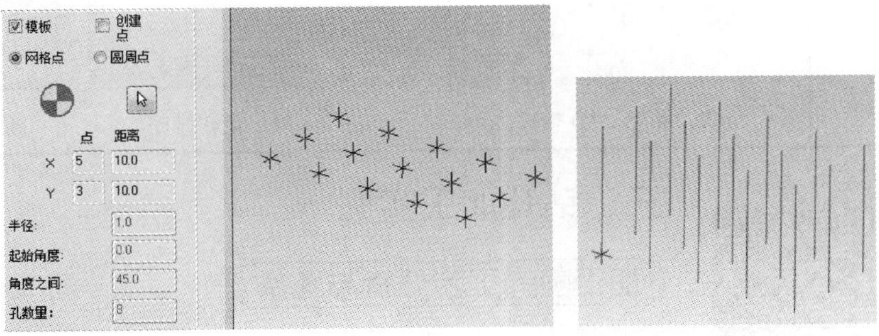

序号	名称	详 细 说 明
6	网格点和圆周点	圆周点： 　　圆周点即圆形阵列钻孔点，是指通过指定圆周阵列的半径、起始角度、角度增量和个数来定义钻孔点。在【选择钻孔位置点】对话框中先点击左上角的下箭头，打开隐藏内容，然后启用【模版】复选框，再选中【圆周点】单选按钮，接着分别在【半径】文本框、【起始角度】文本框、【角度之间】文本框、【孔数量】文本框中输入合适的数值，最后在绘图区中移动鼠标到某一位置后单击，来放置系列点（如图 2.4.32 圆周点方式创建点，中间为创建钻孔点的过程，右侧为生成的刀具路径）。如果需要在圆周点处同时创建点，可以启用【创建点】复选框  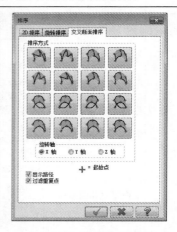 图 2.4.32　圆周点方式创建点
7	排序	用户在利用上述选择方式选取钻孔点后，有时会对系统默认的钻孔顺序不满意，这时可以在【选择钻孔位置点】对话框中单击【排序】按钮，从弹出的【切削顺序】对话框中选择某一种排序方式即可。 　　在【切削顺序】对话框中，系统提供了三个选项卡，其中在【2D 排序】选项卡中列出了 17 种排序方式（如图 2.4.33）；在【旋转排序】选项卡中列出了 12 种排序方式，并且可以设置排序的起始角度（如图 2.4.34 旋转排序）；在【交叉断面排序】选项卡中列出了 16 种排序方式，可以选择旋转轴 X 轴或 Y 轴或 Z 轴（如图 2.4.35 交叉断面排序） 图 2.4.33　2D 排序　　　　图 2.4.34　旋转排序　　　　图 2.4.35　交叉断面排序

三、钻孔加工实例一

加工前的工艺分析与准备

1. 零件图工艺分析

　　该零件表面由 1 个凸台和若干个孔组成（如图 2.4.36 钻孔加工实例

一）。工件尺寸 100mm×100mm×37mm，无尺寸公差要求。尺寸标注完整，轮廓描述清楚。零件材料为已经加工成型的标准铝块，无热处理和硬度要求。

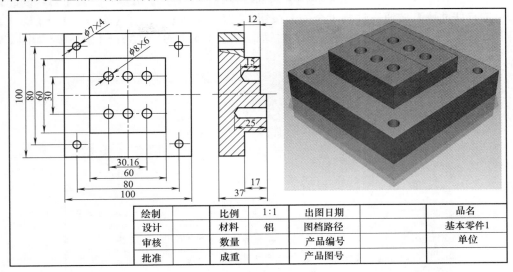

图 2.4.36　钻孔加工实例一

可以用台虎钳，从上往下装夹一次性完成。

① 用 $\phi12$ 的平底刀外形铣削加工深度 –17 的外围区域，深度：0 ～ –17；

② 用 $\phi12$ 的平底刀外形铣削加工深度 –5 的外围区域，深度：0 ～ –5；

③ 用 $\phi7$ 的钻头加工四周的 4 个通孔，深度：–17 ～ –37；

④ 用 $\phi8$ 的钻头加工中间上一排的 3 个孔，深度：–5 ～ –20；

⑤ 用 $\phi8$ 的钻头加工中间下一排的 3 个孔，深度：0 ～ –25；

⑥ 根据加工要求，共需产生 5 次刀具路径。

2. 前期准备工作

（1）图形的导入　打开已绘制好的图形→按 F9 键打开坐标系→观察原点位置→然后再按 F9 键关闭。

（2）通过【打断】命令，将图形中所有的线段在交点处打断，方便串联的选择。

（3）选择加工所使用的机床类型　选择主菜单【机床类型】→【铣床】→【默认】，进入铣床的加工模块。

（4）毛坯设置　在左侧的【刀路】面板中，打开【机床群组】→【属性】→【毛坯设置】→【机床群组属性】对话框→点击【所有图形】按钮→设置【Z 向】的高度为 37 →【确定】。

深度 –17 的外围区域的加工

3. 加工面的选择

选择主菜单【刀路】→【外形】→弹出对话框【输入新 NC 名称】→点击【确认】→此处点击确认→打开【串联选项】对话框→选择【串联】按钮，并点选要加工的外形（如图 2.4.37 选择串联）。

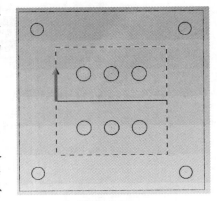

图 2.4.37　选择串联

4. 刀具类型选择

在系统弹出的【2D 刀路 - 外形铣削】对话框→选择【刀具】节点→进入【刀具设置】选项卡→【刀具过滤】按钮→选择【全关】按钮,【刀具类型】→选择【平底刀】→【确认】→【从刀库中选择】按钮→在【选择刀具】对话框中选择 $\phi 12$ 的平底刀→【确认】(如图 2.4.38 刀具类型选择)。

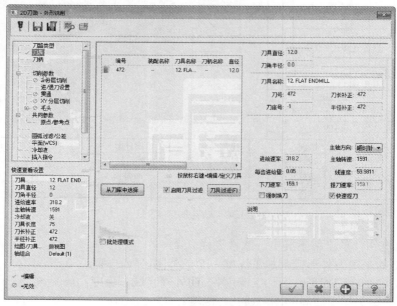

图 2.4.38　刀具类型选择

5. 切削参数设置

打开【切削参数】节点→在对话框中设置【补正方向】左→【壁边预留量】0→【底面预留量】0→【确定】(如图 2.4.39 切削参数设置)。

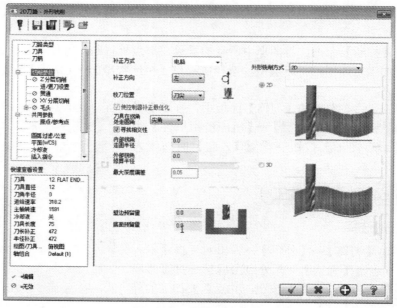

图 2.4.39　切削参数设置

6. Z 分层切削

打开【Z 分层切削】节点→勾选【深度分层切削】→设定【最大粗切步进量】3 →【精修次数】1 →【精修量】0.3 →勾选【不提刀】（如图 2.4.40 Z 分层切削）。

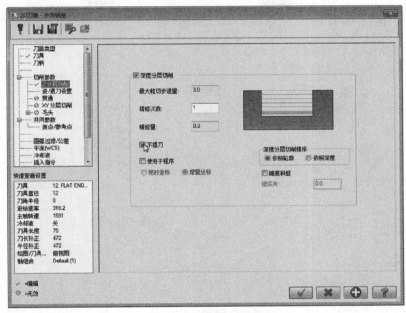

图 2.4.40　Z 分层切削

7. 进 / 退刀设置

打开【进/退刀设置】节点→勾选【进/退刀设置】→【进刀】→【直线】→【垂直】→【长度】0 →【圆弧】→【半径】0 →点击转换按钮，使得进刀的参数应用到退刀上去（如图 2.4.41 进 / 退刀设置）。

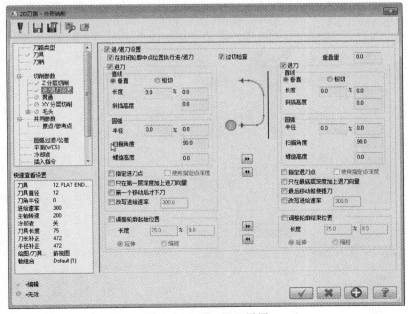

图 2.4.41　进 / 退刀设置

8. XY 分层切削

打开【XY 分层切削】节点→勾选【XY 分层切削】→【粗切】→【次】4→【间距】6→勾选【不提刀】→【确定】(如图 2.4.42 XY 分层切削)。

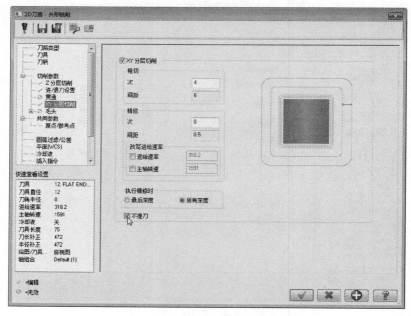

图 2.4.42　XY 分层切削

9. 共同参数

打开【共同参数】节点→设定【参考高度】【增量坐标】10→【下刀位置】【绝对坐标】2→【深度】【绝对坐标】−17→【确定】(如图 2.4.43 共同参数)。

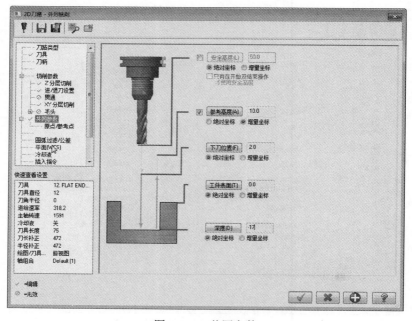

图 2.4.43　共同参数

10. 冷却液

打开【冷却液】节点→【Flood】On →【确定】。

11. 生成刀路

此时已经生成刀路（如图 2.4.44 生成刀路）。

深度 –5 的凸台区域的加工

12. 加工面的选择

选择主菜单【刀路】→【外形】→弹出对话框【输入新 NC 名称】→点击【确认】→此处点击确认→打开【串联选项】对话框→选择【串联】按钮，并点选要加工的外形（如图 2.4.45 选择串联）。

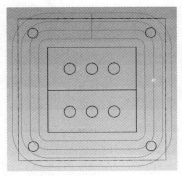

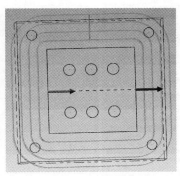

图 2.4.44　生成刀路　　　　　　图 2.4.45　选择串联

13.【刀具】【切削参数】【Z 分层切削】【进 / 退刀设置】【冷却液】不变

14. XY 分层切削

打开【XY 分层切削】节点→勾选【XY 分层切削】→【粗切】→【次】6 →【间距】6 →勾选【不提刀】→【确定】（如图 2.4.46 XY 分层切削）。

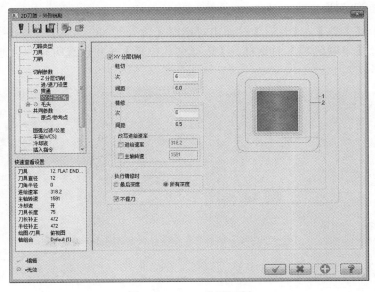

图 2.4.46　XY 分层切削

15. 共同参数

打开【共同参数】节点→设定【参考高度】【增量坐标】10→【下刀位置】【绝对坐标】2→【深度】【绝对坐标】−5→【确定】（如图 2.4.47 共同参数）。

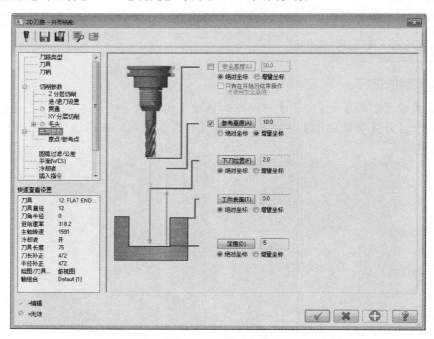

图 2.4.47　共同参数

16. 生成刀路

此时已经生成刀路（如图 2.4.48 生成刀路）。

四周通孔的加工

17. 加工面的选择

选择主菜单【刀路】→【钻孔】→弹出对话框【输入新 NC 名称】→点击【确认】→此处点击确认→打开【串联选项】对话框→【选择钻孔位置】→并点选所有四周通孔的圆心（如图 2.4.49 选择串联）。

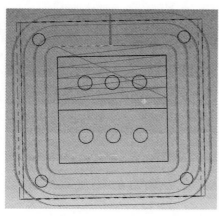

图 2.4.48　生成刀路

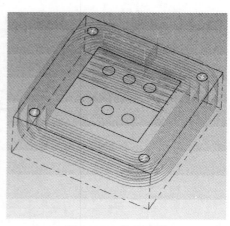

图 2.4.49　选择串联

18. 刀具类型选择

在系统弹出的【2D刀路-钻孔】对话框→选择【刀具】节点→进入【刀具设置】选项卡→【刀具过滤】按钮→选择【全关】按钮，【刀具类型】→选择【钻头】→【确认】→【从刀库中选择】按钮→在【选择刀具】对话框中选择φ7的钻头→【确认】（如图2.4.50刀具类型选择）。

图 2.4.50 刀具类型选择

19. 切削参数设置

打开【切削参数】节点→在对话框中【循环方式】深孔啄钻（G83）→【Peck】2（如图2.4.51切削参数设置）。

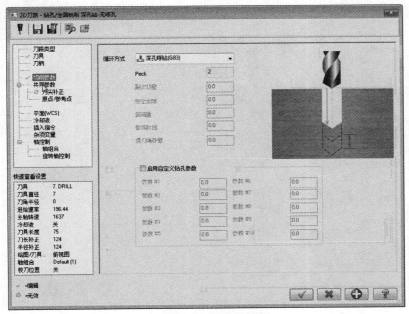

图 2.4.51 切削参数设置

20. 共同参数

打开【共同参数】节点→设定【参考高度】【增量坐标】2 →【工件表面】【绝对坐标】−17 →【深度】【绝对坐标】−37（如图 2.4.52 共同参数）。

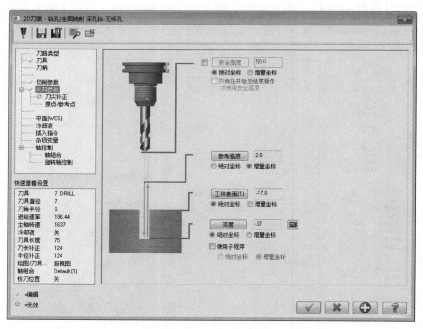

图 2.4.52　共同参数

21. 刀尖补正

打开【刀尖补正】节点→勾选【刀尖补正】→【贯通距离】0.1（如图 2.4.53 刀尖补正）。

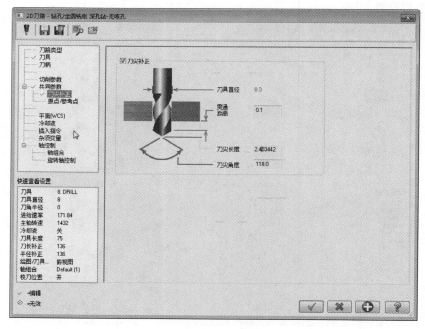

图 2.4.53　刀尖补正

22. 冷却液

打开【冷却液】节点→【Flood】On →【确定】。

23. 生成刀路

此时已经生成刀路（如图 2.4.54 生成刀路）。

中间上一排的 3 个孔的加工

24. 加工面的选择

选择主菜单【刀路】→【钻孔】→弹出对话框【输入新 NC 名称】→点击【确认】→此处点击确认→打开【串联选项】对话框→【选择钻孔位置】→并点选上一排 $\phi 8$ 的圆心（如图 2.4.55 选择串联）。

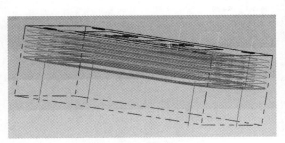

图 2.4.54　生成刀路

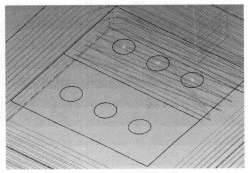

图 2.4.55　选择串联

25. 刀具类型选择

在系统弹出的【2D刀路-钻孔】对话框→选择【刀具】节点→进入【刀具设置】选项卡→【刀具过滤】按钮→选择【全关】按钮，【刀具类型】→选择【钻头】→【确认】→【从刀库中选择】按钮→在【选择刀具】对话框中选择 $\phi 8$ 的钻头→【确认】（如图 2.4.56 刀具类型选择）。

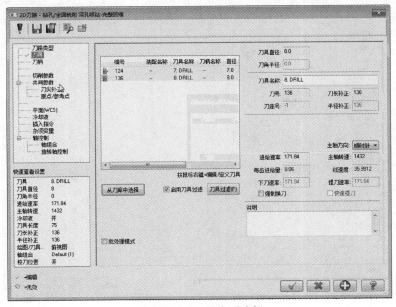

图 2.4.56　刀具类型选择

26. 【切削参数】【冷却液】不变

27. 共同参数

打开【共同参数】节点→设定【参考高度】【增量坐标】2.0 →【工件表面】【绝对坐标】–5 →【深度】【绝对坐标】–20（如图 2.4.57 共同参数）。

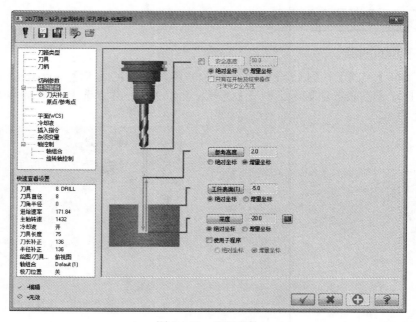

图 2.4.57　共同参数

28. 刀尖补正

打开【刀尖补正】节点→关闭【刀尖补正】→【确定】（如图 2.4.58 刀尖补正）。

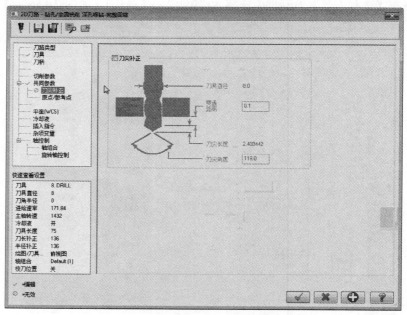

图 2.4.58　刀尖补正

29. 生成刀路

此时已经生成刀路（如图 2.4.59 生成刀路）。

中间下一排的三个孔的加工

30. 加工面的选择

选择主菜单【刀路】→【钻孔】→弹出对话框【输入新 NC 名称】→点击【确认】→此处点击确认→打开【串联选项】对话框→选择【串联】按钮，并点选下一排 $\phi 8$ 的圆心（如图 2.4.60 选择串联）。

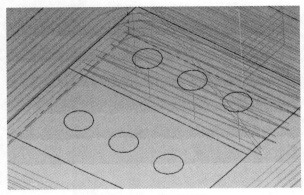

图 2.4.59　生成刀路

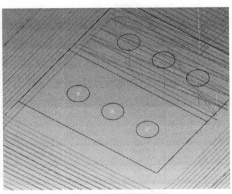

图 2.4.60　选择串联

31. 刀具类型选择

在系统弹出的【2D 刀路 - 钻孔】对话框→选择【刀具】节点→进入【刀具设置】选项卡→【刀具过滤】按钮→选择【全关】按钮，【刀具类型】→选择【钻头】→【确认】→【从刀库中选择】按钮→在【选择刀具】对话框中选择 $\phi 8$ 的钻头→【确认】（如图 2.4.61 刀具类型选择）。

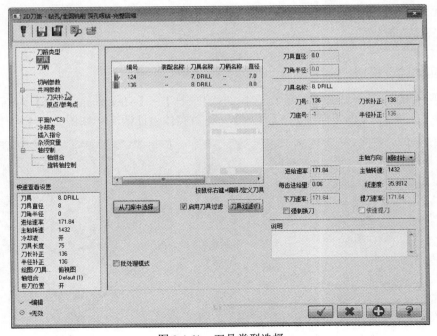

图 2.4.61　刀具类型选择

32.【切削参数】【冷却液】【刀尖补正】继承上一次操作不变

33. 共同参数

打开【共同参数】节点→设定【参考高度】【增量坐标】2.0 →【工件表面】【绝对坐标】0 →【深度】【绝对坐标】−25（如图 2.4.62 共同参数）。

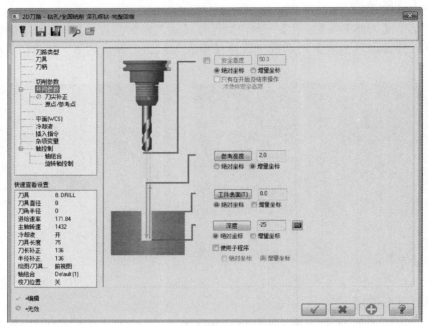

图 2.4.62　共同参数

34. 生成刀路

此时已经生成刀路（如图 2.4.63 生成刀路）。

最终验证模拟

35. 实体验证模拟

选中所有的加工→打开【验证已选择的操作 🔧】→【Mastercam 模拟】对话框→隐藏【刀柄】和【线框】→【调整速度】→【播放】→观察实体验证情况（如图 2.4.64 实体验证）。

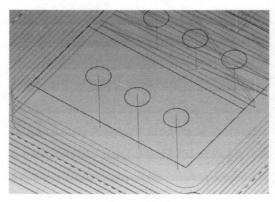

图 2.4.63　生成刀路

图 2.4.64　实体验证

四、钻孔加工实例二

钻孔加工实例二

加工前的工艺分析与准备

1. 零件图工艺分析

该零件表面由 42 个 φ4 的通孔和 35 个 φ6 的通孔组成（如图 2.4.65 钻孔加工实例二），工件尺寸 120mm×80mm×10mm，无尺寸公差要求。尺寸标注完整，轮廓描述清楚。零件材料为已经加工成型的标准铝块，无热处理和硬度要求。

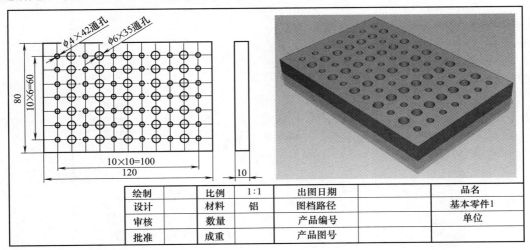

绘制		比例	1:1	出图日期		品名	
设计		材料	铝	图档路径		基本零件1	
审核		数量		产品编号		单位	
批准		成重		产品图号			

图 2.4.65　钻孔加工实例二

① 用 φ4 的钻头加工 42 个通孔，深度：0 ～ –10；

② 用 φ6 的钻头加工 35 个通孔，深度：0 ～ –10；

③ 根据加工要求，共需产生 2 次刀具路径。

2. 前期准备工作

（1）图形的导入　打开已绘制好的图形→按 F9 键打开坐标系→观察原点位置→然后再按 F9 键关闭。

（2）选择加工所使用的机床类型　选择主菜单【机床类型】→【铣床】→【默认】，进入铣床的加工模块。

（3）毛坯设置　在左侧的【刀路】面板中，打开【机床群组】→【属性】→【毛坯设置】→【机床群组属性】对话框→点击【所有图形】按钮→设置【Z 向】的高度为 5 →【确定】。

42 个 φ4 的通孔的加工

3. 加工面的选择

选择主菜单【刀路】→【钻孔】→弹出对话框【输入新 NC 名称】→点击【确认】→此处点击确认→打开【选择钻孔位置】对话框→选择【限定圆弧】按钮→先点击一个 φ4 的圆，再框选所有圆弧，系统选中所有 φ4 圆→【回车确认】（如图 2.4.66 选择串联）。

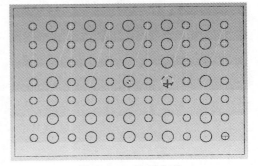

图 2.4.66　选择串联

4. 刀具类型选择

在系统弹出的【2D 刀路 - 钻孔】对话框→选择【刀具】节点→进入【刀具设置】选项卡→【刀具过滤】按钮→选择【全关】按钮,【刀具类型】→选择【钻头】→【确认】→【从刀库中选择】按钮→在【选择刀具】对话框中选择 $\phi 4$ 的钻头→【确认】→设置【进给速率】100 →【主轴转速】1500(如图 2.4.67 刀具类型选择)。

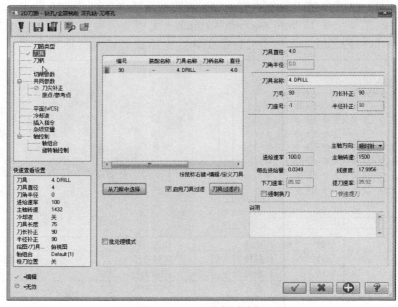

图 2.4.67　刀具类型选择

5. 切削参数设置

打开【切削参数】节点→在对话框中【循环方式】Drill/Counterbore(如图 2.4.68 切削参数设置)。

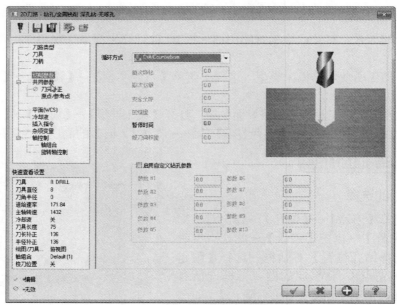

图 2.4.68　切削参数设置

6. 共同参数

打开【共同参数】节点→设定【参考高度】【绝对坐标】2 →【工件表面】【绝对坐标】0 →【深度】【绝对坐标】−10（如图 2.4.69 共同参数）。

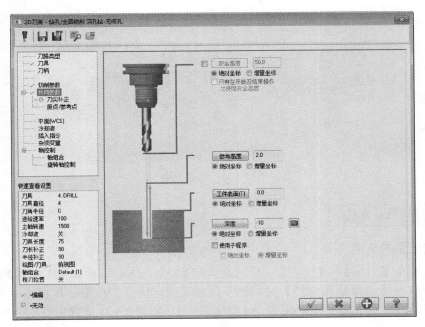

图 2.4.69　共同参数

7. 刀尖补正

打开【刀尖补正】节点→勾选【刀尖补正】→【贯通距离】0.1（如图 2.4.70 刀尖补正）。

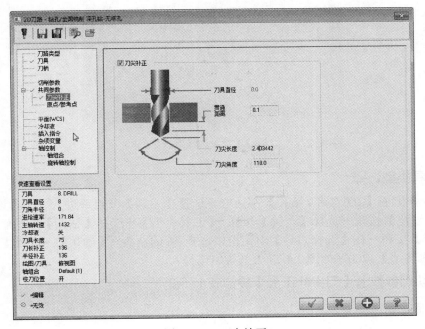

图 2.4.70　刀尖补正

8. 冷却液

打开【冷却液】节点→【Flood】On →【确定】。

9. 生成刀路

此时已经生成刀路（如图 2.4.71 生成刀路）。

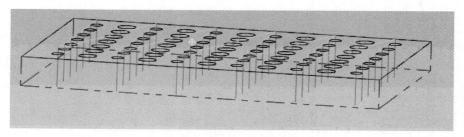

图 2.4.71　生成刀路

35 个 ϕ6 的通孔的加工

10. 加工面的选择

选择主菜单【刀路】→【钻孔】→弹出对话框【输入新 NC 名称】→点击【确认】→此处点击确认→打开【选择钻孔位置】对话框→选择【限定圆弧】按钮→先点击一个 ϕ6 的圆，再框选所有圆弧，系统选中所有 ϕ6 圆→【回车确认】（如图 2.4.71 选择串联）。

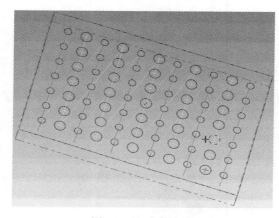

图 2.4.72　选择串联

11. 刀具类型选择

在系统弹出的【2D 刀路 - 钻孔】对话框→选择【刀具】节点→进入【刀具设置】选项卡→【刀具过滤】按钮→选择【全关】按钮，【刀具类型】→选择【钻头】→【确认】→【从刀库中选择】按钮→在【选择刀具】对话框中选择 ϕ6 的钻头→【确认】→设置【进给速率】100 →【主轴转速】1200（如图 2.4.73 刀具类型选择）。

12.【切削参数】、【刀尖补正】、【冷却液】不变

13. 共同参数

打开【共同参数】节点→设定【参考高度】【绝对坐标】2 →【工件表面】【绝对坐标】

0 →【深度】【绝对坐标】−10（如图 2.4.74 共同参数）。

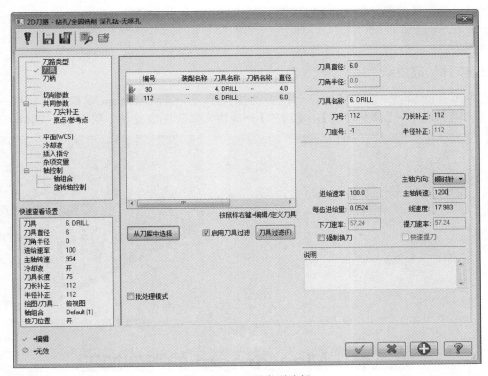

图 2.4.73　刀具类型选择

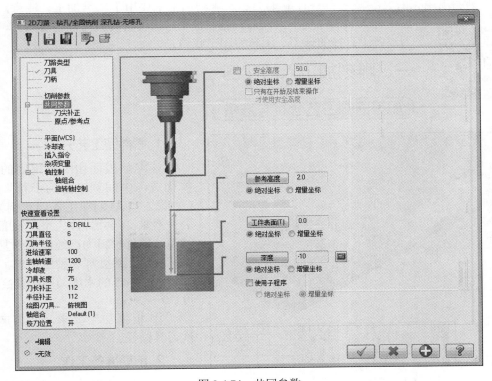

图 2.4.74　共同参数

14. 生成刀路

此时已经生成刀路（如图 2.4.75 生成刀路）。

【最终验证模拟】

15. 实体验证模拟

选中所有的加工→打开【验证已选择的操作 🗋】→【Mastercam 模拟】对话框→隐藏【刀柄】和【线框】→【调整速度】→【播放】→观察实体验证情况（如图 2.4.76 实体验证）。

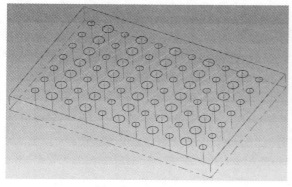

图 2.4.75　生成刀路

图 2.4.76　实体验证

第五节　Mastercam 的雕刻加工

雕刻加工用来对文字及图案进行雕刻加工。雕刻加工主要用于二维加工。注意，该种加工方式加工深度不大，刀具直径很小，采用的刀具可以为雕刻刀、木雕刀或者小直径的球刀、圆鼻刀和平底刀。

一、雕刻加工入门实例

雕刻加工入门实例

【加工前的工艺分析与准备】

1. 零件图工艺分析

该零件表面由 1 个规则的长方体构成，中间刻"业勤于精"文字（如图 2.5.1 雕刻加工入门实例）。无公差要求。尺寸标注完整，轮廓描述清楚。零件材料为已经加工成型的标准铝块，无热处理和硬度要求。

① 用 ϕ5 的木雕刀雕刻文字，深度：0 ～ -1；

② 根据加工要求，共需产生 1 次刀具路径。

2. 前期准备工作

（1）图形的导入　打开已绘制

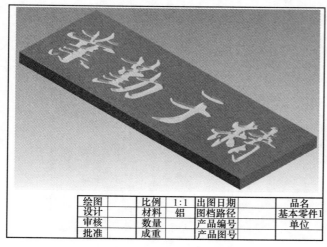

绘图		比例	1:1	出图日期		品名	
设计		材料	铝	图档路径		基本零件1	
审核		数量		产品编号		单位	
批准		成重		产品图号			

图 2.5.1　雕刻加工入门实例

好的图形→按 F9 键打开坐标系→观察原点位置→然后再按 F9 键关闭。

（2）选择加工所使用的机床类型　选择主菜单【机床类型】→【铣床】→【默认】，进入铣床的加工模块。

（3）毛坯设置　在左侧的【刀路】面板中，打开【机床群组】→【属性】→【毛坯设置】→【机床群组属性】对话框→点击【选择对角】按钮→从原点处绘制一个矩形，将文字包住→设置【Z 向】的高度为 7 →【确定】（如图 2.5.2 框选文字）。

文字雕刻的加工

3. 加工面的选择

选择主菜单【刀路】→【木雕】→弹出对话框【输入新 NC 名称】→点击【确认】→此处点击确认→打开【串联选项】对话框→选择【串联】按钮，并点选要加工的外形→点击文字左上角为串联的起点（如图 2.5.3 选择串联）。

图 2.5.2　框选文字

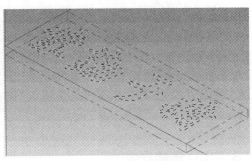

图 2.5.3　选择串联

4. 刀具类型选择

在系统弹出的【木雕】对话框→【刀具过滤】按钮→选择【全关】按钮，【刀具类型】→选择【木雕刀】→【确认】→【从刀库中选择】按钮→在【选择刀具】对话框中选择 φ5 的面木雕刀→【确认】→设置【进给速率】800 →【主轴转速】11000 →【下刀速率】500 →勾选【快速提刀】（如图 2.5.4 刀具类型选择）。

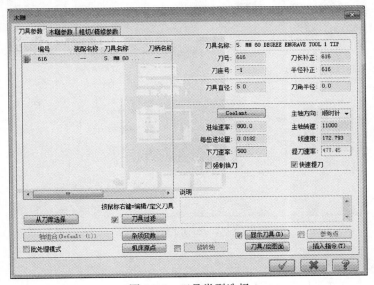

图 2.5.4　刀具类型选择

5. 木雕参数

打开【木雕参数】对话框→设定【参考高度】【增量坐标】25 →【下刀位置】【增量坐标】5 →【深度】【绝对坐标】–1 →【XY 预留量】0（如图 2.5.5 木雕参数）。

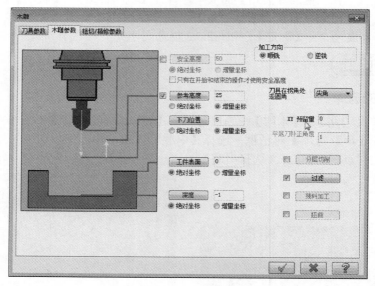

图 2.5.5　木雕参数

6. 粗切 / 精修参数

打开【粗切 / 精修参数】对话框→勾选【粗切】→【环切并清角】→【先粗切后精修】→【确定】（如图 2.5.6 粗切 / 精修参数）。

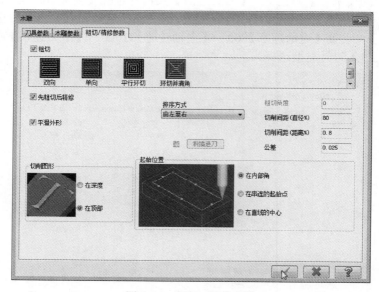

图 2.5.6　粗切 / 精修参数

7. 生成刀路

此时已经生成刀路（如图 2.5.7 生成刀路）。

8. 实体验证模拟

选中所有的加工→打开【验证已选择的操作 🗂 】→【Mastercam 模拟】对话框→隐藏【刀柄】和【线框】→【调整速度】→【播放】→观察实体验证情况（如图 2.5.8 实体验证）。

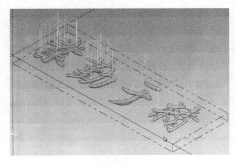 

图 2.5.7　生成刀路　　　　　　　　　　图 2.5.8　实体验证

二、雕刻加工的参数设置

下面结合前面的案例对雕刻加工参数的设置进行详细讲解。

1. 刀具路径参数

刀具路径参数包括刀具参数、杂项变数、机械原点、刀具 / 构图面等，参数的设置集中在【雕刻】对话框的【刀具路径参数】主题页中。刀具参数的设置方法同外形铣削加工，此处不再赘述。在前面的案例中，选择【刀具过滤】为【雕刻刀具】（如图 2.5.9 刀具过滤）；在【雕刻刀具】选项卡设置其形状尺寸（如

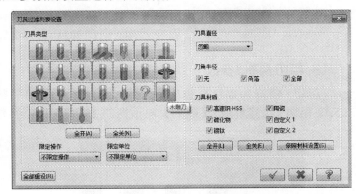

图 2.5.9　刀具过滤

图 2.5.10 定义木雕刀），其他参数设置和之前一样，不再赘述。

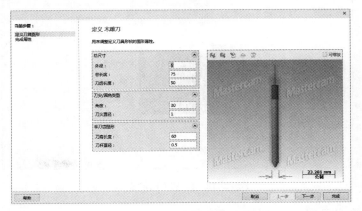

图 2.5.10　定义木雕刀

2. 雕刻加工参数

雕刻加工参数包括高度参数、加工顺序等，参数的设置集中在（如图 2.5.11 雕刻加工参数）【雕刻】对话框的【雕刻加工参数】主题页中。其中每个参数的设置同前面设置相同，此处不再赘述。

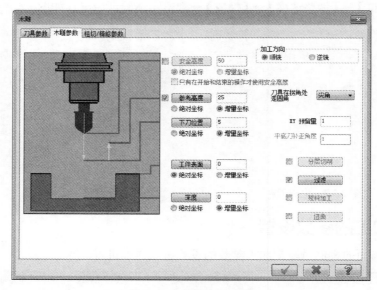

图 2.5.11　雕刻加工参数

3. 粗切 / 精修参数

粗切 / 精修参数包括粗加工方式、切削顺序及切削参数等，参数的设置集中在（如图 2.5.12 粗切 / 精修参数）【雕刻】对话框的【粗切 / 精修参数】主题页中。

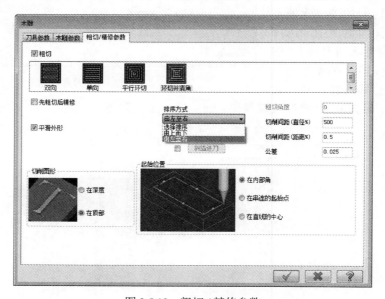

图 2.5.12　粗切 / 精修参数

其部分参数含义见表 2.5.1 粗切 / 精修参数。

表 2.5.1　粗切 / 精修参数

序号	名称	详 细 说 明		
1	粗切	在【粗加工】表中包含了 4 种走刀方式，与挖槽粗方式相似，前两种为线性刀路，后两种为环形刀路，每一项的说明如下		
		双向	该粗加工方式采用往复走刀的形式，加工中不提刀。刀具路径如图 2.5.13 所示	
		单向	该粗加工方式采用单次进刀的形式，进行完一次加工后，抬刀返回下一次加工的起点继续加工。刀具路径如图 2.5.14 所示	
		平行环切	该粗加工方式采用边界偏移进刀的形式。刀具路径如图 2.5.15 所示	
		环切并清角	该粗加工方式采用边界偏移并清角进刀的形式。刀具路径如图 2.5.16 所示	
		  图 2.5.13　双向 　　图 2.5.14　单向　　图 2.5.15　平行环切 　　图 2.5.16　环切并清角		
2	先粗切后精修	启用该复选框后，在精加工之前进行粗加工，同时可以减少换刀的次数		
3	平滑轮廓	启用该复选框后，系统会对尖角部位进行平滑处理，以便于雕刻加工的进行		
4	排序方式	用以指定当雕刻的图案由多个组成时粗切精修的顺序，每一种加工顺序说明如下		
		选择排序	按用户选取串联的顺序进行雕刻加工	
		由上而下	按由上到下的顺序进行雕刻加工	
		由左至右	按由左到右的顺序进行雕刻加工	
5	斜插下刀	启用该复选框可以使刀具在加工时采用斜降下刀的方式进刀，避免直接进刀对刀具或工件造成损伤，刀具可以平滑地进入工件		
6	粗切角度	该文本框只有在选取的粗加工方式为双向或单项时才被激活，用于输入雕刻加工的切削方向与 X 轴的夹角。默认情况下为 0，有时为了达到某种切削效果，需要设置不同的加工角度		
7	切削间距	该文本框用于输入相邻刀路间的距离，一般设置为刀具直径的 60%～ 75%。如果输入的切削间距过大，将会导致刀具损伤或加工后留有过多的残料		
8	切削图形	该选项组用来设置加工形状是在切削的最后深度还是顶部与加工图形保持一致		
		在深度	二者在最后深度处保持一致，因此顶部比加工图形要大，刀具路径如图 2.5.17 所示	
		在顶部	二者在顶部保持一致，因此底部比加工图形要小，刀具路径如图 2.5.18 所示	
		  图 2.5.17　在深度　　　　图 2.5.18　在顶部		
9	起始位置	该选项组用来设置雕刻加工的起点		
		在内部角	表示在尖角位置进行下刀，如图 2.5.19 所示	
		在串联的起始点	表示在串联的起始点处进行下刀，如图 2.5.20 所示	
		在直线的中心	表示在直线的中心位置进行下刀，如图 2.5.21 所示	

序号	名称	详细说明
9	起始位置	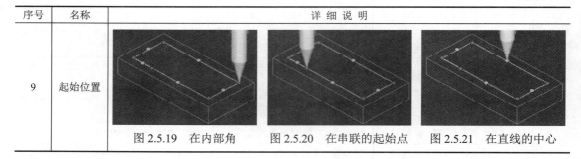 图 2.5.19　在内部角　　图 2.5.20　在串联的起始点　　图 2.5.21　在直线的中心

三、雕刻加工实例一

雕刻加工实例一

加工前的工艺分析与准备

1. 零件图工艺分析

该文字的加工属于线条型雕刻加工，用于在加工轮廓上生成一刀式刀具路径，在参数设置时不要对粗加工方式进行设置。

零件表面由 1 个规则的长方体构成，中间刻"业勤于精"文字（如图 2.5.22 雕刻加工实例一）。无公差要求。尺寸标注完整，轮廓描述清楚。零件材料为已经加工成型的标准铝块，无热处理和硬度要求。

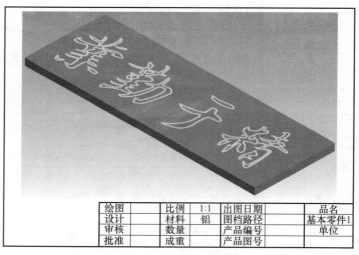

绘图		比例	1:1	出图日期		品名	
设计		材料	铝	图档路径		基本零件1	
审核		数量		产品编号		单位	
批准		成重		产品图号			

图 2.5.22　雕刻加工实例一

① 用 $\phi5$ 的木雕刀雕刻文字，深度：0 ～ −0.1；

② 根据加工要求，共需产生 1 次刀具路径。

2. 前期准备工作

（1）图形的导入　打开已绘制好的图形→按 F9 键打开坐标系→观察原点位置→然后再按 F9 键关闭。

（2）选择加工所使用的机床类型　选择主菜单【机床类型】→【铣床】→【默认】，进入铣床的加工模块。

（3）毛坯设置 在左侧的【刀路】面板中，打开【机床群组】→【属性】→【毛坯设置】→【机床群组属性】对话框→点击【选择对角】按钮→从原点处绘制一个矩形，将文字包住→设置【Z 向】的高度为 5 →【确定】（如图 2.5.23 框选文字）。

文字雕刻的加工

3. 加工面的选择

选择主菜单【刀路】→【木雕】→弹出对话框【输入新 NC 名称】→点击【确认】→此处点击确认→打开【串联选项】对话框→选择【窗选】按钮，并框选要加工的文字→点击文字左上角为串联的起点（如图 2.5.24 选择串联）。

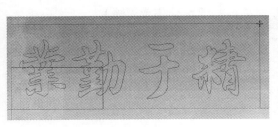

图 2.5.23 框选文字

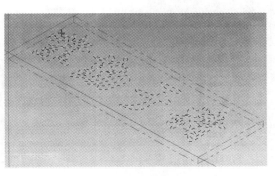

图 2.5.24 选择串联

4. 刀具类型选择

在系统弹出的【木雕】对话框→【刀具过滤】按钮→选择【全关】按钮，【刀具类型】→选择【木雕刀】→【确认】→【从刀库中选择】按钮→在【选择刀具】对话框中选择 $\phi 5$ 的面木雕刀→【确认】→设置【进给速率】900 →【主轴转速】11000 →【下刀速率】500 →勾选【快速提刀】（如图 2.5.25 刀具类型选择）。

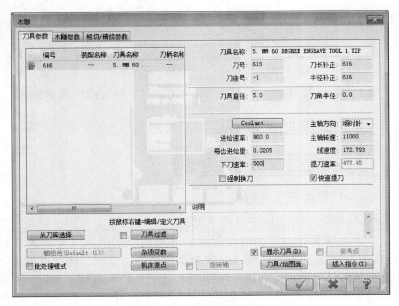

图 2.5.25 刀具类型选择

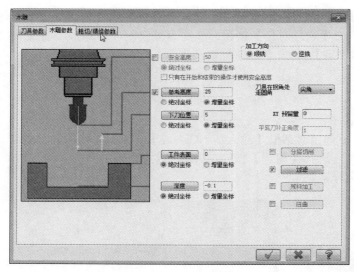

图 2.5.26　木雕参数

5. 木雕参数

打开【木雕参数】对话框→设定【参考高度】【增量坐标】25→【下刀位置】【增量坐标】5→【深度】【绝对坐标】−0.1→【XY 预留量】0（如图 2.5.26 木雕参数）。

6.【粗切／精修参数】不进行设置

7. 生成刀路

此时已经生成刀路（如图 2.5.27 生成刀路）。

（最终验证模拟）

8. 实体验证模拟

选中所有的加工→打开【验证已选择的操作 🖳】→【Mastercam 模拟】对话框→隐藏【刀柄】和【线框】→【调整速度】→【播放】→观察实体验证情况（如图 2.5.28 实体验证）。

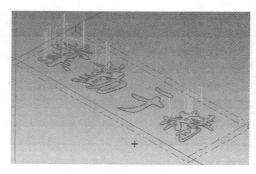

图 2.5.27　生成刀路

图 2.5.28　实体验证

雕刻加工实例二

四、雕刻加工实例二

（加工前的工艺分析与准备）

1. 零件图工艺分析

该文字雕刻属于凸缘型雕刻加工，用于生成加工突起的字体或刀具路径，选取的加工轮廓为嵌套式串联，内部封闭的环所组成的区域被定义为岛屿而被保留下来，其他串联封闭区域被定义加工区域，此雕刻类型类似于使用岛屿深度挖槽加工。

零件表面由 1 个规则的长方体构成，中间刻"业勤于精"文字（如图 2.5.29 雕刻加工实例二）。无公差要求。尺寸标注完整，轮廓描述清楚。零件材料为已经加工成型的标准铝块，无热处理和硬度要求。

① 用 $\phi5$ 的木雕刀雕刻文字，深度：0～-1；

② 根据加工要求，共需产生 1 次刀具路径。

2. 前期准备工作

（1）图形的导入　打开已绘制好的图形→按 F9 键打开坐标系→观察原点位置→然后再按 F9 键关闭。

（2）选择加工所使用的机床类型　选择主菜单【机床类型】→【铣床】→【默认】，进入铣床的加工模块。

（3）毛坯设置　在左侧的【刀路】面板中，打开【机床群组】→【属性】→【毛坯设置】→

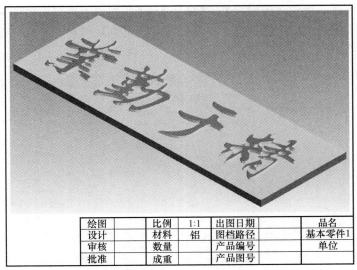

图 2.5.29　雕刻加工实例二

【机床群组属性】对话框→点击【选择对角】按钮→直接点击矩形的两个角点→设置【Z 向】的高度为 5 →【确定】（如图 2.5.30 框选图形）。

（4）绘制辅助图形　在文字四周绘制一矩形，将文字框住，作文字的岛屿使用（如图 2.5.31 绘制辅助图形）。

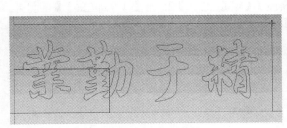

图 2.5.30　框选图形

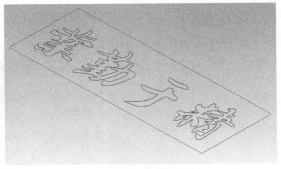

图 2.5.31　绘制辅助图形

文字雕刻的加工

3. 加工面的选择

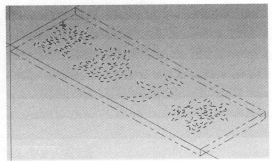

图 2.5.32　选择串联

选择主菜单【刀路】→【木雕】→弹出对话框【输入新 NC 名称】→点击【确认】→此处点击确认→打开【串联选项】对话框→选择【窗选】按钮，并框选要加工的文字和绘制的矩形→点击文字左上角为串联的起点（如图 2.5.32 选择串联）。

4. 刀具类型选择

在系统弹出的【木雕】对话框→【刀具过滤】按钮→选择【全关】按钮，【刀具类型】→选择【木雕刀】→【确认】→【从刀库中选择】按钮→在【选择刀具】对话框中选择 $\phi5$ 的面木雕刀→【确认】→设置【进给速率】1000 →【主轴转速】11000 →【下刀速率】500 → 勾选【快速提刀】（如图 2.5.33 刀具类型选择）。

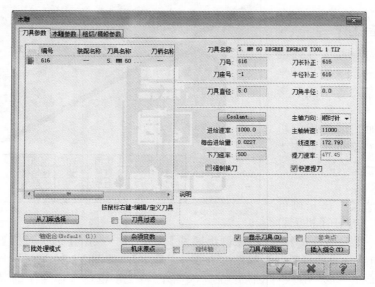

图 2.5.33　刀具类型选择

5. 木雕参数

打开【木雕参数】对话框→设定【参考高度】【增量坐标】25 →【下刀位置】【增量坐标】5 →【深度】【绝对坐标】–1 →【XY 预留量】0（如图 2.5.34 木雕参数）。

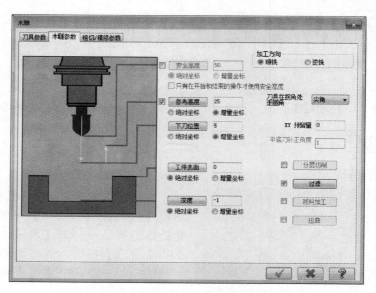

图 2.5.34　木雕参数

6. 粗切 / 精修参数

打开【粗切 / 精修参数】对话框→勾选【粗切】→【环切并清角】→【先粗切后精修】→

【切削图形】【在深度】→【确定】（如图 2.5.35 粗切/精修参数）。

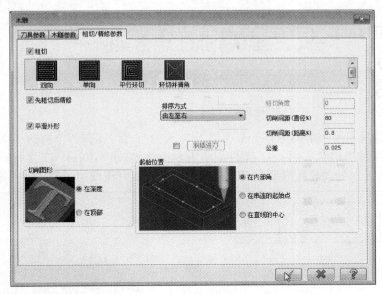

图 2.5.35　粗切/精修参数

7. 生成刀路

此时已经生成刀路（如图 2.5.36 生成刀路）。

最终验证模拟

8. 实体验证模拟

选中所有的加工→打开【验证已选择的操作 🗂️】→【Mastercam 模拟】对话框→隐藏【刀柄】和【线框】→【调整速度】→【播放】→观察实体验证情况（如图 2.5.37 实体验证）。

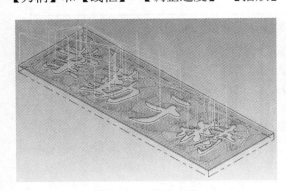

图 2.5.36　生成刀路

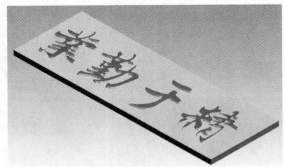

图 2.5.37　实体验证

★★★注意事项★★★

本节先介绍了雕刻加工操作的步骤和参数设置，在参数设置中大部分都和挖槽加工相似，读者重点掌握不同的地方即可。之后讲解了几种不同形式的雕刻加工，系统根据所选取的串联图素的不同，决定了是凸缘雕刻加工还是凹槽雕刻加工，根据粗加工的启用与否决定是否为线性雕刻加工。

第六节　Mastercam 的二维铣削综合实例

一、二维铣削加工综合实例一

加工前的工艺分析与准备

二维铣削加工综合实例一

1. 零件图工艺分析

工件图上最基本的一个图形有一个类似于 X 形的凸台，还有两个圆的一部分的凹槽（如图 2.6.1 二维铣削加工综合实例一）。工件大小为 80cm×80cm×30cm。工件材料为已经加工成型的标准铝块，无热处理和硬度要求。根据图形要求分析只需使用一把 $\phi12$ 的平底刀即可。

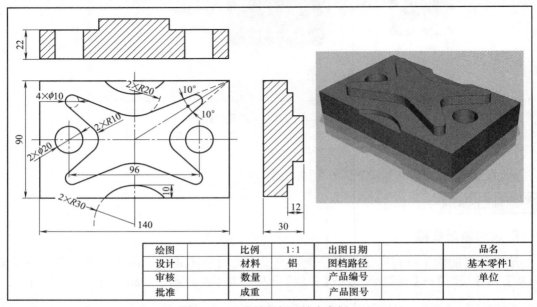

绘图		比例	1:1	出图日期		品名	
设计		材料	铝	图档路径		基本零件1	
审核		数量		产品编号		单位	
批准		成重		产品图号			

图 2.6.1　二维铣削加工综合实例一

① 用 $\phi12$ 的平底刀外形铣削加工深度 −8 的 X 形凸台区域，深度：0 ～ −8；

② 用 $\phi12$ 的平底刀挖槽加工深度 −30 的通孔区域，深度：−8 ～ −29；

③ 用 $\phi12$ 的平底刀外形铣削加工下方深度为 −12 的圆弧区域，深度：−8 ～ −12；

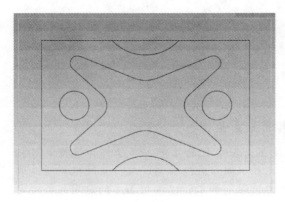

图 2.6.2　绘制矩形

④ 用 $\phi12$ 的平底刀外形铣削加工上方深度为 −12 的圆弧区域，深度：−8 ～ −12；

⑤ 根据加工要求，共需产生 4 次刀具路径。

2. 前期准备工作

（1）图形的导入　打开已绘制好的图形→按 F9 键打开坐标系→观察原点位置→然后再按 F9 键关闭。

（2）在图形四周绘制一个矩形，作为挖槽加工的边界使用（如图 2.6.2 绘制矩形）。

（3）选择加工所使用的机床类型　选择

主菜单【机床类型】→【铣床】→【默认】，进入铣床的加工模块。

（4）毛坯设置 在左侧的【刀路】面板中，打开【机床群组】→【属性】→【毛坯设置】→【机床群组属性】对话框→点击【选择对角】按钮→点击原有图形的两个对角→设置【Z 向】的高度为 30 →【确定】。

深度 -8 的 X 形凸台区域的加工

3. 加工面的选择

选择主菜单【刀路】→【2D 挖槽】→弹出对话框【输入新 NC 名称】→点击【确认】→此处点击确认→打开【串联选项】对话框→选择【串联】按钮，并点选要加工的外形（如图 2.6.3 选择串联）。

4. 刀具类型选择

在系统弹出的【2D 刀路 -2D 挖槽】对话框→选择【刀具】节点→进入【刀具设置】选项卡→【刀具过滤】按钮→选择【全关】按钮，【刀具类型】→选择【平底刀】→【确认】→【从刀库中选择】按钮→在【选择刀具】对话框中选择 $\phi12$ 的平底刀。

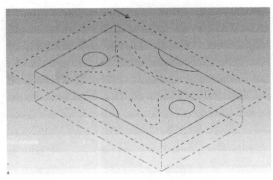

图 2.6.3 选择串联

5. 切削参数设置

打开【切削参数】节点→在对话框中【壁边预留量】0 →【底面预留量】0 →【确定】（如图 2.6.4 切削参数设置）。

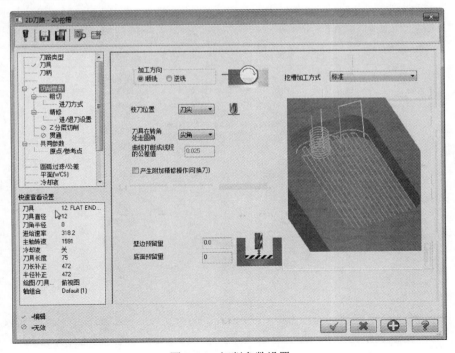

图 2.6.4 切削参数设置

6. 粗切

打开【粗切】节点→勾选【粗切】→【依外形环切】→【切削间距】50%（如图 2.6.5 粗切）。

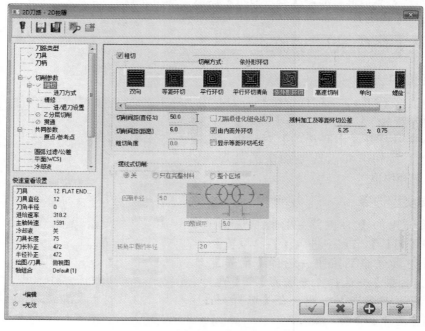

图 2.6.5　粗切

7. 精修

打开【精修】节点→勾选【精修】→【次】1 →【间距】8 →勾选【不提刀】（如图 2.6.6 精修）。

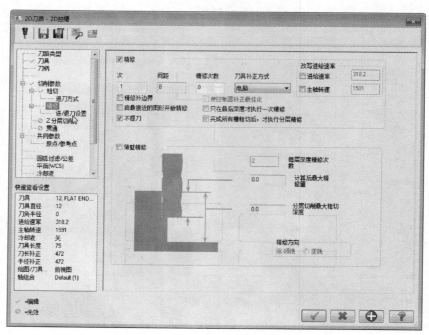

图 2.6.6　精修

8. Z 分层切削

打开【Z 分层切削】节点→勾选【深度分层切削】→设定【最大粗切步进量】3 →【精修次数】1 →【精修量】0.3 →勾选【不提刀】（如图 2.6.7 Z 分层切削）。

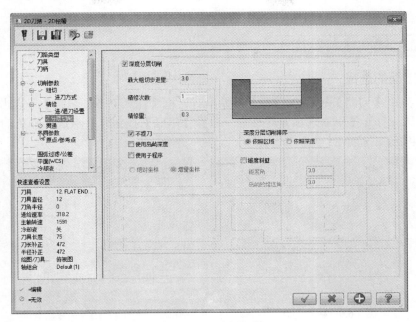

图 2.6.7　Z 分层切削

9. 共同参数

打开【共同参数】节点→设定【参考高度】【绝对坐标】10 →【下刀位置】【绝对坐标】2 →【深度】【绝对坐标】–8 →【确定】（如图 2.6.8 共同参数）。

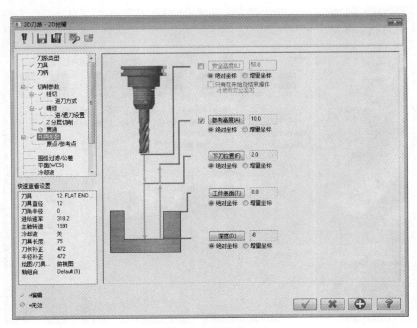

图 2.6.8　共同参数

10. 冷却液

打开【冷却液】节点→【Flood】On →【确定】。

11. 生成刀路

此时已经生成刀路（如图 2.6.9 生成刀路）。

深度 –30 的通孔区域的加工

12. 加工面的选择

选择主菜单【刀路】→【2D 挖槽】→弹出对话框【输入新 NC 名称】→点击【确认】→此处点击确认→打开【串联选项】对话框→选择【串联】按钮，并点选要加工的外形（如图 2.6.10 选择串联）。

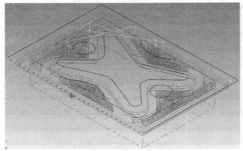

图 2.6.9　生成刀路　　　　　　　图 2.6.10　选择串联

13. 【刀具】【切削参数】【Z 分层切削】【精修】不变

14. 粗切

打开【粗切】节点→勾选【粗切】→【平行环切】→勾选【刀路最佳化】（如图 2.6.11 粗切）。

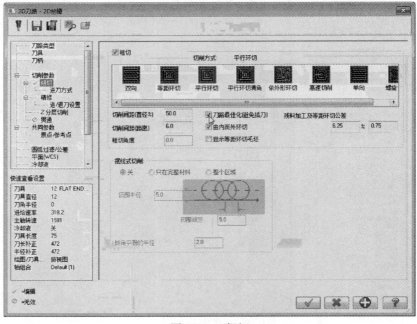

图 2.6.11　粗切

15. 共同参数

打开【共同参数】节点→设定【参考高度】【绝对坐标】10 →【下刀位置】【绝对坐标】
2 →【工件表面】【绝对坐标】-8 →【深度】【绝对坐标】-29 →【确定】（如图 2.6.12 共同参数）。

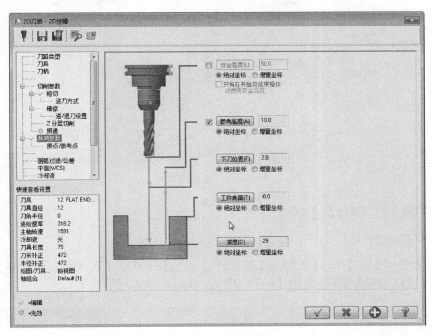

图 2.6.12 共同参数

16. 生成刀路

此时已经生成刀路（如图 2.6.13 生成刀路）。

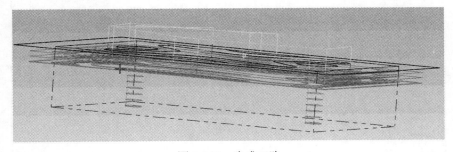

图 2.6.13 生成刀路

★ ★ ★经验总结★ ★ ★

铣削方式挖孔或者通槽的时候，在加工底面预留 0.3 ～ 1 的余量，可以有效防止铣刀铣
削到底部的工作台面或垫块，同时又可以保证机床挤压式加工到位。

下方深度为 -12 的圆弧区域的加工

17. 加工面的选择

选择主菜单【刀路】→【外形】→弹出对话框【输入新 NC 名称】→点击【确认】→此

处点击确认→打开【串联选项】对话框→选择【串联】按钮，并点选要加工的外形（如图 2.6.14 选择串联）。

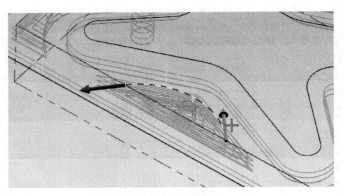

图 2.6.14　选择串联

18.【刀具】【切削参数】不变

19. Z 分层切削

打开【Z 分层切削】节点→勾选【深度分层切削】→设定【最大粗切步进量】3 →【精修次数】1 →【精修量】0.3 →勾选【不提刀】（如图 2.6.15 Z 分层切削）。

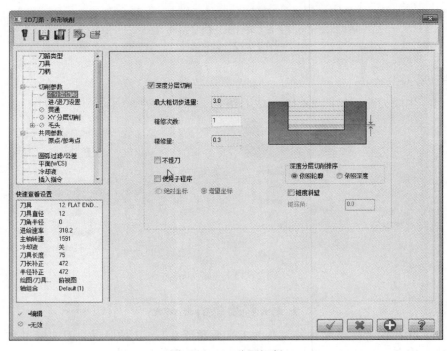

图 2.6.15　Z 分层切削

20. 共同参数

打开【共同参数】节点→设定【参考高度】【增量坐标】10 →【下刀位置】【增量坐标】2 →【工件表面】【绝对坐标】-8 →【深度】【绝对坐标】-12 →【确定】（如图 2.6.16 共同参数）。

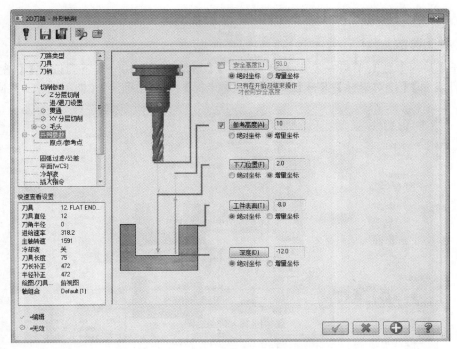

图 2.6.16　共同参数

21. 冷却液

打开【冷却液】节点→【Flood】On→【确定】。

22. 生成刀路

此时已经生成刀路（如图 2.6.17 生成刀路）。

上方深度为 −12 的圆弧区域的加工

23. 加工面的选择

选择主菜单【刀路】→【外形】→弹出对话框【输入新 NC 名称】→点击【确认】→此处点击确认→打开【串联选项】对话框→选择【串联】按钮，并点选要加工的外形（如图 2.6.18 选择串联）。

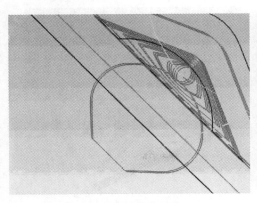

图 2.6.17　生成刀路

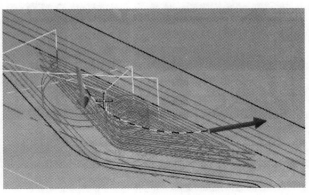

图 2.6.18　选择串联

24.【刀具】【切削参数】【Z分层切削】【冷却液】不变

25. 共同参数

打开【共同参数】节点→设定【参考高度】【增量坐标】10 →【下刀位置】【增量坐标】2 →【工件表面】【绝对坐标】-8 →【深度】【绝对坐标】-12 →【确定】（如图 2.6.19 共同参数）。

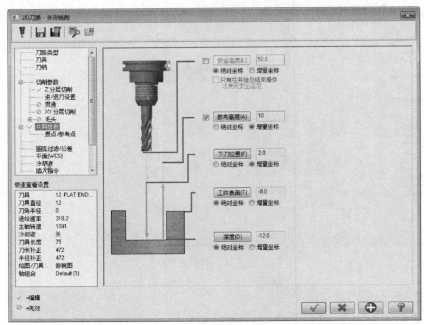

图 2.6.19　共同参数

26. 生成刀路

此时已经生成刀路（如图 2.6.20 生成刀路）。

（最终验证模拟）

27. 实体验证模拟

选中所有的加工→打开【验证已选择的操作 🐷】→【Mastercam 模拟】对话框→隐藏【刀柄】和【线框】→【调整速度】→【播放】→观察实体验证情况（如图 2.6.21 实体验证）。

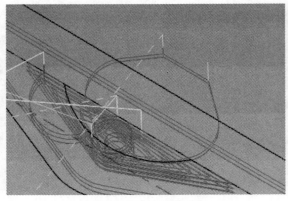

图 2.6.20　生成刀路

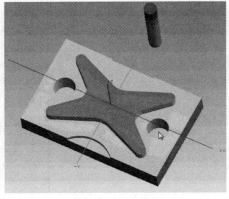

图 2.6.21　实体验证

二、二维铣削加工综合实例二

加工前的工艺分析与准备

二维铣削加工
综合实例二

1. 工艺分析

该零件表面由一系列的圆弧的台阶组成，形成对称的形状。每个台阶距离都为 3，中间一个圆形的槽深度为 −12，工件的整个高度为 20，工件大小为 80cm×80cm×20cm（如图 2.6.22 二维铣削加工综合实例二）。那么从它的形状来说，只需要进行 5 次加工即可。零件材料为已经加工成型的标准铝块，无热处理和硬度要求。根据图形要求分析只需使用一把 ϕ12 的平底刀即可。

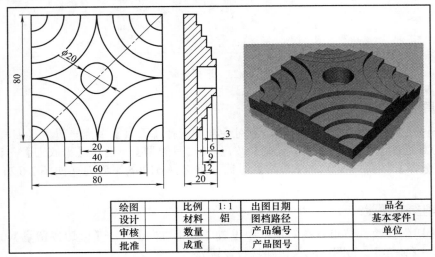

绘图	比例	1：1	出图日期		品名	
设计	材料	铝	图档路径		基本零件1	
审核	数量		产品编号		单位	
批准	成重		产品图号			

图 2.6.22　二维铣削加工综合实例二

① 用 ϕ12 的平底刀外形铣削加工深度 −3 的圆弧区域，深度：0 ～ −3；
② 用 ϕ12 的平底刀外形铣削加工深度 −6 的圆弧区域，深度：−3 ～ −6；
③ 用 ϕ12 的平底刀外形铣削加工深度 −9 的圆弧区域，深度：−6 ～ −9；
④ 用 ϕ12 的平底刀外形铣削加工深度 −12 的圆弧区域，深度：−9 ～ −12；
⑤ 用 ϕ12 的平底刀外形铣削加工深度 −12 的圆形槽区域，深度：−9 ～ −12；
⑥ 根据加工要求，共需产生 5 次刀具路径。

2. 前期准备工作

（1）图形的导入　打开已绘制好的图形→按 F9 键打开坐标系→观察原点位置→然后再按 F9 键关闭。

（2）选择加工所使用的机床类型　选择主菜单【机床类型】→【铣床】→【默认】，进入铣床的加工模块。

（3）毛坯设置　在左侧的【刀路】面板中，打开【机床群组】→【属性】→【毛坯设置】→【机床群组属性】对话框→点击【所有图形】按钮→设置【Z 向】的高度为 20 →【确定】。

深度 −3 的圆弧区域的加工

3. 加工面的选择

选择主菜单【刀路】→【外形】→弹出对话框【输入新 NC 名称】→点击【确认】→此

处点击确认→打开【串联选项】对话框→选择【串联】按钮，并点选要加工的外形（如图 2.6.23 选择串联）。

图 2.6.23　选择串联

4. 刀具类型选择

在系统弹出的【2D 刀路-外形铣削】对话框→选择【刀具】节点→进入【刀具设置】选项卡→【刀具过滤】按钮→选择【全关】按钮，【刀具类型】→选择【平底刀】→【确认】→【从刀库中选择】按钮→在【选择刀具】对话框中选择 ϕ12 的平底刀（如图 2.6.24 刀具类型选择）。

5. 切削参数设置

打开【切削参数】节点→在对话框中设置【补正方向】左→【壁边预留量】0→【底面预留量】0→【确定】（如图 2.6.25 切削参数设置）。

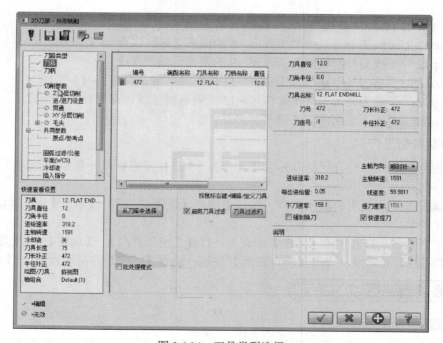

图 2.6.24　刀具类型选择

156

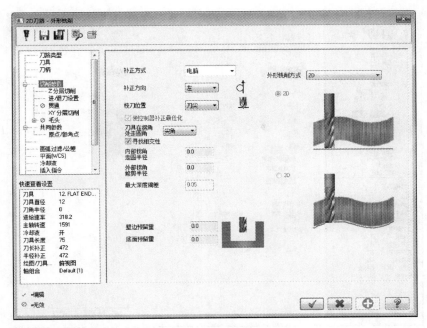

图 2.6.25　切削参数设置

6. Z 分层切削

打开【Z 分层切削】节点→勾选【深度分层切削】→设定【最大粗切步进量】3 →【精修次数】1 →【精修量】0.3 →勾选【不提刀】(如图 2.6.26 Z 分层切削)。

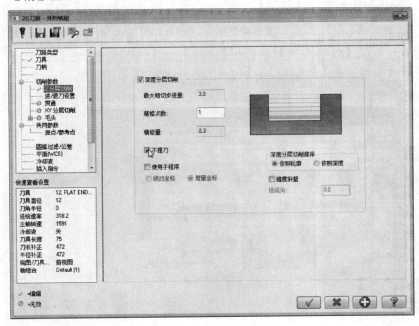

图 2.6.26　Z 分层切削

7. XY 分层切削

打开【XY 分层切削】节点→勾选【XY 分层切削】→【粗切】→【次】4 →【间距】10 →勾选【不提刀】→【确定】(如图 2.6.27 XY 分层切削)。

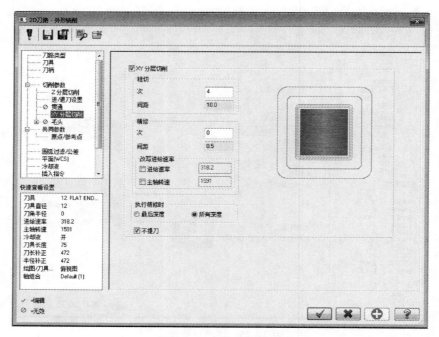

图 2.6.27　XY 分层切削

8. 共同参数

打开【共同参数】节点→设定【参考高度】【绝对坐标】10 →【下刀位置】【绝对坐标】2 →【深度】【绝对坐标】–3 →【确定】（如图 2.6.28 共同参数）。

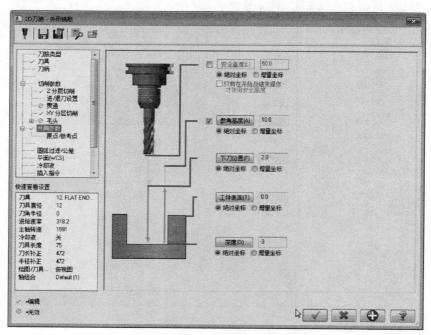

图 2.6.28　共同参数

9. 冷却液

打开【冷却液】节点→【Flood】On →【确定】。

10. 生成刀路

此时已经生成刀路（如图 2.6.29 生成刀路）。

深度 -6 的圆弧区域的加工

11. 加工面的选择

选择主菜单【刀路】→【外形】→弹出对话框【输入新 NC 名称】→点击【确认】→此处点击确认→打开【串联选项】对话框→选择【串联】按钮，并点选要加工的外形（如图 2.6.30 选择串联）。

图 2.6.29　生成刀路

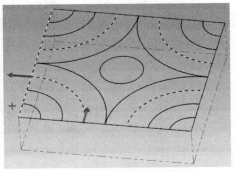

图 2.6.30　选择串联

12.【刀具】【切削参数】【Z 分层切削】【冷却液】不变

13. XY 分层切削

打开【XY 分层切削】节点→勾选【XY 分层切削】→【粗切】→【次】3→【间距】10→勾选【不提刀】→【确定】（如图 2.6.31 XY 分层切削）。

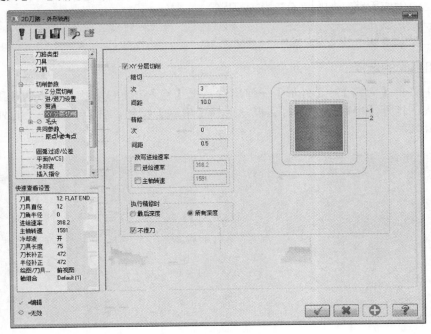

图 2.6.31　XY 分层切削

159

14. 共同参数

打开【共同参数】节点→设定【参考高度】【绝对坐标】10→【下刀位置】【增量坐标】2→【工件表面】【绝对坐标】-3→【深度】【绝对坐标】-6→【确定】（如图 2.6.32 共同参数）。

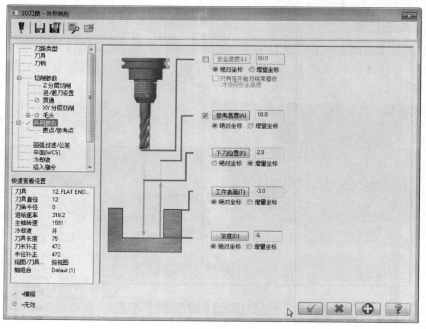

图 2.6.32 共同参数

15. 生成刀路

此时已经生成刀路（如图 2.6.33 生成刀路）。

深度 -9 的圆弧区域的加工

16. 加工面的选择

选择主菜单【刀路】→【外形】→弹出对话框【输入新 NC 名称】→点击【确认】→此处点击确认→打开【串联选项】对话框→选择【串联】按钮，并点选要加工的外形（如图 2.6.34 选择串联）。

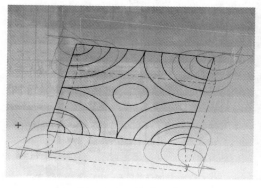

图 2.6.33 生成刀路

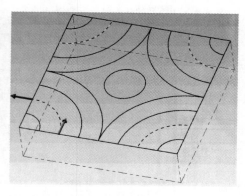

图 2.6.34 选择串联

17.【刀具】【切削参数】【Z 分层切削】【冷却液】不变

18. XY 分层切削

打开【XY 分层切削】节点→勾选【XY 分层切削】→【粗切】→【次】2 →【间距】10 →勾选【不提刀】→【确定】（如图 2.6.35 XY 分层切削）。

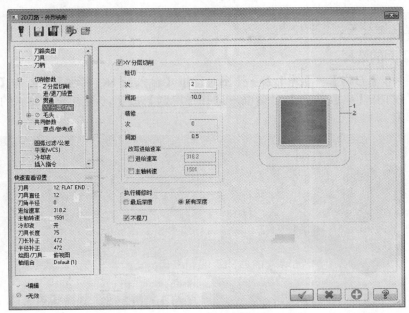

图 2.6.35　XY 分层切削

19. 共同参数

打开【共同参数】节点→设定【参考高度】【绝对坐标】10 →【下刀位置】【增量坐标】2 →【工件表面】【绝对坐标】–6 →【深度】【绝对坐标】–9 →【确定】（如图 2.6.36 共同参数）。

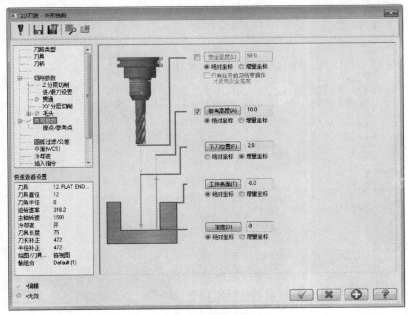

图 2.6.36　共同参数

20. 冷却液

打开【冷却液】节点→【Flood】On →【确定】。

21. 生成刀路

此时已经生成刀路（如图 2.6.37 生成刀路）。

深度 –12 的圆弧区域的加工

22. 加工面的选择

选择主菜单【刀路】→【外形】→弹出对话框【输入新 NC 名称】→点击【确认】→此处点击确认→打开【串联选项】对话框→选择【串联】按钮，并点选要加工的外形（如图 2.6.38 选择串联）。

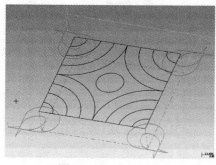

图 2.6.37　生成刀路

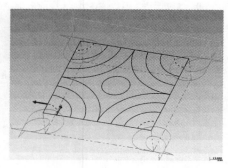

图 2.6.38　选择串联

23.【刀具】【切削参数】【Z 分层切削】【冷却液】不变

24. XY 分层切削

打开【XY 分层切削】节点→勾选【XY 分层切削】→【粗切】→【次】1→【间距】10→勾选【不提刀】→【确定】（如图 2.6.39 XY 分层切削）。

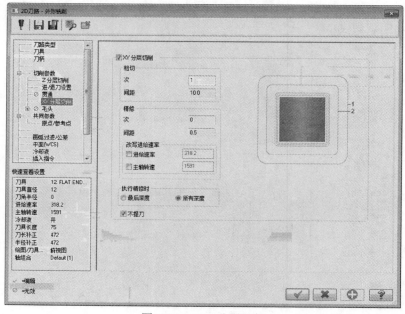

图 2.6.39　XY 分层切削

25. 共同参数

打开【共同参数】节点→设定【参考高度】【绝对坐标】10→【下刀位置】【增量坐标】2→【工件表面】【绝对坐标】-9→【深度】【绝对坐标】-12→【确定】（如图 2.6.40 共同参数）。

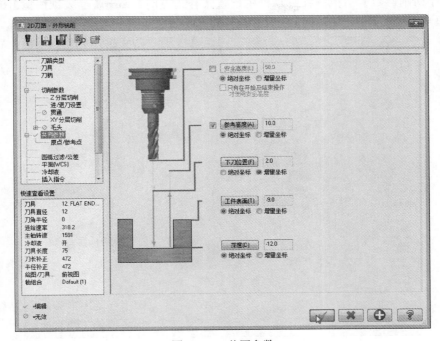

图 2.6.40　共同参数

26. 生成刀路

此时已经生成刀路（如图 2.6.41 生成刀路）。

深度 -12 的圆形槽区域的加工

27. 加工面的选择

选择主菜单【刀路】→【外形】→弹出对话框【输入新 NC 名称】→点击【确认】→此处点击确认→打开【串联选项】对话框→选择【串联】按钮，并点选要加工的外形（如图 2.6.42 选择串联）。

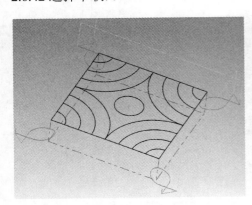

图 2.6.41　生成刀路

图 2.6.42　选择串联

28.【刀具】【Z 分层切削】【冷却液】【XY 分层切削】不变

29. 切削参数设置

打开【切削参数】节点→在对话框中设置【补正方向】右→【壁边预留量】0→【底面预留量】0→【确定】（如图 2.6.43 切削参数设置）。

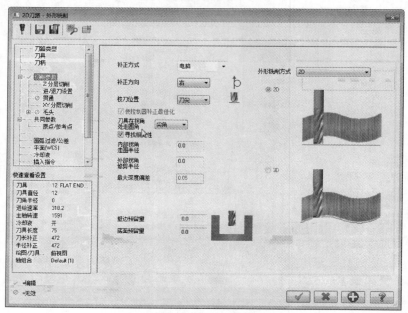

图 2.6.43　切削参数设置

30. 共同参数

打开【共同参数】节点→设定【参考高度】【绝对坐标】10→【下刀位置】【增量坐标】2→【工件表面】【绝对坐标】–0→【深度】【绝对坐标】–12→【确定】（如图 2.6.44 共同参数）。

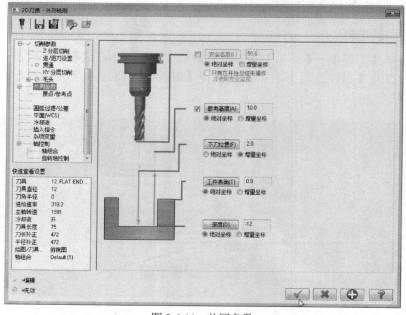

图 2.6.44　共同参数

31. 生成刀路

此时已经生成刀路（如图 2.6.45 生成刀路）。

最终验证模拟

32. 实体验证模拟

选中所有的加工→打开【验证已选择的操作】→【Mastercam 模拟】对话框→隐藏【刀柄】和【线框】→【调整速度】→【播放】→观察实体验证情况（如图 2.6.46 实体验证）。

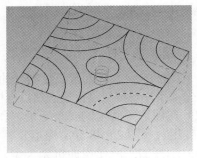

图 2.6.45 生成刀路

图 2.6.46 实体验证

三、二维铣削加工综合实例三

加工前的工艺分析与准备

1. 零件图工艺分析

二维铣削加工综合实例三

工件图上构造有 5 个不同高度的凸台和 4 个小孔加上一个大的圆形的孔所组成（如图 2.6.47 二维铣削综合实例三）。我们用的是挖槽的方法逐层进行开粗。工件大小为 80cm×

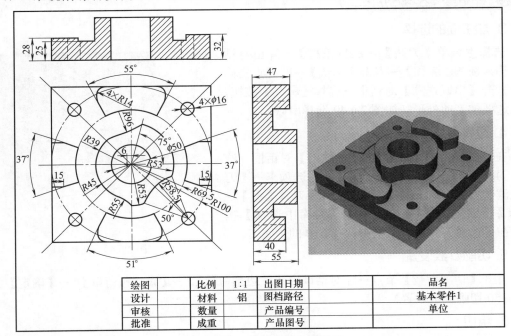

绘图		比例	1:1	出图日期		品名	
设计		材料	铝	图档路径		基本零件1	
审核		数量		产品编号		单位	
批准		成重		产品图号			

图 2.6.47 二维铣削综合实例三

80cm×55cm。那么从它的形状来说，只需要进行 5 次加工即可。零件材料为已经加工成型的标准铝块，无热处理和硬度要求。根据图形要求分析需使用一把 $\phi10$ 的平底刀和 $\phi16$ 的钻头。

① $\phi10$ 的平底刀加工深度 −8 的大区域，加工深度 0～−8；

② $\phi10$ 的平底刀加工深度 −15 的大区域，加工深度 −8～−15；

③ $\phi10$ 的平底刀加工深度 −23 的大区域，加工深度 −15～−23；

④ $\phi10$ 的平底刀加工深度 −27 的大区域，加工深度 −23～−27；

⑤ $\phi10$ 的平底刀加工深度 −30 的大区域，加工深度 −27～−30；

⑥ $\phi10$ 的平底刀加工深度 −55 贯通槽区域，加工深度 0～−54；

⑦ $\phi16$ 的钻头加工四周通孔，加工深度 −30～−54；

⑧ 根据加工要求，共需产生 7 次刀具路径。

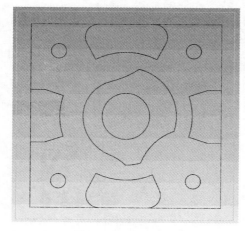

图 2.6.48 绘制矩形

2. 前期准备工作

（1）图形的导入 打开已绘制好的图形→按 F9 键打开坐标系→观察原点位置→然后再按 F9 键关闭。

（2）在图形四周绘制一个矩形，作为挖槽加工的边界使用（如图 2.6.48 绘制矩形）。

（3）选择加工所使用的机床类型 选择主菜单【机床类型】→【铣床】→【默认】，进入铣床的加工模块。

（4）毛坯设置 在左侧的【刀路】面板中，打开【机床群组】→【属性】→【毛坯设置】→【机床群组属性】对话框→点击【选择对角】按钮→点击原有图形的两个对角→设置【Z 向】的高度为 30→【确定】。

深度 −8 的大区域的加工

3. 加工面的选择

选择主菜单【刀路】→【2D 挖槽】→弹出对话框【输入新 NC 名称】→点击【确认】→此处点击确认→打开【串联选项】对话框→选择【串联】按钮，并点选要加工的外形（如图 2.6.49 选择串联）。

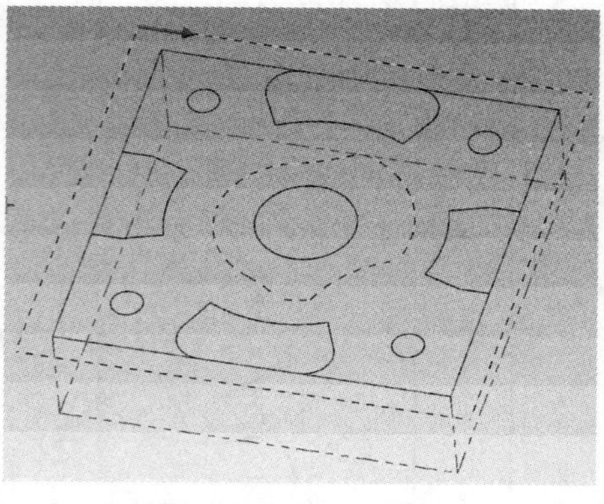

4. 刀具类型选择

在系统弹出的【2D 刀路 -2D 挖槽】对话框→选择【刀具】节点→进入【刀具设置】选项卡→【刀具过滤】按钮→选择【全关】按钮，【刀具类型】→选择【平底刀】→【确认】→【从刀库中选择】按钮→在【选择刀具】对话框中选择 $\phi10$ 的平底刀。

图 2.6.49 选择串联

5. 切削参数设置

打开【切削参数】节点→在对话框中【壁边预留量】0→【底面预留量】0→【确定】（如图 2.6.50 切削参数设置）。

6. 粗切

打开【粗切】节点→勾选【粗切】→【平行环切清角】（如图 2.6.51 粗切）。

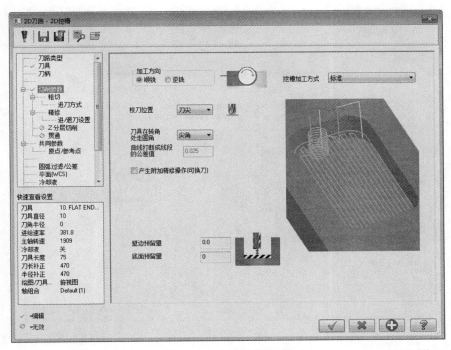

图 2.6.50　切削参数设置

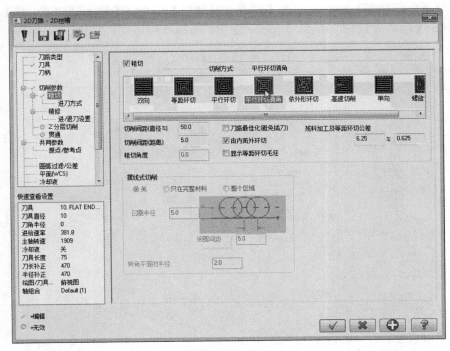

图 2.6.51　粗切

7. 精修

打开【精修】节点→勾选【精修】→【次】1→【间距】6→勾选【只在最后深度才执行一次精修】→勾选【不提刀】（如图 2.6.52 精修）。

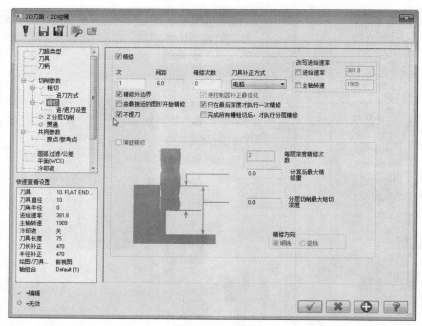

图 2.6.52　精修

8. Z 分层切削

打开【Z 分层切削】节点→勾选【深度分层切削】→设定【最大粗切步进量】3 →【精修次数】1 →【精修量】0.3 →勾选【不提刀】（如图 2.6.53 Z 分层切削）。

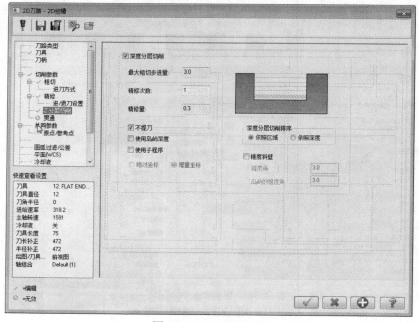

图 2.6.53　Z 分层切削

9. 共同参数

打开【共同参数】节点→设定【参考高度】【增量坐标】25 →【下刀位置】【增量坐标】2 →【深度】【绝对坐标】-8 →【确定】（如图 2.6.54 共同参数）。

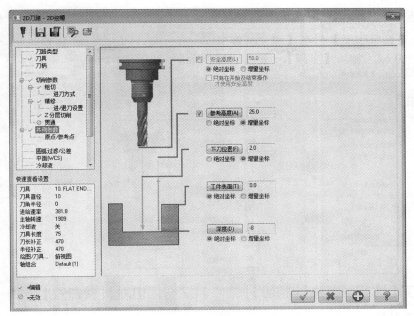

图 2.6.54　共同参数

10. 冷却液

打开【冷却液】节点→【Flood】On →【确定】。

11. 生成刀路

此时已经生成刀路（如图 2.6.55 生成刀路）。

深度 −15 的大区域的加工

12. 刀具路径的复制

复制生成的上一步刀路操作→进行粘贴（如图 2.6.56 刀具路径的复制）。

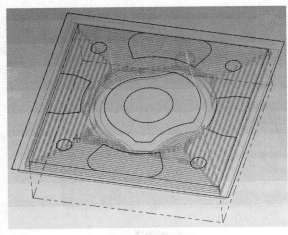

图 2.6.55　生成刀路

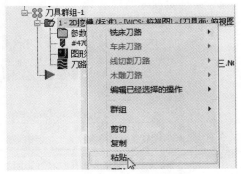

图 2.6.56　刀具路径的复制

13. 加工面的选择

点击【图形】节点→在【串联管理】对话框中→右击【增加串联】（如图 2.6.57 增加串

联）→选择串联的外形（如图 2.6.58 选择串联）。

图 2.6.57　增加串联图

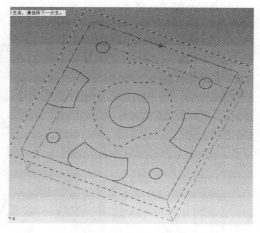

图 2.6.58　选择串联

14.【刀具】【切削参数】【粗切】【精修】【Z 分层切削】【冷却液】不变

15. 共同参数

点击【刀具群组】→对应刀路操作→【参数】→打开【共同参数】节点→设定【参考高度】【增量坐标】25 →【下刀位置】【增量坐标】2 →【工件表面】【绝对坐标】-8 →【深度】【绝对坐标】-15 →【确定】（如图 2.6.59 共同参数）。

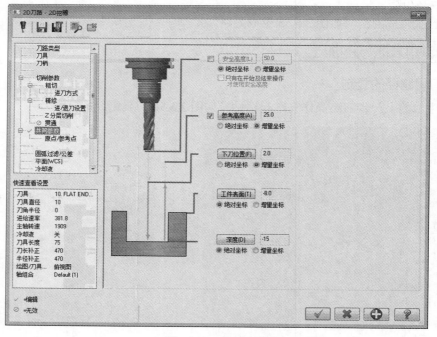

图 2.6.59　共同参数

16. 生成刀路

点击【刀具群组】→选择刚修改的刀路操作→点击【刀路】，重新生成刀路（如图 2.6.60 生成刀路）。

深度 -23 的大区域的加工

17. 刀具路径的复制

复制生成的上一步刀路操作→进行粘贴。

18. 加工面的选择

点击【图形】节点→在【串联管理】对话框中→右击增加串联（如图 2.6.61 选择串联）。

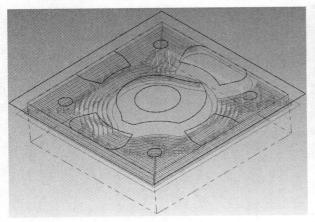

图 2.6.60　生成刀路

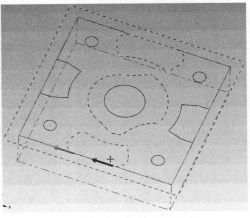

图 2.6.61　选择串联

19.【刀具】【切削参数】【粗切】【精修】【Z 分层切削】【冷却液】不变

20. 共同参数

点击【刀具群组】→对应刀路操作→【参数】→打开【共同参数】节点→设定【参考高度】【绝对坐标】10 →【下刀位置】【绝对坐标】2 →【工件表面】【绝对坐标】-15 →【深度】【绝对坐标】-23 →【确定】（如图 2.6.62 共同参数）。

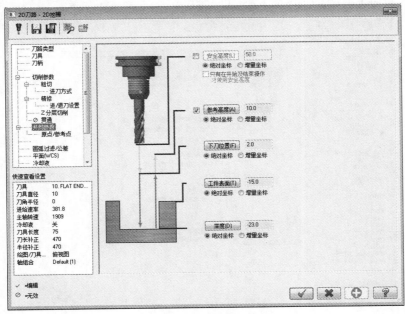

图 2.6.62　共同参数

21. 生成刀路

点击【刀具群组】→选择刚修改的刀路操作→点击【刀路】，重新生成刀路（如图 2.6.63 生成刀路）。

> **深度 –27 的大区域的加工**

22. 刀具路径的复制

复制生成的上一步刀路操作→进行粘贴。

23. 加工面的选择

点击【图形】节点→在【串联管理】对话框中→右击增加串联（如图 2.6.64 选择串联）。

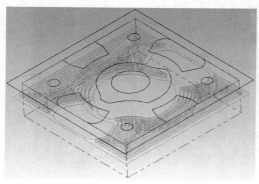

| 图 2.6.63　生成刀路 | 图 2.6.64　选择串联 |

24.【刀具】【切削参数】【粗切】【精修】【Z 分层切削】【冷却液】不变

25. 共同参数

点击【刀具群组】→对应刀路操作→【参数】→打开【共同参数】节点→设定【参考高度】【绝对坐标】10 →【下刀位置】【绝对坐标】2 →【工件表面】【绝对坐标】–23 →【深度】【绝对坐标】–27 →【确定】（如图 2.6.65 共同参数）。

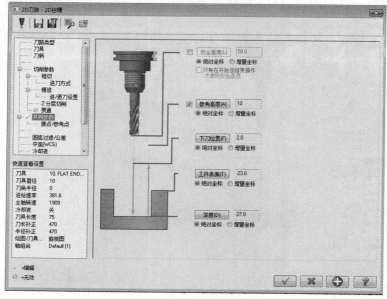

图 2.6.65　共同参数

26. 生成刀路

点击【刀具群组】→选择刚修改的刀路操作→点击【刀路】，重新生成刀路（如图 2.6.66 生成刀路）。

深度 -30 的大区域的加工

27. 刀具路径的复制

复制生成的上一步刀路操作→进行粘贴。

28. 加工面的选择

点击【图形】节点→在【串联管理】对话框中→右击增加串联（如图 2.6.67 选择串联）。

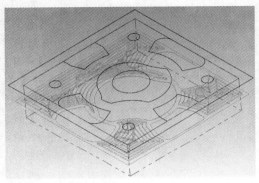

图 2.6.66　生成刀路　　　　　　　　图 2.6.67　选择串联

29.【刀具】【切削参数】【粗切】【精修】【Z 分层切削】【冷却液】不变

30. 共同参数

点击【刀具群组】→对应刀路操作→【参数】→打开【共同参数】节点→设定【参考高度】【绝对坐标】10 →【下刀位置】【绝对坐标】2 →【工件表面】【绝对坐标】–27 →【深度】【绝对坐标】–30 →【确定】（如图 2.6.68 共同参数）。

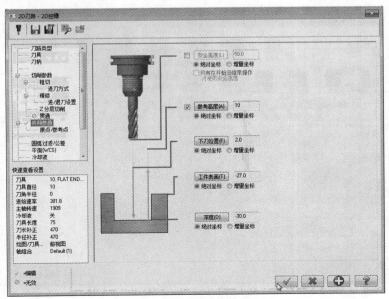

图 2.6.68　共同参数

31. 生成刀路

点击【刀具群组】→选择刚修改的刀路操作→点击【刀路】，重新生成刀路（如图 2.6.69 生成刀路）。

深度 –55 贯通槽区域的加工

32. 加工面的选择

选择主菜单【刀路】→【2D 挖槽】→弹出对话框【输入新 NC 名称】→点击【确认】→此处点击确认→打开【串联选项】对话框→选择【串联】按钮，并点选要加工的外形（如图 2.6.70 选择串联）。

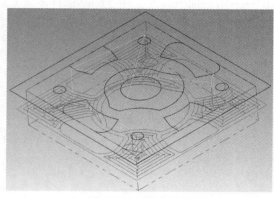

图 2.6.69　生成刀路

图 2.6.70　选择串联

33.【刀具】【切削参数】【Z 分层切削】【精修】不变

34. 粗切

打开【粗切】节点→勾选【粗切】→【平行环切】→勾选【刀路最佳化】（如图 2.6.71 粗切）。

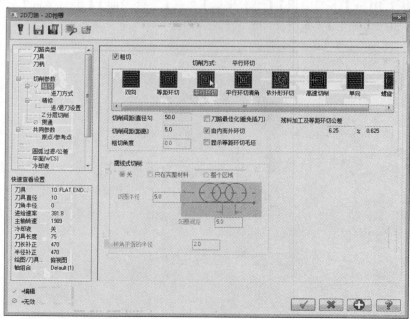

图 2.6.71　粗切

35. 共同参数

打开【共同参数】节点→设定【参考高度】【绝对坐标】10→【下刀位置】【绝对坐标】2→【工件表面】【绝对坐标】0→【深度】【绝对坐标】-54→【确定】（如图 2.6.72 共同参数）。

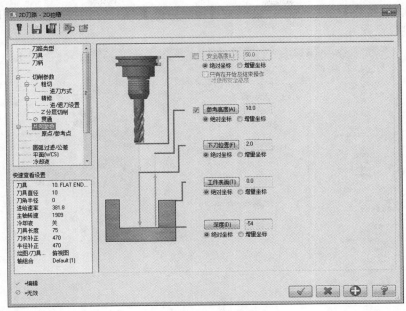

图 2.6.72　共同参数

36. 生成刀路

此时已经生成刀路（如图 2.6.73 生成刀路）。

四周通孔的加工

37. 加工面的选择

选择主菜单【刀路】→【钻孔】→弹出对话框【输入新 NC 名称】→点击【确认】→此处点击确认→打开【串联选项】对话框→【选择钻孔位置】→并点选所有的圆心（如图 2.6.74 选择串联）。

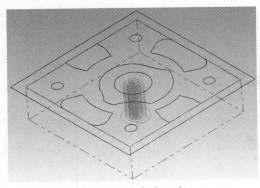

图 2.6.73　生成刀路

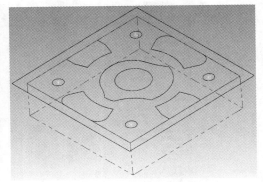

图 2.6.74　选择串联

38. 刀具类型选择

在系统弹出的【2D 刀路 - 钻孔】对话框→选择【刀具】节点→进入【刀具设置】选项

卡→【刀具过滤】按钮→选择【全关】按钮，【刀具类型】→选择【钻头】→【确认】→【从刀库中选择】按钮→在【选择刀具】对话框中选择 $\phi 16$ 的钻头→【确认】。

39. 切削参数设置

打开【切削参数】节点→在对话框中【循环方式】深孔啄钻（G83）→【Peck】（如图 2.6.75 切削参数设置）。

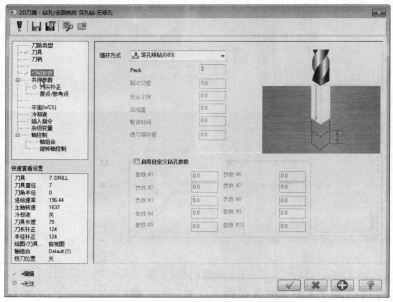

图 2.6.75　切削参数设置

40. 共同参数

打开【共同参数】节点→设定【参考高度】【绝对坐标】2 →【工件表面】【绝对坐标】 −30 →【深度】【绝对坐标】−55（如图 2.6.76 共同参数）。

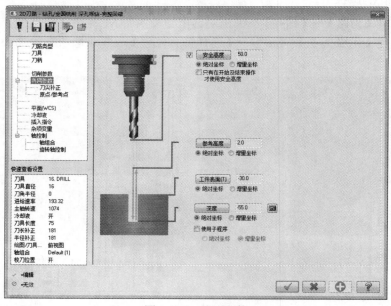

图 2.6.76　共同参数

41.【刀尖补正】【冷却液】不进行修改

42. 生成刀路

此时已经生成刀路（如图 2.6.77 生成刀路）。

最终验证模拟

43. 实体验证模拟

选中所有的加工→打开【验证已选择的操作 】→【Mastercam 模拟】对话框→隐藏【刀柄】和【线框】→【调整速度】→【播放】→观察实体验证情况（如图 2.6.78 实体验证）。

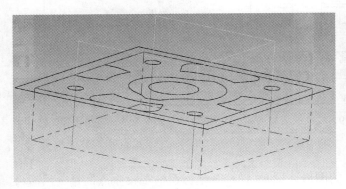

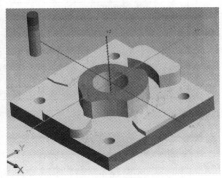

图 2.6.77　生成刀路　　　　　　　　　　　图 2.6.78　实体验证

四、二维铣削加工综合实例四

加工前的工艺分析与准备

1. 零件图工艺分析

二维铣削加工综合实例四

工件外部由外面的几个不同的台阶的深度，按深度一层一层加工就可以（如图 2.6.79 二维铣削加工综合实例四）。内部是由一个大的型腔所构成的，中间是有一个大的通孔。工件大小为 200mm×140mm×30mm。零件材料为已经加工成型的标准铝块，无热处理和硬度要求。根据图形要求分析需进行以下步骤：

① 用 ϕ12 的平底刀外形铣削加工下方深度 –4 的台阶区域，深度：0 ～ –4；

② 用 ϕ12 的平底刀外形铣削加工左下角深度 –4 的台阶区域角落，深度：0 ～ –4；

③ 用 ϕ12 的平底刀外形铣削加工下方深度 –8 的台阶区域，深度：–4 ～ –8；

④ 用 ϕ9 的平底刀外形铣削加工上方深度 –8 的台阶区域，深度：0 ～ –8；

⑤ 用 ϕ9 的平底刀外形铣削加工右侧深度 –20 的台阶区域，深度：0 ～ –20；

⑥ 用 ϕ9 的平底刀外形铣削加工左侧深度 –20 的台阶区域，深度：0 ～ –20；

⑦ 用 ϕ9 的平底刀挖槽加工深度 –4 的凹槽区域，深度：0 ～ –4；

⑧ 用 ϕ9 的平底刀挖槽加工深度 –12 的凹槽区域，深度：–4 ～ –12；

⑨ 用 ϕ9 的平底刀挖槽加工深度 –22 的凹槽区域，深度：–12 ～ –22；

⑩ 用 ϕ9 的平底刀挖槽加工底部 ϕ30 的圆形通槽区域，深度：–22 ～ –30；

⑪ 用 ϕ5 的平底刀外形铣削加工剩余的 4 个 R3 小圆角区域，深度：0 ～ –20；

⑫ 根据加工要求，共需产生 11 次刀具路径。

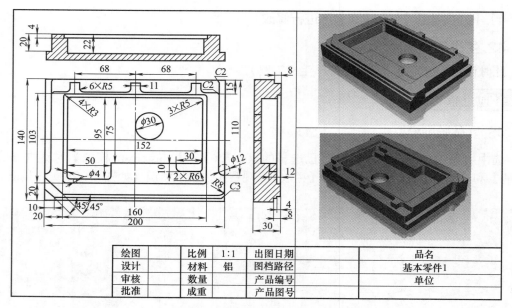

绘图		比例	1:1	出图日期		品名	
设计		材料	铝	图档路径		基本零件1	
审核		数量		产品编号		单位	
批准		成重		产品图号			

图 2.6.79　二维铣削加工综合实例四

2. 前期准备工作

（1）图形的导入　打开已绘制好的图形→按 F9 键打开坐标系→观察原点位置→然后再按 F9 键关闭。

（2）选择加工所使用的机床类型　选择主菜单【机床类型】→【铣床】→【默认】，进入铣床的加工模块。

（3）毛坯设置　在左侧的【刀路】面板中，打开【机床群组】→【属性】→【毛坯设置】→【机床群组属性】对话框→点击【所有图形】按钮→设置【Z 向】的高度为 30 →【确定】。

> 下方深度 -4 的台阶区域的加工

3. 加工面的选择

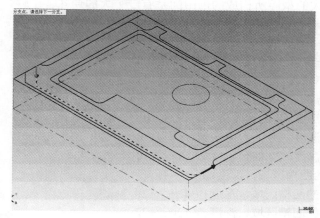

图 2.6.80　选择串联

选择主菜单【刀路】→【外形】→弹出对话框【输入新 NC 名称】→点击【确认】→此处点击确认→打开【串联选项】对话框→选择【串联】按钮，并点选要加工的外形（如图 2.6.80 选择串联）。

4. 刀具类型选择

在系统弹出的【2D 刀路 - 外形铣削】对话框→选择【刀具】节点→进入【刀具设置】选项卡→【刀具过滤】按钮→选择【全关】按钮，【刀具类型】→选择【平底刀】→【确认】→【从刀库中选择】按钮→在【选择刀具】对话框中选择 φ12 的平底刀→【确认】→设置【进给速率】300 →【主轴转速】2000 →【下刀速率】150 →勾选【快速提刀】（如图 2.6.81 刀具类型选择）。

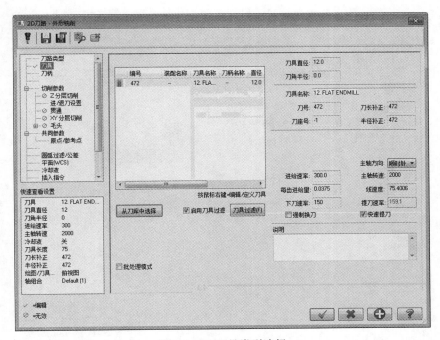

图 2.6.81　刀具类型选择

5. 切削参数设置

打开【切削参数】节点→在对话框中设置【补正方向】右→【壁边预留量】0 →【底面预留量】0 →【确定】（如图 2.6.82 切削参数设置）。

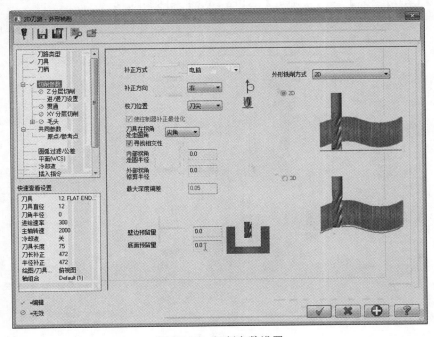

图 2.6.82　切削参数设置

6. Z 分层切削

打开【Z 分层切削】节点→勾选【深度分层切削】→设定【最大粗切步进量】3 →【精

修次数】1 →【精修量】0.3 →勾选【不提刀】（如图 2.6.83 Z 分层切削）。

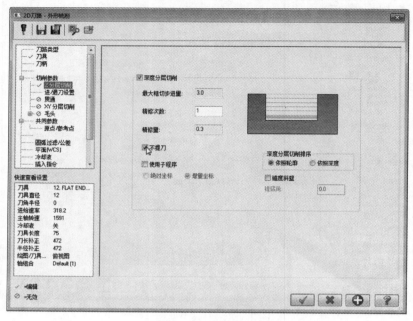

图 2.6.83　Z 分层切削

7. 共同参数

打开【共同参数】节点→设定【参考高度】【增量坐标】25 →【下刀位置】【绝对坐标】2 →【深度】【绝对坐标】−4 →【确定】（如图 2.6.84 共同参数）。

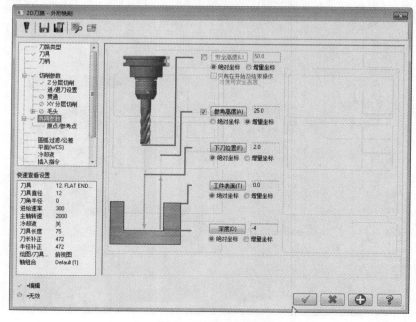

图 2.6.84　共同参数

8. 冷却液

打开【冷却液】节点→【Flood】On →【确定】。

9. 生成刀路

此时已经生成刀路（如图 2.6.85 生成刀路）。

左下角深度 –4 的台阶区域角落的加工

10. 加工面的选择

选择主菜单【刀路】→【外形】→弹出对话框【输入新 NC 名称】→点击【确认】→此处点击确认→打开【串联选项】对话框→选择【串联】按钮，并点选要加工的外形（如图 2.6.86 选择串联）。

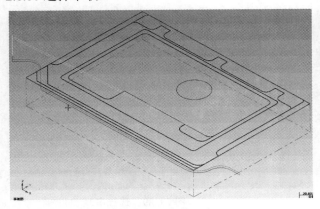

图 2.6.85　生成刀路

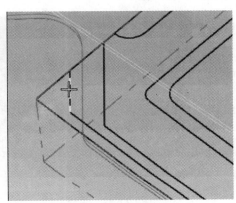

图 2.6.86　选择串联

11.【刀具】【切削参数】【冷却液】不变

12. 共同参数

打开【共同参数】节点→设定【参考高度】【增量坐标】25 →【下刀位置】【绝对坐标】2 →【深度】【绝对坐标】–4 →【确定】（如图 2.6.87 共同参数）。

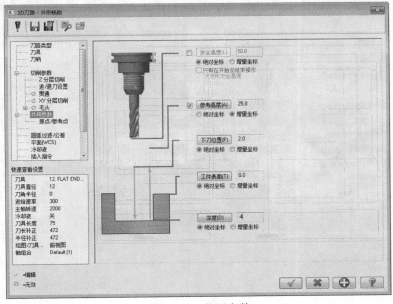

图 2.6.87　共同参数

13. 生成刀路

此时已经生成刀路（如图 2.6.88 生成刀路）。

下方深度 -8 的台阶区域的加工

14. 加工面的选择

选择主菜单【刀路】→【外形】→弹出对话框【输入新 NC 名称】→点击【确认】→此处点击确认→打开【串联选项】对话框→选择【串联】按钮，并点选要加工的外形（如图 2.6.89 选择串联）。

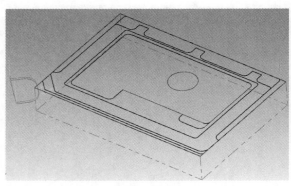

图 2.6.88　生成刀路

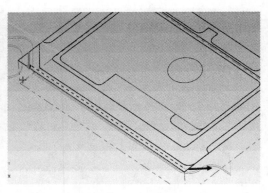

图 2.6.89　选择串联

15.【刀具】【切削参数】【冷却液】不变

16. 共同参数

打开【共同参数】节点→设定【参考高度】【增量坐标】25 →【下刀位置】【绝对坐标】2 →【工件表面】【绝对坐标】-4 →【深度】【绝对坐标】-8 →【确定】（如图 2.6.90 共同参数）。

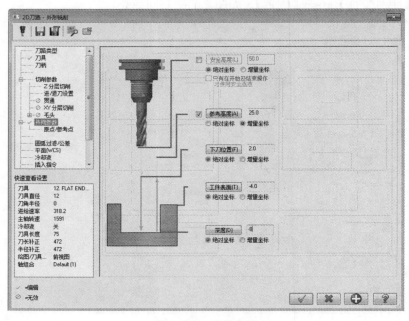

图 2.6.90　共同参数

17. 生成刀路

此时已经生成刀路（如图 2.6.91 生成刀路）。

上方深度 −8 的台阶区域的加工

18. 加工面的选择

选择主菜单【刀路】→【外形】→弹出对话框【输入新 NC 名称】→点击【确认】→此处点击确认→打开【串联选项】对话框→选择【串联】按钮，并点选要加工的外形（如图 2.6.92 选择串联）。

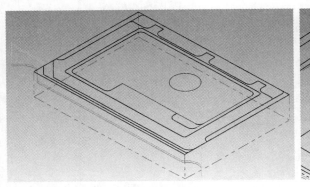

图 2.6.91　生成刀路

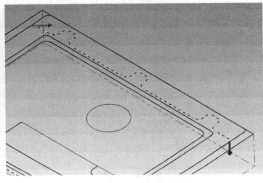

图 2.6.92　选择串联

19. 刀具类型选择

在系统弹出的【2D 刀路 - 外形铣削】对话框→选择【刀具】节点→进入【刀具设置】选项卡→【刀具过滤】按钮→选择【全关】按钮，【刀具类型】→选择【平底刀】→【确认】→【从刀库中选择】按钮→在【选择刀具】对话框中选择 $\phi9$ 的平底刀（如图 2.6.93 刀具类型选择）。

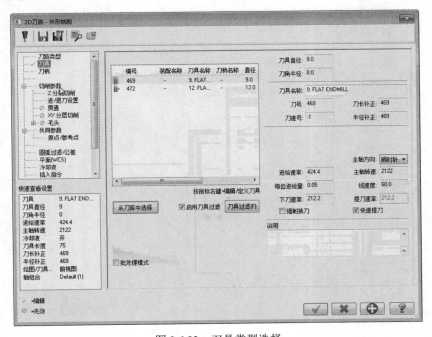

图 2.6.93　刀具类型选择

20. 切削参数设置

打开【切削参数】节点→在对话框中设置【补正方向】左（如图 2.6.94 切削参数设置）。

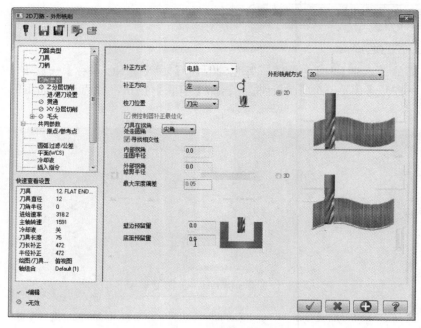

图 2.6.94　切削参数设置

21. XY 分层切削

打开【XY 分层切削】节点→勾选【XY 分层切削】→【粗切】→【次】3→【间距】7（如图 2.6.95 XY 分层切削）。

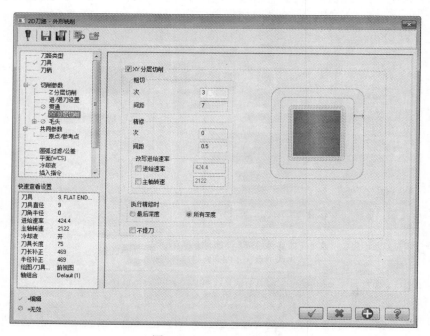

图 2.6.95　XY 分层切削

22. 共同参数

打开【共同参数】节点→设定【参考高度】【增量坐标】25 →【下刀位置】【绝对坐标】2 →【工件表面】【绝对坐标】0 →【深度】【绝对坐标】–8 →【确定】（如图 2.6.96 共同参数）。

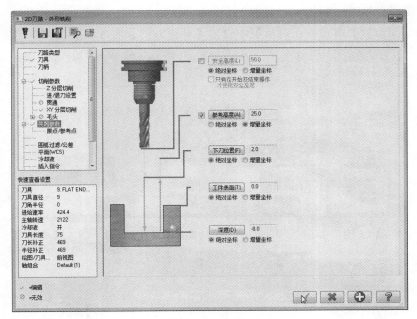

图 2.6.96　共同参数

23.【冷却液】不变

24. 生成刀路

此时已经生成刀路（如图 2.6.97 生成刀路）。

右侧深度 –20 的台阶区域的加工

25. 加工面的选择

选择主菜单【刀路】→【外形】→弹出对话框【输入新 NC 名称】→点击【确认】→此处点击确认→打开【串联选项】对话框→选择【串联】按钮，并点选要加工的外形（如图 2.6.98 选择串联）。

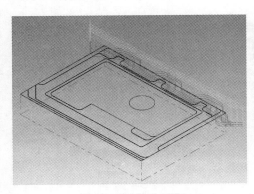

图 2.6.97　生成刀路

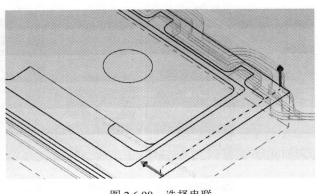

图 2.6.98　选择串联

26. 刀具类型选择

在系统弹出的【2D 刀路 - 外形铣削】对话框→选择【刀具】节点→进入【刀具设置】选项卡→在【选择刀具】对话框中选择 $\phi 9$ 的平底刀。

27. 切削参数设置

打开【切削参数】节点→在对话框中设置【补正方向】右（如图 2.6.99 切削参数设置）。

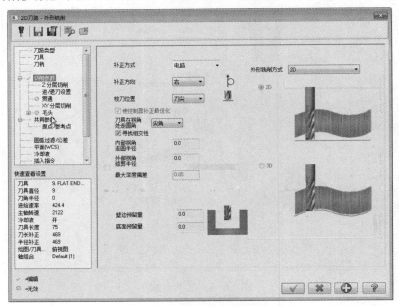

图 2.6.99　切削参数设置

28. 共同参数

打开【共同参数】节点→设定【参考高度】【增量坐标】25 →【下刀位置】【绝对坐标】2 →【工件表面】【绝对坐标】0 →【深度】【绝对坐标】–20 →【确定】（如图 2.6.100 共同参数）。

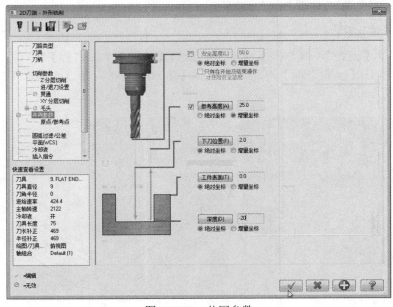

图 2.6.100　共同参数

29.【冷却液】不变

30. 生成刀路

此时已经生成刀路（如图 2.6.101 生成刀路）。

『左侧深度 -20 的台阶区域的加工』

31. 加工面的选择

选择主菜单【刀路】→【外形】→弹出对话框【输入新 NC 名称】→点击【确认】→此处点击确认→打开【串联选项】对话框→选择【串联】按钮，并点选要加工的外形（如图 2.6.102 选择串联）。

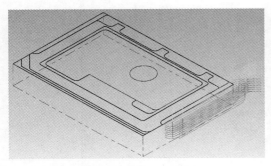

图 2.6.101　生成刀路

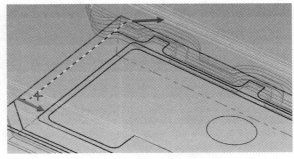

图 2.6.102　选择串联

32.【刀具】【冷却液】不变

33. 切削参数设置

打开【切削参数】节点→在对话框中设置【补正方向】左（如图 2.6.103 切削参数设置）。

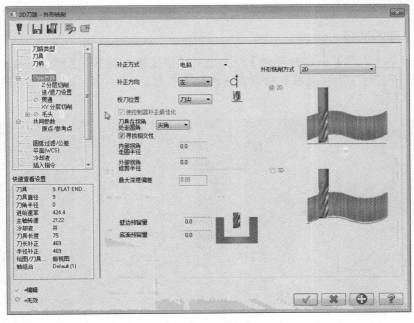

图 2.6.103　切削参数设置

34. 共同参数

打开【共同参数】节点→设定【参考高度】【增量坐标】25 →【下刀位置】【绝对坐标】2→【工件表面】【绝对坐标】0→【深度】【绝对坐标】−20→【确定】（如图 2.6.104 共同参数）。

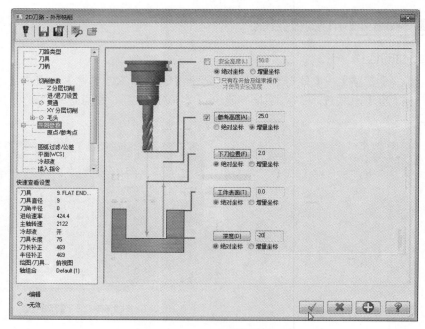

图 2.6.104　共同参数

35. 生成刀路

此时已经生成刀路（如图 2.6.105 生成刀路）。

深度 −4 的凹槽区域的加工

36. 加工面的选择

选择主菜单【刀路】→【2D 挖槽】→弹出对话框【输入新 NC 名称】→点击【确认】→此处点击确认→打开【串联选项】对话框→选择【串联】按钮，并点选要加工的外形（如图 2.6.106 选择串联）。

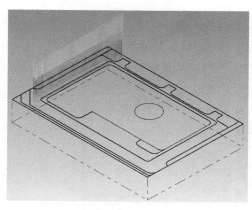

图 2.6.105　生成刀路

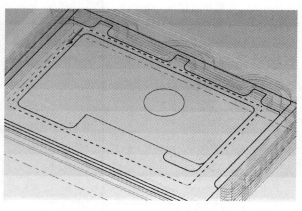

图 2.6.106　选择串联

37. 刀具类型选择

在系统弹出的【2D 刀路 -2D 挖槽】对话框→选择【刀具】节点→进入【刀具设置】选项卡→在【选择刀具】对话框中选择 $\phi 9$ 的平底刀。

38. 切削参数设置

打开【切削参数】节点→在对话框中【壁边预留量】0 →【底面预留量】0 →【确定】（如图 2.6.107 切削参数设置）。

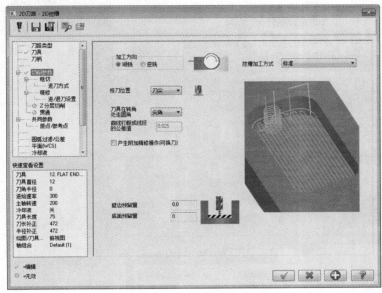

图 2.6.107　切削参数设置

39. 粗切

打开【粗切】节点→勾选【粗切】→【平行环切】→【切削间距】70% →勾选【刀路最佳化】（如图 2.6.108 粗切）。

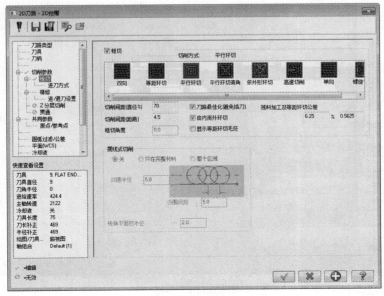

图 2.6.108　粗切

40. 进刀方式

打开【进刀方式】节点→选择【斜切】（如图 2.6.109 进刀方式）。

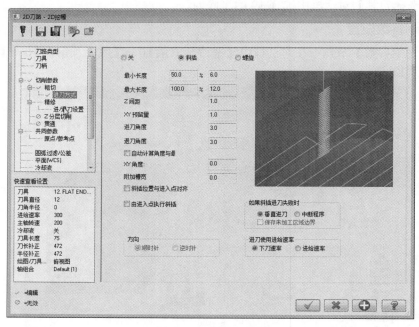

图 2.6.109　进刀方式

41. 精修

打开【精修】节点→勾选【精修】→【次】1→【间距】5→勾选【只在最后深度才执行一次精修】→勾选【不提刀】（如图 2.6.110 精修）。

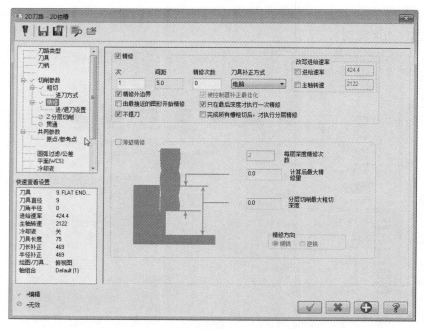

图 2.6.110　精修

42. Z 分层切削

打开【Z 分层切削】节点→勾选【深度分层切削】→设定【最大粗切步进量】3 →【精修次数】1 →【精修量】0.3 →勾选【不提刀】（如图 2.6.111 Z 分层切削）。

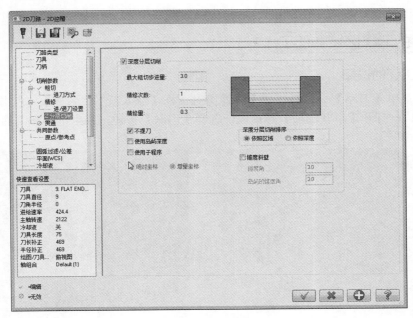

图 2.6.111　Z 分层切削

43. 共同参数

打开【共同参数】节点→设定【参考高度】【增量坐标】25 →【下刀位置】【绝对坐标】2 →【深度】【绝对坐标】−4 →【确定】（如图 2.6.112 共同参数）。

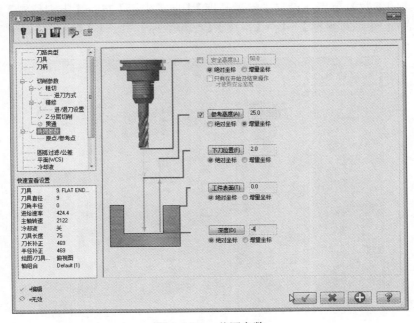

图 2.6.112　共同参数

44.冷却液

打开【冷却液】节点→【Flood】On→【确定】。

45.生成刀路

此时已经生成刀路（如图 2.6.113 生成刀路）。

深度 -12 的凹槽区域的加工

46.加工面的选择

选择主菜单【刀路】→【2D 挖槽】→弹出对话框【输入新 NC 名称】→点击【确认】→此处点击确认→打开【串联选项】对话框→选择【串联】按钮，并点选要加工的外形（如图 2.6.114 选择串联）。

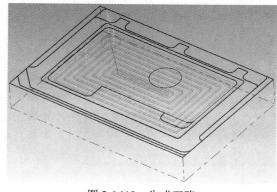

图 2.6.113　生成刀路

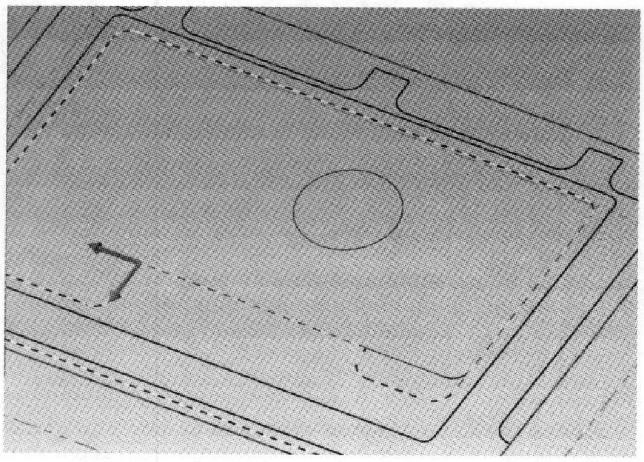

图 2.6.114　选择串联

47.【刀具】【切削参数】【精修】【Z 分层切削】【冷却液】不变

48.共同参数

打开【共同参数】节点→设定【参考高度】【增量坐标】25 →【下刀位置】【绝对坐标】−2 →【工件表面】【绝对坐标】−4 →【深度】【绝对坐标】−12 →【确定】（如图 2.6.115 共同参数）。

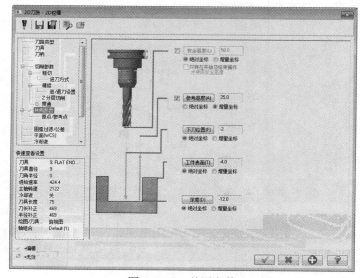

图 2.6.115　共同参数

49. 生成刀路

此时已经生成刀路（如图 2.6.116 生成刀路）。

深度 −22 的凹槽区域的加工

50. 加工面的选择

选择主菜单【刀路】→【2D 挖槽】→弹出对话框【输入新 NC 名称】→点击【确认】→此处点击确认→打开【串联选项】对话框→选择【串联】按钮，并点选要加工的外形（如图 2.6.117 选择串联）。

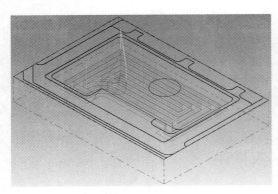
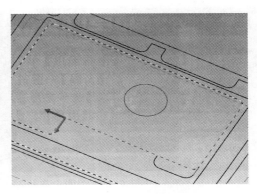

图 2.6.116　生成刀路　　　　　　图 2.6.117　选择串联

51.【刀具】【切削参数】【精修】【Z 分层切削】【冷却液】不变

52. 共同参数

打开【共同参数】节点→设定【参考高度】【增量坐标】25 →【下刀位置】【增量坐标】2 →【工件表面】【绝对坐标】−12 →【深度】【绝对坐标】−22 →【确定】（如图 2.6.118 共同参数）。

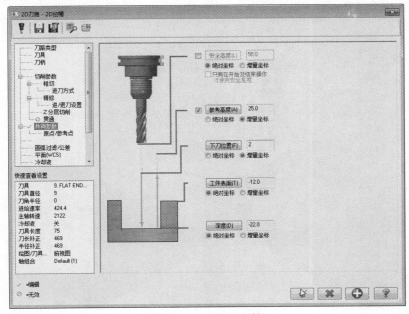

图 2.6.118　共同参数

53. 生成刀路

此时已经生成刀路（如图 2.6.119 生成刀路）。

底部 φ30 的圆形通槽区域的加工

54. 加工面的选择

选择主菜单【刀路】→【2D 挖槽】→弹出对话框【输入新 NC 名称】→点击【确认】→此处点击确认→打开【串联选项】对话框→选择【串联】按钮，并点选要加工的外形（如图 2.6.120 选择串联）。

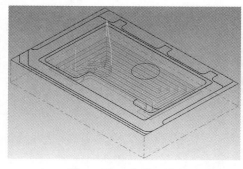

图 2.6.119　生成刀路　　　　　　　　　　图 2.6.120　选择串联

55.【刀具】【切削参数】【冷却液】不变

56. 将【精修】【Z 分层切削】关闭

57. 共同参数

打开【共同参数】节点→设定【参考高度】【增量坐标】25 →【下刀位置】【增量坐标】2 →【工件表面】【绝对坐标】–22 →【深度】【绝对坐标】–29 →【确定】（如图 2.6.121 共同参数）。

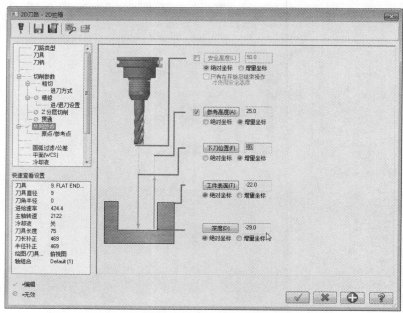

图 2.6.121　共同参数

58. 生成刀路

此时已经生成刀路（如图 2.6.122 生成刀路）。

> ### 剩余的 4 个 R3 小圆角区域的加工

59. 加工面的选择

选择主菜单【刀路】→【外形】→弹出对话框【输入新 NC 名称】→点击【确认】→此处点击确认→打开【串联选项】对话框→选择【单体】按钮，并点选要加工个 R3 的圆角的外形（如图 2.6.123 选择串联）。

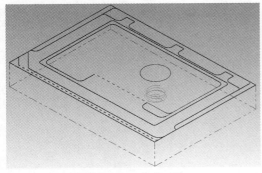 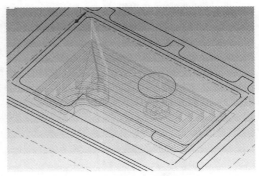

图 2.6.122 生成刀路 　　　　　　　 图 2.6.123 选择串联

60. 刀具类型选择

在系统弹出的【2D 刀路 - 外形铣削】对话框→选择【刀具】节点→进入【刀具设置】选项卡→【刀具过滤】按钮→选择【全关】按钮，【刀具类型】→选择【平底刀】→【确认】→【从刀库中选择】按钮→在【选择刀具】对话框中选择 φ5 的平底刀。

61. 切削参数设置

打开【切削参数】节点→在对话框中设置【补正方向】左（如图 2.6.124 切削参数设置）。

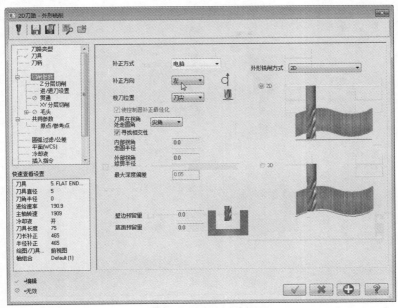

图 2.6.124 切削参数设置

62. Z 分层切削

打开【Z 分层切削】节点→勾选【深度分层切削】→设定【最大粗切步进量】1 →【精修次数】1 →【精修量】0.1 →勾选【不提刀】（如图 2.6.125 Z 分层切削）。

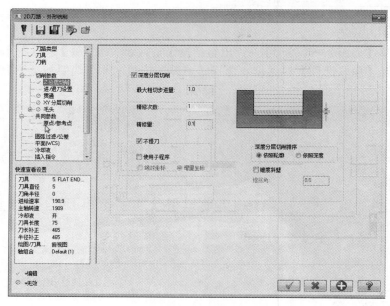

图 2.6.125　Z 分层切削

63. 将【XY 分层切削】关闭

64. 共同参数

打开【共同参数】节点→设定【参考高度】【增量坐标】25 →【下刀位置】【绝对坐标】2 →【深度】【绝对坐标】–4 →【确定】（如图 2.6.126 共同参数）。

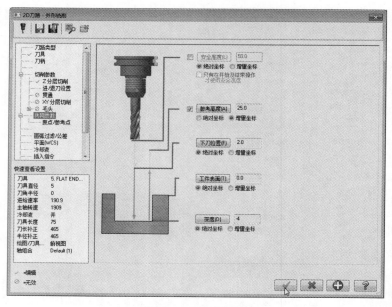

图 2.6.126　共同参数

65. 冷却液

打开【冷却液】节点→【Flood】On →【确定】。

66. 生成刀路

此时已经生成刀路（如图 2.6.127 生成刀路）。

最终验证模拟

67. 实体验证模拟

选中所有的加工→打开【验证已选择的操作】→【Mastercam 模拟】对话框→隐藏【刀柄】和【线框】→【调整速度】→【播放】→观察实体验证情况（如图 2.6.128 实体验证）。

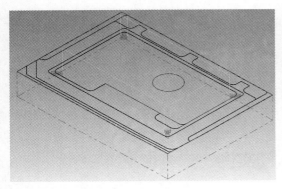

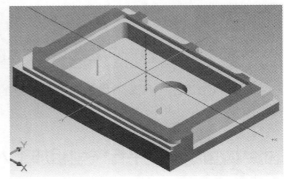

图 2.6.127　生成刀路　　　　　　　　图 2.6.128　实体验证

第三章

Mastercam X9 三维曲面粗加工

平行粗加工是一种最通用、简单和有效的加工方法。平行粗加工的刀具沿指定的进给方向进行切削，生成的刀具路径相互平行。平行粗加工刀具路径比较适合加工凸台或凹槽不多或相对比较平坦的曲面。

一、平行铣削粗加工入门实例

加工前的工艺分析与准备

平行铣削粗加工
入门实例

1. 工艺分析

该零件表面由 1 个曲面构成（如图 3.1.1 平行铣削粗加工入门实例）。工件尺寸 100mm×70mm，无尺寸公差要求。尺寸标注完整，轮廓描述清楚。零件材料为已经加工成型的标准铝块，无热处理和硬度要求。

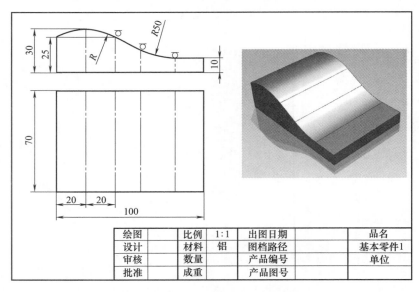

绘图		比例	1:1	出图日期		品名	
设计		材料	铝	图档路径		基本零件1	
审核		数量		产品编号		单位	
批准		成重		产品图号			

图 3.1.1　平行铣削粗加工入门实例

① 用 $\phi10$ 的球刀平行铣削粗加工曲面的区域；

② 根据加工要求，共需产生 1 次刀具路径。

2. 前期准备工作

（1）图形的导入　打开已绘制好的图形→按 F9 键打开坐标系→观察原点位置→然后再按 F9 键关闭。

（2）选择加工所使用的机床类型　选择主菜单【机床类型】→【铣床】→【默认】，进入铣床的加工模块。

（3）毛坯设置　在左侧的【刀路】面板中，打开【机床群组】→【属性】→【毛坯设置】→【机床群组属性】对话框→点击【所有图形】按钮→【确认】。

顶部菱形区域的加工

3. 加工面的选择

选择主菜单【刀路】→【曲面粗切】→【平行】→弹出【选择工件形状】未定义→弹出对话框【输入新 NC 名称】→点击【确认】→选择待加工的曲面（如图 3.1.2 选择待加工的曲面）→【回车确认】→【干涉面】→选择待加工曲面的周围的曲面（如图 3.1.3 干涉面）。→【切削范围】→选择毛坯的四边（如图 3.1.4 切削范围）→【指定下刀点】→指定工件左下角的点。

4. 刀具类型选择

在系统弹出的【曲面粗切平行】对话框→选择【刀具参数】→【刀具过滤】按钮→

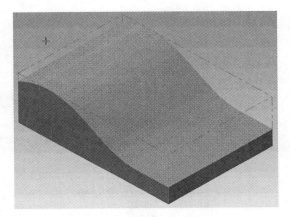

图 3.1.2　选择待加工的曲面

选择【全关】按钮，【刀具类型】→选择【球刀】→【确认】→【从刀库中选择】按钮→在【选择刀具】对话框中选择 $\phi10$ 的球刀（如图 3.1.5 刀具类型选择）。

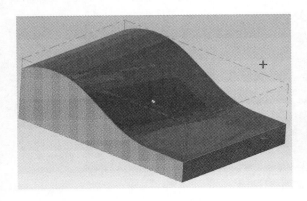

图 3.1.3　所示干涉面

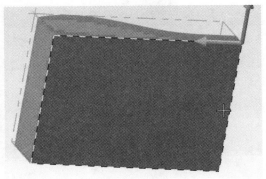

图 3.1.4　切削范围

5. 曲面参数设置

打开【曲面参数】对话框→【下刀位置】【增量坐标】2 →【加工面预留量】0.3（如图 3.1.6 曲面参数设置）。

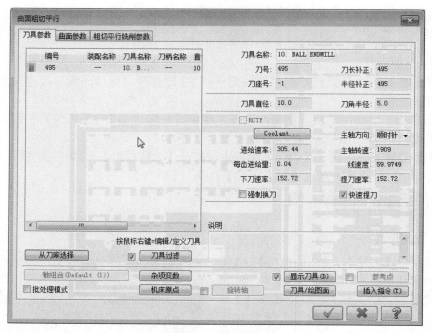

图 3.1.5　刀具类型选择

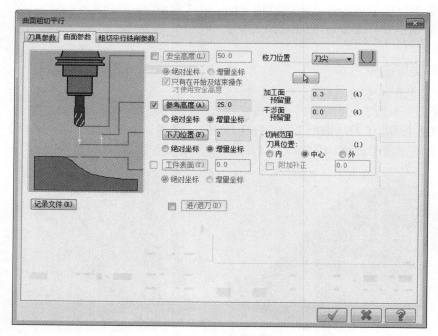

图 3.1.6　曲面参数设置

6. 粗切平行铣削参数

打开【粗切平行铣削参数】对话框→【Z 最大步进量】3 →【最大切削间距】2（如图 3.1.7 粗切平行铣削参数）→打开【间隙设置】对话框→勾选【切削顺序最优化】（如图 3.1.8 切削顺序最优化）→【确定】→【确定】。

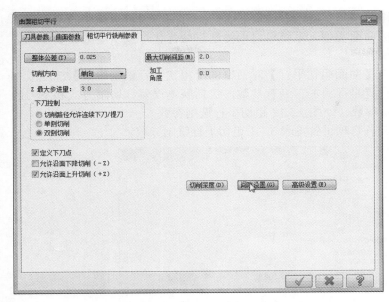

图 3.1.7　粗切平行铣削参数　　　　　　　图 3.1.8　切削顺序最优化

7. 生成刀路

此时已经生成刀路（如图 3.1.9 生成刀路）。

最终验证模拟

8. 实体验证模拟

选中所有的加工→打开【验证已选择的操作 🔧】→【Mastercam 模拟】对话框→隐藏【刀柄】和【线框】→【调整速度】→【播放】→观察实体验证情况（如图 3.1.10 实体验证）。

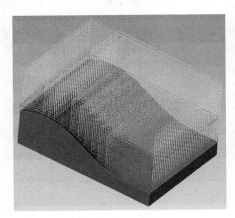

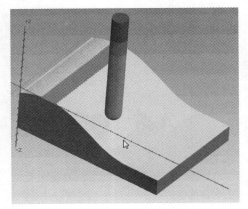

图 3.1.9　生成刀路　　　　　　　　　　图 3.1.10　实体验证

二、平行铣削粗加工的参数设置

平行粗加工参数包括 3 个选项卡，在进行曲面粗加工平行铣削加工时首先要进行曲面的选择，当用户启动粗加工平行铣削加工方式时，会弹出【选择工件形状】对话框（如图 3.1.11 选择工件形状），可选取的曲面类型有【凸】【凹】和【未定义】3 种，其中【未定义】

图 3.1.11　选择工件形状

表示用户不指定或选取的曲面有凸又有凹。用户根据曲面形状选择相应的曲面类型，系统将自动提前进行优化，减少参数设置量，提高效率。

在【曲面粗切平行】对话框的【粗切平行铣削参数】选项卡中可以设置平行粗加工专有参数，包括整体误差、切削方式和下刀的控制等参数（如图 3.1.12 粗切平行铣削参数）。

其各选项讲解见表 3.1.1 粗切平行铣削参数。

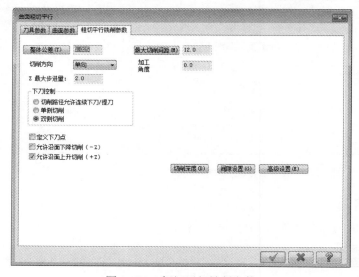

图 3.1.12　粗切平行铣削参数

表 3.1.1　粗切平行铣削参数

序号	名称	详 细 说 明
1	整体公差	在【整体公差】按钮右侧的文本框可以设置刀具路径的精度误差。公差越小，加工得到的曲面就越接近真实曲面，加工时间也就越长。在粗加工阶段，可以设置较大的公差值以提高加工效率。 在【粗切平行铣削参数】选项卡中单击【整体公差】按钮，弹出【圆弧过滤公差】对话框，如图 3.1.13 所示，可以设置总公差、切削公差、线 / 圆弧公差和平滑性过滤公差 图 3.1.13　整体公差类型

序号	名称	详　细　说　明	
2	切削方式	单向	加工时刀具只沿一个方向进行切削，完成一行后，需要提刀返回到起点再进行下一行的切削
		双向	刀具在完成一行切削后立即转向下一行进行切削。 双向切削有利于缩短加工时间，而单向切削可以保证一直采用顺铣和逆铣的方式，以获得良好的加工质量。图 3.1.14 为单向切削刀具路径。图 3.1.15 为双向切削刀具路径
		图 3.1.14　单向切削　　　　　　　图 3.1.15　双向切削	
3	下刀控制	下刀控制决定了刀具下刀或退刀时在 Z 方向的运动方式	
		单侧切削	从一侧切削，只能对一个坡进行加工，另一侧则无法加工（如图 3.1.16 单侧切削）
		双侧切削	在加工完一侧后，另一侧再进行加工，可以加工到两侧，但是每次只能加工一侧（如图 3.1.17 双侧切削）
		切削路径允许连续下刀 / 提刀	刀具将在坡的两侧连续下刀提刀，同时对两侧进行加工（如图 3.1.18 切削路径允许连续下刀 / 提刀）
		图 3.1.16　单侧切削　　　图 3.1.17　双侧切削　　　图 3.1.18　切削路径允许 连续下刀 / 提刀	
4	最大切削间距	在【粗切平行铣削参数】选项卡【最大切削间距】后的文本框中可以设置切削路径间距大小。为了加工效果，此值必须小于直径，若刀具间距过大，两条路径之间会有部分材料加工不到位，留下残脊。一般设为刀具直径的 60%～ 75%。在粗加工过程中，为了提高效率，可以把这个值在允许的范围内尽量设大一些。 单击【最大切削间距】按钮，弹出【最大步进量】对话框（如图 3.1.19 最大切削间距），设置最大步进量、平面残脊高度、45 度残脊高度等参数。 图 3.1.19　最大切削间距	

平行铣削粗加
工实例一

三、平行铣削粗加工实例一

加工前的工艺分析与准备

1. 工艺分析

工件图的基本形状，四周都是倒了圆角的形状，中间是一个 R26.75 整个挖进去的形状，整个上表面都是曲面形状（如图 3.1.20 平行铣削加工实例一）。工件尺寸 120mm×80mm，无尺寸公差要求。尺寸标注完整，轮廓描述清楚。零件材料为已经加工成型的标准铝块，无热处理和硬度要求。

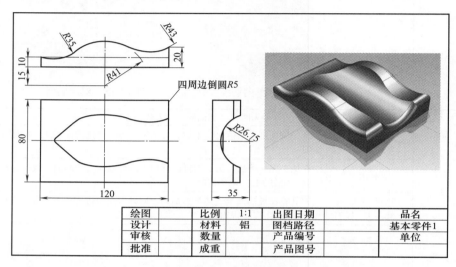

绘图		比例	1:1	出图日期		品名	
设计		材料	铝	图档路径		基本零件1	
审核		数量		产品编号		单位	
批准		成重		产品图号			

图 3.1.20　平行铣削加工实例一

① 用 φ8 的球刀平行铣削粗加工曲面的区域；
② 根据加工要求，共需产生 1 次刀具路径。

2. 前期准备工作

（1）图形的导入　打开已绘制好的图形→按 F9 键打开坐标系→观察原点位置→然后再按 F9 键关闭。

（2）选择加工所使用的机床类型　选择主菜单【机床类型】→【铣床】→【默认】，进入铣床的加工模块。

（3）毛坯设置　在左侧的【刀路】面板中，打开【机床群组】→【属性】→【毛坯设置】→【机床群组属性】对话框→点击【所有图形】按钮→【确认】。

四周曲面区域的加工

3. 加工面的选择

选择主菜单【刀路】→【曲面粗切】→【平行】→弹出【选择工件形状】未定义→弹出对话框【输入新 NC 名称】→点击【确认】→选择待加工的曲面（如图 3.1.21 选择待加工的曲面）→【回车确认】→【干涉面】→选择待加工曲面的周围的曲面（如图 3.1.22 干涉面）→【切削范围】→选择毛坯的四边（如图 3.1.23 切削范围）→【指定下刀点】→指定工件左下角的点。

图 3.1.21 选择待加工的曲面

图 3.1.22 干涉面

图 3.1.23 切削范围

4. 刀具类型选择

在系统弹出的【曲面粗切平行】对话框→选择【刀具参数】选项卡→【刀具过滤】按钮→选择【全关】按钮,【刀具类型】→选择【球刀】→【确认】→【从刀库中选择】按钮→在【选择刀具】对话框中选择 φ8 的球刀（如图 3.1.24 刀具类型选择）。

5. 曲面参数设置

打开【曲面参数】对话框→【下刀位置】【增量坐标】2 →【加工面预留量】0.3（如图 3.1.25 曲面参数设置）。

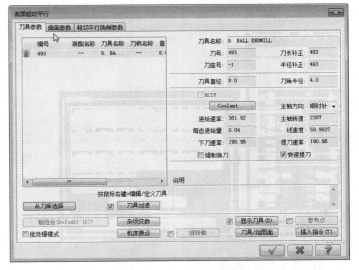

图 3.1.24 刀具类型选择

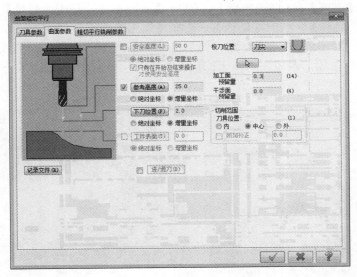

图 3.1.25 曲面参数设置

6. 粗切平行铣削参数

打开【粗切平行铣削参数】对话框→【最大切削间距】2 →【加工角度】30 →打开【间

隙设置】对话框→勾选【切削顺序最优化】→【确定】→【确定】（如图 3.1.26 粗切平行铣削参数）。

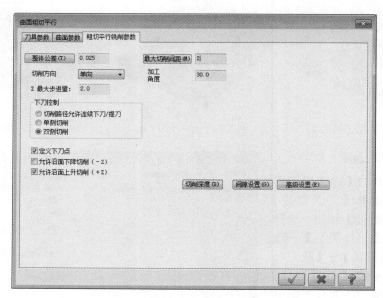

图 3.1.26　粗切平行铣削参数

7. 生成刀路

此时已经生成刀路（如图 3.1.27 生成刀路）。

中间 R26.75 曲面区域的加工

8. 加工面的选择

选择主菜单【刀路】→【曲面粗切】→【平行】→弹出【选择工件形状】未定义→弹出对话框【输入新 NC 名称】→点击【确认】→选择待加工的曲面（如图 3.1.28 选择待加工的曲面）→【回车确认】→【干涉面】→选择待加工曲面的周围的曲面（如图 3.1.29 干涉面）→【切削范围】→选择毛坯的四边（如图 3.1.30 切削范围）→【指定下刀点】→指定工件左下角的点。

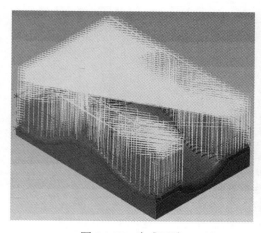

图 3.1.27　生成刀路

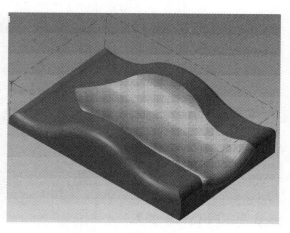

图 3.1.28　选择待加工的曲面

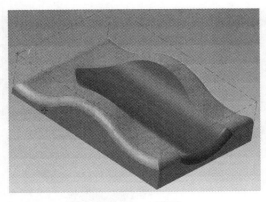

图 3.1.29　干涉面

图 3.1.30　切削范围

9.【刀具】【曲面参数】参数保持不变

10. 粗切平行铣削参数

【加工角度】0→其他参数保持不变→【确定】（如图 3.1.31 粗切平行铣削参数）。

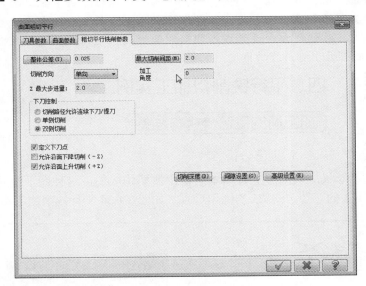

图 3.1.31　粗切平行铣削参数

11. 生成刀路

此时已经生成刀路（如图 3.1.32 生成刀路）。

（最终验证模拟）

12. 实体验证模拟

选中所有的加工→打开【验证已选择的操作 】→【Mastercam 模拟】对话框→隐藏【刀柄】和【线框】→【调整速度】→【播放】→观察实体验证情况（如图 3.1.33 实体验证）。

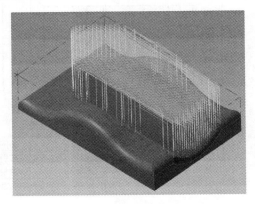

图 3.1.32　生成刀路

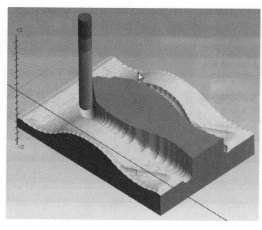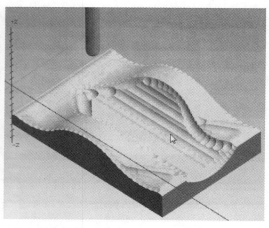

图 3.1.33　实体验证

★★★经验总结★★★

　　对曲面进行加工时，在曲面中间的凹形侧面加工的时候，刀具容易产生空刀加工不到的情形，因为粗加工的加工步进量大，不管水平加工还是竖直加工都会产生加工不到的情况，因此，将加工刀路切削方向设置成与凹形侧面形成一定角度，这样可以很好将残料清除，通常这设置成接近于对角线的角度。

四、平行铣削粗加工实例二

加工前的工艺分析与准备

平行铣削粗加工实例二

1. 工艺分析

　　工件图的基本形状，从侧面上看基本上是由曲面构成的，这种图形也是可以通过手动绘制出来的。上下右的三边，是 R5 的圆角过渡（如图 3.1.34 平行铣削加工实例二）。在左侧

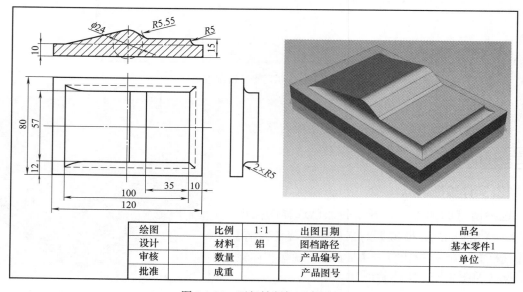

绘图		比例	1:1	出图日期		品名	
设计		材料	铝	图档路径		基本零件1	
审核		数量		产品编号		单位	
批准		成重		产品图号			

图 3.1.34　平行铣削加工实例二

这里并没有产生圆角过渡,那么在加工的时候应该用平底刀对底面进行一个加工。有的时候,当圆角过小的情况下就可以直接忽略掉它的圆角值了。

工件尺寸 120mm×80mm,无尺寸公差要求。尺寸标注完整,轮廓描述清楚。零件材料为已经加工成型的标准铝块,无热处理和硬度要求。

① 用 $\phi 8R2$ 的圆鼻刀的球刀平行铣削粗加工曲面的区域;

② 根据加工要求,共需产生 1 次刀具路径。

2. 前期准备工作

(1)图形的导入 打开已绘制好的图形→按 F9 键打开坐标系→观察原点位置→然后再按 F9 键关闭。

(2)选择加工所使用的机床类型 选择主菜单【机床类型】→【铣床】→【默认】,进入铣床的加工模块。

(3)毛坯设置 在左侧的【刀路】面板中,打开【机床群组】→【属性】→【毛坯设置】→【机床群组属性】对话框→点击【所有图形】按钮→【确认】。

顶部整个区域的粗加工

3. 加工面的选择

选择主菜单【刀路】→【曲面粗切】→【平行】→弹出【选择工件形状】未定义→弹出对话框【输入新 NC 名称】→点击【确认】→选择待加工的曲面(如图 3.1.35 选择待加工的曲面)→【回车确认】→【干涉面】→选择待加工曲面的周围的曲面(如图 3.1.36 干涉面)→【切削范围】→选择毛坯的四边(如图 3.1.37 切削范围)→【指定下刀点】→指定工件左下角的点。

4. 刀具类型选择

在系统弹出的【曲面粗切平行】对话框→选择【刀具参数】选项卡→【刀具过滤】按钮→选择【全关】按钮,【刀具类型】→选择【圆鼻刀】→【确认】→【从刀库中选择】按钮→在【选择刀具】对话框中选择 $\phi 8R2$ 的圆鼻刀(如图 3.1.38 刀具类型选择)。

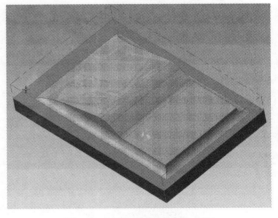

图 3.1.35 选择待加工的曲面

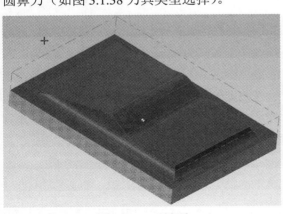

图 3.1.36 干涉面

图 3.1.37 切削范围

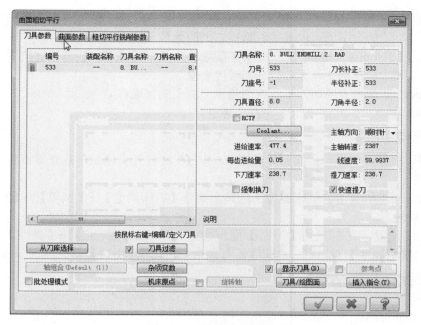

图 3.1.38　刀具类型选择

5. 曲面参数设置

打开【曲面参数】对话框→【下刀位置】【增量坐标】2→【加工面预留量】0.3（如图 3.1.39 曲面参数设置）。

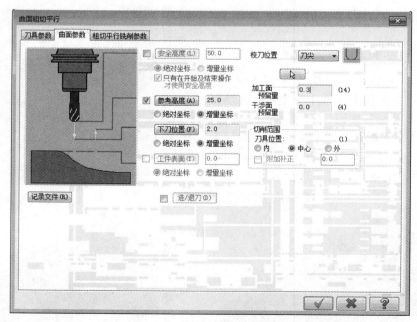

图 3.1.39　曲面参数设置

6. 粗切平行铣削参数

打开【粗切平行铣削参数】对话框→【Z 最大步进量】2→【最大切削间距】4→【加工

角度】30→打开【间隙设置】对话框→勾选【切削顺序最优化】→【确定】→【确定】（如图3.1.40 粗切平行铣削参数）。

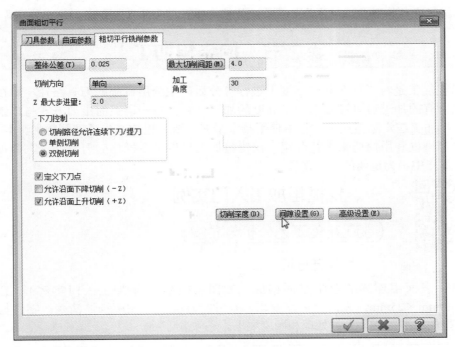

图 3.1.40　粗切平行铣削参数

7. 生成刀路

此时已经生成刀路（如图 3.1.41 生成刀路）。

最终验证模拟

8. 实体验证模拟

选中所有的加工→打开【验证已选择的操作 🖿 】→【Mastercam 模拟】对话框→隐藏【刀柄】和【线框】→【调整速度】→【播放】→观察实体验证情况（如图 3.1.42 实体验证）。

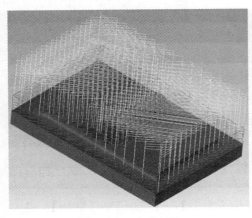

图 3.1.41　生成刀路

图 3.1.42　实体验证

★★★经验总结★★★

平行铣削加工的缺点是在比较陡的斜面会留下梯田状残料，而且残料比较多。另外平行铣削加工提刀次数特别多，对于凸起多的工件就更明显，而且只能直线下刀，对刀具不利。

第二节　挖槽粗加工

挖槽粗加工是将工件在同一高度上进行等分后产生分层铣削的刀具路径，即在同一高度上完成所有的加工后再进行下一个高度的加工。它在每一层上的走刀方式与二维挖槽类似。挖槽粗加工在实际粗加工过程中使用频率最多，所以也称其为【万能粗加工】，绝大多数的工件都可以利用挖槽来进行开粗。挖槽粗加工提供了多样化的刀具路径、多种下刀方式，是粗加工中最为重要的刀具路径。

挖槽粗加工入门实例

一、挖槽粗加工入门实例

加工前的工艺分析与准备

1. 工艺分析

该零件表面由连续的台阶平面构成（如图 3.2.1 挖槽粗加工入门实例）。工件尺寸 120mm×80mm×25mm，无尺寸公差要求。尺寸标注完整，轮廓描述清楚。零件材料为已经加工成型的标准铝块，无热处理和硬度要求。

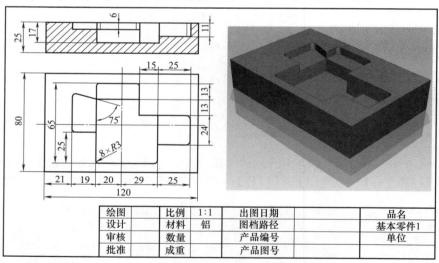

绘图		比例	1:1	出图日期		品名	
设计		材料	铝	图档路径		基本零件1	
审核		数量		产品编号		单位	
批准		成重		产品图号			

图 3.2.1　挖槽粗加工入门实例

① 用 $\phi10$ 的平底刀挖槽粗加工曲面的区域；
② 根据加工要求，共需产生 1 次刀具路径。

2. 前期准备工作

（1）图形的导入　打开已绘制好的图形→按 F9 键打开坐标系→观察原点位置→然后再按 F9 键关闭。

（2）选择加工所使用的机床类型　选择主菜单【机床类型】→【铣床】→【默认】，进入铣床的加工模块。

（3）毛坯设置　在左侧的【刀路】面板中，打开【机床群组】→【属性】→【毛坯设置】→【机床群组属性】对话框→点击【所有图形】按钮→【确认】。

槽形区域的加工

3. 加工面的选择

选择主菜单【刀路】→【曲面粗切】→【挖槽】→弹出对话框【输入新 NC 名称】→点击【确认】→选择待加工的曲面（如图 3.2.2 选择加工面）→【回车确认】→【切削范围】→选择毛坯的四边（如图 3.2.3 切削范围）→【指定下刀点】→指定工件左下角的点。

图 3.2.2　选择加工面　　　　　　图 3.2.3　选择切削范围

4. 刀具类型选择

在系统弹出的【曲面粗切挖槽】对话框→进入【刀具参数】选项卡→【刀具过滤】按钮→选择【全关】按钮，【刀具类型】→选择【平底刀】→【确认】→【从刀库中选择】按钮→在【选择刀具】对话框中选择 ϕ10 的平底刀（如图 3.2.4 刀具类型选择）。

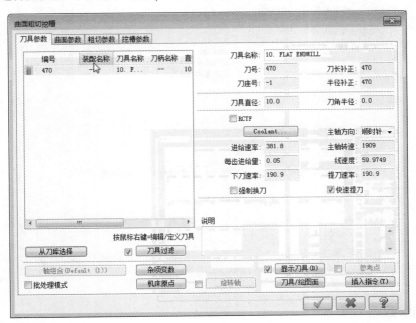

图 3.2.4　刀具类型选择

5. 曲面参数

打开【曲面参数】对话框→【下刀位置】【增量坐标】5 →【加工面预留量】0.3（如图 3.2.5 曲面参数）。

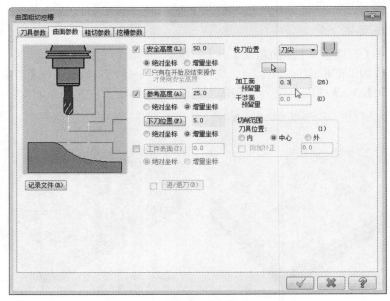

图 3.2.5　曲面参数

6. 粗切参数

打开【粗切参数】对话框→【Z 最大步进量】3 →打开【间隙设置】对话框→勾选【切削顺序最优化】→【确定】（如图 3.2.6 粗切参数）。

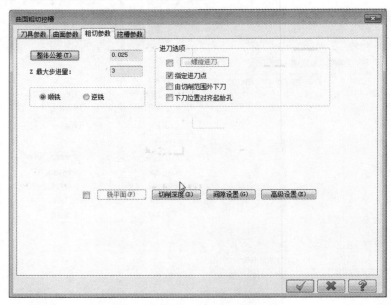

图 3.2.6　粗切参数

7. 挖槽参数

打开【挖槽参数】对话框→勾选【粗切】→【高速切削】→勾选【精修】→【次】1 →【间

距】5 →【确定】（如图 3.2.7 挖槽参数）。

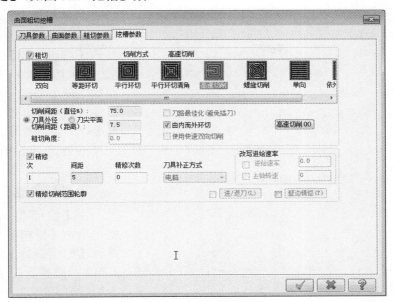

图 3.2.7　挖槽参数

8. 生成刀路

此时已经生成刀路（如图 3.1.8 加工刀路）。

【最终验证模拟】

9. 实体验证模拟

选中所有的加工→打开【验证已选择的操作 】→【Mastercam 模拟】对话框→隐藏【刀柄】和【线框】→【调整速度】→【播放】→观察实体验证情况（如图 3.2.9 实体验证）。

图 3.2.8　加工刀路

图 3.2.9　实体验证

二、挖槽粗加工的参数设置

挖槽粗加工有 4 个选项卡需要设置：【刀具路径参数】【曲面加工参数】【粗切参数】和【挖槽参数】。其中【刀具路径参数】和【曲面加工参数】在前面都已经讲过，本节就只介绍【粗切参数】和【挖槽参数】。

1. 粗加工参数

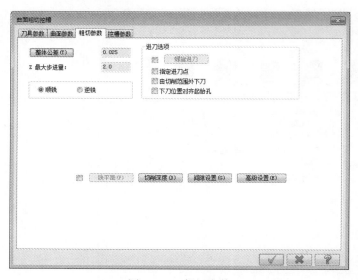

图 3.2.10　粗切参数

在【曲面粗切挖槽】对话框中单击【粗切参数】标签，切换到【粗切参数】选项卡（如图3.2.10 粗切参数），可以设置挖槽粗加工所需要的一些参数，包括Z 最大进给量、进刀选项、切削深度、间隙设置等。

其各选项讲解见表 3.2.1 粗切参数。

2. 挖槽参数

在【曲面粗切挖槽】对话框中单击【挖槽参数】标签，切换到【挖槽参数】选项卡（如图3.2.12 挖槽参数），用来设置挖槽专用参数。

表 3.2.1　粗切参数

序号	名称	详 细 说 明
1	整体公差	设定刀具路径与曲面之间的误差值
2	Z 最大步进量	设定 Z 轴方向每刀最大切深
3	进刀选项	螺旋式进刀

对于序号3进刀选项的说明：

进刀选项 — 螺旋式进刀： 启用【螺旋进刀】复选框，将采用螺旋式下刀。取消启用该复选框，将采用直线下刀。单击弹出【螺旋／斜插下刀设置】对话框，它提供了螺旋式下刀和斜插下刀两种下刀方式（如图3.2.11 进刀设置）

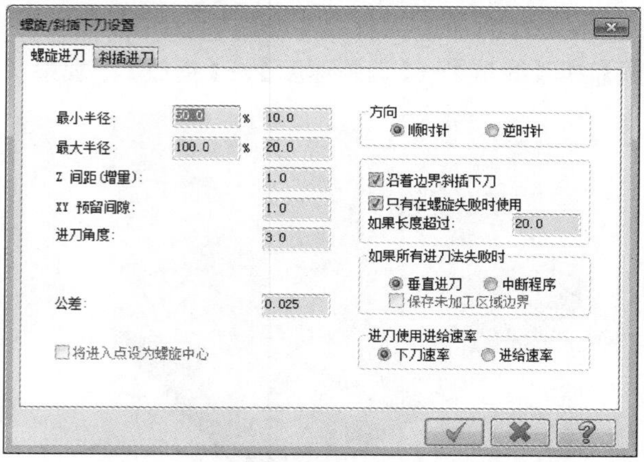

图 3.2.11　进刀设置

指定进刀点： 启用该复选框，输入所有加工参数，会提示选取进刀点，每层切削路径都会以选取的下刀点作为起点

由切削范围外下刀： 允许切削刀具路径从切削范围外下刀。此复选框一般在凸形工件中启用，刀具从范围外进刀，不会产生过切

下刀位置针对起始孔排序： 启用该复选框，每层下刀位置安排在同一位置或区域，如有钻起始孔，可以钻的起始孔作为下刀位置

序号	名称	详 细 说 明
4	顺铣	切削方式以顺铣方式加工
5	逆铣	切削方式以逆铣方式加工

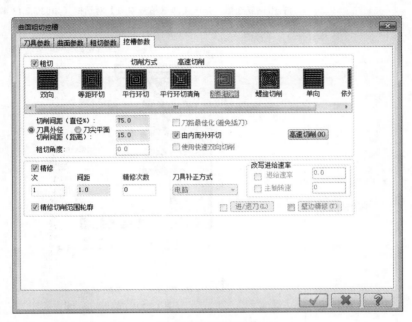

图 3.2.12　挖槽参数

其各选项讲解见表 3.2.2 挖槽参数。

表 3.2.2　**挖槽参数**

序号	名称		详 细 说 明
1	粗切		启用该复选框时，可按设定的切削方式执行分层粗加工路径
		切削方式	这里提供了 8 种切削方式，与二维挖槽一样
		切削间距	设置两刀具路径之间的距离，可以用刀具直径的百分比或直接输入距离来表示
		粗切角度	此字段只在双向或单向切削时，设定刀具切削方向与 X 轴的角度
		刀具路径最佳化	启用该复选框时，可优化挖槽刀具路径，尽量减少刀具负荷，以最优化的走刀方式进行切削
		由内而外环切	挖槽刀具路径由中心向外加工到边界，适合所有的环绕式切削路径。该复选框只有在选择环绕式加工方式时才能被激活。若取消启用复选框，则由外向内加工
		使用快速双向切削	该复选框只有在粗加工切削方式为双向切削时才可以被选用。启用该复选框时可优化计算刀路，尽量以最短的时间进行加工
2	精修		启用该复选框，每层粗铣后会对外形和岛屿进行精加工，且能减小精加工刀具切削负荷
		次	设置精加工次数
		间距	设置精加工刀具路径间的距离
		精修次数	设置产生沿最后精修路径重复加工的次数，如果刀具钢性不好，在加工侧壁时刀具受力会产生让刀，导致垂直度不高，可以采用修光次数进行重复走刀，以提高垂直度

续表

序号	名称		详 细 说 明
2	精修	刀具补正方式	包括【电脑】【两者】和【两者反向】选项
		改写进给率	可设置精修刀具路径的转速和进给率
		壁边精修	启用该复选框，弹出【薄壁精修参数】对话框（如图 3.2.13 薄壁精修参数）。其参数含义如下。 图 3.2.13　薄壁精修参数
		每一层深度精修次数	设置每层铣深要精修的次数
		计算后的最大精修量	该值为精加工时，最大的精加工深度数值
		分层切削最大粗切深度	该项显示在分层铣深中所设置的最大切削深度
		精修方向	设置精修加工方向

3. 挖槽加工的计算方式

曲面挖槽加工采用分层加工的计算方式。以最大 Z 轴进给量沿 Z 轴方向寻找曲面，在 XY 方向剖切断面，在此断面内采用挖槽的方式进行加工。

按曲面类型可以将挖槽分为凹槽形和凸槽形 2 种，如图 3.2.14 为凹槽形，如图 3.2.15 为凸槽形。

图 3.2.14　凹槽形　　　　　图 3.2.15　凸槽形

　　从上面的计算方式可以看出，如果将垂直 Z 轴的平面进行剖切，那么凹槽形剖切之后的剖面即是一个圆，可以做 2 D 挖槽加工，所以凹槽形的外形曲面可以作为挖槽的边界范围。由于凸形是开放的，凸形曲面只能作为挖槽的内边界。而无法约束刀具向外延伸，因而缺少外边界，系统计算会出现错误，此时可以另外加一 2D 封闭曲线组成外边界。即可产生挖槽加工刀具路径。

★★★经验总结★★★

　　挖槽粗加工适合凹槽形的工件和凸形工件，并提供了多种下刀方式可以选择。一般凹槽形工件采用斜插式下刀，要注意内部空间不能太小，避免下刀失败。凸形工件通常采用由于切削范围外下刀，这样刀具会更加安全。

三、挖槽粗加工实例一

加工前的工艺分析与准备

1. 工艺分析

挖槽粗加工实例一

　　该零件表面由连续的曲面构成，中间有两处突起的凸台（图 3.2.16 挖槽粗加工实例一），工件尺寸 120mm×80mm×50mm，无尺寸公差要求。尺寸标注完整，轮廓描述清楚。零件材料为已经加工成型的标准铝块，无热处理和硬度要求。

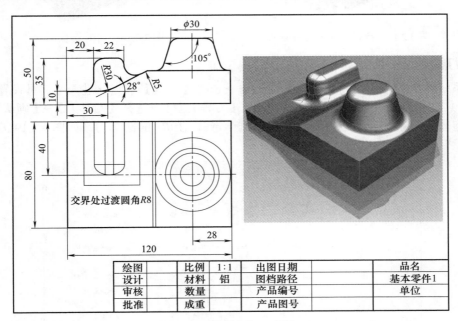

绘图		比例	1:1	出图日期		品名	
设计		材料	铝	图档路径		基本零件1	
审核		数量		产品编号		单位	
批准		成重		产品图号			

图 3.2.16　挖槽粗加工实例一

　　① 用 $\phi 10R3$ 的圆鼻刀挖槽粗加工曲面的区域；
　　② 根据加工要求，共需产生 1 次刀具路径。

2. 前期准备工作

　　（1）图形的导入　打开已绘制好的图形→按 F9 键打开坐标系→观察原点位置→然后再按 F9 键关闭。
　　（2）选择加工所使用的机床类型　选择主菜单【机床类型】→【铣床】→【默认】，进入铣床的加工模块。

（3）毛坯设置　在左侧的【刀路】面板中，打开【机床群组】→【属性】→【毛坯设置】→【机床群组属性】对话框→点击【所有图形】按钮→【确认】。

顶部曲面区域的加工

3. 加工面的选择

选择主菜单【刀路】→【曲面粗切】→【挖槽】→弹出对话框【输入新 NC 名称】→点击【确认】→选择待加工的曲面（如图 3.2.17 选择待加工的曲面）→【回车确认】→【切削范围】→选择毛坯的四边（如图 3.2.18 切削范围）→【指定下刀点】→指定工件左下角的点。

图 3.2.17　选择待加工的曲面　　　　　图 3.2.18　切削范围

4. 刀具类型选择

在系统弹出的【曲面粗切挖槽】对话框→选择【刀具】节点→进入【刀具设置】选项卡→【刀具过滤】按钮→选择【全关】按钮，【刀具类型】→选择【圆鼻刀】→【确认】→【从刀库中选择】按钮→在【选择刀具】对话框中选择 $\phi 10R3$ 的圆鼻刀（如图 3.2.19 刀具类型选择）。

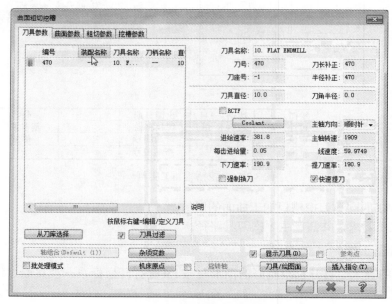

图 3.2.19　刀具类型选择

5. 曲面参数

打开【曲面参数】对话框→【下刀位置】【增量坐标】2→【加工面预留量】0.3（如图
3.2.20 曲面参数）。

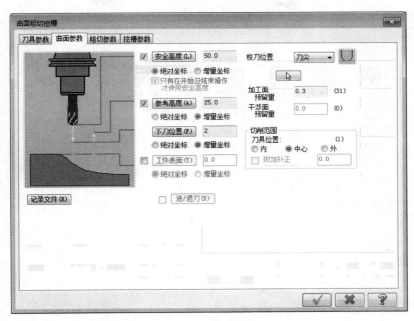

图 3.2.20　曲面参数

6. 粗切参数

打开【粗切参数】对话框→【Z 最大步进量】3→打开【间隙设置】对话框→勾选【切
削顺序最优化】→【确定】（如图 3.2.21 粗切参数）。

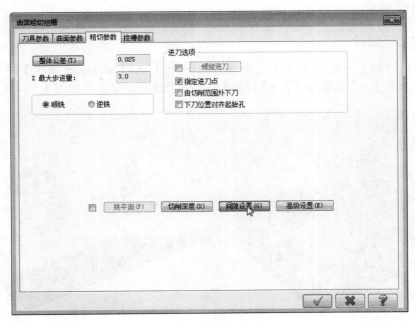

图 3.2.21　粗切参数

7. 挖槽参数

打开【挖槽参数】对话框→勾选【粗切】→【高速切削】→勾选【精修】→【次】1→【间距】4→【确定】（如图 3.2.22 挖槽参数）。

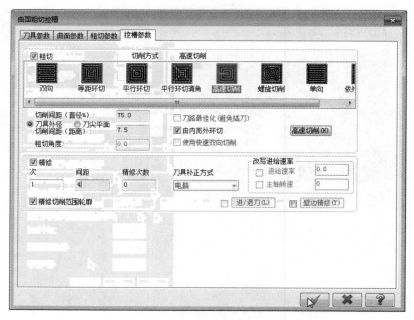

图 3.2.22　挖槽参数

8. 生成刀路

此时已经生成刀路（如图 3.2.23 生成刀路）。

最终验证模拟

9. 实体验证模拟

选中所有的加工→打开【验证已选择的操作 🔧】→【Mastercam 模拟】对话框→隐藏【刀柄】和【线框】→【调整速度】→【播放】→观察实体验证情况（如图 3.2.24 实体验证）。

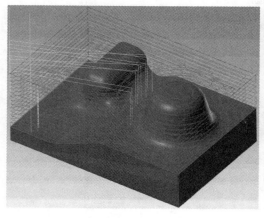

图 3.2.23　生成刀路

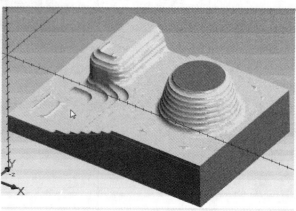

图 3.2.24　实体验证

四、挖槽粗加工实例二

加工前的工艺分析与准备

挖槽粗加工实例二

1. 工艺分析

该零件表面由连续不同深度的平面构成，四周有四个孔（如图 3.2.25 挖槽粗加工实例二），工件尺寸 200mm×120mm×30mm，无尺寸公差要求。尺寸标注完整，轮廓描述清楚。零件材料为已经加工成型的标准铝块，无热处理和硬度要求。

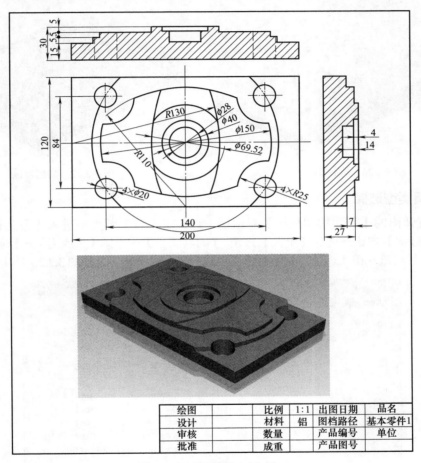

图 3.2.25　挖槽粗加工实例二

① 用 $\phi12$ 的平底刀进行挖槽粗加工曲面的区域；

② 根据加工要求，共需产生 1 次刀具路径。

2. 前期准备工作

（1）图形的导入　打开已绘制好的图形→按 F9 键打开坐标系→观察原点位置→然后再按 F9 键关闭。

（2）选择加工所使用的机床类型　选择主菜单【机床类型】→【铣床】→【默认】，进入铣床的加工模块。

（3）毛坯设置　在左侧的【刀路】面板中，打开【机床群组】→【属性】→【毛坯设置】→【机床群组属性】对话框→点击【所有图形】按钮→【确认】。

顶部菱形区域的加工

3. 加工面的选择

选择主菜单【刀路】→【曲面粗切】→【挖槽】→弹出对话框【输入新 NC 名称】→点击
【确认】→选择待加工的曲面（如图 3.2.26 选择加工面）→【回车确认】→【切削范围】→选
择毛坯的四边→【指定下刀点】→指定工件左下角的点（如图 3.2.27 切削范围）。

图 3.2.26　选择加工面

图 3.2.27　切削范围

4. 刀具类型选择

在系统弹出的【曲面粗切挖槽】对话框→选择【刀具】节点→进入【刀具设置】选项
卡→【刀具过滤】按钮→选择【全关】按钮，【刀具类型】→选择【平底刀】→【确认】→【从
刀库中选择】按钮→在【选择刀具】对话框中选择ϕ12 的平底刀（如图 3.2.28 刀具类型选择）。

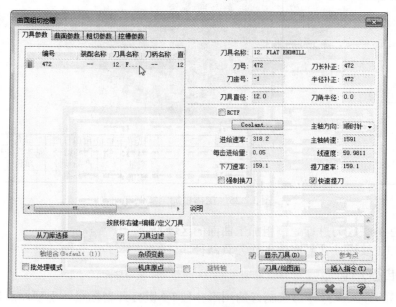
图 3.2.28　刀具类型选择

5. 曲面参数

打开【曲面参数】对话框→【下刀位置】【增量坐标】5 →【加工面预留量】0.3（如图 3.2.29

曲面参数)。

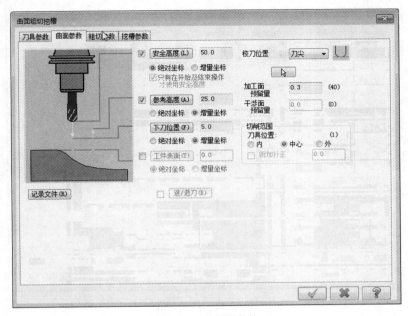

图 3.2.29　曲面参数

6. 粗切参数

打开【粗切参数】对话框→【Z 最大步进量】3 →打开【间隙设置】对话框→勾选【切削顺序最优化】→【确定】(如图 3.2.30 粗切参数)。

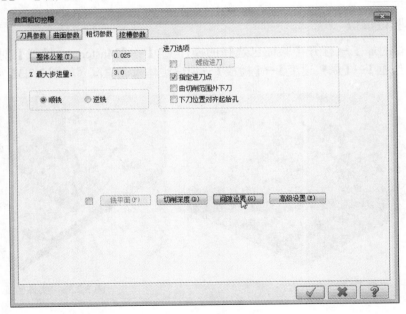

图 3.2.30　粗切参数

7. 挖槽参数

打开【挖槽参数】对话框→勾选【粗切】→【高速切削】→勾选【精修】→【次】1 →【间距】8 →【确定】(如图 3.2.31 挖槽参数)。

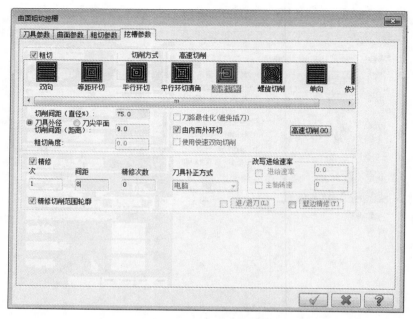

图 3.2.31　挖槽参数

8. 生成刀路

此时已经生成刀路（如图 3.2.32 生成刀路）。

【最终验证模拟】

9. 实体验证模拟

选中所有的加工→打开【验证已选择的操作 】→【Mastercam 模拟】对话框→隐藏【刀柄】和【线框】→【调整速度】→【播放】→观察实体验证情况（如图 3.2.33 实体验证）。

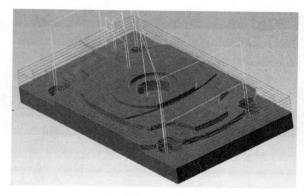

图 3.2.32　生成刀路

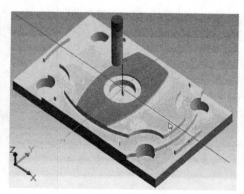

图 3.2.33　实体验证

第三节　钻削式粗加工

钻削式粗加工是使用类似钻孔的方式，快速对工件做粗加工。这种加工方式有专用刀具，刀具中心有冷却液的出水孔，以供钻削时顺利排屑，适合比较深的工件进行加工。一般使用时可以用大尺寸的铣刀配合高效的冷却液使用，并且要求机床有较高的刚性，对工件的装夹也要求比较高。

一、钻削式粗加工入门加工实例

加工前的工艺分析与准备

1. 工艺分析

钻削式粗加工入门实例

该零件表面由棱锥的连续曲面构成（如图 3.3.1 钻削式粗加工入门实例）。工件尺寸 100mm×100mm×70mm，无尺寸公差要求。尺寸标注完整，轮廓描述清楚。零件材料为已经加工成型的标准铝块，无热处理和硬度要求。

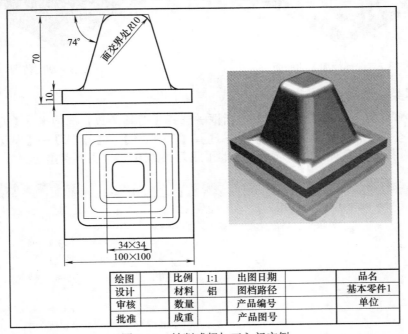

绘图		比例	1:1	出图日期		品名	
设计		材料	铝	图档路径		基本零件1	
审核		数量		产品编号		单位	
批准		成重		产品图号			

图 3.3.1 钻削式粗加工入门实例

① 用 $\phi15$ 的平底刀钻削式铣削粗加工对曲面区域开粗；

② 根据加工要求，共需产生 1 次刀具路径。

2. 前期准备工作

（1）图形的导入 打开已绘制好的图形→按 F9 键打开坐标系→观察原点位置→然后再按 F9 键关闭。

（2）选择加工所使用的机床类型 选择主菜单【机床类型】→【铣床】→【默认】，进入铣床的加工模块。

（3）毛坯设置 在左侧的【刀路】面板中，打开【机床群组】→【属性】→【毛坯设置】→【机床群组属性】对话框→点击【所有图形】按钮→【确认】。

顶部曲面区域的开粗加工

3. 加工面的选择

选择主菜单【刀路】→【曲面粗切】→【钻削】→弹出对话框【输入新 NC 名称】→点

击【确认】→选择待加工的曲面（如图 3.3.2 选择待加工的曲面）→【回车确认】→【切削范围】→选择毛坯的四边（如图 3.3.3 切削范围）→【指定下刀点】→指定工件左下角的点。

图 3.3.2　选择待加工的曲面

图 3.3.3　切削范围

4. 刀具类型选择

在系统弹出的【曲面粗切钻削】对话框→选择【刀具参数】选项卡→【刀具过滤】按钮→选择【全关】按钮，【刀具类型】→选择【平底刀】→【确认】→【从刀库中选择】按钮→在【选择刀具】对话框中选择 φ15 的平底刀（如图 3.3.4 刀具类型选择）。

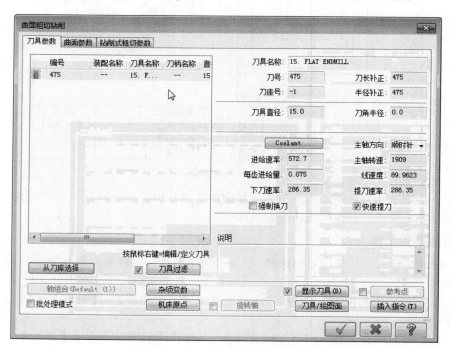

图 3.3.4　刀具类型选择

5. 曲面参数

打开【曲面参数】对话框→【下刀位置】【增量坐标】2 →【加工面预留量】0.3（如图 3.3.5 曲面参数）。

228

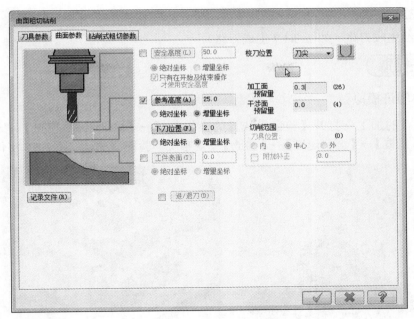

图 3.3.5 曲面参数

6. 钻削式参数

打开【粗切参数】对话框→【Z 最大步进量】4 →【最大距离步进量】10 →【确定】（如图 3.3.6 钻削式参数）。

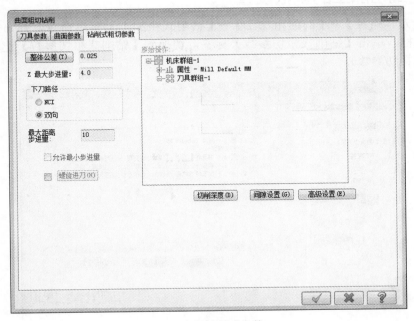

图 3.3.6 钻削式参数

7. 选择下刀点

根据左上角的提示→点击设置左下角的下刀点→点击设置右上角的下刀点。

8. 生成刀路

此时已经生成刀路（如图 3.3.7 生成刀路）。

〔 最终验证模拟 〕

9. 实体验证模拟

选中所有的加工→打开【验证已选择的操作 📦】→【Mastercam 模拟】对话框→隐藏【刀柄】和【线框】→【调整速度】→【播放】→观察实体验证情况（如图 3.3.8 实体验证）。

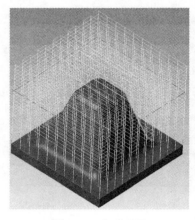 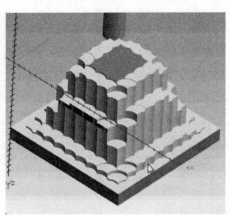

图 3.3.7　生成刀路　　　　　　　　　图 3.3.8　实体验证

二、钻削式粗加工的参数设置

选择【刀具路径】→【曲面粗加工】→【钻削式粗加工】菜单命令，弹出【曲面粗切钻削】对话框，单击【钻削式粗切参数】标签，切换到【钻削式粗切参数】选项卡（如图 3.3.9 钻削式粗切参数）。

图 3.3.9　钻削式粗切参数

其各选项讲解见表 3.3.1 钻削式粗切参数。

表 3.3.1　钻削式粗切参数

序号	名称		详　细　说　明
1	整体公差		设定刀具路径与曲面之间的误差值
2	Z 最大步进量		设定 Z 轴方向每刀最大切深
3	下刀路径		钻削路径的产生方式，有 NCI 和双向两种
		NCI	参考某一操作的刀具路径来产生钻削路径。钻削的位置会沿着被参考的路径，这样可以产生多样化的钻削顺序
		双向	如选择双向，会提示选择两对角点来决定钻削的矩形范围
4	最大距离步进量		设定两钻削路径之间的距离
5	螺旋进刀		以螺旋的方式下刀

三、钻削式粗加工实例一

加工前的工艺分析与准备

1. 工艺分析

钻削式粗加工实例一

该零件表面由一个圆角矩形的凹槽构成。工件尺寸 80mm×60mm×40mm（如图 3.3.10 钻削式粗加工实例一），无尺寸公差要求。尺寸标注完整，轮廓描述清楚。零件材料为已经加工成型的标准铝块，无热处理和硬度要求。

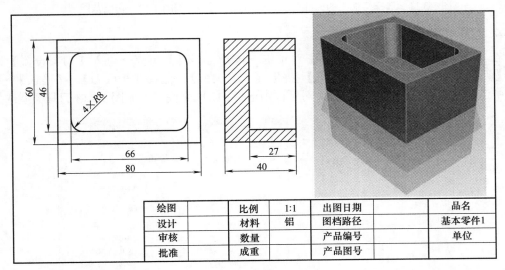

图 3.3.10　钻削式粗加工实例一

① 用 ϕ12 的平底刀钻削式铣削粗加工对凹槽区域开粗；
② 根据加工要求，共需产生 1 次刀具路径。

2. 前期准备工作

（1）图形的导入　打开已绘制好的图形→按 F9 键打开坐标系→观察原点位置→然后再按 F9 键关闭。

（2）选择加工所使用的机床类型　选择主菜单【机床类型】→【铣床】→【默认】，进入铣床的加工模块。

（3）毛坯设置　在左侧的【刀路】面板中，打开【机床群组】→【属性】→【毛坯设置】→【机床群组属性】对话框→点击【所有图形】按钮→【确认】。

顶部区域的加工

3. 加工面的选择

选择主菜单【刀路】→【曲面粗切】→【钻削】→弹出对话框【输入新 NC 名称】→点击【确认】→选择待加工的曲面（如图 3.3.11 选择待加工的曲面）→【回车确认】→【切削范围】→选择毛坯的四边（如图 3.3.12 切削范围）→【指定下刀点】→指定工件左下角的点。

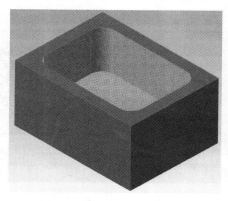

图 3.3.11　选择待加工的曲面　　　　图 3.3.12　切削范围

4. 刀具类型选择

在系统弹出的【曲面粗切钻削】对话框→选择【刀具】节点→进入【刀具设置】选项卡→【刀具过滤】按钮→选择【全关】按钮，【刀具类型】→选择【平底刀】→【确认】→【从刀库中选择】按钮→在【选择刀具】对话框中选择 ϕ12 的平底刀（如图 3.3.13 刀具类型选择）。

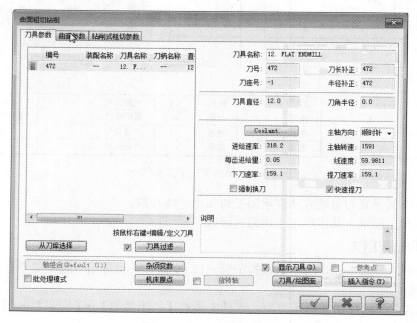

图 3.3.13　刀具类型选择

5. 曲面参数

打开【曲面参数】对话框→【下刀位置】【增量坐标】2→【加工面预留量】0.3（如图 3.3.14 曲面参数）。

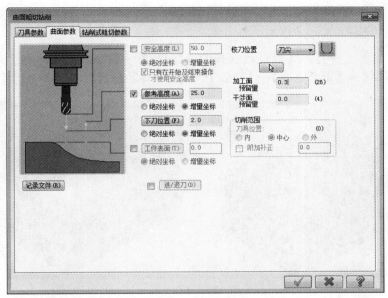

图 3.3.14　曲面参数

6. 钻削式参数

打开【钻削式粗切参数】对话框→【Z 最大步进量】5→【最大距离步进量】8→【确定】（如图 3.3.15 钻削式参数）。

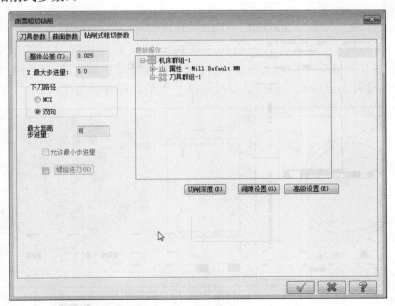

图 3.3.15　钻削式参数

7. 选择下刀点

根据左上角的提示→点击设置左下角的下刀点→点击设置右上角的下刀点。

8. 生成刀路

此时已经生成刀路（如图 3.3.16 生成刀路）。

最终验证模拟

9. 实体验证模拟

选中所有的加工→打开【验证已选择的操作 🔧】→【Mastercam 模拟】对话框→隐藏【刀柄】和【线框】→【调整速度】→【播放】→观察实体验证情况（如图 3.3.17 实体验证）。

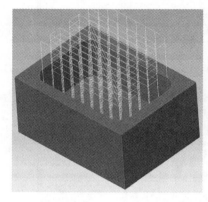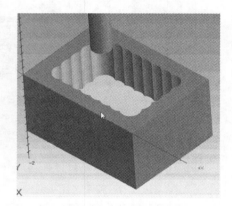

图 3.3.16   生成刀路   图 3.3.17   实体验证

四、钻削式粗加工实例二

加工前的工艺分析与准备

1. 工艺分析

该零件表面由一个圆形的管状形状锁构成。工件尺寸 100mm×100mm×60mm（如图 3.3.18 钻削式粗加工实例二），无尺寸公差要求。尺寸标注完整，轮廓描述清楚。零件材料为已经加工成型的标准铝块，无热处理和硬度要求。

钻削式粗加工实例二

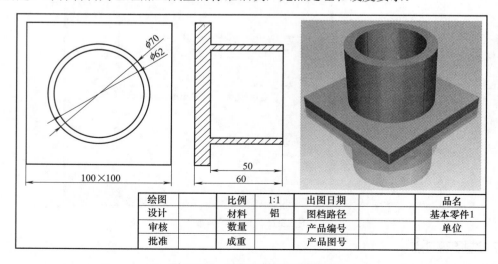

绘图		比例	1:1	出图日期		品名	
设计		材料	铝	图档路径		基本零件1	
审核		数量		产品编号		单位	
批准		成重		产品图号			

图 3.3.18   钻削式粗加工实例二

① 用 ϕ12 的平底刀钻削式铣削粗加工对工件开粗；

② 根据加工要求，共需产生 1 次刀具路径。

2. 前期准备工作

（1）图形的导入　打开已绘制好的图形→按 F9 键打开坐标系→观察原点位置→然后再按 F9 键关闭。

（2）选择加工所使用的机床类型　选择主菜单【机床类型】→【铣床】→【默认】，进入铣床的加工模块。

（3）毛坯设置　在左侧的【刀路】面板中，打开【机床群组】→【属性】→【毛坯设置】→【机床群组属性】对话框→点击【所有图形】按钮→【确认】。

顶部区域的加工

3. 加工面的选择

选择主菜单【刀路】→【曲面粗切】→【钻削】→弹出对话框【输入新 NC 名称】→点击【确认】→选择待加工的曲面（如图 3.3.19 选择待加工的曲面）→【回车确认】→【切削范围】→选择毛坯的四边（如图 3.3.20 切削范围）→【指定下刀点】→指定工件左下角的点。

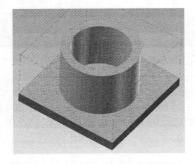 

图 3.3.19　选择待加工的曲面　　　　图 3.3.20　切削范围

4. 刀具类型选择

在系统弹出的【曲面粗切钻削】对话框→选择【刀具】节点→进入【刀具设置】选项卡→【刀具过滤】按钮→选择【全关】按钮，【刀具类型】→选择【平底刀】→【确认】→【从刀库中选择】按钮→在【选择刀具】对话框中选择 ϕ12 的平底刀（如图 3.3.21 刀具类型选择）。

5. 曲面参数

打开【曲面参数】对话框→【下刀位置】【增量坐标】2 →【加工面预留量】

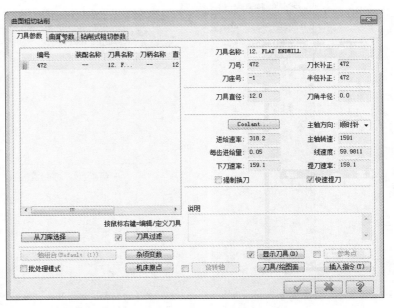

图 3.3.21　刀具类型选择

0.3（如图 3.3.22 曲面参数）。

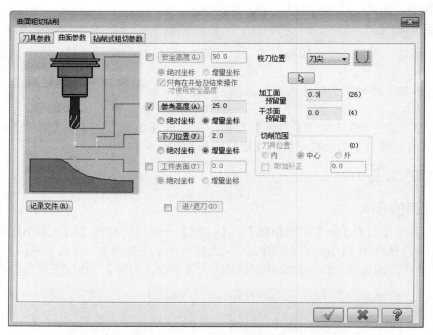

图 3.3.22　曲面参数

6. 钻削式粗切参数

打开【钻削式粗切参数】对话框→【Z 最大步进量】5 →【最大距离步进量】8 →【确定】（如图 3.3.23 钻削式粗切参数）。

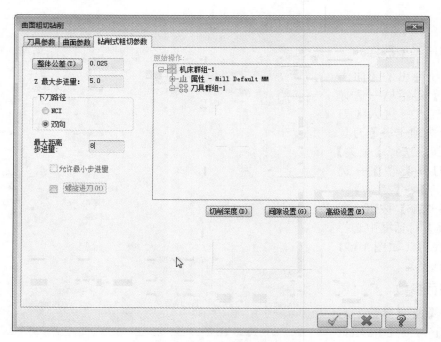

图 3.3.23　钻削式粗切参数

7. 选择下刀点

根据左上角的提示→点击设置左下角的下刀点→点击设置右上角的下刀点。

8. 生成刀路

此时已经生成刀路（如图 3.3.24 生成刀路）。

9. 实体验证模拟

选中所有的加工→打开【验证已选择的操作 🖫 】→【Mastercam 模拟】对话框→隐藏【刀柄】和【线框】→【调整速度】→【播放】→观察实体验证情况（如图 3.3.25 实体验证）。

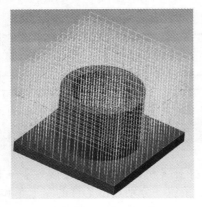

图 3.3.24　生成刀路

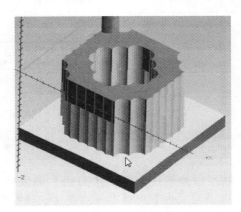

图 3.3.25　实体验证

第四节　放射粗加工

放射粗加工是以某一点为中心向四周发散，或者由四周向一点集中的一种刀具路径。它适合圆形工件加工。在中心处加工效果比较好，靠近边缘加工效果略差，因而整体效果不均匀。

一、放射粗加工入门加工实例

加工前的工艺分析与准备

放射粗加工入门实例

1. 工艺分析

该零件表面由扇形形状凹槽构成（如图 3.4.1 放射状粗加工入门实例）。工件尺寸 120mm×80mm×20mm，无尺寸公差要求。尺寸标注完整，轮廓描述清楚。零件材料为已经加工成型的标准铝块，无热处理和硬度要求。

① 用 ϕ10 的球刀放射粗加工扇形的区域；

② 根据加工要求，共需产生 1 次刀具路径。

2. 前期准备工作

（1）图形的导入　打开已绘制好的图形→按 F9 键打开坐标系→观察原点位置→然后再按 F9 键关闭。

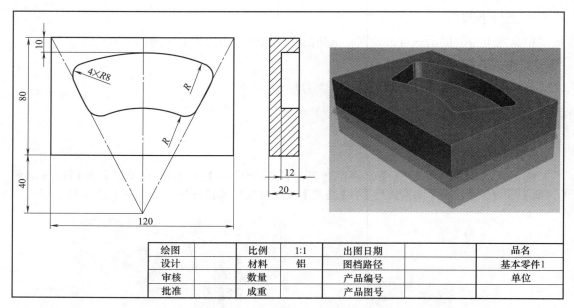

绘图		比例	1:1	出图日期		品名	
设计		材料	铝	图档路径		基本零件1	
审核		数量		产品编号		单位	
批准		成重		产品图号			

图 3.4.1 放射粗加工入门实例

（2）选择加工所使用的机床类型 选择主菜单【机床类型】→【铣床】→【默认】，进入铣床的加工模块。

（3）毛坯设置 在左侧的【刀路】面板中，打开【机床群组】→【属性】→【毛坯设置】→【机床群组属性】对话框→点击【选择对角】按钮→分别点击工件的左上角和右下角。

顶部凹槽区域的加工

3. 加工面的选择

选择主菜单【刀路】→【曲面粗切】→【放射】→弹出【选择工件形状】未定义→弹出对话框【输入新 NC 名称】→点击【确认】→选择待加工的曲面（如图 3.4.2 选择待加工的曲面）→【回车确认】→【干涉面】→选择待加工曲面的周围的曲面（如图 3.4.3 干涉面）→【切削范围】→选择毛坯的四边（如图 3.4.4 切削范围）→【放射中心点】→选择圆弧的中心点（如图 3.4.5 放射中心点）。

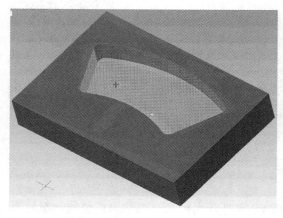

图 3.4.2 选择待加工的曲面

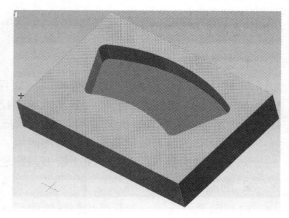

图 3.4.3 干涉面

图 3.4.4　切削范围

图 3.4.5　放射中心点

4. 刀具类型选择

在系统弹出的【曲面粗切放射】对话框→选择【刀具参数】→【刀具过滤】按钮→选择【全关】按钮，【刀具类型】→选择【平底刀】→【确认】→【从刀库中选择】按钮→在【选择刀具】对话框中选择 φ8 的平底刀（如图 3.4.6 刀具类型选择）。

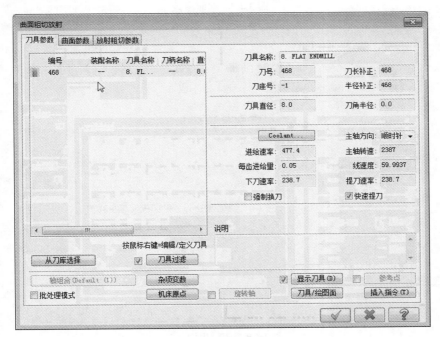

图 3.4.6　刀具类型选择

5. 曲面参数

打开【曲面参数】对话框→【下刀位置】【增量坐标】2 →【加工面预留量】0.3（如图 3.4.7 曲面参数）。

6. 放射粗切参数

打开【放射粗切参数】对话框→【Z 最大步进量】3 →【最大角度增量】1 →打开【间隙设置】对话框→勾选【切削顺序最优化】→【确定】→【确定】（如图 3.4.8 放射粗切参数）。

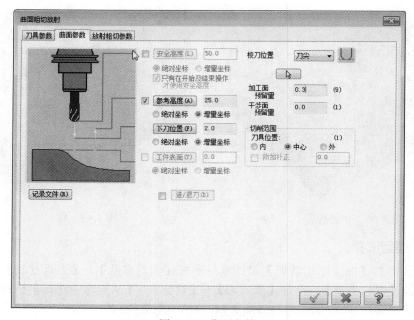

图 3.4.7　曲面参数

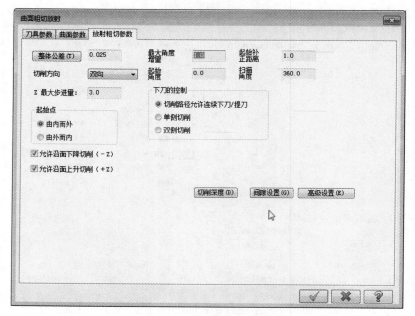

图 3.4.8　放射粗切参数

7. 生成刀路

此时已经生成刀路（如图 3.4.9 生成刀路）。

最终验证模拟

8. 实体验证模拟

选中所有的加工→打开【验证已选择的操作 🖥️】→【Mastercam 模拟】对话框→隐藏【刀柄】和【线框】→【调整速度】→【播放】→观察实体验证情况（如图 3.4.10 实体验证）。

图 3.4.9　生成刀路

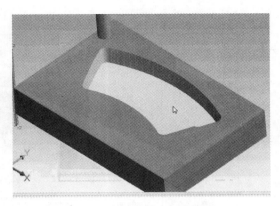

图 3.4.10　实体验证

二、放射粗加工的参数设置

选择【刀具路径】→【曲面粗加工】→【放射】菜单命令→【选取工件的形状】对话框→选择相应的外形→【曲面粗切放射】对话框→点击【放射粗切参数】选项卡（如图 3.4.11 放射粗切参数），用来设置放射加工的专用参数。

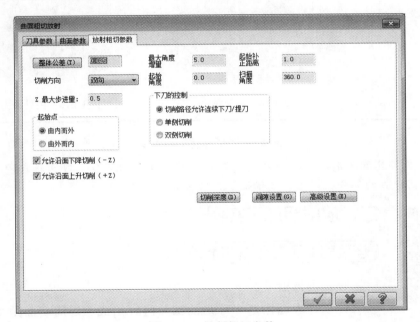

图 3.4.11　放射粗切参数

其各选项讲解见表 3.4.1 放射粗切参数。

表 3.4.1　放射粗切参数

序号	名称	详　细　说　明
1	最大角度增量	设置放射加工两条相邻的刀具路径之间夹角
2	起始补正距离	设置放射粗加工刀具路径以指定的中心为圆心，以起始补正距离为半径的范围内不产生刀具路径，在此范围外开始放射加工。 图 3.4.12 所示是最大角度增量为 3，起始补正值为 1，起始角度为 0，扫描角度为 360°时放射加工刀具路径；图 3.4.13 所示是起始补正值为 20 时放射加工刀具路径

序号	名称	详 细 说 明	
2	起始补正距离	图 3.4.12 刀具路径	图 3.4.13 刀具路径
3	起始角度	放射粗加工在 XY 平面上开始加工的角度	
4	扫描角度	放射路径从起始角度开始到加工终止位置所扫描过的范围。规定以逆时针为正，顺时针为负	
5	起始点	由内而外	起始点在内，放射加工从内向外发散，刀具路径由内向外加工（如图 3.4.14 由外而内）
		由外而内	起始点在外，放射加工从外向内收敛，刀具路径由外向内加工（如图 3.4.15 由外而内）
		图 3.4.14 由外而内	图 3.4.15 由外而内

★★★经验总结★★★

放射加工刀具路径是以中心向外呈发散状，因此在中心部分，刀具非常密集，加工刀具路径在远离中心的部分，刀路比较稀疏，加工结果不是很均匀。

三、放射粗加工实例一

放射粗加工实例一

加工前的工艺分析与准备

1. 工艺分析

该零件表面由两个球形的部分区域组成，四周底面是平面（如图 3.4.16 放射粗加工实例一）。工件尺寸 100mm×100mm×20mm，无尺寸公差要求。尺寸标注完整，轮廓描述清楚。零件材料为已经加工成型的标准铝块，无热处理和硬度要求。

① 用 $\phi 8$ 的球刀放射粗加工曲面的区域；

② 根据加工要求，共需产生 1 次刀具路径。

2. 前期准备工作

（1）图形的导入 打开已绘制好的图形→按 F9 键打开坐标系→观察原点位置→然后再按 F9 键关闭。

（2）选择加工所使用的机床类型 选择主菜单【机床类型】→【铣床】→【默认】，进入铣床的加工模块。

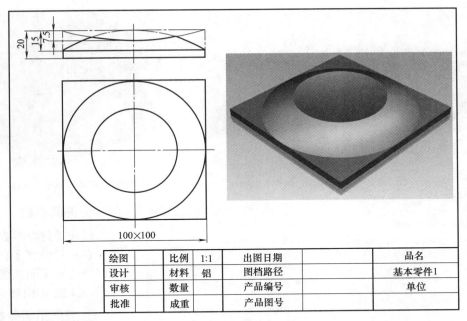

绘图		比例	1:1	出图日期		品名	
设计		材料	铝	图档路径		基本零件1	
审核		数量		产品编号		单位	
批准		成重		产品图号			

图 3.4.16　放射粗加工实例一

（3）毛坯设置　在左侧的【刀路】面板中，打开【机床群组】→【属性】→【毛坯设置】→【机床群组属性】对话框→点击【所有图形】按钮→【确定】。

顶部曲面区域的加工

3. 加工面的选择

选择主菜单【刀路】→【曲面粗切】→【放射】→弹出【选择工件形状】未定义→弹出对话框【输入新 NC 名称】→点击【确认】→选择待加工的曲面（如图 3.4.17 选择待加工的曲面）→【回车确认】→【干涉面】→选择待加工曲面的周围的曲面（如图 3.4.18 干涉面）→【切削范围】→选择毛坯的四边（如图 3.4.19 切削范围）→【放射中心点】→选择圆的中心点（如图 3.4.20 放射中心点）。

4. 刀具类型选择

在系统弹出的【曲面粗切放射】对话框→选择【刀具参数】→【刀具过滤】按钮→选择【全关】按钮，【刀具类型】→选择【球刀】→【确认】→【从刀库中选择】按钮→在【选择刀具】对话框中选择 $\phi8$ 的球刀（如图 3.4.21 刀具类型选择）。

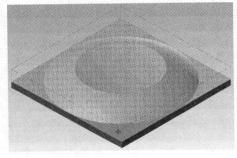

图 3.4.17　选择待加工的曲面

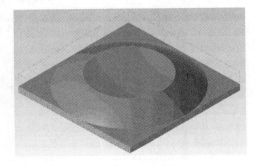

图 3.4.18　干涉面

243

图 3.4.19　切削范围

图 3.4.20　放射中心点

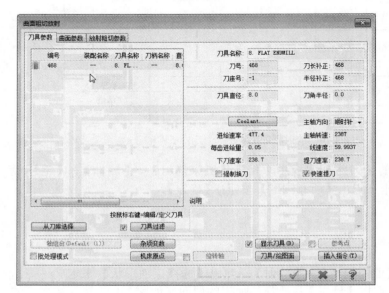

图 3.4.21　刀具类型选择

5. 曲面参数

打开【曲面参数】对话框→【下刀位置】【增量坐标】5 →【加工面预留量】0.3（如图 3.4.22 曲面参数）。

6. 放射粗切参数

打开【放射粗切参数】对话框→【Z 最大步进量】2.5 →【最大角度增量】1 →打开【间隙设置】对话框→勾选【切削顺序最优化】→【确定】→【确定】（如图 3.4.23 放射粗切参数）。

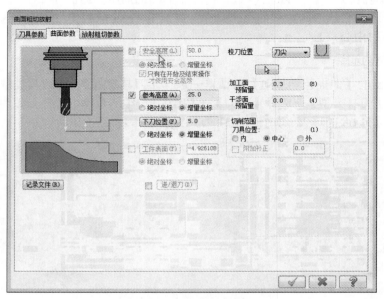

图 3.4.22　曲面参数

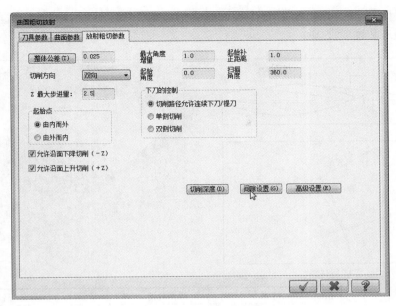

图 3.4.23 放射粗切参数

7. 生成刀路

此时已经生成刀路（如图 3.4.24 生成刀路）。

最终验证模拟

8. 实体验证模拟

选中所有的加工→打开【验证已选择的操作 🔧 】→【Mastercam 模拟】对话框→隐藏【刀柄】和【线框】→【调整速度】→【播放】→观察实体验证情况（如图 3.4.25 实体验证）。

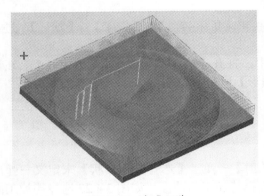

图 3.4.24 生成刀路

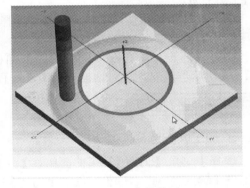

图 3.4.25 实体验证

四、放射粗加工实例二

加工前的工艺分析与准备

1. 工艺分析

放射粗加工实例二

该零件表面由连续的曲面组成（如图 3.4.26 放射粗加工实例二），工件尺寸 120mm×

80mm，无尺寸公差要求。尺寸标注完整，轮廓描述清楚。零件材料为已经加工成型的标准铝块，无热处理和硬度要求。

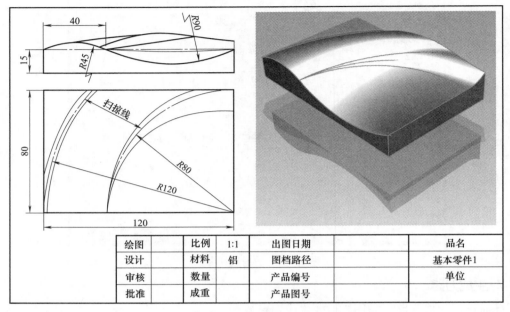

图 3.4.26　放射粗加工实例二

① 用 $\phi12$ 的球刀放射粗加工曲面的区域；

② 根据加工要求，共需产生 1 次刀具路径。

2. 前期准备工作

（1）图形的导入　打开已绘制好的图形→按 F9 键打开坐标系→观察原点位置→然后再按 F9 键关闭。

（2）选择加工所使用的机床类型　选择主菜单【机床类型】→【铣床】→【默认】，进入铣床的加工模块。

（3）毛坯设置　在左侧的【刀路】面板中，打开【机床群组】→【属性】→【毛坯设置】→【机床群组属性】对话框→点击【所有图形】按钮→【确定】。

顶部曲面区域的加工

3. 加工面的选择

选择主菜单【刀路】→【曲面粗切】→【放射】→弹出【选择工件形状】未定义→弹出对话框【输入新 NC 名称】→点击【确认】→选择待加工的曲面（如图 3.4.27 选择待加工的曲面）→【回车确认】→【干涉面】→选择待加工曲面的周围的曲面（如图 3.4.28 干涉面）→【切削范围】→选择毛坯的四边（如图 3.4.29 切削范围）→【放射中心点】→选择右下角角点（如图 3.4.30 放射中心点）。

4. 刀具类型选择

在系统弹出的【曲面粗切放射】对话框→选择【刀具参数】→【刀具过滤】按钮→选择【全关】按钮，【刀具类型】→选择【球刀】→【确认】→【从刀库中选择】按钮→在【选择刀具】对话框中选择 $\phi12$ 的球刀（如图 3.4.31 刀具类型选择）。

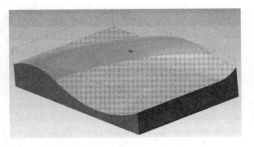

图 3.4.27 选择待加工的曲面

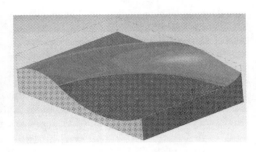

图 3.4.28 干涉面

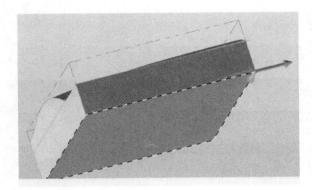

图 3.4.29 切削范围

图 3.4.30 放射中心点

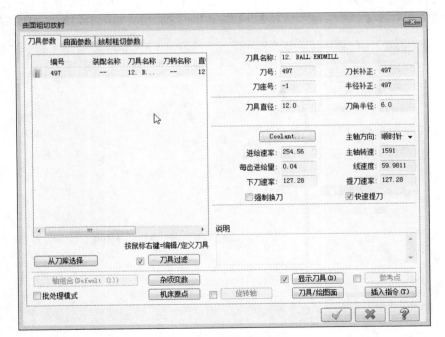

图 3.4.31 刀具类型选择

5. 曲面参数

打开【曲面参数】对话框→【下刀位置】【增量坐标】2 →【加工面预留量】0.3（如图 3.4.32 曲面参数）。

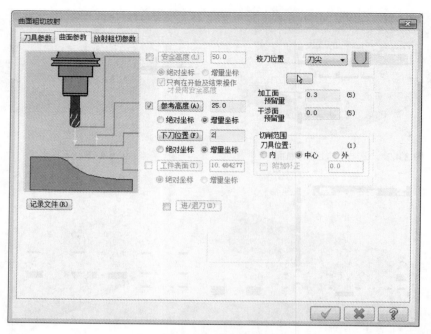

图 3.4.32　曲面参数

6. 放射粗切参数

打开【放射粗切参数】对话框→【Z 最大步进量】2.5 →【最大角度增量】1 →打开【间隙设置】对话框→勾选【切削顺序最优化】→【确定】→【确定】（如图 3.4.33 放射粗切参数）。

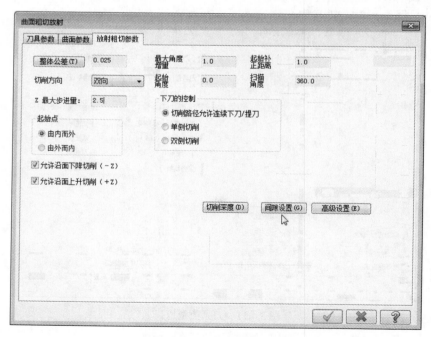

图 3.4.33　放射粗切参数

7. 生成刀路

此时已经生成刀路（如图 3.4.34 生成刀路）。

最终验证模拟

8. 实体验证模拟

选中所有的加工→打开【验证已选择的操作 📄】→【Mastercam 模拟】对话框→隐藏【刀柄】和【线框】→【调整速度】→【播放】→观察实体验证情况（如图 3.4.35 实体验证）。

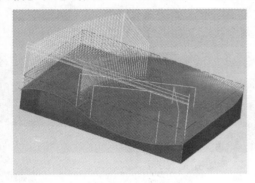

图 3.4.34　生成刀路

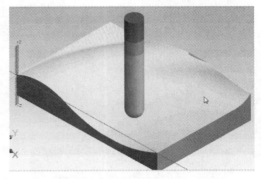

图 3.4.35　实体验证

第五节　残料粗加工

残料粗加工可以侦测先前曲面粗加工刀具路径留下来的残料，并用等高加工方式铣削残料。残料加工主要用于二次开粗。

一、残料粗加工入门实例

加工前的工艺分析与准备

残料粗加工入门实例

1. 工艺分析

该零件表面由连续的曲面组成（如图 3.5.1 残料粗加工入门实例），工件尺寸 120mm×

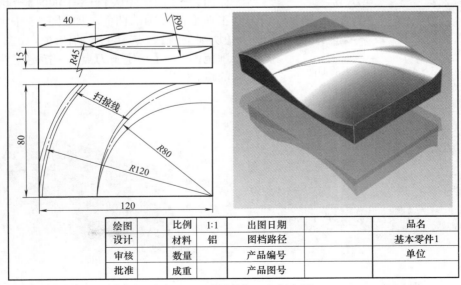

图 3.5.1　残料粗加工入门实例

80mm，无尺寸公差要求。尺寸标注完整，轮廓描述清楚。零件材料为已经加工成型的标准铝块，无热处理和硬度要求。之前已经做好了开粗操作。

① 用 $\phi 8$ 的球刀残料粗加工曲面的剩余的区域；

② 根据加工要求，共需产生 1 次刀具路径。

2. 前期准备工作

（1）图形的导入　打开之前已做好粗加工的加工图形（如图 3.5.2 图形的导入）。

（2）进行实体验证模拟，观察粗加工后毛坯剩余状况（如图 3.5.3 实体验证）。

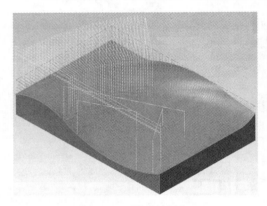

图 3.5.2　图形的导入

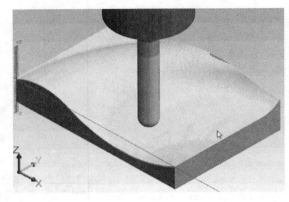

图 3.5.3　实体验证

剩余区域的残料粗加工

3. 加工面的选择

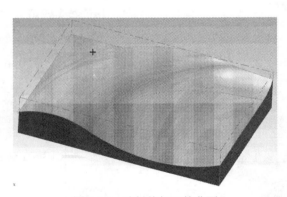

图 3.5.4　选择待加工的曲面

选择主菜单【刀路】→【曲面粗切】→【残料】→弹出【选择工件形状】未定义→弹出对话框【输入新 NC 名称】→点击【确认】→选择待加工的曲面（如图 3.5.4 选择待加工的曲面）→【回车确认】→【干涉面】→选择待加工曲面的周围的曲面（如图 3.5.5 干涉面）→【切削范围】→选择毛坯的四边（如图 3.5.6 切削范围）→【指定下刀点】→指定工件左下角的点。

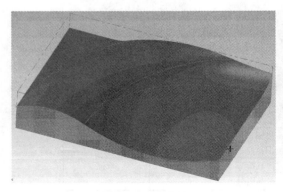

图 3.5.5　干涉面

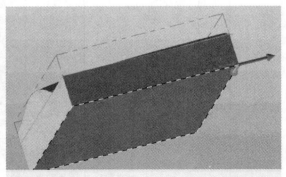

图 3.5.6　切削范围

4. 刀具类型选择

在系统弹出的【曲面残料粗切】对话框→选择【刀具参数】→【刀具过滤】按钮→选择【全关】按钮，【刀具类型】→选择【球刀】→【确认】→【从刀库中选择】按钮→在【选择刀具】对话框中选择 $\phi 8$ 的球刀（如图 3.5.7 刀具类型选择）。

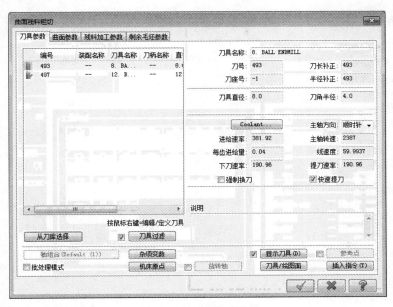

图 3.5.7　刀具类型选择

5. 曲面参数

打开【曲面参数】对话框→【下刀位置】【增量坐标】2 →【加工面预留量】0.3（如图 3.5.8 曲面参数）。

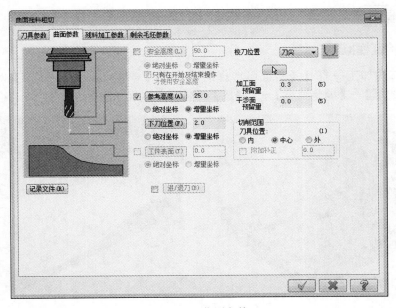

图 3.5.8　曲面参数

6. 残料加工参数

打开【残料加工参数】对话框→【Z 最大步进量】1.2 →【步进量】0.8 →勾选【切削顺序最优化】→【确定】（如图 3.5.9 残料加工参数）。

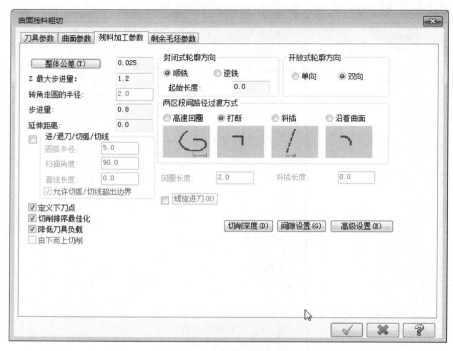

图 3.5.9　残料加工参数

7. 生成刀路

此时已经生成刀路（如图 3.5.10 生成刀路）。

（最终验证模拟）

8. 实体验证模拟

选中所有的加工→打开【验证已选择的操作 🐾】→【Mastercam 模拟】对话框→隐藏【刀柄】和【线框】→【调整速度】→【播放】→观察实体验证情况（如图 3.5.11 实体验证）。

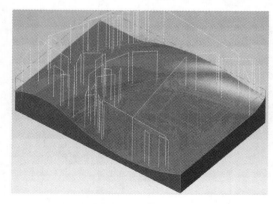

图 3.5.10　生成刀路

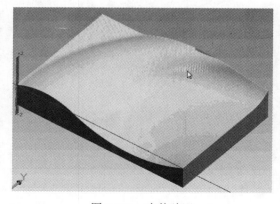

图 3.5.11　实体验证

二、残料粗加工的参数设置

残料粗加工除了前面讲的【刀具路径参数】和【曲面加工参数】选项卡外，还有两个选项卡即【残料加工参数】和【剩余材料参数】。

【残料粗切参数】主要用来设置残料加工的开粗参数。

【剩余材料参数】用来设置剩余材科计算依据。

1. 残料加工参数

在【曲面残料粗切】对话框中单击【残料加工参数】标签，切换到【残料加工参数】选项卡（如图 3.5.12 残料加工参数）。

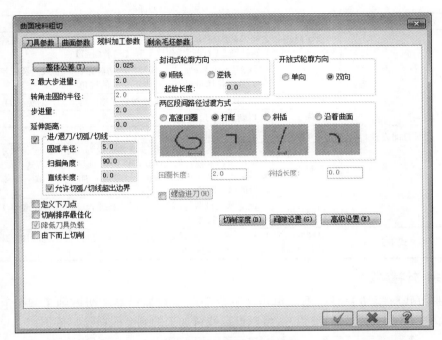

图 3.5.12 残料加工参数

其各选项讲解见表 3.5.1 残料加工参数。

表 3.5.1 残料加工参数

序号	名称	详 细 说 明	
1	整体公差	设定刀具路径与曲面之间的误差值	
2	Z 最大步进量	设定 Z 轴方向每刀最大切深	
3	转角走圆的半径	设定刀具路径的转角处走圆弧的半径。小于或等于 135° 的转角处将采用圆弧刀具路径	
4	步进量	设定残料加工时 XY 平面上两路径之间的距离	
5	延伸距离	设定每一切削路径的延伸距离	
6	进 / 退刀 / 切弧 / 切线	在每一切削路径的起点和终点产生一进刀或退刀的圆弧或者切线	
		允许切弧 / 切线超出边界	允许进退刀圆弧超出切削范围
7	定义下刀点	用来设置刀具路径的下刀位置，刀具路径会从最接近选择点的曲面角落下刀	
8	切削排序最佳化	使刀具尽量在一区域加工，直到该区域所有切削路径都完成后，再移动到下一区域进行加工。这样可以减少提刀次数，提高加工效率	

序号	名称		详 细 说 明
9	降低刀具负载		只在启用【切削排序最佳化】复选框后才会激活,当启用【切削顺序最佳化】复选框时,刀具切削完当前区域再切削下一区域,如果两区域刀具路径之间距离小于刀具直径时,有可能导致刀具埋入量过深,刀具负荷过大,很容易损坏刀具。启用【降低刀具负载】复选框,系统对刀具路径距离小于刀具直径的区域直接加工,而不采用刀具路径切削顺序最佳化
10	由下而上切削		会使刀具路径由工件底部开始加工到工件顶部
11	封闭式轮廓方向		设定残料加工运算中封闭式路径的切削方向。提供了【顺铣】和【逆铣】两种
		起始长度	设定封闭式切削路径起点之间的距离,这样可以使路径起点分散,不会在工件上留下明显的痕迹
12	开放式轮廓方向		设定残料加工中开放式路径的切削方式,有【双向】和【单向】两种
13	两区段间路径过滤方式		设定两路径之间刀具的移动方式,即路径终点到下一路径的起点,系统提供了4种过渡方式:【高速回圈】【打断】【斜降】和【沿着曲面】
		高速回圈	该项用于高速加工,尽量在两切削路径间插入一圆弧形平滑路径,使刀具路径尽量平滑,减少不必要的转角
		打断	在两切削间,刀具先上移然后平移,再下刀,避免撞刀
		斜降	以斜进下刀的方式移动
		沿着曲面	刀具沿着曲面方式移动
		回圈长度	只有当两区域间的路径过渡方式设为高速回圈时该项才会被激活。该项用来设置残料加工两切削路径之间刀具移动方式。如果两路径之间距离小于循环长度,会插入一循环,如果大于循环长度,则插入一平滑的曲线路径
		斜插长度	该选项是设置等高路径之间的斜插长度,只有在选中【高速回圈】和【斜降】时该项才被激活
14	螺旋式下刀		以螺旋的方式下刀。有些残料区域是封闭的,没有可供直线下刀的空间。如果直线下刀容易断刀,要采用螺旋式下刀

2. 剩余材料参数

在【曲面残料粗切】对话框中单击【剩余毛坯参数】标签,切换到【剩余毛坯参数】选项卡(如图 3.5.13 剩余材料参数),可以设置残料加工的剩余残料计算依据。

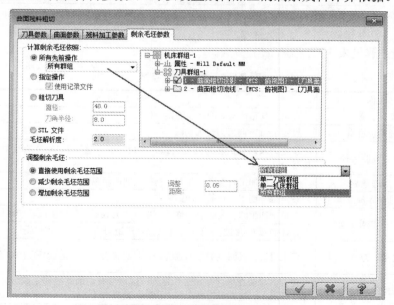

图 3.5.13　剩余材料参数

其各选项讲解见表 3.5.2 剩余材料参数。

表 3.5.2　剩余材料参数

序号	名称		详细说明
1	计算毛坯依照	所有先前的操作	所有先前的刀具、刀路群组、机床群组都被作为残料计算的来源
		指定操作	选中该单选按钮在右边的操作显示区会显示被选择的操作纪录文件作为残料的来源，选中该项后计算粗铣刀具无法进入的区域作为残料区域。如没选中该单选按钮，可从被选择的刀具路径中计算出残料区域
		粗切刀具	用来设置粗铣的刀具的直径和刀角半径来计算残料区域
		STL 文件	用来设置残料计算的依据是与 STL 文件比较后剩余的部分作为残料区域
		毛坯解析度	材料解析度即材料的分辨率，可用来控制残料的计算误差，数值越小，残料越精准，计算时间越长
2	调整剩余毛坯	在粗加工中采用大直径刀具进行切削，导致曲面表面留下阶梯式残料（如图 3.5.14 剩余毛坯）。可用该项参数来增加或减小小残料范围，设定阶梯式残料是否要加工　图 3.5.14　剩余毛坯	
		直接使用剩余毛坯范围	该项表示不做调整运
		减少剩余毛坯的范围	允许忽略阶梯式残料，残料范围减少，可加快刀具路径计算速度
		增加剩余材料的范围	增加残料范围，产生将阶梯式的残料移除的刀具路径
3	调整距离	设定加大或缩小残料范围的距离	

图 3.5.14 中的内容：残料、毛坯

★★★经验总结★★★

　　加工过程中通常采用大直径刀具进行开粗，快速去除大部分残料，再采用残料粗加工进行二次开粗，对大直径刀具无法加工到的区域进行再加工，这样有利于提高效率，节约成本。

三、残料粗加工实例一

加工前的工艺分析与准备

残料粗加工实例一

1. 工艺分析

　　该零件表面由连续的曲面构成，中间有两处突起的凸台（如图 3.5.14 残料粗加工实例一），工件尺寸 120mm×80mm×50mm，无尺寸公差要求。尺寸标注完整，轮廓描述清楚。零件材料为已经加工成型的标准铝块，无热处理和硬度要求。之前已经做好了开粗操作。

　　① 用 $\phi 8$ 的球刀残料粗加工曲面的剩余区域；

　　② 根据加工要求，共需产生 1 次刀具路径。

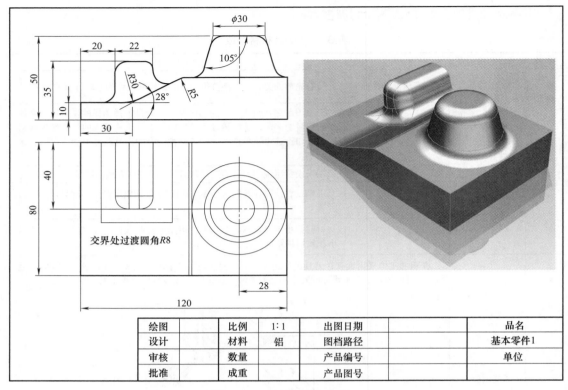

图 3.5.14　残料粗加工实例一

2. 前期准备工作

（1）图形的导入　打开之前已做好粗加工的加工图形（如图 3.5.15 图形的导入）。

（2）进行实体验证模拟　观察粗加工后毛坯剩余状况（如图 3.5.16 实体验证）。

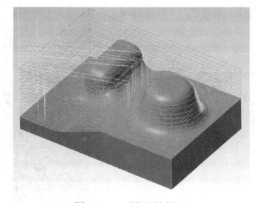

图 3.5.15　图形的导入

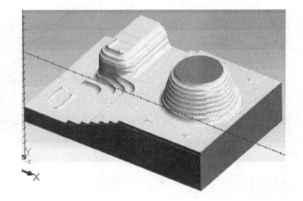

图 3.5.16　实体验证

剩余区域的残料粗加工

3. 加工面的选择

选择主菜单【刀路】→【曲面粗切】→【残料】→弹出【选择工件形状】未定义→弹出对话框【输入新 NC 名称】→点击【确认】→选择待加工的曲面（如图 3.5.17 选择待加工的

曲面）→【回车确认】→【干涉面】→选择待加工曲面的周围的曲面（如图 3.5.18 干涉面）→【切削范围】→选择毛坯的四边（如图 3.5.19 切削范围）→【指定下刀点】→指定工件左下角的点。

图 3.5.17　选择待加工的曲面　　　图 3.5.18　干涉面　　　图 3.5.19　切削范围

4. 刀具类型选择

在系统弹出的【曲面残料粗切】对话框→选择【刀具参数】→【刀具过滤】按钮→选择【全关】按钮，【刀具类型】→选择【球刀】→【确认】→【从刀库中选择】按钮→在【选择刀具】对话框中选择 $\phi8$ 的球刀（如图 3.5.20 刀具类型选择）。

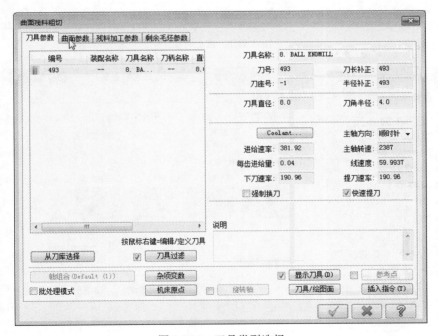

图 3.5.20　刀具类型选择

5. 曲面参数

打开【曲面参数】对话框→【下刀位置】【增量坐标】2 →【加工面预留量】0.1（如图 3.5.21 曲面参数）。

6. 残料加工参数

打开【残料加工参数】对话框→【Z 最大步进量】1 →【步进量】0.8 →勾选【切削顺序最优化】→【确定】（如图 3.5.22 残料加工参数）。

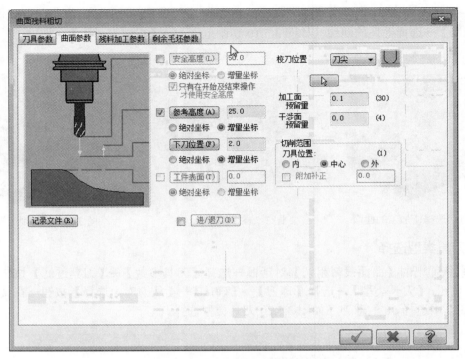

图 3.5.21　曲面参数

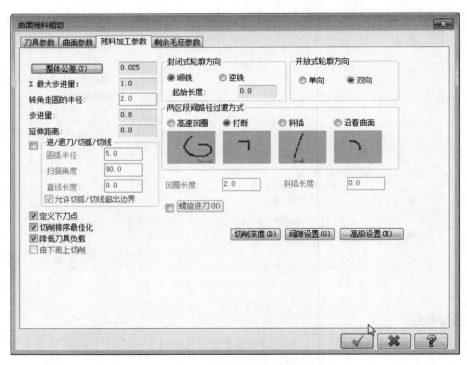

图 3.5.22　残料加工参数

7. 生成刀路

此时已经生成刀路（如图 3.5.23 生成刀路）。

8. 实体验证模拟

选中所有的加工→打开【验证已选择的操作 🔲 】→【Mastercam 模拟】对话框→隐藏【刀柄】和【线框】→【调整速度】→【播放】→观察实体验证情况（如图 3.5.24 实体验证）。

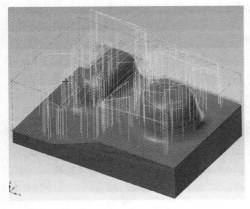

图 3.5.23　生成刀路

图 3.5.24　实体验证

四、残料粗加工实例二

加工前的工艺分析与准备

残料粗加工实例二

1. 工艺分析

工件图的基本形状，从侧面上看基本上是由曲面构成的，下右的三边，是 *R5* 的圆角过渡（如图 3.5.25 残料粗加工实例二）。工件尺寸 120mm×80mm，无尺寸公差要求。尺寸标注完整，轮廓描述清楚。零件材料为已经加工成型的标准铝块，无热处理和硬度要求。之前

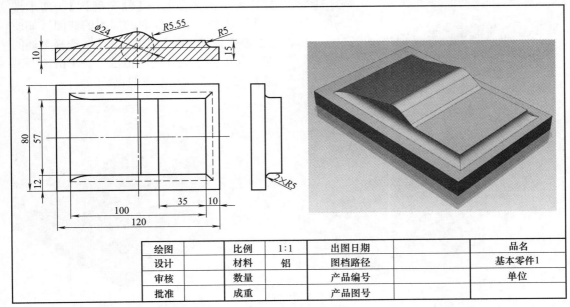

绘图		比例	1：1	出图日期		品名	
设计		材料	铝	图档路径		基本零件1	
审核		数量		产品编号		单位	
批准		成重		产品图号			

图 3.5.25　残料粗加工实例二

259

已经进行了开粗的操作。

① 用 $\phi6$ 球刀残料粗加工曲面的剩余区域；

② 根据加工要求，共需产生 1 次刀具路径。

2. 前期准备工作

（1）图形的导入　打开之前已做好粗加工的加工图形（如图 3.5.26 图形的导入）。

（2）进行实体验证模拟　观察粗加工后毛坯剩余状况（如图 3.5.27 实体验证）。

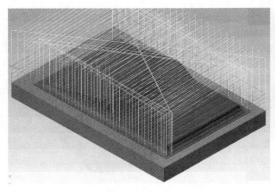

图 3.5.26　图形的导入

图 3.5.27　实体验证

剩余区域的残料粗加工

3. 加工面的选择

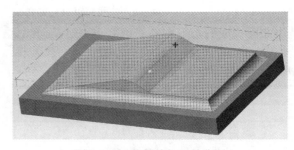

图 3.5.28　选择待加工的曲面

选择主菜单【刀路】→【曲面粗切】→【残料】→弹出【选择工件形状】未定义→弹出对话框【输入新 NC 名称】→点击【确认】→选择待加工的曲面（如图 3.5.28 选择待加工的曲面）→【回车确认】→【干涉面】→选择待加工曲面的周围的曲面（如图 3.5.29 干涉面）→【切削范围】→选择毛坯的四边（如图 3.5.30 切削范围）→【指定下刀点】→指定工件左下角的点。

图 3.5.29　干涉面

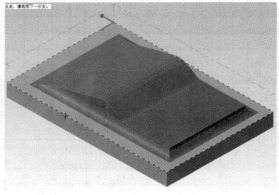

图 3.5.30　切削范围

4. 刀具类型选择

在系统弹出的【曲面残料粗切】对话框→选择【刀具参数】→【刀具过滤】按钮→选择【全关】按钮，【刀具类型】→选择【球刀】→【确认】→【从刀库中选择】按钮→在【选择刀具】对话框中选择 φ6 的球刀（如图 3.5.31 刀具类型选择）。

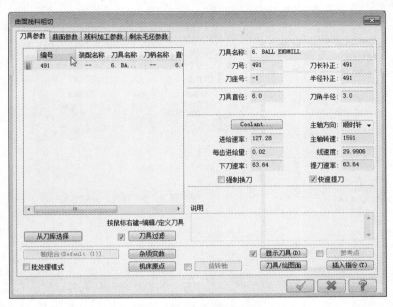

图 3.5.31　刀具类型选择

5. 曲面参数

打开【曲面参数】对话框→【下刀位置】【增量坐标】2→【加工面预留量】0.1（如图 3.5.32 曲面参数）。

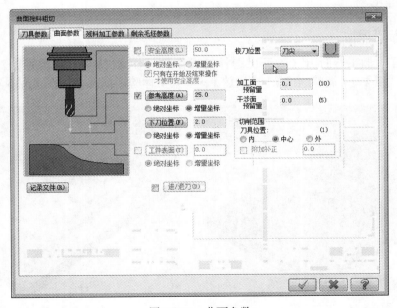

图 3.5.32　曲面参数

6. 残料加工参数

打开【残料加工参数】对话框→【Z 最大步进量】1 →【步进量】0.7 →勾选【切削顺序最优化】→【确定】（如图 3.5.33 残料加工参数）。

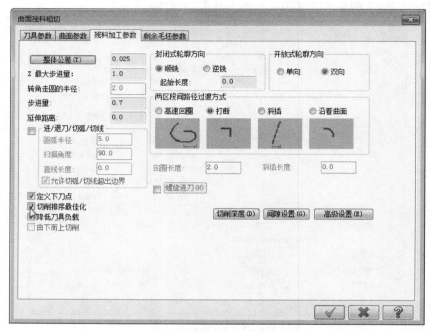

图 3.5.33　残料加工参数

7. 生成刀路

此时已经生成刀路（如图 3.5.34 生成刀路）。

最终验证模拟

8. 实体验证模拟

选中所有的加工→打开【验证已选择的操作 🔧】→【Mastercam 模拟】对话框→隐藏【刀柄】和【线框】→【调整速度】→【播放】→观察实体验证情况（如图 3.5.35 实体验证）。

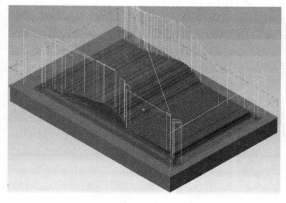

图 3.5.34　生成刀路

图 3.5.35　实体验证

第六节　等高外形粗加工

等高粗加工是采用等高线方式进行逐层加工，曲面越陡，等高加工效果越好。等高粗加工常作为二次开粗，或者用于铸件毛坯的开粗。等高粗加工是绝大多数高速机所采用的加工方式。

一、等高外形粗加工入门实例

加工前的工艺分析与准备

等高外形粗加工
入门实例

1. 工艺分析

该零件表面由扇形形状凹槽构成。工件尺寸 100mm×100mm×70mm（如图 3.6.1 等高外形粗加工入门实例），无尺寸公差要求。尺寸标注完整，轮廓描述清楚。零件材料为已经加工成型的标准铝块，无热处理和硬度要求。

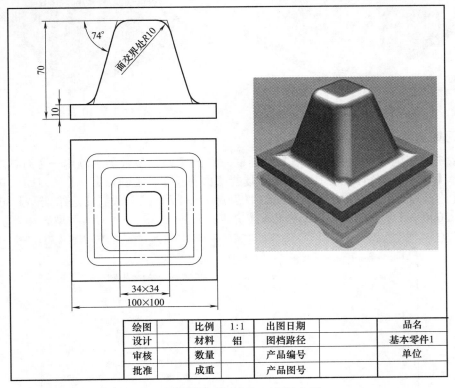

图 3.6.1　等高外形粗加工入门实例

① 用 $\phi12R2$ 的圆鼻刀挖槽粗加工进行曲面的开粗；
② 用 $\phi12R2$ 的圆鼻刀等高外形粗加工曲面陡峭区域；
③ 根据加工要求，共需产生 2 次刀具路径。

2. 前期准备工作

（1）图形的导入　打开已绘制好的图形→按 F9 键打开坐标系→观察原点位置→然后再按 F9 键关闭。

（2）选择加工所使用的机床类型　选择主菜单【机床类型】→【铣床】→【默认】，进入铣床的加工模块。

（3）毛坯设置　在左侧的【刀路】面板中，打开【机床群组】→【属性】→【毛坯设置】→【机床群组属性】对话框→点击【所有图形】按钮→【确定】。

挖槽粗加工的开粗

3. 加工面的选择

选择主菜单【刀路】→【曲面粗切】→【挖槽】→弹出对话框【输入新 NC 名称】→点击【确认】→选择待加工的曲面（如图 3.6.2 选择待加工的曲面）→【回车确认】→【切削范围】→选择毛坯的四边（如图 3.6.3 切削范围）→【指定下刀点】→指定工件左下角的点。

图 3.6.2　选择待加工的曲面

图 3.6.3　切削范围

4. 刀具类型选择

在系统弹出的【曲面粗切挖槽】对话框→选择【刀具参数】选项卡→【刀具过滤】按钮→选择【全关】按钮，【刀具类型】→选择【圆鼻刀】→【确认】→【从刀库中选择】按钮→在【选择刀具】对话框中选择 $\phi 12R2$ 的圆鼻刀→【确认】→设置【进给速率】300 →【主轴转速】2000 →【下刀速率】150 →勾选【快速提刀】（如图 3.6.4 刀具类型选择）。

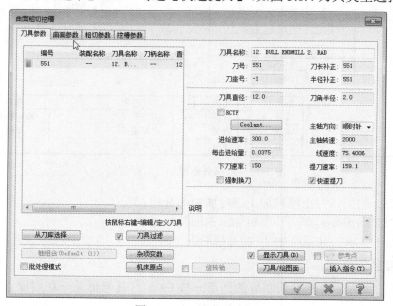

图 3.6.4　刀具类型选择

5. 曲面参数

打开【曲面参数】对话框→【下刀位置】【增量坐标】2 →【加工面预留量】0.3（如图 3.6.5 曲面参数）。

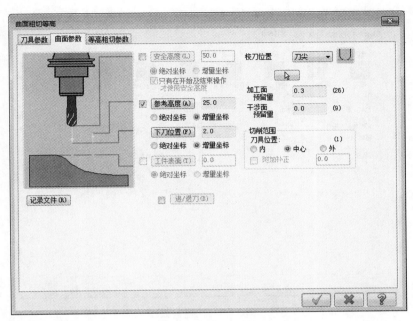

图 3.6.5　曲面参数

6. 粗切参数

打开【粗切参数】对话框→【Z 最大步进量】4.5 →打开【间隙设置】对话框→勾选【切削顺序最优化】→【确定】（如图 3.6.6 粗切参数）。

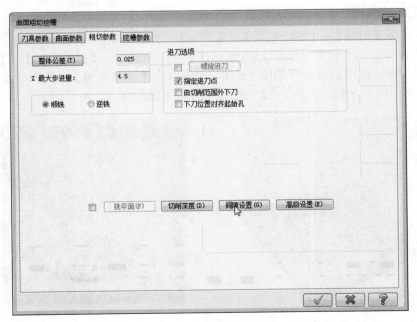

图 3.6.6　粗切参数

7. 挖槽参数

打开【挖槽参数】对话框→勾选【粗切】→【高速切削】→取消勾选【精修】→【确定】（如图 3.6.7 挖槽参数）。

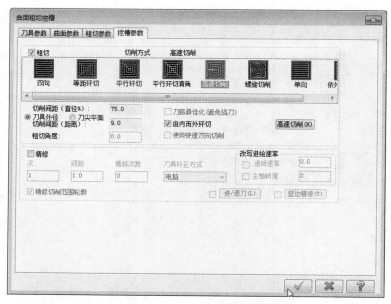

图 3.6.7 挖槽参数

8. 生成刀路

此时已经生成刀路（如图 3.6.8 生成刀路）。

等高外形粗加工加工陡斜面

9. 加工面的选择

选择主菜单【刀路】→【曲面粗切】→【等高】→弹出对话框【输入新 NC 名称】→点击【确认】→选择待加工的曲面（如图 3.6.9 选择待加工的曲面）→【回车确认】→【干涉面】→选择待加工曲面的周围的曲面（如图 3.6.10 干涉面）→【切削范围】→选择毛坯的四边（如图 3.6.11 切削范围）→【指定下刀点】→指定工件左下角的点。

图 3.6.8 生成刀路

图 3.6.9 选择待加工的曲面

图 3.6.10　干涉面

图 3.6.11　切削范围

10.【刀具】不变

11. 曲面参数

打开【曲面参数】对话框→【下刀位置】【增量坐标】2→【加工面预留量】0.3（如图 3.6.12 曲面参数）。

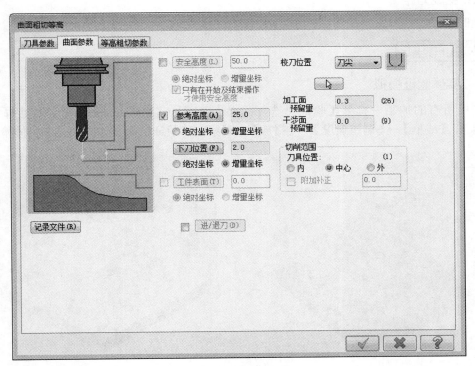

图 3.6.12　曲面参数

12. 等高粗切参数

打开【等高粗切参数】对话框→【Z 最大步进量】2→勾选【切削排序最佳化】→【确定】（如图 3.6.13 等高粗切参数）。

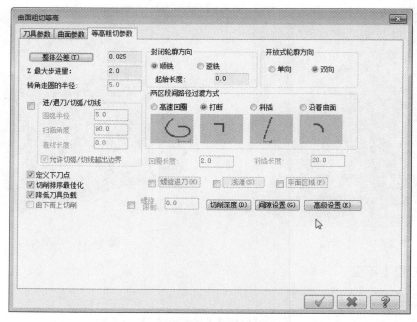

图 3.6.13　等高粗切参数

13. 生成刀路

此时已经生成刀路（如图 3.6.14 生成刀路）。

最终验证模拟

14. 实体验证模拟

选中所有的加工→打开【验证已选择的操作 🔧】→【Mastercam 模拟】对话框→隐藏【刀柄】和【线框】→【调整速度】→【播放】→观察实体验证情况（如图 3.6.15 实体验证）。

图 3.6.14　生成刀路

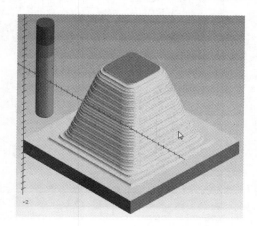

图 3.6.15　实体验证

二、等高外形粗加工的参数设置

等高粗切参数与其他粗加工类似，这里主要讲解等高粗加工特有的参数。选择【刀具路径】→【粗加工】→【等高】菜单命令→【曲面粗切等高】对话框→点击【等高粗切参数】

（如图 3.6.16 等高粗切参数）。该对话框用来设置等高加工相关参数。

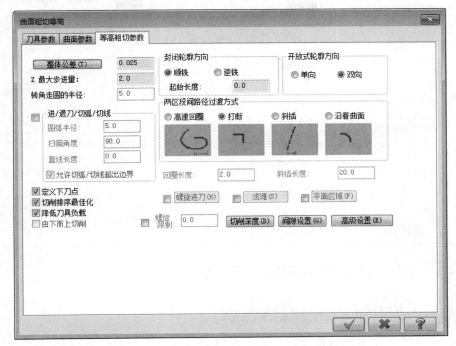

图 3.6.16　等高粗切参数

其各选项讲解见表 3.6.1 等高粗切参数。

表 3.6.1　等高粗切参数

序号	名称	详 细 说 明	
1	整体公差	设定刀具路径与曲面之间的误差值	
2	Z 最大步进量	设定 Z 轴方向每刀最大切深	
3	转角走圆的半径	设定刀具路径的转角处走圆弧的半径。小于或等于 135° 的转角处将采用圆弧刀具路径	
4	进 / 退刀 / 切弧 / 切线	在每一切削路径的起点和终点产生一进刀或退刀的圆弧或者切线	
		允许切弧 / 切线超出边界	允许进退刀圆弧超出切削范围
5	定义下刀点	用来设置刀具路径的下刀位置，刀具路径会从最接近选择点的曲面角落下刀	
6	切削排序最佳化	使刀具尽量在一区域加工，直到该区域所有切削路径都完成后，再移动到下一区域进行加工。这样可以减少提刀次数，提高加工效率	
7	降低刀具负载	只在启用【切削顺序最佳化】复选框后才会激活，当启用【切削排序最佳化】复选框时，刀具切削完当前区域再切削下一区域，如果两区域刀具路径之间距离小于刀具直径时，有可能导致刀具埋入量过深，刀具负荷过大，很容易损坏刀具。因而，启用【降低刀具负载】复选框，系统对刀具路径距离小于刀具直径的区域直接加工，而不采用刀具路径切削顺序最佳化	
8	封闭轮廓方向	设定等高加工运算中封闭式路径的切削方向。提供了【顺铣】和【逆铣】两种	
		起始长度	设定封闭式切削路径起点之间的距离，这样可以使路径起点分散，不会在工件上留下明显的痕迹
9	开放轮廓方向	设定等高加工中开放式路径的切削方式，有【双向】和【单向】两种	

序号	名称	详 细 说 明	
10	两区段间路径过滤方式	设定两路径之间刀具的移动方式，即路径终点到下一路径的起点，系统提供了4种过渡方式：【高速回圈】【提刀】【斜插】和【沿着曲面】	
		高速回圈	该项用于高速加工，尽量在两切削路径间插入一圆弧形平滑路径，使刀具路径尽量平滑，减少不必要的转角
		提刀	在两切削间，刀具先上移然后平移，再下刀，避免撞刀
		斜降	以斜进下刀的方式移动
		沿着曲面	刀具沿着曲面方式移动
		回圈长度	只有选择【高速回圈】时该项会被激活。该项用来设置残料加工两切削路径之间刀具移动方式。如果两路径之间距离小于循环长度，会插入循环，如果大于循环长度，则插入一平滑的由线路径
		斜插长度	只有在选中【高速回圈】和【斜插】时该项才被激活。该选项是设置等高路径之间的斜插长度
11	螺旋进刀	以螺旋的方式下刀	

三、等高外形粗加工实例一

加工前的工艺分析与准备

等高外形粗加
工实例一

1. 工艺分析

　　该零件表面由连续的曲面构成，中间有两处突起的凸台（如图 3.6.17 等高外形粗加工实例一），工件尺寸 120mm×80mm，无尺寸公差要求。尺寸标注完整，轮廓描述清楚。零件材料为已经加工成型的标准铝块，无热处理和硬度要求。

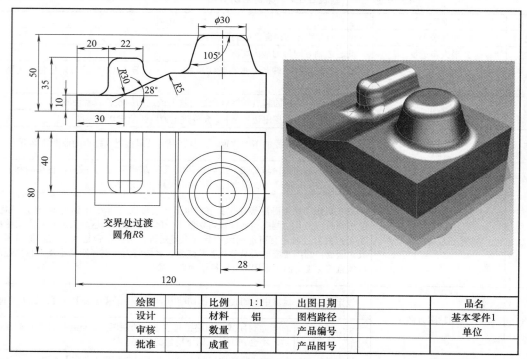

图 3.6.17　等高外形粗加工实例一

① 用 ϕ10R1 的圆鼻刀挖槽粗加工进行曲面的开粗；

② 用 ϕ8 的球刀等高外形粗加工曲面陡峭区域；

③ 根据加工要求，共需产生 2 次刀具路径。

2. 前期准备工作

（1）图形的导入　打开已绘制好的图形→按 F9 键打开坐标系→观察原点位置→然后再按 F9 键关闭。

（2）选择加工所使用的机床类型　选择主菜单【机床类型】→【铣床】→【默认】，进入铣床的加工模块。

（3）毛坯设置　在左侧的【刀路】面板中，打开【机床群组】→【属性】→【毛坯设置】→【机床群组属性】对话框→点击【所有图形】按钮→【确定】。

挖槽粗加工的开粗

3. 加工面的选择

选择主菜单【刀路】→【曲面粗切】→【挖槽】→弹出对话框【输入新 NC 名称】→点击【确认】→选择待加工的曲面（如图 3.6.18 选择待加工的曲面）→【回车确认】→【切削范围】→选择毛坯的四边（如图 3.6.19 切削范围）→【指定下刀点】→指定工件左下角的点。

图 3.6.18　选择待加工的曲面

图 3.6.19　切削范围

4. 刀具类型选择

在系统弹出的【曲面粗切挖槽】对话框→选择【刀具参数】选项卡→【刀具过滤】按钮→选择【全关】按钮，【刀具类型】→选择【圆鼻刀】→【确认】→【从刀库中选择】按钮→在【选择刀具】对话框中选择 ϕ10R1 的圆鼻刀（如图 3.6.20 刀具类型选择）。

5. 曲面参数

打开【曲面参数】对话框→【下刀位置】【增量坐标】2→【加工面预留量】0.3（如图 3.6.21 曲面参数）。

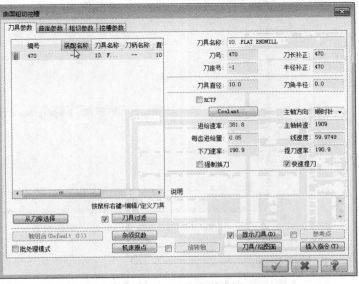

图 3.6.20　刀具类型选择

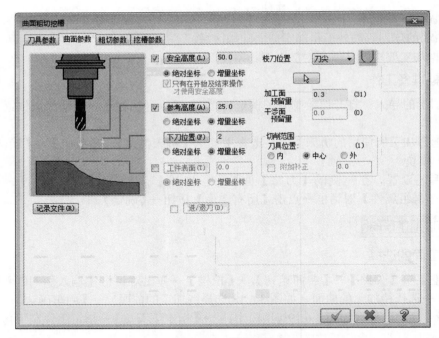

图 3.6.21　曲面参数

6. 粗切参数

打开【粗切参数】对话框→【Z 最大步进量】3 →打开【间隙设置】对话框→勾选【切削顺序最优化】→【确定】（如图 3.6.22 粗切参数）。

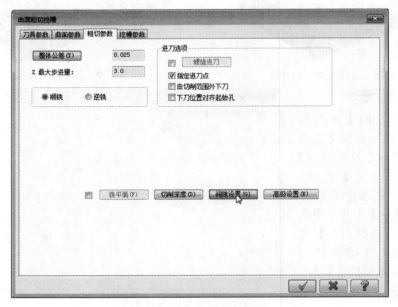

图 3.6.22　粗切参数

7. 挖槽参数

打开【挖槽参数】对话框→勾选【粗切】→【高速切削】→取消勾选【精修】→【确定】

（如图 3.6.23 挖槽参数）。

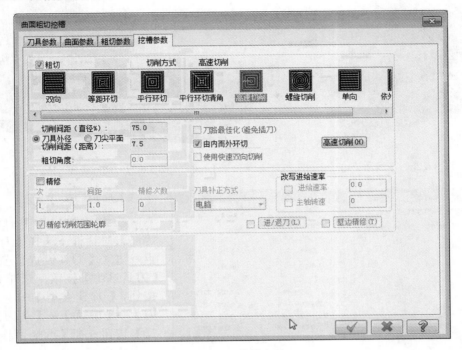

图 3.6.23　挖槽参数

8. 生成刀路

此时已经生成刀路（如图 3.6.24 生成刀路）。

等高外形粗加工加工陡斜面

9. 加工面的选择

选择主菜单【刀路】→【曲面粗切】→【等高】→弹出对话框【输入新 NC 名称】→点击【确认】→选择待加工的曲面（如图 3.6.25 选择待加工的曲面）→【回车确认】→【干涉面】→选择待加工曲面的周围的曲面（如图 3.6.26 干涉面）→【切削范围】→选择毛坯的四边（如图 3.6.27 切削范围）→【指定下刀点】→指定工件左下角的点。

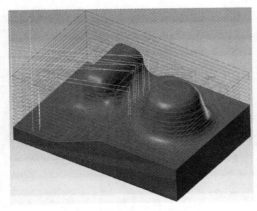

图 3.6.24　生成刀路

图 3.6.25　选择待加工的曲面

图 3.6.26 干涉面

图 3.6.27 切削范围

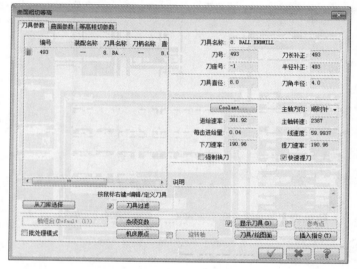

图 3.6.28 刀具类型选择

10. 刀具类型选择

在系统弹出的【曲面粗切等高】对话框→选择【刀具】节点→进入【刀具设置】选项卡→【刀具过滤】按钮→选择【全关】按钮，【刀具类型】→选择【球刀】→【确认】→【从刀库中选择】按钮→在【选择刀具】对话框中选择 $\phi 8$ 的球刀（如图 3.6.28 刀具类型选择）。

11. 曲面参数

打开【曲面参数】对话框→【下刀位置】【增量坐标】2→【加工面预留量】0.3（如图 3.6.29 曲面参数）。

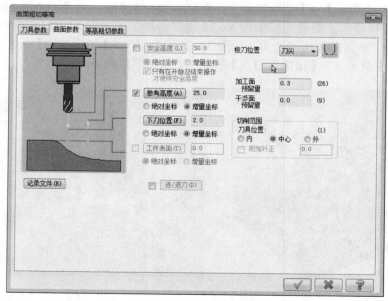

图 3.6.29 曲面参数

12. 等高粗切参数

打开【等高粗切参数】对话框→【Z 最大步进量】2 →勾选【切削排序最佳化】→【确定】（如图 3.6.30 等高粗切参数）。

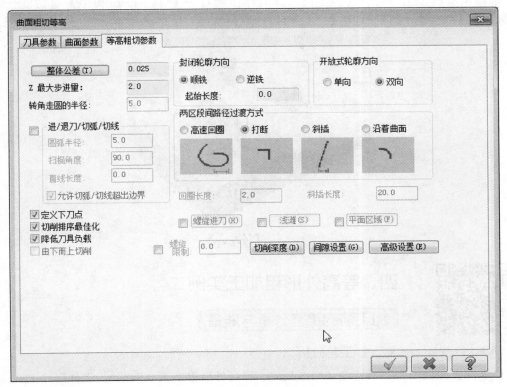

图 3.6.30　等高粗切参数

13. 生成刀路

此时已经生成刀路（如图 3.6.31 生成刀路）。

图 3.6.31　生成刀路

【最终验证模拟】

14. 实体验证模拟

选中所有的加工→打开【验证已选择的操作 ■】→【Mastercam 模拟】对话框→隐藏【刀柄】和【线框】→【调整速度】→【播放】→观察实体验证情况（如图 3.6.32 实体验证）。

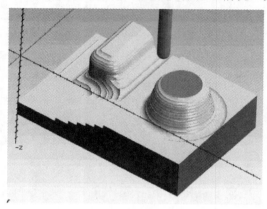

图 3.6.32　实体验证

等高外形粗加工实例二

四、等高外形粗加工实例二

【加工前的工艺分析与准备】

1. 工艺分析

该零件表面由一个凹槽构成（如图 3.6.33 等高外形粗加工实例二），工件尺寸 120mm× 80mm×50mm，无尺寸公差要求。尺寸标注完整，轮廓描述清楚。零件材料为已经加工成

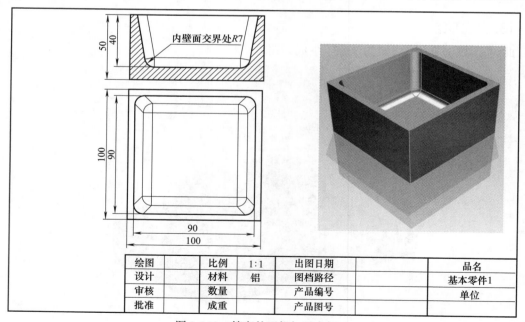

图 3.6.33　等高外形粗加工实例二

型的标准铝块，无热处理和硬度要求。

① 用 $\phi10R2$ 的圆鼻刀残料加工方式模拟挖槽粗加工进行曲面的开粗；

② 用 $\phi8$ 的球刀等高外形粗加工曲面陡峭区域；

③ 根据加工要求，共需产生 2 次刀具路径。

2. 前期准备工作

（1）图形的导入　打开已绘制好的图形→按 F9 键打开坐标系→观察原点位置→然后再按 F9 键关闭。

（2）选择加工所使用的机床类型　选择主菜单【机床类型】→【铣床】→【默认】，进入铣床的加工模块。

（3）毛坯设置　在左侧的【刀路】面板中，打开【机床群组】→【属性】→【毛坯设置】→【机床群组属性】对话框→点击【所有图形】按钮→【确定】。

残料粗加工方式模拟挖槽粗加工的开粗

3. 加工面的选择

选择主菜单【刀路】→【曲面粗切】→【残料】→弹出对话框【输入新 NC 名称】→点击【确认】→选择待加工的曲面（如图 3.6.34 选择待加工的曲面）→【回车确认】→【干涉面】→选择待加工曲面的周围的曲面（如图 3.6.35 干涉面）→【切削范围】→选择毛坯的四边（如图 3.6.36 切削范围）→【指定下刀点】→指定工件左下角的点。

图 3.6.34　选择待加工的曲面

图 3.6.35　干涉面

图 3.6.36　切削范围

4. 刀具类型选择

在系统弹出的【曲面残料粗切】对话框→选择【刀具参数】选项卡→【刀具过滤】按钮→选择【全关】按钮，【刀具类型】→选择【圆鼻刀】→【确认】→【从刀库中选择】按钮→在【选择刀具】对话框中选择 $\phi10R2$ 的圆鼻刀（如图 3.6.37 刀具类型选择）。

5. 曲面参数

打开【曲面参数】对话框→【下刀位置】【增量坐标】2→【加工面预留量】0.3（如图 3.6.38 曲面参数）。

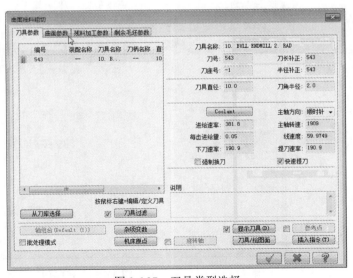
图 3.6.37　刀具类型选择

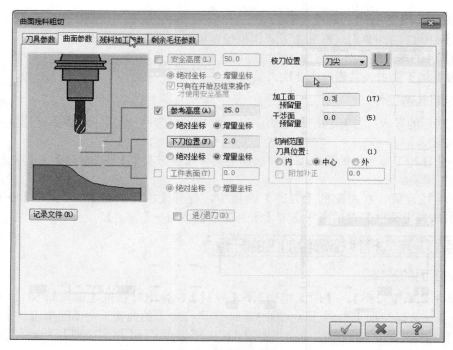

图 3.6.38　曲面参数

6. 残料加工参数

打开【残料加工参数】对话框→【Z 最大步进量】3.5 →勾选【切削排序最佳化】→【确定】（如图 3.6.39 残料加工参数）。

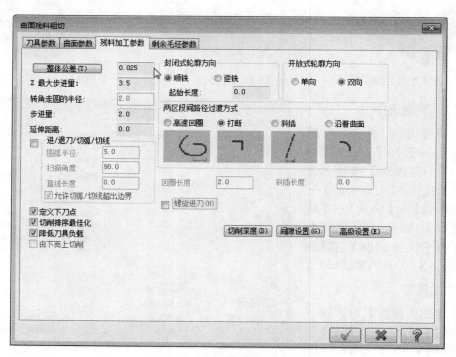

图 3.6.39　残料加工参数

7. 生成刀路

此时已经生成刀路（如图 3.6.40 生成刀路）。

等高外形粗加工加工陡斜面

8. 加工面的选择

选择主菜单【刀路】→【曲面粗切】→【等高】→弹出对话框【输入新 NC 名称】→点击【确认】→选择待加工的曲面（如图 3.6.41 选择待加工的曲面）→【回车确认】→【干涉面】→选择待加工曲面的周围的曲面（如图 3.6.42 干涉面）→【切削范围】→选择毛坯的四边（如图 3.6.43 切削范围）→【指定下刀点】→指定工件左下角的点。

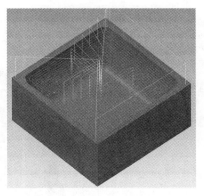

图 3.6.40　生成刀路

图 3.6.41　选择待加工的曲面

图 3.6.42　干涉面

图 3.6.43　切削范围

9. 刀具类型选择

在系统弹出的【曲面粗切等高】对话框→选择【刀具】节点→进入【刀具设置】选项卡→【刀具过滤】按钮→选择【全关】按钮，【刀具类型】→选择【球刀】→【确认】→【从刀库中选择】按钮→在【选择刀具】对话框中选择 $\phi 8$ 的球刀（如图 3.6.44 刀具类型选择）。

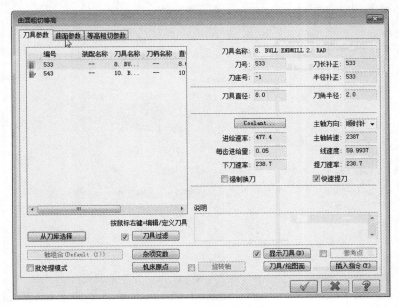

图 3.6.44　刀具类型选择

10. 曲面参数

打开【曲面参数】对话框→【下刀位置】【增量坐标】2 →【加工面预留量】0.3（如图 3.6.45 曲面参数）。

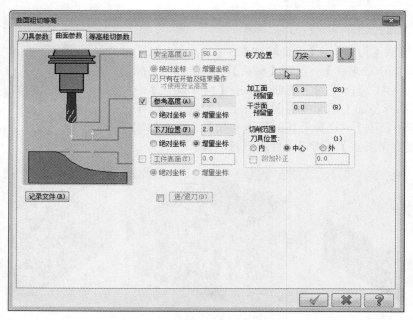

图 3.6.45　曲面参数

11. 等高粗切参数

打开【等高粗切参数】对话框→【Z 最大步进量】2 →勾选【切削排序最佳化】→【确定】→【确定】（如图 3.6.46 等高粗切参数）。

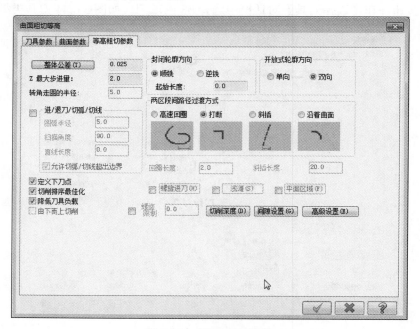

图 3.6.46　等高粗切参数

12. 生成刀路

此时已经生成刀路（如图 3.6.47 生成刀路）。

最终验证模拟

13. 实体验证模拟

选中所有的加工→打开【验证已选择的操作 🔧】→【Mastercam 模拟】对话框→隐藏【刀柄】和【线框】→【调整速度】→【播放】→观察实体验证情况（如图 3.6.48 实体验证）。

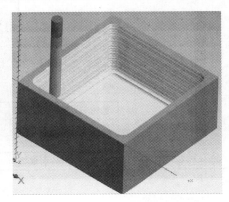

图 3.6.47　生成刀路　　　　　　　图 3.6.48　实体验证

第七节　流线粗加工

曲面流线粗加工能产生沿着曲面的引导方向（U 向）或曲面的截断方向（V 向）加工的刀具路径。可以采用控制残脊高度来进行精准控制残料，也可以采用步进量即刀间距来控制残料。曲面流线加工比较适合曲面流线相同或类似的曲面加工，对曲面要求只要流线不交叉，产生的路径不交叉即可生成刀具路径。

一、流线粗加工入门实例

加工前的工艺分析与准备

流线粗加工入门实例

1. 工艺分析

该零件表面由 1 个曲面构成。工件尺寸 100mm×70mm×50mm（如图 3.7.1 流线粗加工入门实例），无尺寸公差要求。尺寸标注完整，轮廓描述清楚。零件材料为已经加工成型的标准铝块，无热处理和硬度要求。

① 用 $\phi 8R2$ 的圆鼻刀流线粗加工曲面的区域；

② 根据加工要求，共需产生 1 次刀具路径。

2. 前期准备工作

（1）图形的导入　打开已绘制好的图形→按 F9 键打开坐标系→观察原点位置→然后再按 F9 键关闭。

（2）选择加工所使用的机床类型　选择主菜单【机床类型】→【铣床】→【默认】，进入铣床的加工模块。

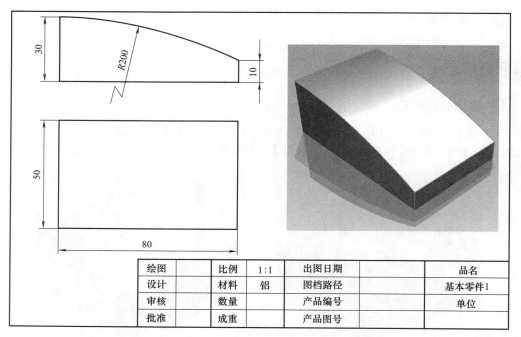

图 3.7.1　流线粗加工入门实例

（3）毛坯设置　在左侧的【刀路】面板中，打开【机床群组】→【属性】→【毛坯设置】→【机床群组属性】对话框→点击【所有图形】按钮。

顶部曲面区域的加工

3. 加工面的选择

选择主菜单【刀路】→【曲面粗切】→【流线】→弹出【选择工件形状】未定义→弹出对话框【输入新 NC 名称】→点击【确认】→选择待加工的曲面（如图 3.7.2 选择待加工的曲面）→【回车确认】→【干涉面】→选择待加工曲面的周围的曲面（如图 3.7.3 干涉面），→【曲面流线】→点击【切削方向】，改变切削的方向（如图 3.7.4 切削方向）。

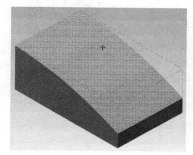

图 3.7.2　选择待加工的曲面

图 3.7.3　干涉面

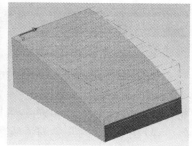

图 3.7.4　切削方向

4. 刀具类型选择

在系统弹出的【曲面粗切流线】对话框→选择【刀具参数】选项卡→【刀具过滤】按钮→选择【全关】按钮，【刀具类型】→选择【圆鼻刀】→【确认】→【从刀库中选择】按钮→在【选择刀具】对话框中选择 $\phi 8R2$ 的圆鼻刀（如图 3.7.5 刀具类型选择）。

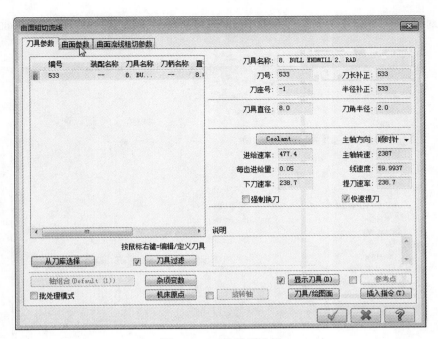

图 3.7.5　刀具类型选择

5. 曲面参数设置

打开【曲面参数】对话框→【下刀位置】【增量坐标】2 →【加工面预留量】0.3（如图 3.7.6 曲面参数设置）。

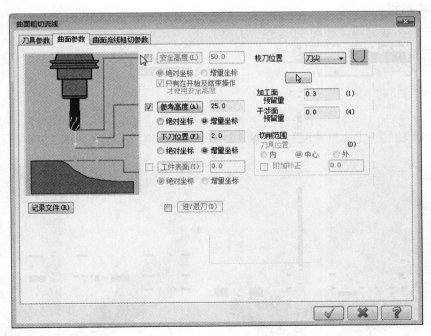

图 3.7.6　曲面参数设置

6. 曲面流线粗切参数

打开【曲面流线粗切参数】对话框→【Z 最大步进量】3 →【残脊高度】1 →打开【间

隙设置】对话框→勾选【切削顺序最优化】→【确定】→【确定】（如图 3.7.7 曲面流线粗切参数）。

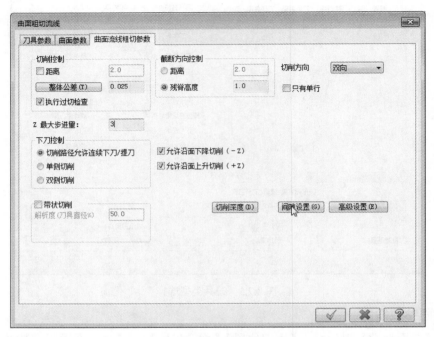

图 3.7.7　曲面流线粗切参数

7. 生成刀路

此时已经生成刀路（如图 3.7.8 生成刀路）。

最终验证模拟

8. 实体验证模拟

选中所有的加工→打开【验证已选择的操作 】→【Mastercam 模拟】对话框→隐藏【刀柄】和【线框】→【调整速度】→【播放】→观察实体验证情况（如图 3.7.9 实体验证）。

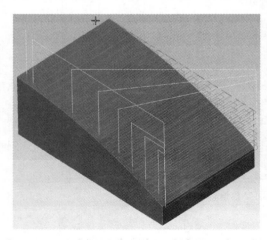

图 3.7.8　生成刀路

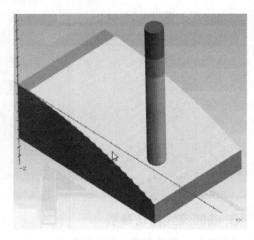

图 3.7.9　实体验证

二、曲面流线粗加工的参数设置

选择【刀具路径】→【曲面粗加工】→【流线】菜单→弹出【曲面粗切流线】对话框→单击【曲面粗切流线参数】标签，切换到【曲面流线粗切参数】选项卡，主要用来设置流线粗切参数（如图 3.7.10 曲面流线粗切参数）。

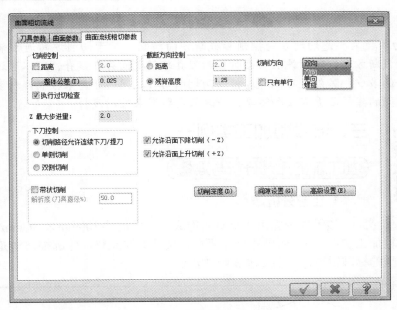

图 3.7.10 曲面流线粗切参数

其各选项讲解见表 3.7.1 曲面流线粗切参数。

表 3.7.1 曲面流线粗切参数

序号	名称		详 细 说 明
1	切削控制		控制切削方向加工误差。由【距离】和【整体误差】两个参数来控制
		距离	采用切削方向上的曲线，打断成直线的最小距离即移动增量来控制加工精度。这种方式的精度较差。要得到高精度，此距离值要设置得非常小，但是计算时间会变长
		整体误差	以设定刀具路径与曲面之间的误差，来决定切削方向路径的精度。所有超过此设定误差的路径系统会自动增加节点，使路径变短，误差减少
		执行过切检查	启用此复选框，如果刀具过切，系统会自动调整刀具路，避免过切，该选项会增加计算时间
2	截断方向控制		用来设置控制切削路径之间的距离。有【距离】和【残脊高度】两个选项
		距离	设定两切削路径之间的距离
		残脊高度	设定两切削路径之间所留下的残料的高度，系统根据高度来控制距离
3	切削方向	双向	以来回的方式切削加工
		单向	从某一方向切削到终点侧，抬刀回到起点侧，再以同样的方向到达终点侧，所有切削路径都朝同一方向
		螺旋式	产生螺旋式切削路径，适合封闭式流线曲面
4	只有单行		限定只有排成一列的曲面上产生流线加工
5	Z 最大步进量		设定粗切每层最大切削深度

序号	名称	详 细 说 明
6	下刀控制	控制下刀侧。可以单侧下刀、双侧下刀以及连续下刀
7	允许沿面下降切削	允许刀具在曲面上沿着曲面下降切削
8	允许沿面上升切削	允许刀具在曲面上沿着曲面上升切削

★★★经验总结★★★

流线粗切参数主要是切削方向控制和截断方向控制。对于切削方向通常采用整体误差来控制。对于截断方向，球刀铣削曲面时在两刀具路径之间存在残脊，可以通过控制残脊高度来控制残料的多少。另外也可以通过控制两切削路径之间的距离来控制残料多少。采用距离控制刀路之间的残料要更直接和简单，一般采用距离来控制残料。

三、流线粗加工实例一

流线粗加工实例一

加工前的工艺分析与准备

1. 工艺分析

该零件表面由 4 个斜面构成。工件尺寸 100mm×100mm×40mm（如图 3.7.11 流线粗加工实例一），无尺寸公差要求。尺寸标注完整，轮廓描述清楚。零件材料为已经加工成型的标准铝块，无热处理和硬度要求。

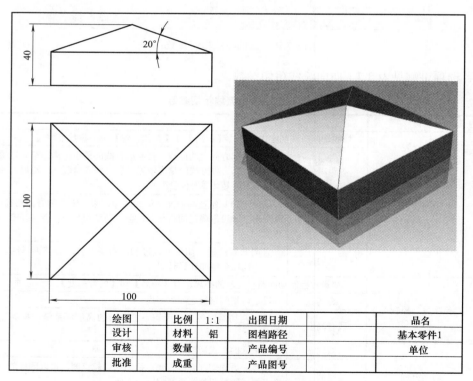

图 3.7.11　流线粗加工实例一

① 用 $\phi8R2$ 的圆鼻刀流线粗加工左右斜面的区域；
② 用 $\phi8R2$ 的圆鼻刀流线粗加工上下斜面的区域；

③ 根据加工要求，共需产生 2 次刀具路径。

2. 前期准备工作

（1）图形的导入　打开已绘制好的图形→按 F9 键打开坐标系→观察原点位置→然后再按 F9 键关闭。

（2）选择加工所使用的机床类型　选择主菜单【机床类型】→【铣床】→【默认】，进入铣床的加工模块。

（3）毛坯设置　在左侧的【刀路】面板中，打开【机床群组】→【属性】→【毛坯设置】→【机床群组属性】对话框→点击【所有图形】按钮。

左右斜面区域的加工

3. 加工面的选择

选择主菜单【刀路】→【曲面粗切】→【流线】→弹出【选择工件形状】未定义→弹出对话框【输入新 NC 名称】→点击【确认】→选择待加工的曲面（如图 3.7.12 选择待加工的曲面）→【回车确认】→【干涉面】→选择待加工曲面的周围的曲面（如图 3.7.13 干涉面）→【曲面流线】→点击【切削方向】，改变切削的方向（如图 3.7.14 切削方向）。

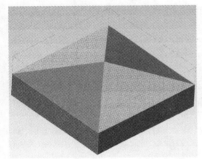

图 3.7.12　选择待加工的曲面　　　图 3.7.13　干涉面　　　图 3.7.14　切削方向

4. 刀具类型选择

在系统弹出的【曲面粗切流线】对话框→选择【刀具参数】选项卡→【刀具过滤】按钮→选择【全关】按钮，【刀具类型】→选择【圆鼻刀】→【确认】→【从刀库中选择】按钮→在【选择刀具】对话框中选择 $\phi 8R2$ 的圆鼻刀（如图 3.7.15 刀具类型选择）。

5. 曲面参数设置

打开【曲面参数】对话框→【下刀位置】【增量坐标】2 →【加工面预留量】0.3（如图 3.7.16 曲面参数设置）。

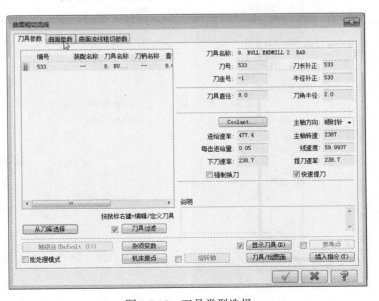

图 3.7.15　刀具类型选择

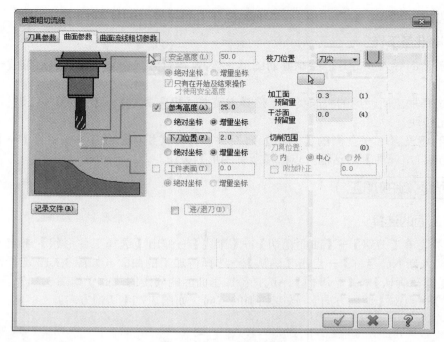

图 3.7.16　曲面参数设置

6. 曲面流线粗切参数

打开【曲面流线粗切参数】对话框→【Z 最大步进量】2.5 →【残脊高度】1 →打开【间隙设置】对话框→勾选【切削排序最优化】→【确定】→【确定】（如图 3.7.17 曲面流线粗切参数）。

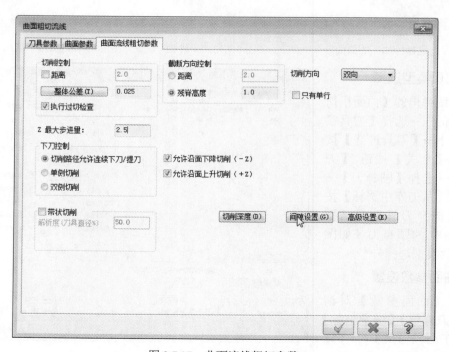

图 3.7.17　曲面流线粗切参数

7. 生成刀路

此时已经生成刀路（如图 3.7.18 生成刀路）。

上下斜面区域的加工

8. 加工面的选择

选择主菜单【刀路】→【曲面粗切】→【流线】→弹出【选择工件形状】未定义→弹出对话框【输入新 NC 名称】→点击【确认】→选择待加工的曲面（如图 3.7.19 选择待加工的曲面）→【回车确认】→【干涉面】→选择待加工曲面的周围的曲面（如图 3.7.20 干涉面）→【曲面流线】→点击【切削方向】（如图 3.7.21 切削方向）。

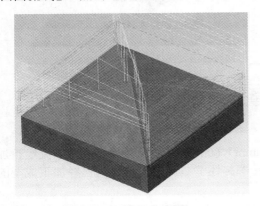

图 3.7.18　生成刀路

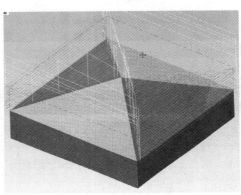

图 3.7.19　选择待加工的曲面

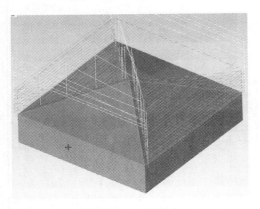

图 3.7.20　干涉面

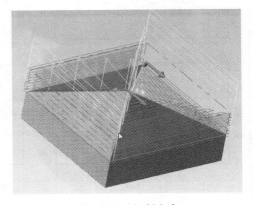

图 3.7.21　切削方向

9. 【刀具】【曲面参数】【曲面流线粗切参数】参数设置不变

10. 生成刀路

此时已经生成刀路（如图 3.7.22 生成刀路）。

最终验证模拟

11. 实体验证模拟

选中所有的加工→打开【验证已选择的操作 🖳 】→【Mastercam 模拟】对话框→隐藏【刀柄】和【线框】→【调整速度】→【播放】→观察实体验证情况（如图 3.7.23 实体验证）。

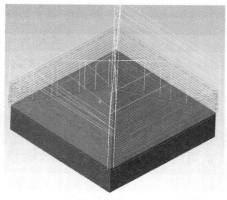

图 3.7.22　生成刀路

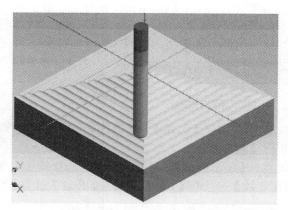

图 3.7.23　实体验证

流线粗加工实例二

四、流线粗加工实例二

加工前的工艺分析与准备

1. 工艺分析

该零件表面由 1 个曲面构成。工件尺寸 100mm×80mm×30mm（如图 3.7.24 流线粗加工实例二），无尺寸公差要求。尺寸标注完整，轮廓描述清楚。零件材料为已经加工成型的标准铝块，无热处理和硬度要求。

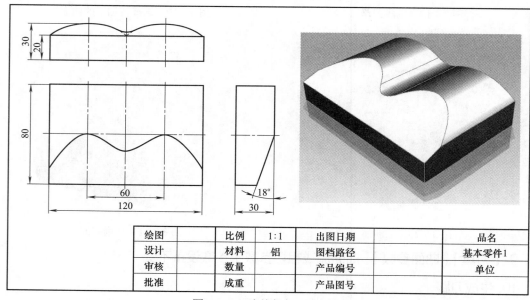

绘图		比例	1：1	出图日期		品名	
设计		材料	铝	图档路径		基本零件1	
审核		数量		产品编号		单位	
批准		成重		产品图号			

图 3.7.24　流线粗加工实例二

① 用 φ8 的球刀流线粗加工上部曲面区域；

② 用 φ8 的球刀流线粗加工下部斜面区域；

③ 根据加工要求，共需产生 2 次刀具路径。

2. 前期准备工作

（1）图形的导入　打开已绘制好的图形→按 F9 键打开坐标系→观察原点位置→然后再

按 F9 键关闭。

（2）选择加工所使用的机床类型 选择主菜单【机床类型】→【铣床】→【默认】，进入铣床的加工模块。

（3）毛坯设置 在左侧的【刀路】面板中，打开【机床群组】→【属性】→【毛坯设置】→【机床群组属性】对话框→点击【所有图形】按钮。

上部曲面区域的加工

3. 加工面的选择

选择主菜单【刀路】→【曲面粗切】→【流线】→弹出【选择工件形状】未定义→弹出对话框【输入新 NC 名称】→点击【确认】→选择待加工的曲面（如图 3.7.25 选择待加工的曲面）→【回车确认】→【干涉面】→选择待加工曲面的周围的曲面（如图 3.7.26 干涉面）→【曲面流线】→点击【切削方向】，改变切削的方向（如图 3.7.27 切削方向）。

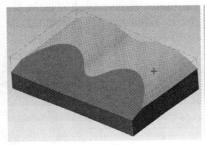 

图 3.7.25　选择待加工的曲面　　　　图 3.7.26　干涉面　　　　图 3.7.27　切削方向

4. 刀具类型选择

在系统弹出的【曲面粗切流线】对话框→选择【刀具参数】选项卡→【刀具过滤】按钮→选择【全关】按钮，【刀具类型】→选择【球刀】→【确认】→【从刀库中选择】按钮→在【选择刀具】对话框中选择 $\phi 8$ 的球刀（如图 3.7.28 刀具类型选择）。

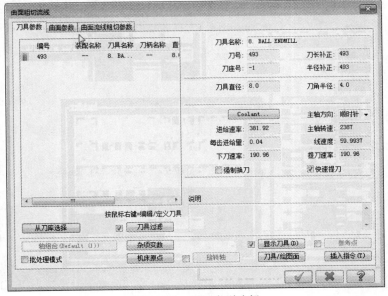

图 3.7.28　刀具类型选择

5. 曲面参数设置

打开【曲面参数】对话框→【下刀位置】【增量坐标】2→【加工面预留量】0.3（如图 3.7.29 曲面参数设置）。

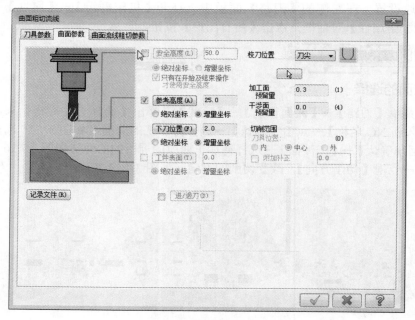

图 3.7.29　曲面参数设置

6. 曲面流线粗切参数

打开【曲面流线粗切参数】对话框→【Z 最大步进量】2.5→【残脊高度】1→打开【间隙设置】对话框→勾选【切削排序最优化】→【确定】→【确定】（如图 3.7.30 曲面流线粗切参数）。

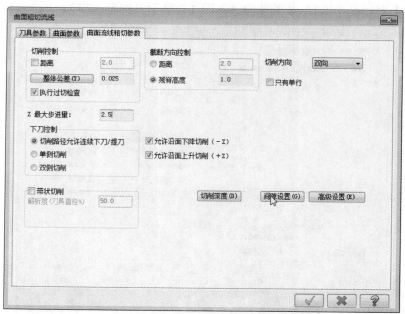

图 3.7.30　曲面流线粗切参数

7. 生成刀路

此时已经生成刀路（如图 3.7.31 生成刀路）。

下部斜面区域的加工

8. 加工面的选择

选择主菜单【刀路】→【曲面粗切】→【流线】→弹出【选择工件形状】未定义→弹出对话框【输入新 NC 名称】→点击【确认】→选择待加工的曲面（如图 3.7.32 选择待加工的曲面）→【回车确认】→【干涉面】→选择待加工曲面的周围的曲面（如图 3.7.33 干涉面）→【曲面流线】→点击【切削方向】（如图 3.7.34 切削方向）。

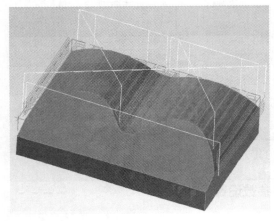

图 3.7.31　生成刀路

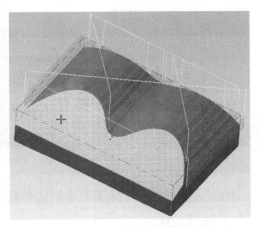

图 3.7.32　选择待加工的曲面

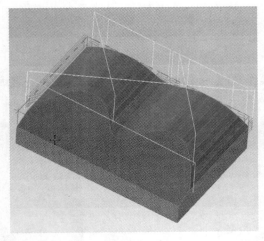

图 3.7.33　干涉面

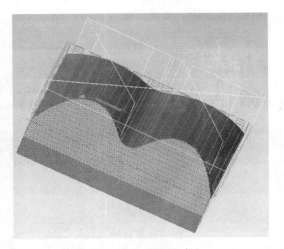

图 3.7.34　切削方向

9. 刀具类型选择

在系统弹出的【曲面粗切流线】对话框→选择【刀具】节点→进入【刀具设置】选项卡→【刀具过滤】按钮→选择【全关】按钮，【刀具类型】→选择【圆鼻刀】→【确认】→【从刀库中选择】按钮→在【选择刀具】对话框中选择 $\phi 8R2$ 的圆鼻刀（如图 3.7.35 刀具类型选择）。

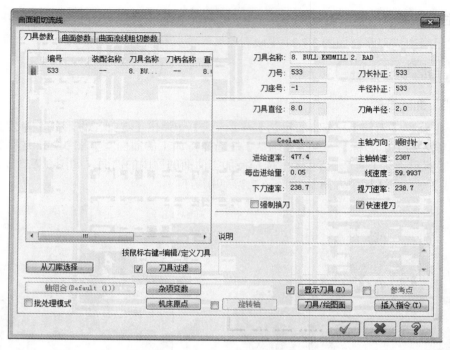

图 3.7.35　刀具类型选择

10. 【曲面参数】【曲面流线粗切参数】参数设置不变

11. 生成刀路

此时已经生成刀路（如图 3.7.36 生成刀路）。

（最终验证模拟）

12. 实体验证模拟

选中所有的加工→打开【验证已选择的操作 🔧】→【Mastercam 模拟】对话框→隐藏【刀柄】和【线框】→【调整速度】→【播放】→观察实体验证情况（如图 3.7.37 实体验证）。

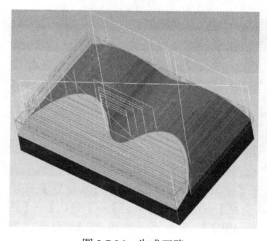

图 3.7.36　生成刀路

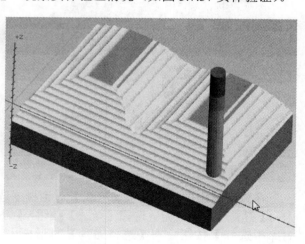

图 3.7.37　实体验证

第八节　投影粗加工

投影粗加工是将已经存在的刀具路径或几何图形投影到曲面上产生刀具路径。投影加工的类型有曲线投影、NCI 文件投影加工和点集投影，常用于曲面上的文字加工、商标加工等。

一、投影粗加工入门实例

加工前的工艺分析与准备

投影粗加工入门实例

1. 工艺分析

该零件表面由 1 个曲面构成。工件尺寸 120mm×80mm×20mm（如图 3.8.1 投影粗加工入门实例），无尺寸公差要求。尺寸标注完整，轮廓描述清楚。零件材料为已经加工成型的标准铝块，无热处理和硬度要求。

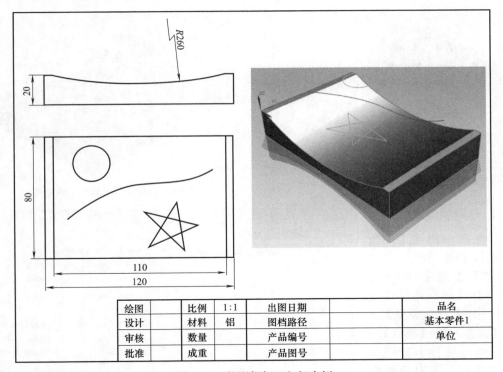

绘图		比例	1:1	出图日期		品名	
设计		材料	铝	图档路径		基本零件1	
审核		数量		产品编号		单位	
批准		成重		产品图号			

图 3.8.1　投影粗加工入门实例

① 用 φ3R0.2 的圆鼻刀投影粗加工曲线；

② 根据加工要求，共需产生 1 次刀具路径。

2. 前期准备工作

（1）图形的导入　打开已绘制好的图形→按 F9 键打开坐标系→观察原点位置→然后再按 F9 键关闭。

（2）选择加工所使用的机床类型　选择主菜单【机床类型】→【铣床】→【默认】，进入铣床的加工模块。

（3）毛坯设置　在左侧的【刀路】面板中，打开【机床群组】→【属性】→【毛坯设置】→【机床群组属性】对话框→点击【选择对角】按钮→选择工件的左上角和右下角。

曲线投影的粗加工

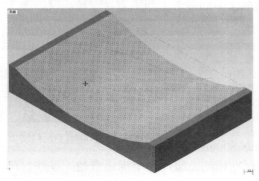

图 3.8.2　选择待加工的曲面

3. 加工面的选择

选择主菜单【刀路】→【曲面粗切】→【投影】→弹出【选择工件形状】未定义→弹出对话框【输入新 NC 名称】→点击【确认】→选择待加工的曲面（如图 3.8.2 选择待加工的曲面）→【回车确认】→【干涉面】→选择待加工曲面的周围的曲面（如图 3.8.3 干涉面）→【曲线】→选择所有要加工的曲线（如图 3.8.4 选择所有要加工的曲线）。

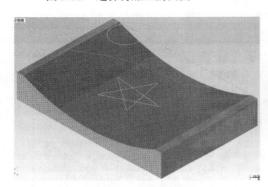

图 3.8.3　干涉面

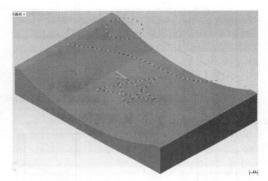

图 3.8.4　选择所有要加工的曲线

4. 刀具类型选择

在系统弹出的【曲面粗切流线】对话框→选择【刀具参数】选项卡→【刀具过滤】按钮→选择【全关】按钮，【刀具类型】→选择【圆鼻刀】→【确认】→【从刀库中选择】按钮→在【选择刀具】对话框中选择 $\phi 3R0.2$ 的圆鼻刀→设置【进给速率】300 →【主轴转速】2000 →【下刀速率】150 →勾选【快速提刀】（如图 3.8.5 刀具类型选择）。

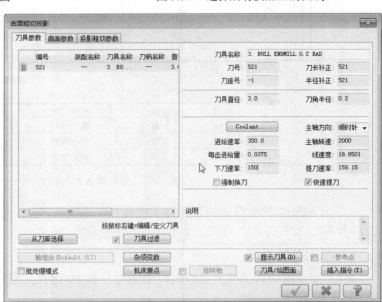

图 3.8.5　刀具类型选择

5. 曲面参数设置

打开【曲面参数】对话框→【下刀位置】【增量坐标】2 →【加工面预留量】0.3（如图 3.8.6 曲面参数设置）。

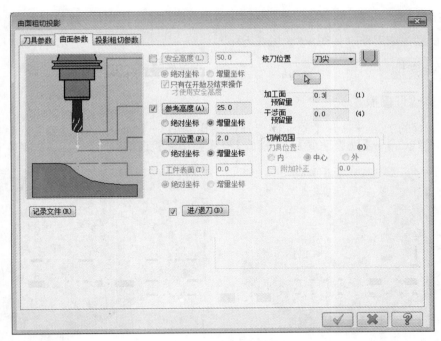

图 3.8.6　曲面参数设置

6. 投影粗切参数

打开【曲面粗切投影参数】对话框→【Z 最大步进量】1.2 →勾选【两切削间提刀】→打开【间隙设置】对话框→勾选【切削顺序最优化】→【确定】→【确定】（如图 3.8.7 投影粗切参数）。

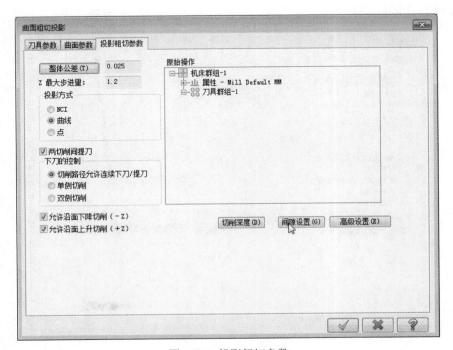

图 3.8.7　投影粗切参数

7. 生成刀路

此时已经生成刀路（如图 3.8.8 生成刀路）。

最终验证模拟

8. 实体验证模拟

选中所有的加工→打开【验证已选择的操作 🗔】→【Mastercam 模拟】对话框→隐藏【刀柄】和【线框】→【调整速度】→【播放】→观察实体验证情况（如图 3.8.9 实体验证）。

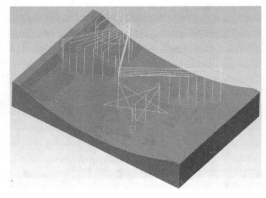

图 3.8.8　生成刀路

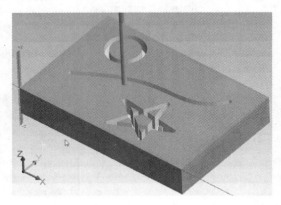

图 3.8.9　实体验证

二、投影粗加工的参数设置

选择【刀具路径】→【曲面粗加工】→【投影】菜单→【曲面粗切投影】对话框→单击【投影粗切参数】标签→切换到【投影粗切参数】选项卡（如图 3.8.10 投影粗切参数），用来投影放射加工的专用参数。

图 3.8.10　投影粗切参数

其各选项讲解见表 3.8.1。

表 3.8.1　投影粗切参数

序号	名称	详 细 说 明	
1	Z 最大步进量	每层最大的进给深度	
2	投影方式	设置投影加工的投影类型	
		NCI	选择刀具路径投影到曲面上，生成刀路
		曲线	投影曲线生成刀路
		点	投影点生成刀路

三、投影粗加工实例一

加工前的工艺分析与准备

1. 工艺分析

投影粗加工实例一

该零件表面由 1 个曲面构成。工件尺寸 120mm×80mm×20mm（如图 3.8.11 投影粗加工实例一），无尺寸公差要求。尺寸标注完整，轮廓描述清楚。零件材料为已经加工成型的标准铝块，无热处理和硬度要求。

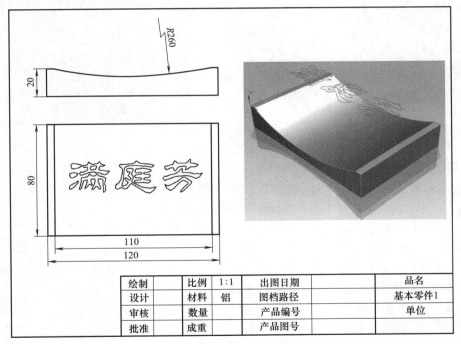

图 3.8.11　投影粗加工实例一

① 用 $\phi 1R0.2$ 的圆鼻刀投影粗加工汉字；
② 根据加工要求，共需产生 1 次刀具路径。

2. 前期准备工作

（1）图形的导入　打开已绘制好的图形→按 F9 键打开坐标系→观察原点位置→然后再按 F9 键关闭。

（2）选择加工所使用的机床类型　选择主菜单【机床类型】→【铣床】→【默认】，进入铣床的加工模块。

（3）毛坯设置　在左侧的【刀路】面板中，打开【机床群组】→【属性】→【毛坯设置】→【机床群组属性】对话框→点击【选择对角】按钮→选择工件的左上角和右下角。

曲线投影的粗加工

3. 加工面的选择

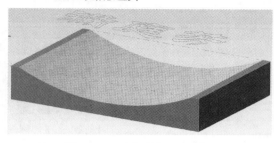

图 3.8.12　选择待加工的曲面

选择主菜单【刀路】→【曲面粗切】→【投影】→弹出【选择工件形状】未定义→弹出对话框【输入新 NC 名称】→点击【确认】→选择待加工的曲面（如图 3.8.12 选择待加工的曲面）→【回车确认】→【干涉面】→选择待加工曲面的周围的曲面（如图 3.8.13 干涉面）→【曲线】→选择所有要加工的曲线（如图 3.8.14 选择所有要加工的曲线）。

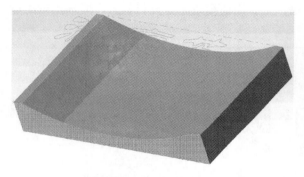

图 3.8.13　干涉面

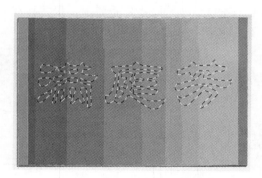

图 3.8.14　选择所有要加工的曲线

4. 刀具类型选择

在系统弹出的【曲面粗切流线】对话框→选择【刀具参数】选项卡→【刀具过滤】按钮→选择【全关】按钮，【刀具类型】→选择【圆鼻刀】→【确认】→【从刀库中选择】按钮→在【选择刀具】对话框中选择 $\phi 1R0.2$ 的圆鼻刀（如图 3.8.15 刀具类型选择）。

5. 曲面参数设置

打开【曲面参数】对话框→【下刀位置】【增量坐标】1 →【加工面预留量】0.1（如图 3.8.16 曲面参数设置）。

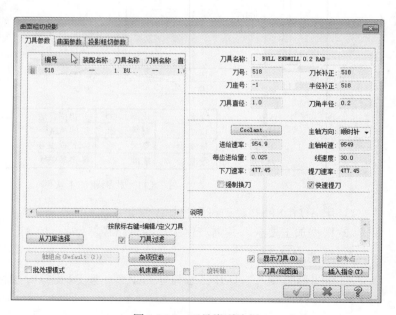

图 3.8.15　刀具类型选择

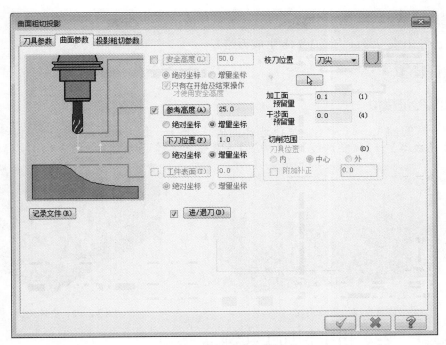

图 3.8.16　曲面参数设置

6. 投影粗切参数

打开【曲面粗切投影参数】对话框→【Z 最大步进量】0.6 →勾选【两切削间提刀】→打开【间隙设置】对话框→勾选【切削顺序最优化】→【确定】→【确定】（如图 3.8.17 投影粗切参数）。

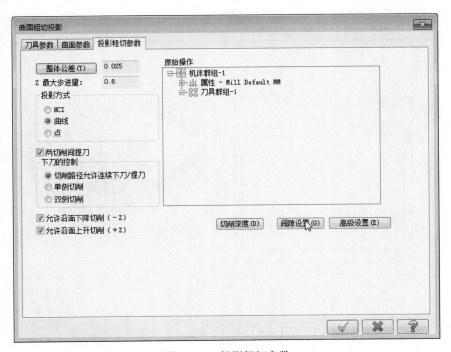

图 3.8.17　投影粗切参数

7. 生成刀路

此时已经生成刀路（如图 3.8.18 生成刀路）。

最终验证模拟

8. 实体验证模拟

选中所有的加工→打开【验证已选择的操作 🔩】→【Mastercam 模拟】对话框→隐藏【刀柄】和【线框】→【调整速度】→【播放】→观察实体验证情况（如图 3.8.19 实体验证）。

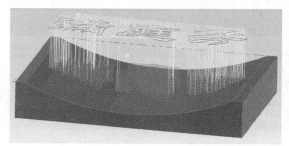

图 3.8.18　生成刀路

图 3.8.19　实体验证

四、投影粗加工实例二

投影粗加工实例二

加工前的工艺分析与准备

1. 工艺分析

该零件表面由 1 个曲面构成。工件尺寸 120mm×80mm×20mm（如图 3.8.20 投影粗加工实例二），无尺寸公差要求。尺寸标注完整，轮廓描述清楚。零件材料为已经加工成型的标准铝块，无热处理和硬度要求。

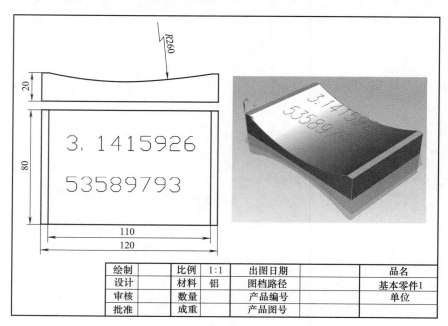

图 3.8.20　投影粗加工实例二

① 用 ϕ1R0.2 的圆鼻刀投影粗加工单线条文字；

② 根据加工要求，共需产生 1 次刀具路径。

2. 前期准备工作

（1）图形的导入　打开已绘制好的图形→按 F9 键打开坐标系→观察原点位置→然后再按 F9 键关闭。

（2）选择加工所使用的机床类型　选择主菜单【机床类型】→【铣床】→【默认】，进入铣床的加工模块。

（3）毛坯设置　在左侧的【刀路】面板中，打开【机床群组】→【属性】→【毛坯设置】→【机床群组属性】对话框→点击【选择对角】按钮→选择工件的左上角和右下角。

曲线投影的粗加工

3. 加工面的选择

选择主菜单【刀路】→【曲面粗切】→【投影】→弹出【选择工件形状】未定义→弹出对话框【输入新 NC 名称】→点击【确认】→选择待加工的曲面（如图 3.8.21 选择待加工的曲面）→【回车确认】→【干涉面】→选择待加工曲面的周围的曲面（如图 3.8.22 干涉面）→【曲线】→选择所有要加工的曲线（如图 3.8.23 选择所有要加工的曲线）。

图 3.8.21　选择待加工的曲面

图 3.8.22　干涉面

图 3.8.23　选择所有要加工的曲线

4. 刀具类型选择

在系统弹出的【曲面粗切流线】对话框→选择【刀具参数】选项卡→【刀具过滤】按钮→选择【全关】按钮，【刀具类型】→选择【圆鼻刀】→【确认】→【从刀库中选择】按钮→在【选择刀具】对话框中选择 ϕ1R0.2 的圆鼻刀（如图 3.8.24 刀具类型选择）。

5. 曲面参数设置

打开【曲面参数】对话框→【下刀位置】【增量坐标】2 →【加工面预留量】0.1（如图 3.8.25 曲面参数

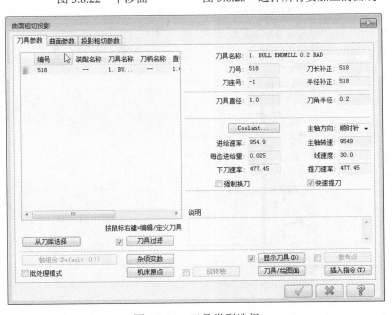
图 3.8.24　刀具类型选择

设置）。

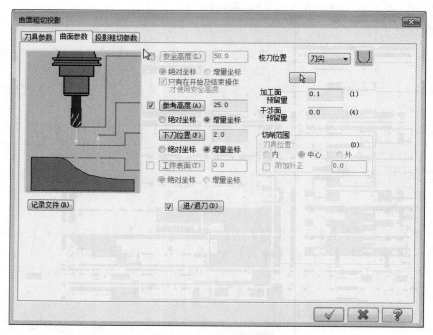

图 3.8.25　曲面参数设置

6. 投影粗切参数

打开【投影粗切参数】对话框→【Z 最大步进量】0.6 →勾选【两切削间提刀】→打开【间隙设置】对话框→勾选【切削顺序最优化】→【确定】→【确定】（如图 3.8.26 投影粗切参数）。

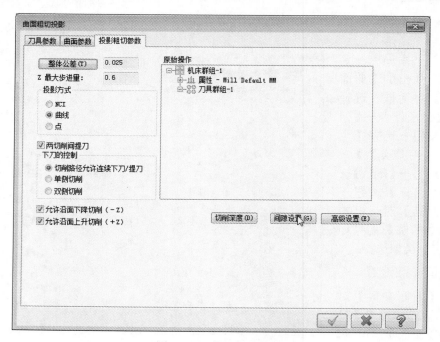

图 3.8.26　投影粗切参数

7. 生成刀路

此时已经生成刀路（如图 3.8.27 生成刀路）。

最终验证模拟

8. 实体验证模拟

选中所有的加工→打开【验证已选择的操作 🖫 】→【Mastercam 模拟】对话框→隐藏【刀柄】和【线框】→【调整速度】→【播放】→观察实体验证情况（如图 3.8.28 实体验证）。

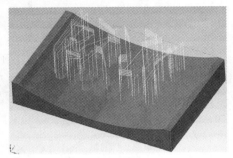

图 3.8.27　生成刀路

图 3.8.28　实体验证

第九节　粗加工相关知识点

一、粗加工的概念

粗加工是指原材料经过简单加工或初级加工而成的产品，一般是为半精加工、精加工做准备，便于后续加工过程更快、更方便进行，粗加工产品具有加工精度低，表面质量较差等特点（如图 3.9.1 粗加工后的零件状况）。粗加工是以快速切除毛坯余量为目的，在粗加工时应选用大的进给量和尽可能大的切削深度，以便在较短的时间内切除尽可能多的切屑。粗加工要求：粗加工对表面质量的要求不高，刀具的磨钝标准一般是切削力的明显增大。

图 3.9.1　粗加工后的零件状况

二、粗加工的作用

粗加工主要有以下几种作用（见表 3.9.1 粗加工的作用）。

表 3.9.1　粗加工的作用

序号	作　用
1	工件加工划分阶段后，粗加工可以大吃刀，大进给。而因其加工余量大、切削力大等因素形成的加工误差，可通过半精加工和机械精加工逐步得到纠正，保证加工质量
2	合理利用加工设备，粗加工和精加工对加工设备要求各不同，加工阶段划分后，充分发挥粗细加工设备的特点。合理利用设备，提高生产效率。粗加工设备功率大，效率高，刚性强。精加工设备精度高，误差小，满足图纸要求

序号	作　用
3	粗加工在先，能够及时发现工件毛坯缺陷。毛坯的各种缺陷如砂眼、气孔和加工余量不足等，在粗加工后即可发现，便于及时修补或决定报废，以免继续加工后造成工时和费用的浪费
4	合理安排冷热处理工序。工件热加工后残余应力比较大，粗、精加工分开，可安排时效消除残余应力，安排后续冷却后的精加工，可以消除其变形
5	粗加工安排在前，机械精加工、光整加工安排在后，可保护精加工和光整加工过的表面少受磨损

三、表面粗糙度与表面光洁度

1. 表面粗糙度

表面粗糙度（surface roughness）是指加工表面具有的较小间距和微小峰谷的不平度（如图 3.9.2 表面粗糙度各个概念示意图），其两波峰或两波谷之间的距离（波距）很小（在 1mm 以下），它属于微观几何形状误差（如图 3.9.3 微观几何观察零件表面），表面粗糙度越小，则表面越光滑。

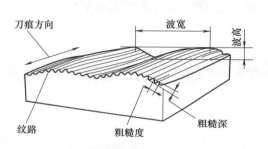

图 3.9.2　表面粗糙度各个概念示意图

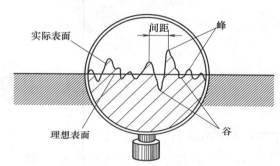

图 3.9.3　微观几何观察零件表面

表面粗糙度一般是由所采用的加工方法和其他因素所形成的，例如加工过程中刀具与零件表面间的摩擦、切屑分离时表面层金属的塑性变形以及工艺系统中的高频振动等。由于加工方法和工件材料的不同，被加工表面留下痕迹的深浅、疏密、形状和纹理都有差别。表面粗糙度与机械零件的配合性质、耐磨性、疲劳强度、接触刚度、振动和噪声等有密切关系，对机械产品的使用寿命和可靠性有重要影响。一般标注采用 Ra。

2. 表面光洁度

表面光洁度是表面粗糙度的另一称法。表面光洁度是按人的视觉观点提出来的，而表面粗糙度是按表面微观几何形状的实际提出来的。因为与国际标准（ISO）接轨，中国 20 世纪 80 年代后采用表面粗糙度而逐渐废止了表面光洁度。在表面粗糙度国家标准 GB 3505—83、GB 1031—83 颁布后，表面光洁度的已不再采用。

表面光洁度与表面粗糙度有相应的对照表（如图 3.9.4 光洁度对照样板规）。粗糙度有测量的计算公式，而光

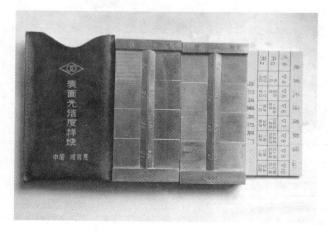

图 3.9.4　光洁度对照样板规

洁度只能用样板规对照。所以说粗糙度比光洁度更科学严谨。

四、表面粗糙度对零件的影响

表 3.9.2 列出了表面粗糙度对零件影响的种种因素。

表 3.9.2　表面粗糙度对零件影响因素

序号	内容	详 细 说 明
1	影响耐磨性	表面越粗糙，配合表面间的有效接触面积越小，压强越大，摩擦阻力越大，磨损就越快
2	影响配合的稳定性	对间隙配合来说，表面越粗糙，就越易磨损，使工作过程中间隙逐渐增大；对过盈配合来说，由于装配时将微观凸峰挤平，减小了实际有效过盈，降低了连接强度
3	影响疲劳强度	粗糙零件的表面存在较大的波谷，它们像尖角缺口和裂纹一样，对应力集中很敏感，从而影响零件的疲劳强度
4	影响耐腐蚀性	粗糙的零件表面，易使腐蚀性气体或液体通过表面的微观凹谷渗入到金属内层，造成表面腐蚀
5	影响密封性	粗糙的表面之间无法严密地贴合，气体或液体通过接触面间的缝隙渗漏
6	影响接触刚度	接触刚度是零件结合面在外力作用下，抵抗接触变形的能力。机器的刚度在很大程度上取决于各零件之间的接触刚度
7	影响测量精度	零件被测表面和测量工具测量面的表面粗糙度都会直接影响测量的精度，尤其是在精密测量时
8	其他影响	表面粗糙度对零件的镀涂层、导热性和接触电阻、反射能力和辐射性能、液体和气体流动的阻力、导体表面电流的流通等都会有不同程度的影响

五、表面粗糙度各级别对照表

表 3.9.3 列出了表面粗糙度各级别对照表。

表 3.9.3　表面粗糙度各级别对照表

级别	$Ra/\mu m$	表面状况	加工方法	应 用 举 例
1 级	≤ 100	明显可见的刀痕	粗车、镗、刨、钻	粗加工的表面，如粗车、粗刨、切断等表面，用粗镗刀和粗砂轮等加工的表面，一般很少采用
2 级	≤ 25、50	明显可见的刀痕	粗车、镗、刨、钻	粗加工后的表面，焊接前的焊缝、粗钻孔壁等
3 级	≤ 12.5	可见刀痕	粗车、刨、铣、钻	一般非结合表面，如轴的端面、倒角、齿轮及皮带轮的侧面、键槽的非工作表面、减重孔眼表面
4 级	≤ 6.3	可见加工痕迹	车、镗、刨、钻、铣、锉、磨、粗铰、铣齿	不重要零件的配合表面，如支柱、支架、外壳、衬套、轴、盖等的端面。紧固件的自由表面，紧固件通孔的表面，内、外花键的非定心表面，不作为计量基准的齿轮顶圈圆表面等
5 级	≤ 3.2	微见加工痕迹	车、镗、刨、铣、刮 1～2 点 /cm²、拉、磨、锉、滚压、铣齿	和其他零件连接不形成配合的表面，如箱体、外壳、端盖等零件的端面。要求有定心及配合特性的固定支承面，如定心的轴间，键和键槽的工作表面。不重要的紧固螺纹的表面。需要滚花或氧化处理的表面
6 级	≤ 1.6	看不清加工痕迹	车、镗、刨、铣、铰、拉、磨、滚压、刮 1～2 点 /cm²、铣齿	安装直径超过 80mm 的 G 级轴承的外壳孔，普通精度齿轮的齿面，定位销孔，V 型带轮的表面，外径定心的内花键外径，轴承盖的定中心凸肩表面

级别	$Ra/\mu m$	表面状况	加工方法	应 用 举 例
7 级	≤ 0.8	可辨加工痕迹的方向	车、镗、拉、磨、立铣、刮 3～10 点 /cm²、滚压	要求保证定心及配合特性的表面，如锥销与圆柱销的表面，与 G 级精度滚动轴承相配合的轴径和外壳孔，中速转动的轴径，直径超过 80mm 的 E、D 级滚动轴承配合的轴径及外壳孔，内、外花键的定心内径，外花键键侧及定心外径，过盈配合 IT7 级的孔（H7），间隙配合 IT8～IT9 级的孔（H8，H9），磨削的齿轮表面等
8 级	≤ 0.4	微辨加工痕迹的方向	铰、磨、镗、拉、刮 3～10 点 /cm²、滚压	要求长期保持配合性质稳定的配合表面，IT7 级的轴、孔配合表面，精度较高的齿轮表面，受变应力作用的重要零件，与直径小于 80mm 的 E、D 级轴承配合的轴径表面、与橡胶密封件接触的轴的表面，尺寸大于 120mm 的 IT13～IT16 级孔和轴用量规的测量表面
9 级	≤ 0.2	不可辨加工痕迹的方向	布轮磨、磨、研磨、超级加工	工作时受变应力作用的重要零件的表面。保证零件的疲劳强度、防腐性和耐久性，并在工作时不破坏配合性质的表面，如轴径表面、要求气密的表面和支承表面，圆锥定心表面。IT5、IT6 级配合表面、高精度齿轮的表面，与 G 级滚动轴承配合的轴径表面，尺寸大于 315mm 的 IT7～IT9 级级孔和轴用量规级尺寸大于 120～315mm 的 IT10～IT12 级孔和轴用量规的测量表面等
10 级	≤ 0.1	暗光泽面	超级加工	工作时承受较大变应力作用的重要零件的表面。保证精确定心的锥体表面。液压传动用的孔表面。汽缸套的内表面，活塞销的外表面，仪器导轨面，阀的工作面。尺寸小于 120mm 的 IT10～IT12 级孔和轴用量规测量面等
11 级	≤ 0.05	亮光泽面	超级加工	保证高度气密性的接合表面，如活塞、柱塞和汽缸内表面，摩擦离合器的摩擦表面。对同轴度有精确要求的孔和轴。滚动导轨中的钢球或滚子和高速摩擦的工作表面
12 级	≤ 0.025	镜面光泽面	超级加工	高压柱塞泵中柱塞和柱塞套的配合表面，中等精度仪器零件配合表面，尺寸大于 120mm 的 IT6 级孔用量规、小于 120mm 的 IT7～IT9 级轴用和孔用量规测量表面
13 级	≤ 0.012	雾状镜面	超级加工	仪器的测量表面和配合表面，尺寸超过 100mm 的块规工作面
14 级	≤ 0.0063	雾状表面	超级加工	块规的工作表面，高精度测量仪器的测量面，高精度仪器摩擦机构的支承表面

第十节 三维曲面粗加工实例

一、三维曲面粗加工实例一

加工前的工艺分析与准备

1. 工艺分析

工件图上的工件由两大块组成，第一部分就是底座，第二部分

三维曲面粗加工实例一

是上面圆弧状的凸台，在圆弧状的凸台中间还有一个凹下去的形状，凹下去的形状周边有 $R4$ 的倒角，从工件图上的剖视图可以看出，整个凸台部分很明显是一个曲线的部分，从侧面来看是一个弯曲的圆弧（如图 3.10.1 三维曲面粗加工实例一）。

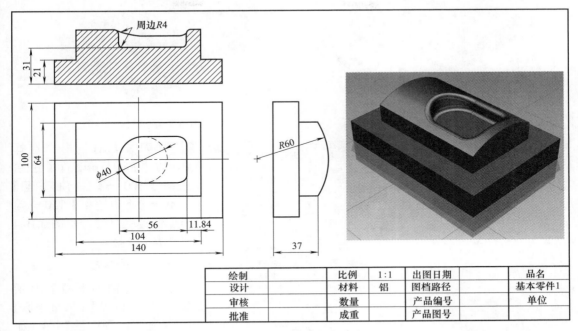

绘制		比例	1:1	出图日期		品名
设计		材料	铝	图档路径		基本零件1
审核		数量		产品编号		单位
批准		成重		产品图号		

图 3.10.1 三维曲面粗加工实例一

① $\phi10$ 的平底刀挖槽粗加工的开粗；
② $\phi6$ 的球刀等高外形粗加工中间凹槽区域；
③ 根据加工要求，共需产生 2 次刀具路径。

2. 前期准备工作

（1）图形的导入 打开已绘制好的图形→按 F9 键打开坐标系→观察原点位置→然后再按 F9 键关闭。

（2）选择加工所使用的机床类型 选择主菜单【机床类型】→【铣床】→【默认】，进入铣床的加工模块。

（3）毛坯设置 在左侧的【刀路】面板中，打开【机床群组】→【属性】→【毛坯设置】→【机床群组属性】对话框→点击【所有图形】按钮。

挖槽粗加工的开粗

3. 加工面的选择

选择主菜单【刀路】→【曲面粗切】→【挖槽】→弹出对话框【输入新 NC 名称】→点击【确认】→选择待加工的曲面（如图 3.10.2 选择待加工的曲面）→【回车确认】→【切削范围】→选择毛坯的四边（如图 3.10.3 切削范围）→【指定下刀点】→指定工件左下角的点。

4. 刀具类型选择

在系统弹出的【曲面粗切挖槽】对话框→选择【刀具参数】选项卡→【刀具过滤】按钮→选择【全关】按钮，【刀具类型】→选择【平底刀】→【确认】→【从刀库中选择】按钮→在

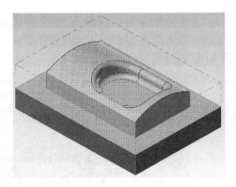
图 3.10.2　选择待加工的曲面

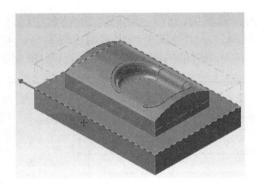
图 3.10.3　切削范围

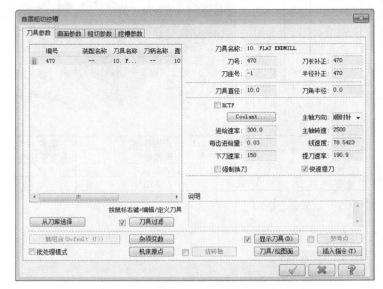
图 3.10.4　刀具类型选择

【选择刀具】对话框中选择
φ10 的平底刀→设置【进给
速率】300 →【主轴转速】
2500 →【下刀速率】150 →勾
选【快速提刀】（如图 3.10.4
刀具类型选择）。

5. 曲面参数

打开【曲面参数】对话
框→【下刀位置】【增量坐标】
2 →【加工面预留量】0.3（如
图 3.10.5 曲面参数）。

6. 粗切参数

打开【粗切参数】对话
框→【Z 最大步进量】2 →打
开【间隙设置】对话框→勾选

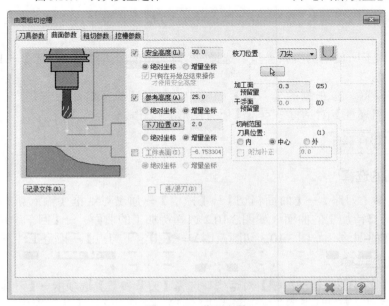
图 3.10.5　曲面参数

【切削顺序最优化】→【确定】（如图 3.10.6 粗切参数）。

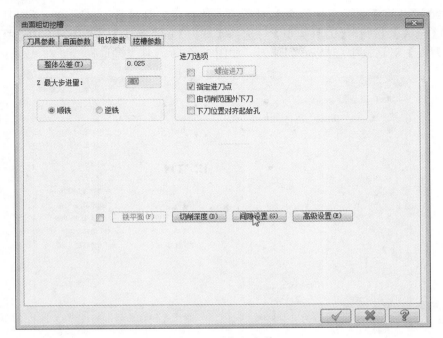

图 3.10.6　粗切参数

7. 生成刀路

此时已经生成刀路（如图 3.10.7 生成刀路）。

等高外形粗加工中间凹槽区域

8. 加工面的选择

选择主菜单【刀路】→【曲面粗切】→【等高】→弹出对话框【输入新 NC 名称】→点击【确认】→选择待加工的曲面（如图 3.10.8 选择待加工的曲面）→【回车确认】→【干涉面】→选择待加工曲面的周围的曲面（如图 3.10.9 干涉面）→【切削范围】→选择毛坯的四边→【指定下刀点】→指定工件左下角的点（如图 3.10.10 切削范围）。

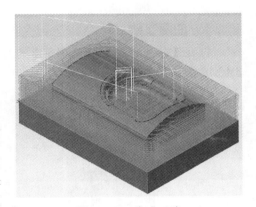

图 3.10.7　生成刀路

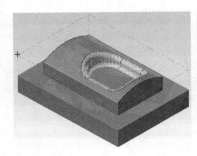

图 3.10.8　选择待加工的曲面

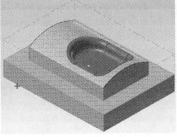

图 3.10.9　干涉面

图 3.10.10　切削范围

9. 刀具类型选择

在系统弹出的【曲面粗切等高】对话框→选择【刀具参数】选项卡→【刀具过滤】按钮→选择【全关】按钮，【刀具类型】→选择【球刀】→【确认】→【从刀库中选择】按钮→在【选择刀具】对话框中选择 φ6 的球刀（如图 3.10.11 刀具类型选择）。

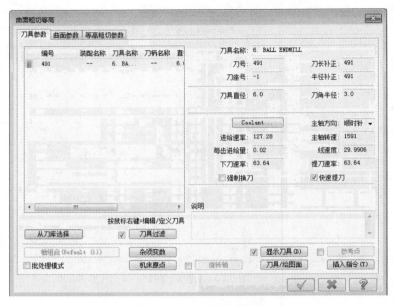

图 3.10.11　刀具类型选择

10. 曲面参数

打开【曲面参数】对话框→【下刀位置】【增量坐标】2 →【加工面预留量】0.2（如图 3.10.12 曲面参数）。

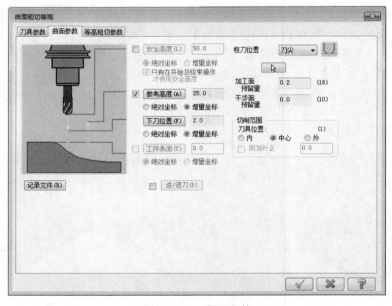

图 3.10.12　曲面参数

11. 等高粗切参数

打开【等高粗切参数】对话框→【Z 最大步进量】1→勾选【切削排序最佳化】→【确定】（如图 3.10.13 等高粗切参数）。

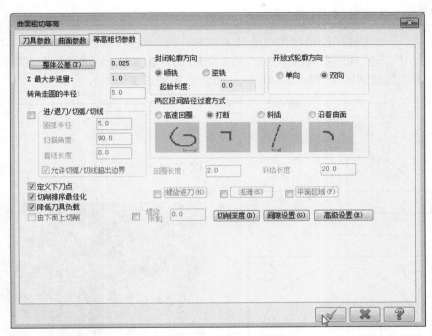

图 3.10.13　等高粗切参数

12. 生成刀路

此时已经生成刀路（如图 3.10.14 生成刀路）。

最终验证模拟

13. 实体验证模拟

选中所有的加工→打开【验证已选择的操作 🐷】→【Mastercam 模拟】对话框→隐藏【刀柄】和【线框】→【调整速度】→【播放】→观察实体验证情况。

挖槽粗加工的开粗（如图 3.10.15 挖槽粗加工的开粗），等高外形粗加工中间凹槽区域（如图 3.10.16 等高外形粗加工中间凹槽区域）。

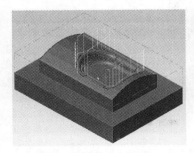

图 3.10.14　生成刀路

图 3.10.15　挖槽粗加工的开粗

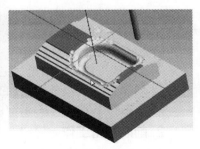

图 3.10.16　等高外形粗加工中间凹槽区域

三维曲面粗加
工实例二

二、三维曲面粗加工实例二

加工前的工艺分析与准备

1. 工艺分析

　　工件图的形状构成分几大部分，第一底座，第二四个通孔，第三中间的圆形区域，中间圆形的区域由 *SR*60 的球和 *SR*40 的球进行差集所得到，在中间还有一个十字形状的区域（如图 3.10.17 三维曲面粗加工实例二）。

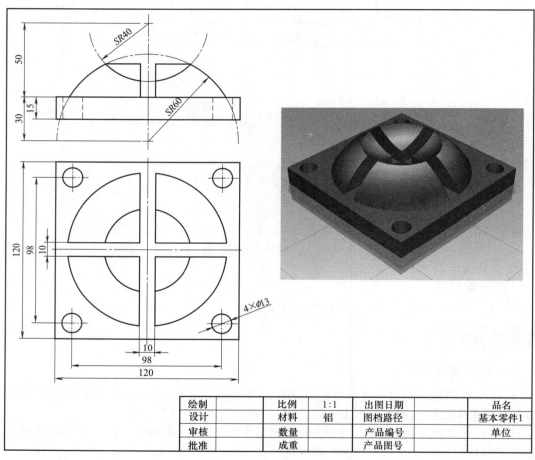

绘制		比例	1:1	出图日期		品名	
设计		材料	铝	图档路径		基本零件1	
审核		数量		产品编号		单位	
批准		成重		产品图号			

图 3.10.17　三维曲面粗加工实例二

　　工件尺寸 120mm×120mm，无尺寸公差要求。尺寸标注完整，轮廓描述清楚。零件材料为已经加工成型的标准铝块，无热处理和硬度要求。

　　① ϕ10 的平底刀挖槽粗加工的开粗；

　　② ϕ8 的球刀等高外形粗加工中间球形区域；

　　③ 根据加工要求，共需产生 2 次刀具路径。

2. 前期准备工作

　　（1）图形的导入　打开已绘制好的图形→按 F9 键打开坐标系→观察原点位置→然后再按 F9 键关闭。

（2）选择加工所使用的机床类型　选择主菜单【机床类型】→【铣床】→【默认】，进入铣床的加工模块。

（3）毛坯设置　在左侧的【刀路】面板中，打开【机床群组】→【属性】→【毛坯设置】→【机床群组属性】对话框→点击【所有图形】按钮。

挖槽粗加工的开粗

3. 加工面的选择

选择主菜单【刀路】→【曲面粗切】→【挖槽】→弹出对话框【输入新 NC 名称】→点击【确认】→选择待加工的曲面（如图 3.10.18 选择待加工的曲面）→【回车确认】→【切削范围】→选择毛坯的四边（如图 3.10.19 切削范围）→【指定下刀点】→指定工件左下角的点。

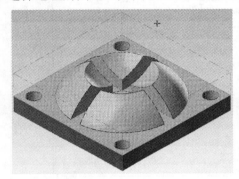

图 3.10.18　选择待加工的曲面　　　　　图 3.10.19　切削范围

4. 刀具类型选择

在系统弹出的【曲面粗切挖槽】对话框→选择【刀具参数】选项卡→【刀具过滤】按钮→选择【全关】按钮，【刀具类型】→选择【平底刀】→【确认】→【从刀库中选择】按钮→在【选择刀具】对话框中选择 $\phi 10$ 的平底刀→设置【进给速率】300 →【主轴转速】2000 →【下刀速率】150 →勾选【快速提刀】（如图 3.10.20 刀具类型选择）。

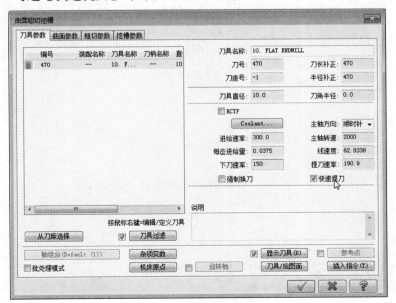

图 3.10.20　刀具类型选择

5. 曲面参数

打开【曲面参数】对话框→【下刀位置】【增量坐标】2 →【加工面预留量】0.3（如图 3.10.21 曲面参数）。

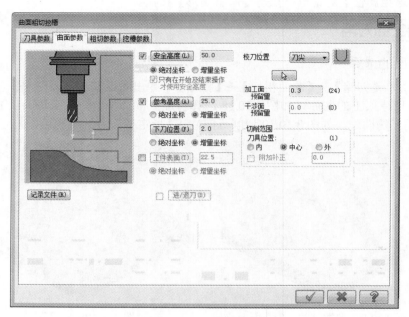

图 3.10.21　曲面参数

6. 粗切参数

打开【粗切参数】对话框→【Z 最大步进量】3 →打开【间隙设置】对话框→勾选【切削顺序最优化】→【确定】（如图 3.10.22 粗切参数）。

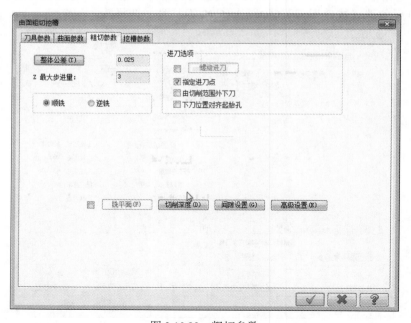

图 3.10.22　粗切参数

7. 挖槽参数

打开【挖槽参数】对话框→勾选【粗切】→【高速切削】→勾选【精修】→【次】1→【间距】1→【确定】（如图 3.10.23 挖槽参数）。

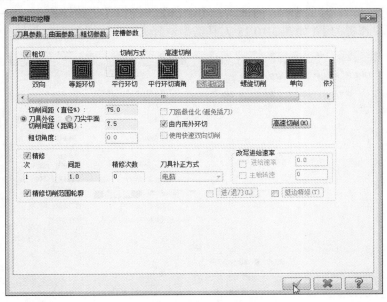

图 3.10.23　挖槽参数

8. 生成刀路

此时已经生成刀路（如图 3.10.24 生成刀路）。

等高外形粗加工中间球形区域

9. 加工面的选择

选择主菜单【刀路】→【曲面粗切】→【等高】→弹出对话框【输入新 NC 名称】→点击【确认】→选择待加工的曲面（如图 3.10.25 选择待加工的曲面）→【回车确认】→【干涉面】→选择待加工曲面的周围的曲面（如图 3.10.26 干涉面）→【切削范围】→选择毛坯的四边（如图 3.10.27 切削范围）→【指定下刀点】→指定圆心的点。

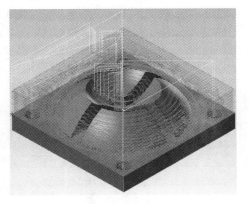

图 3.10.24　生成刀路

图 3.10.25　选择待加工的曲面

图 3.10.26　干涉面

图 3.10.27　切削范围

10. 刀具类型选择

在系统弹出的【曲面粗切等高】对话框→选择【刀具参数】选项卡→【刀具过滤】按钮→选择【全关】按钮，【刀具类型】→选择【球刀】→【确认】→【从刀库中选择】按钮→在【选择刀具】对话框中选择 φ8 的球刀→【确认】→设置【进给速率】350 →【主轴转速】2500 →勾选【快速提刀】（如图 3.10.28 刀具类型选择）。

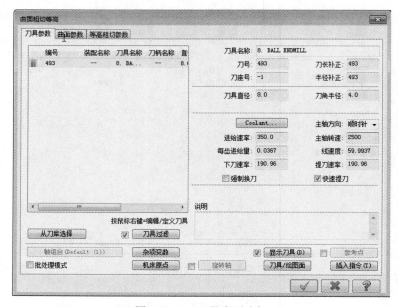

图 3.10.28　刀具类型选择

11. 曲面参数

打开【曲面参数】对话框→【下刀位置】【增量坐标】3 →【加工面预留量】0.2（如图 3.10.29 曲面参数）。

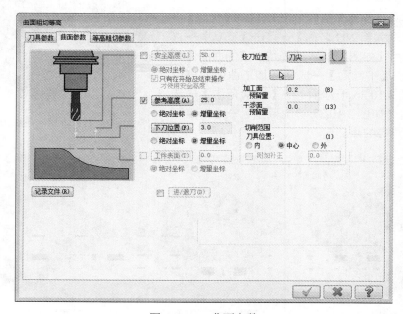

图 3.10.29　曲面参数

12. 等高粗切参数

打开【等高粗切参数】对话框→【Z 最大步进量】1.5 →勾选【切削排序最佳化】→【确定】（如图 3.10.30 等高粗切参数）。

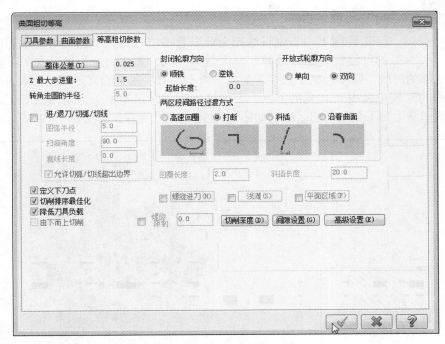

图 3.10.30　等高粗切参数

13. 生成刀路

此时已经生成刀路（如图 3.10.31 生成刀路）。

（最终验证模拟）

14. 实体验证模拟

选中所有的加工→打开【验证已选择的操作 🔧】→【Mastercam 模拟】对话框→隐藏【刀柄】和【线框】→【调整速度】→【播放】→观察实体验证情况。

挖槽粗加工的开粗（如图 3.10.32 挖槽粗加工的开粗），等高外形粗加工中间球形区域（如图 3.10.33 等高外形粗加工中间球形区域）。

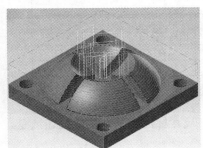

图 3.10.31　生成刀路

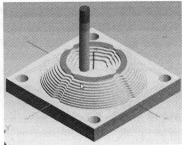

图 3.10.32　挖槽粗加工的开粗

图 3.10.33　等高外形粗加工中间
球形区域

三维曲面粗加工
实例三

三、三维曲面粗加工实例三

加工前的工艺分析与准备

1. 工艺分析

工件图上由右侧三维图上可以看出，它由一个椭圆形的相间区域、圆弧的过渡的陡面区域和一个大斜面构成，那么由这个题目我们可以很明显想到在做底部的时候，需要用到平底刀，如果不用平底刀，底下的直角是无法做出来的，那么做到侧面的时候可以用到 R 角的刀具，在做壁加工的时候基本上也是用到平底刀做侧壁的加工，侧壁从上到下到底面的区域（如图 3.10.34 三维曲面粗加工实例三）。

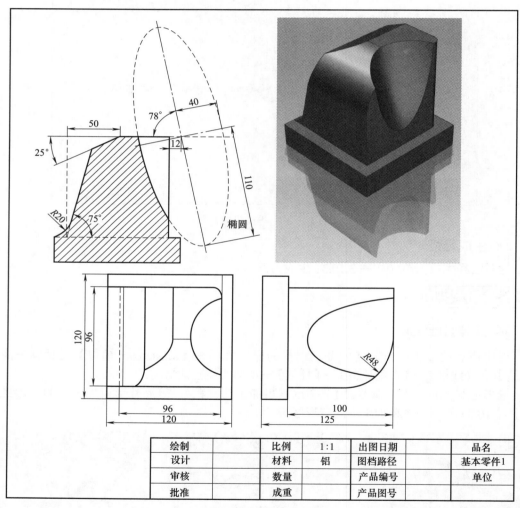

绘制		比例	1:1	出图日期		品名	
设计		材料	铝	图档路径		基本零件1	
审核		数量		产品编号		单位	
批准		成重		产品图号			

图 3.10.34　三维曲面粗加工实例三

工件尺寸 120mm×120mm×125mm，无尺寸公差要求。尺寸标注完整，轮廓描述清楚。零件材料为已经加工成型的标准铝块，无热处理和硬度要求。

① 用 $\phi10$ 的球刀平行铣削粗加工曲面的区域；

② 根据加工要求，共需产生 1 次刀具路径。

2. 前期准备工作

（1）图形的导入　打开已绘制好的图形→按 F9 键打开坐标系→观察原点位置→然后再按 F9 键关闭。

（2）选择加工所使用的机床类型　选择主菜单【机床类型】→【铣床】→【默认】，进入铣床的加工模块。

（3）毛坯设置　在左侧的【刀路】面板中，打开【机床群组】→【属性】→【毛坯设置】→【机床群组属性】对话框→点击【所有图形】按钮→【确定】。

挖槽粗加工的开粗

3. 加工面的选择

选择主菜单【刀路】→【曲面粗切】→【挖槽】→弹出对话框【输入新 NC 名称】→点击【确认】→选择待加工的曲面（如图 3.10.35 选择待加工的曲面）→【回车确认】→【切削范围】→选择毛坯的四边（如图 3.10.36 切削范围）→【指定下刀点】→指定工件左下角的点。

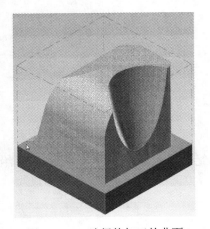

图 3.10.35　选择待加工的曲面

图 3.10.36　切削范围

4. 刀具类型选择

在系统弹出的【曲面粗切挖槽】对话框→选择【刀具参数】选项卡→【刀具过滤】按钮→选择【全关】按钮，【刀具类型】→选择【平底刀】→【确认】→【从刀库中选择】按钮→在【选择刀具】对话框中选择 ϕ10 的平底刀→【确认】→设置【进给速率】350 →【主轴转速】2000 →【下刀速率】150 →勾选【快速提刀】（如图 3.10.37 刀具类型选择）。

双击刀具→进入【定义平底刀】对话框→设置【总长

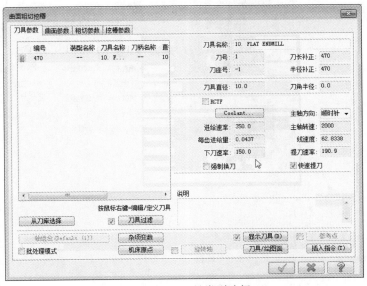

图 3.10.37　刀具类型选择

度】110，防止刀柄碰撞工件（如图 3.10.38 定义平底刀）。

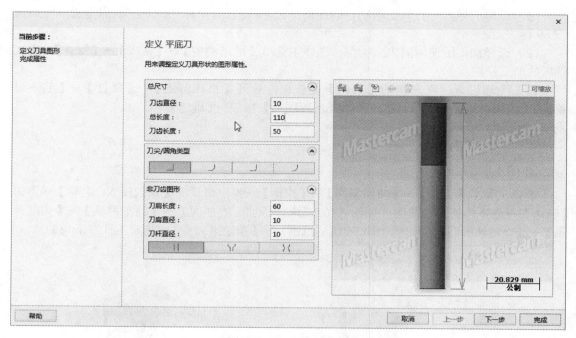

图 3.10.38　定义平底刀

5. 曲面参数

打开【曲面参数】对话框→【安全高度】【绝对坐标】10→【参考高度】【绝对坐标】5→【下刀位置】【增量坐标】2→【加工面预留量】0.3（如图 3.10.39 曲面参数）。

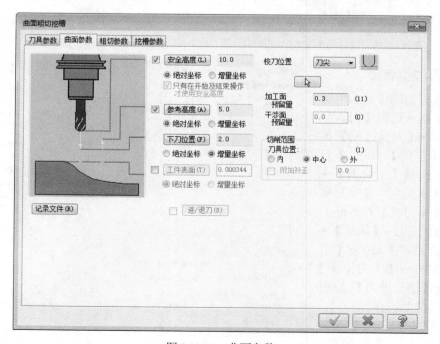

图 3.10.39　曲面参数

6. 粗切参数

打开【粗切参数】对话框→【Z 最大步进量】3→打开【间隙设置】对话框→勾选【切削顺序最优化】→【确定】（如图 3.10.40 粗切参数）。

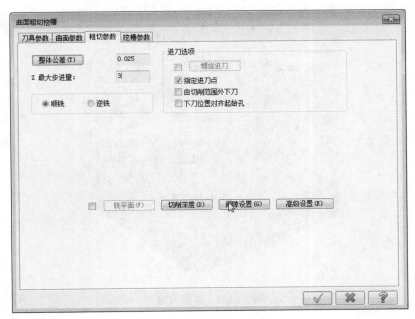

图 3.10.40　粗切参数

7. 挖槽参数

打开【挖槽参数】对话框→勾选【粗切】→【高速切削】→取消勾选【精修】【确定】（如图 3.10.41 挖槽参数）。

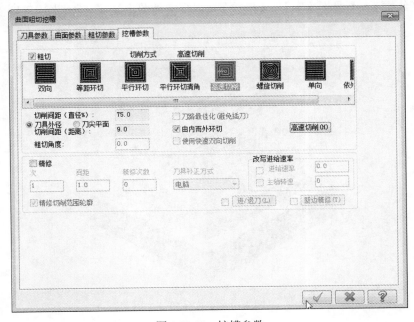

图 3.10.41　挖槽参数

8. 生成刀路

此时已经生成刀路（如图 3.10.42 生成刀路）。

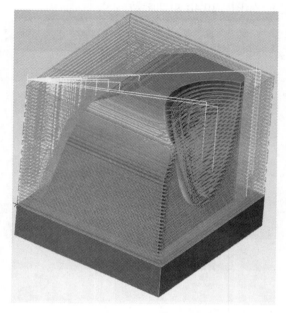

图 3.10.42　生成刀路

最终验证模拟

9. 实体验证模拟

选中所有的加工→打开【验证已选择的操作 】→【Mastercam 模拟】对话框→隐藏【刀柄】和【线框】→【调整速度】→【播放】→观察实体验证情况（如图 3.10.43 实体验证）。

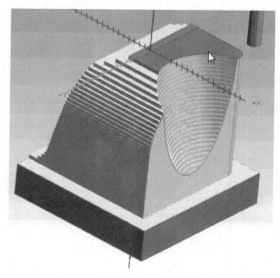

图 3.10.43　实体验证

第四章

三维曲面精加工

第一节　平行铣削精加工

平行精加工是以指定的角度产生平行的刀具切削路径。刀具路径相互平行，在加工比较平坦的曲面，此刀具路径加工的效果非常好，精度也比较高。

一、平行铣削精加工入门实例

加工前的工艺分析与准备

1. 工艺分析

该零件表面由 1 个曲面构成（如图 4.1.1 平行铣削精加工入门实例）。工件尺寸 100mm×70mm×30mm，无尺寸公差要求。尺寸标注完整，轮廓描述清楚。零件材料为已经加工成型的标准铝块，无热处理和硬度要求。之前已进行了粗加工的操作。

平行铣削精加工
入门实例

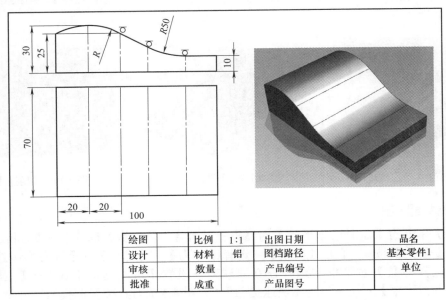

图 4.1.1　平行铣削精加工入门实例

① 用 $\phi10$ 的球刀平行铣削精加工曲面的区域；

② 根据加工要求，共需产生 1 次刀具路径。

2. 前期准备工作

（1）图形的导入　打开之前已做好粗加工的加工图形（如图 4.1.2 图形的导入）。

（2）进行实体验证模拟　观察粗加工后毛坯剩余状况（如图 4.1.3 实体验证）。

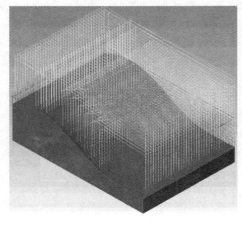
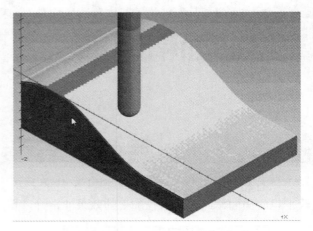

图 4.1.2　图形的导入　　　　　　　　　　　图 4.1.3　实体验证

平行铣削精加工顶部曲面

3. 加工面的选择

选择主菜单【刀路】→【曲面精修】→【平行】→弹出【选择工件形状】未定义→弹出对话框【输入新 NC 名称】→点击【确认】→选择待加工的曲面（如图 4.1.4 选择待加工的曲面）→【回车确认】→【干涉面】→选择待加工曲面的周围的曲面（如图 4.1.5 干涉面）→【切削范围】→选择毛坯的四边（如图 4.1.6 切削范围）→【指定下刀点】→指定工件左下角的点。

图 4.1.4　选择待加工的曲面　　　　图 4.1.5　干涉面　　　　图 4.1.6　切削范围

4. 刀具类型选择

在系统弹出的【曲面精修平行】对话框→选择【刀具参数】选项卡→【刀具过滤】按钮→选择【全关】按钮，【刀具类型】→选择【球刀】→【确认】→【从刀库中选择】按钮→在【选择刀具】对话框中选择 $\phi10$ 的球刀→设置【进给速率】200 →【主轴转速】3000 →【下刀速率】150 →勾选【快速提刀】（如图 4.1.7 刀具类型选择）。

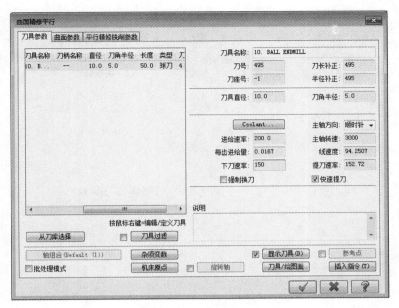

图 4.1.7 刀具类型选择

5. 曲面参数设置

打开【曲面参数】对话框→【下刀位置】【增量坐标】2 →【加工面预留量】0（如图 4.1.8 曲面参数设置）。

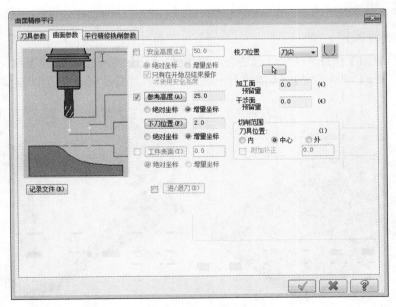

图 4.1.8 曲面参数设置

6. 平行精修铣削参数

打开【平行精修铣削参数】对话框→【最大切削间距】0.5 →【加工角度】30 →打开【间隙设置】对话框→勾选【切削顺序最优化】→【确定】→【确定】（如图 4.1.9 平行精修铣削参数）。

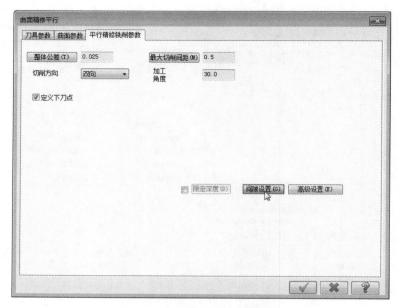

图 4.1.9　平行精修铣削参数

7. 生成刀路

此时已经生成刀路（如图 4.1.10 生成刀路）。

最终验证模拟

8. 实体验证模拟

选中所有的加工→打开【验证已选择的操作 ▦】→【Mastercam 模拟】对话框→隐藏【刀柄】和【线框】→【调整速度】→【播放】→观察实体验证情况（如图 4.1.11 实体验证）。

图 4.1.10　生成刀路

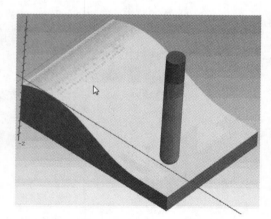

图 4.1.11　实体验证

二、平行铣削精加工的参数设置

选择【刀具路径】→【曲面精修】→【平行】菜单命令→选取工件形状和要加工的曲面→【确定】→弹出【平行精修铣削参数】对话框（如图 4.1.12 平行精修铣削参数）。

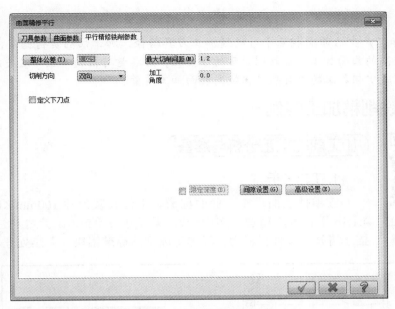

图 4.1.12　平行精修铣削参数

其各选项讲解见表 4.1.1 平行精修铣削参数。

表 4.1.1　平行精修铣削参数

序号	名称	详细说明		
1	整体公差	设定刀具路径与曲面之间的误差。误差值越大，计算速度越快，但精度越差。误差值越小，计算速度越慢，但可以获得高的精度		
2	最大切削间距	设定刀具路径之间的距离，此处精加工采用球刀，所以间距要设小一些。单击【最大切削间距】按钮，弹出【最大切削间距】对话框（如图 4.1.13 最大切削间距）。该对话框还提供了平坦区域和在 45°斜面区域产生的残脊高度供用户参考	图 4.1.13　最大切削间距	
3	切削方向	设定曲面加工平行铣削刀具路径的切削方式，有单向切削和双向切削方式		
		双向	以来回两方向切削工件（如图 4.1.14 双向）	
		单向	单方向切削，以一方向切削后，快速提刀，提刀到参考点再平移到起点后再下刀。单向抬刀的次数比较多（如图 4.1.15 单向）	
		图 4.1.14　双向	图 4.1.15　单向	
4	加工角度	设定刀具路径的切削方向与当前 X 轴的角度，以逆时针为正，顺时针为负		
5	定义下刀点	如启用该复选框，系统会要求选取或输入下刀点位置，刀具从最接近选取点进刀		

★★★ 经验总结 ★★★

平行精加工产生沿曲面相互平行的精加工刀具路径，加工切削负荷稳定，常用于一些精度要求比较高的曲面加工。在切削角度的设置上，应尽量与粗加工呈一定夹角，或相互垂直。这样可以减少粗加工的刀具痕迹，提高表面加工质量。

三、平行铣削精加工实例一

平行铣削精加工
实例一

加工前的工艺分析与准备

1. 工艺分析

该零件表面由 1 个曲面构成。工件长宽尺寸 100mm×80mm（如图 4.1.16 平行铣削精加工实例一），无尺寸公差要求。尺寸标注完整，轮廓描述清楚。零件材料为已经加工成型的标准铝块，无热处理和硬度要求。

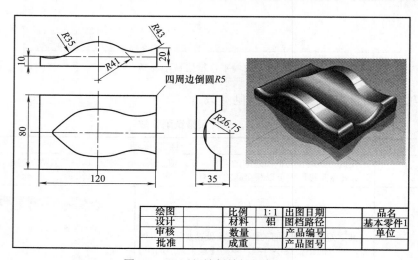

图 4.1.16　平行铣削精加工实例一

① φ8 的球刀挖槽粗加工的开粗顶部曲面；

② φ8 的球刀平行铣削精加工顶部曲面；

③ 根据加工要求，共需产生 2 次刀具路径。

2. 前期准备工作

（1）图形的导入　打开已绘制好的图形→按 F9 键打开坐标系→观察原点位置→然后再按 F9 键关闭。

（2）选择加工所使用的机床类型　选择主菜单【机床类型】→【铣床】→【默认】，进入铣床的加工模块。

（3）毛坯设置　在左侧的【刀路】面板中，打开【机床群组】→【属性】→【毛坯设置】→【机床群组属性】对话框→点击【所有图形】按钮。

挖槽粗加工的开粗

3. 加工面的选择

选择主菜单【刀路】→【曲面粗切】→【挖槽】→弹出对话框【输入新 NC 名称】→点击

【确认】→选择待加工的曲面（如图 4.1.17 选择待加工的曲面）→【回车确认】→【切削范围】→
选择毛坯的四边（如图 4.1.18 切削范围）→【指定下刀点】→指定工件左下角的点。

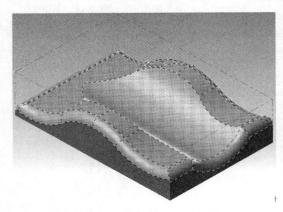

图 4.1.17　选择待加工的曲面

图 4.1.18　切削范围

4. 刀具类型选择

在系统弹出的【曲面粗切挖槽】对话框→选择【刀具参数】选项卡→【刀具过滤】按钮→
选择【全关】按钮，【刀具类型】→选择【球刀】→【确认】→【从刀库中选择】按钮→在【选
择刀具】对话框中选择 $\phi8$ 的球刀（如图 4.1.19 刀具类型选择）。

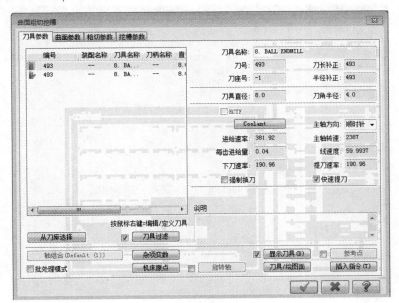

图 4.1.19　刀具类型选择

5. 曲面参数

打开【曲面参数】对话框→【下刀位置】【增量坐标】2 →【加工面预留量】0.2（如图 4.1.20 曲
面参数）。

6. 粗切参数

打开【粗切参数】对话框→【Z 最大步进量】2.5 →打开【间隙设置】对话框→勾选【切

削顺序最优化】→【确定】（如图 4.1.21 粗切参数）。

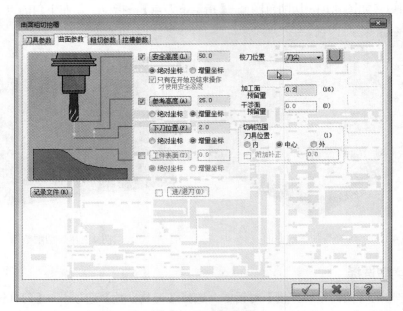

图 4.1.20　曲面参数

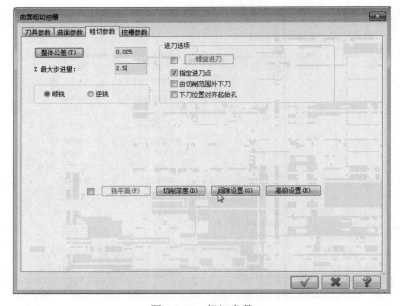

图 4.1.21　粗切参数

7. 挖槽参数

打开【挖槽参数】对话框→勾选【粗切】→【高速切削】→取消勾选【精修】→【确定】（如图 4.1.22 挖槽参数）。

8. 生成刀路

此时已经生成刀路（如图 4.1.23 生成刀路）。

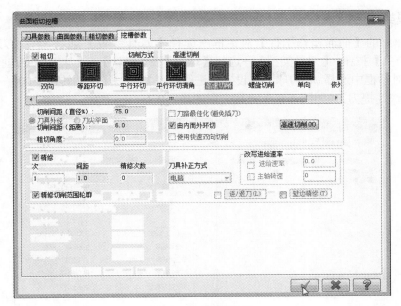

图 4.1.22 挖槽参数

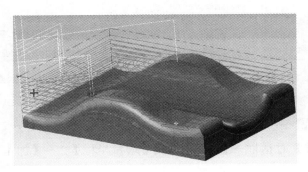

图 4.1.23 生成刀路

平行铣削精加工顶部曲面

9. 加工面的选择

选择主菜单【刀路】→【曲面精修】→【平行】→弹出【选择工件形状】未定义→弹出对话框【输入新 NC 名称】→点击【确认】→选择待加工的曲面（如图 4.1.24 选择待加工的曲面）→【回车确认】→【干涉面】→选择待加工曲面的周围的曲面（如图 4.1.25 干涉面）→【切削范围】→选择毛坯的四边（如图 4.1.26 切削范围）→【指定下刀点】→指定工件左下角的点。

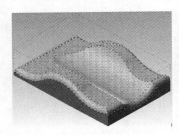

图 4.1.24 选择待加工的曲面

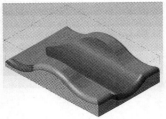

图 4.1.25 干涉面

图 4.1.26 切削范围

10. 刀具类型选择

在系统弹出的【曲面精修平行】对话框→选择【刀具参数】选项卡→【刀具过滤】按钮→选择【全关】按钮，【刀具类型】→选择【球刀】→【确认】→【从刀库中选择】按钮→在【选择刀具】对话框中选择 φ8 的球刀→设置【进给速率】200→【主轴转速】3000→【下刀速率】150→勾选【快速提刀】（如图 4.1.27 刀具类型选择）。

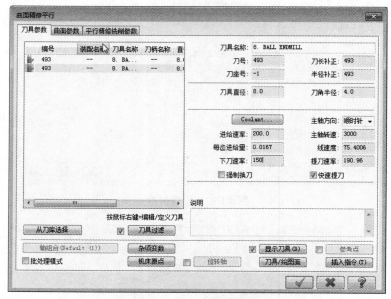

图 4.1.27　刀具类型选择

11. 曲面参数设置

打开【曲面参数】对话框→【下刀位置】【增量坐标】2→【加工面预留量】0（如图4.1.28 曲面参数设置）。

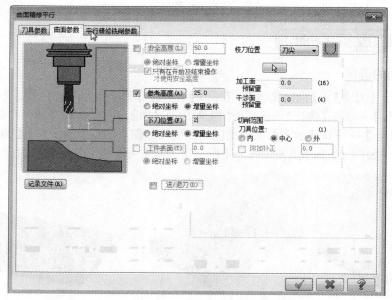

图 4.1.28　曲面参数设置

12. 平行精修铣削参数

打开【平行精修铣削参数】对话框→【最大切削间距】0.4→【加工角度】30→打开【间隙设置】对话框→勾选【切削顺序最优化】→【确定】→【确定】（如图 4.1.29 平行精修铣削参数）。

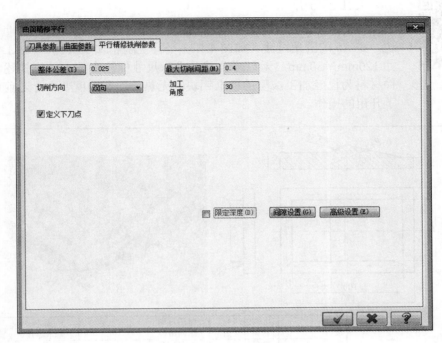

图 4.1.29　平行精修铣削参数

13. 生成刀路

此时已经生成刀路（如图 4.1.30 生成刀路）。

【最终验证模拟】

14. 实体验证模拟

选中所有的加工→打开【验证已选择的操作 】→【Mastercam 模拟】对话框→隐藏【刀柄】和【线框】→【调整速度】→【播放】→观察实体验证情况。

挖槽粗加工的开粗（如图 4.1.31 挖槽粗加工的开粗），平行铣削精加工顶部曲面（如图 4.1.32 平行铣削精加工顶部曲面）。

图 4.1.30　生成刀路

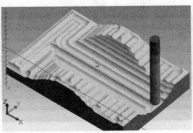
图 4.1.31　挖槽粗加工的开粗

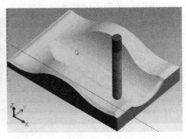
图 4.1.32　平行铣削精加工顶部曲面

四、平行铣削精加工实例二

加工前的工艺分析与准备

平行铣削精加工
实例二

1. 工艺分析

工件图的基本形状，从侧面上看基本上是由曲面构成的，下右的三边，是 R5 的圆角过渡（如图 4.1.33 平行铣削精加工实例二）。工件长宽尺寸 120mm×80mm，无尺寸公差要求。尺寸标注完整，轮廓描述清楚。零件材料为已经加工成型的标准铝块，无热处理和硬度要求。之前已经进行了开粗的操作。

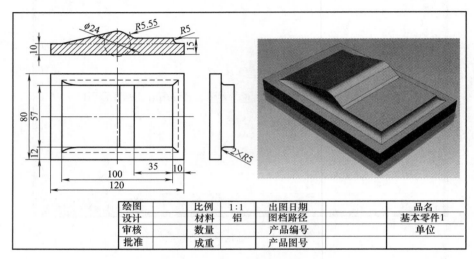

绘图		比例	1:1	出图日期		品名	
设计		材料	铝	图档路径		基本零件1	
审核		数量		产品编号		单位	
批准		成重		产品图号			

图 4.1.33　平行铣削精加工实例二

① 用 φ8 的球刀平行铣削精加工曲面的剩余的区域；
② 根据加工要求，共需产生 1 次刀具路径。

2. 前期准备工作

（1）图形的导入　打开之前已做好粗加工的加工图形（如图 4.1.34 图形的导入）。
（2）进行实体验证模拟　观察粗加工后毛坯剩余状况（如图 4.1.35 实体验证）。

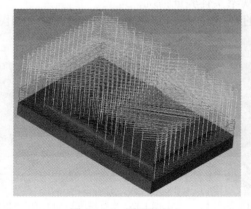

图 4.1.34　图形的导入

图 4.1.35　实体验证

平行铣削精加工顶部曲面

3. 加工面的选择

选择主菜单【刀路】→【曲面精修】→【平行】→弹出【选择工件形状】未定义→弹出对话框【输入新 NC 名称】→点击【确认】→选择待加工的曲面（如图 4.1.36 加工面的选择）→【回车确认】→【干涉面】→选择待加工曲面的周围的曲面（如图 4.1.37 干涉面）→【切削范围】→选择毛坯的四边（如图 4.1.38 切削范围）→【指定下刀点】→指定工件下侧的点。

图 4.1.36　加工面的选择

图 4.1.37　干涉面

图 4.1.38　切削范围

4. 刀具类型选择

在系统弹出的【曲面精修平行】对话框→选择【刀具参数】选项卡→【刀具过滤】按钮→选择【全关】按钮，【刀具类型】→选择【球刀】→【确认】→【从刀库中选择】按钮→在【选择刀具】对话框中选择 $\phi8$ 的球刀（如图 4.1.39 刀具类型选择）。

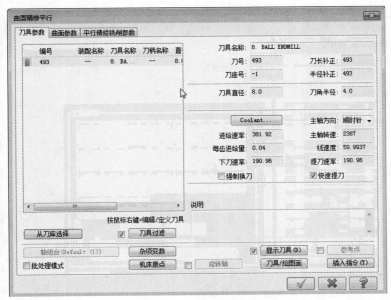

图 4.1.39　刀具类型选择

5. 曲面参数设置

打开【曲面参数】对话框→【下刀位置】【增量坐标】2 →【加工面预留量】0（如图 4.1.40 曲面参数设置）。

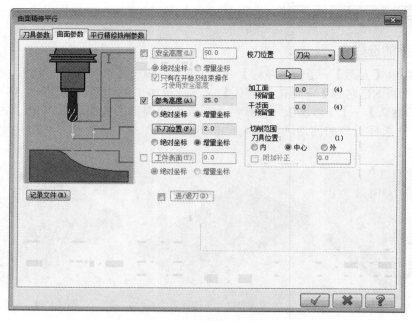

图 4.1.40　曲面参数设置

6. 平行精修铣削参数

打开【平行精修铣削参数】对话框→【最大切削间距】0.4→【加工角度】30→打开【间隙设置】对话框→勾选【切削顺序最优化】→【确定】→【确定】（如图 4.1.41 平行精修铣削参数）。

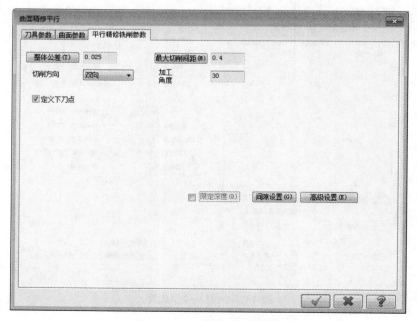

图 4.1.41　平行精修铣削参数

7. 生成刀路

此时已经生成刀路（如图 4.1.42 生成刀路）。

8. 实体验证模拟

选中所有的加工→打开【验证已选择的操作 】→【Mastercam 模拟】对话框→隐藏【刀柄】和【线框】→【调整速度】→【播放】→观察实体验证情况（如图 4.1.43 实体验证）。

图 4.1.42 生成刀路

图 4.1.43 实体验证

第二节 等高外形精加工

等高外形精加工适用于陡斜面加工，在工件上产生沿等高线分布的刀具路径，相当于将工件沿 Z 轴进行等分。等高外形除了可以沿 Z 轴等分外，还可以沿外形等分。

一、等高外形精加工入门实例

加工前的工艺分析与准备

等高外形精加工
入门实例

1. 工艺分析

该零件表面由扇形形状凹槽构成。工件尺寸 100mm×100mm×70mm（如图 4.2.1 等高外形精加工入门实例），无尺寸公差要求。尺寸标

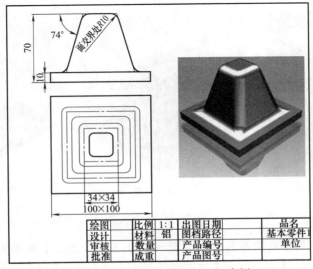

图 4.2.1 等高外形精加工入门实例

339

注完整，轮廓描述清楚。零件材料为已经加工成型的标准铝块，无热处理和硬度要求。之前已进行了挖槽粗加工和等高外形粗加工。

① 用 φ12 的球刀等高外形精加工曲面陡峭区域；

② 根据加工要求，共需产生 1 次刀具路径。

2. 前期准备工作

（1）图形的导入　打开之前已做好粗加工的加工图形（如图 4.2.2 图形的导入）。

（2）进行实体验证模拟　观察粗加工后毛坯剩余状况（如图 4.2.3 实体验证）。

 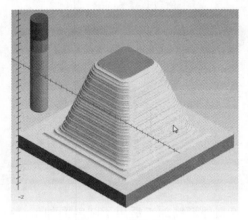

图 4.2.2　图形的导入　　　　　　　　　　图 4.2.3　实体验证

等高外形精加工陡斜面

3. 加工面的选择

选择主菜单【刀路】→【曲面精修】→【等高】→弹出对话框【输入新 NC 名称】→点击【确认】→选择待加工的曲面（如图 4.2.4 加工面的选择）→【回车确认】→【干涉面】→选择待加工曲面的周围的曲面（如图 4.2.5 干涉面）→【切削范围】→选择毛坯的四边（如图 4.2.6 切削范围）→【指定下刀点】→指定工件左下角的点。

图 4.2.4　加工面的选择　　　　图 4.2.5　干涉面　　　　图 4.2.6　切削范围

4. 刀具类型选择

在系统弹出的【曲面精修等高】对话框→选择【刀具参数】选项卡→【刀具过滤】按钮→选择【全关】按钮，【刀具类型】→选择【球刀】→【确认】→【从刀库中选择】按钮→

在【选择刀具】对话框中选择 $\phi 12$ 的球刀（如图 4.2.7 刀具类型选择）。

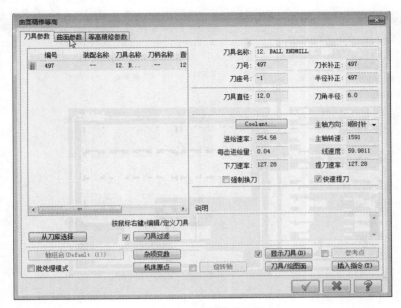

图 4.2.7 刀具类型选择

5. 曲面参数

打开【曲面参数】对话框→【下刀位置】【增量坐标】2 →【加工面预留量】0（如图 4.2.8 曲面参数）。

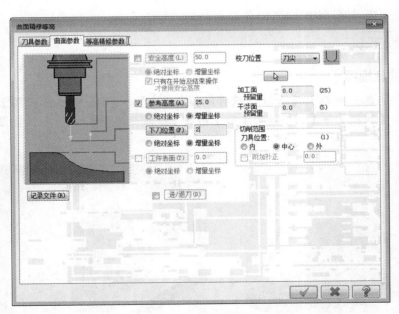

图 4.2.8 曲面参数

6. 等高精修参数

打开【等高精修参数】对话框→【Z 最大步进量】0.4 →勾选【切削排序最佳化】→【确

定】（如图 4.2.9 等高精修参数）。

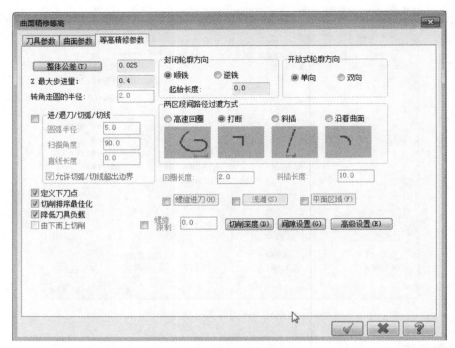

图 4.2.9　等高精修参数

7. 生成刀路

此时已经生成刀路（如图 4.2.10 生成刀路）。

最终验证模拟

8. 实体验证模拟

选中所有的加工→打开【验证已选择的操作 ⬚】→【Mastercam 模拟】对话框→隐藏【刀柄】和【线框】→【调整速度】→【播放】→观察实体验证情况（如图 4.2.11 实体验证）。

图 4.2.10　生成刀路

图 4.2.11　实体验证

二、等高外形精加工的参数设置

选择【刀具路径】→【曲面精修】→【等高】→选取加工曲面后，单击【确定】→弹出【曲面精修等高】对话框→单击【等高精修参数】标签，切换到【等高精修参数】选项卡（如图 4.2.12 等高精修参数），可以用来设置等高外形精加工参数。

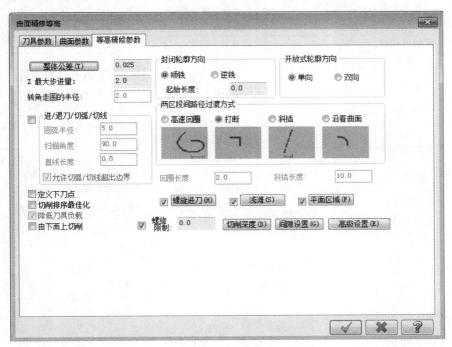

图 4.2.12　等高精修参数

其各选项讲解见表 4.2.1 等高精修参数。

表 4.2.1　等高精修参数

序号	名称	详细说明	
1	整体公差	设定刀具路径与曲面之间的误差值	
2	Z 最大步进量	设定 Z 轴方向每刀最大切深	
3	转角走圆的半径	设定刀具路径的转角处走圆弧的半径。小于或等于 135°的转角处将采用圆弧刀具路径	
4	进/退刀/切弧/切线	在每一切削路径的起点和终点产生一进刀或退刀的圆弧或者切线	
		允许切弧/切线超出边界	允许进退刀圆弧超出切削范围
5	定义下刀点	此选项用来设置刀具路径的下刀位置，刀具路径会从最接近选择点的曲面角落下刀	
6	切削排序最佳化	使刀具尽量在一区域加工，直到该区域所有切削路径都完成后，才移动到下一区域进行加工。这样可以减少提刀次数，提高加工效率	
7	降低刀具负载	该参数只在启用【切削排序最佳化】复选框时才会激活，在启用【降低刀具负载】复选框时，系统对刀具路径距离小于刀具直径的区域直接加工，而不采用刀具路径切削顺序最佳化	
8	由下而上切削	会使刀具路径由工件底部开始加工到工件顶部	
9	封闭轮廓方向	设定残料加工在运算中封闭式路径的切削方向。有【顺铣】和【逆铣】两种	
		起始长度	设定封闭式切削路径起点之间的距离，这样可以使路径起点分散，不在工件上留下明显的痕迹
		开放式轮廓方向	设定等高外形精加工中开放式路径的切削方式，有【双向】和【单向】两种

序号	名称	详细 说明	
10	两区段间路径过渡方式	设定两路径之间刀具的移动方式，即路径终点到下一路径的起点。系统提供了 4 种过渡方式：【高速回圈】【打断】【斜插】和【沿着曲面】	
		高速回圈	此选项常用于高速切削中，在两切削路径间插入一圆弧路径，使刀具路径尽量平滑过渡
		打断	在两切削间，刀具先上移后平移，再下刀，可避免撞刀
		斜插	以斜进下刀的方式移动
		沿着曲面	刀具沿着曲面方式移动
		回圈长度	只有选中【高速】切削时该项才被激活。该项用来设置残料加工两切削路径之间刀具移动方式。如果两路径之间距离小于循环长度，就插入循环，如果大于循环长度，则插入一平滑的曲线路径
		斜插长度	该选项可设置等高路径之间的斜插长度，只有在选中【高速回圈】和【斜插】时才被激活
11	螺旋进刀	以螺旋式的方式下刀。有些残料区域是封闭的，没有可供直线下刀的空间。且直线下刀容易断刀，这时可以采用螺旋式下刀。单击【螺旋进刀】按钮，弹出（如图 4.2.13 螺旋式下刀）【螺旋式下刀参数】对话框。该对话框可以用来设置以螺旋的方式进行下刀的参数	

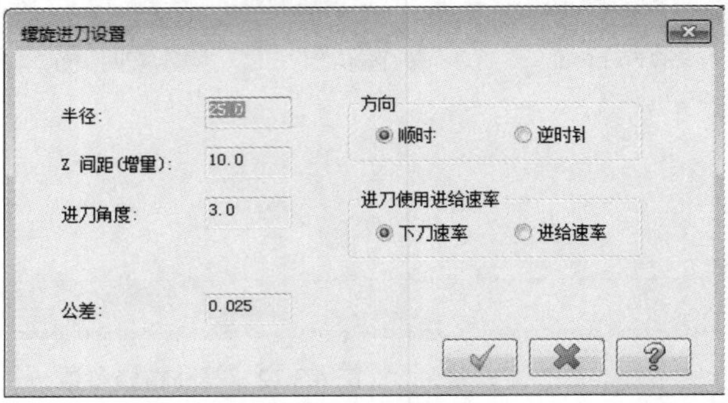

图 4.2.13　螺旋式下刀

半径	输入螺旋半径值	
Z 间距（增量）	输入开始螺旋的高度值	
进刀角度	输入进刀时角度	
公差	螺旋进刀允许的误差范围	
方向	设置螺旋的方向，以【顺时针】或【逆时针】进行螺旋	
进刀使用进给速率		设置螺旋进刀时采用的速率，有下刀速率和进给率两种

12	浅滩加工	浅滩加工也称为浅平面加工，专门对等高外形无法加工或加工不好的地方进行移除或增加刀具路径。启用【浅滩加工】复选框，单击【浅滩加工】按钮，弹出【浅滩加工】对话框（如图 4.2.14 浅滩加工）。该对话框可以用来设置工件中比较平坦的曲面刀具路径

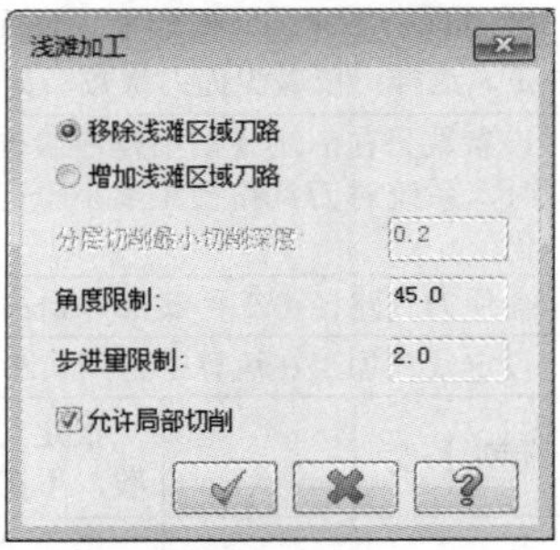

图 4.2.14　浅滩加工

序号	名称	详 细 说 明	
12	浅滩加工	移除浅滩区域刀路	将浅滩区域比较稀疏的等高刀具路径移除，然后再用其他刀路进行弥补
		增加浅滩区域刀路	在浅滩区域的比较稀疏的等高刀具路径中增加部分开放的刀具路径
		分层切削的最切削深度	设置【增加浅滩区域刀路】的最小切削深度
		角度限制	设置浅滩的分界角度，所有小于该角度的都被认为是浅滩
		步进量限制	设置浅滩区域的刀具路径间的最大距离
		允许局部切削	允许刀具路径在局部区域形成开放式切削

图 4.2.15 所示为取消启用【浅滩加工】复选框时的刀具路径

图 4.2.16 所示为启用并移除 30 度浅滩区域的刀具路径

图 4.2.17 所示为启用并增加浅滩区域的刀具路径

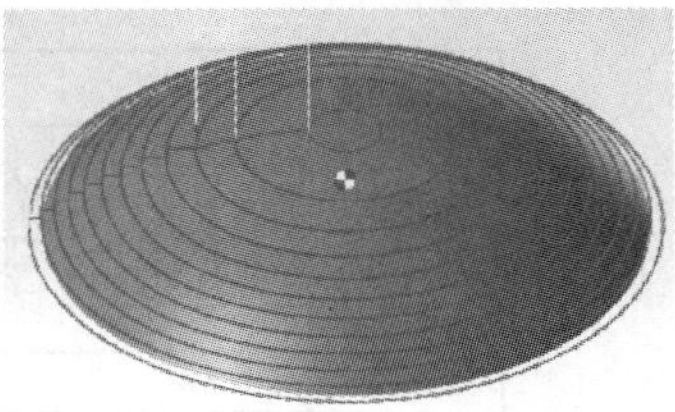

图 4.2.15 取消启用【浅滩加工】复选框时的刀具路径

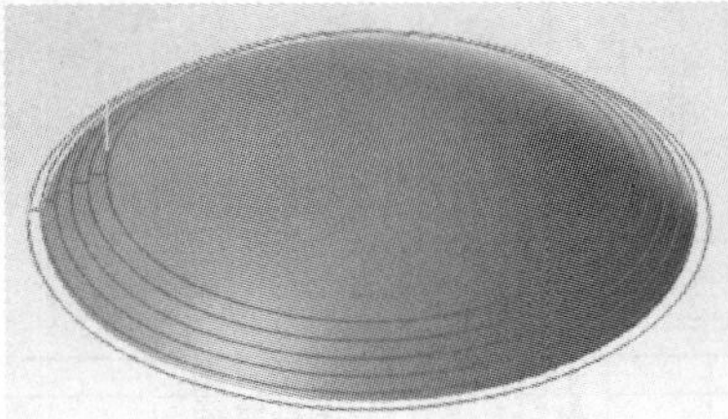

图 4.2.16 启用并移除 30 度浅滩区域的刀具路径

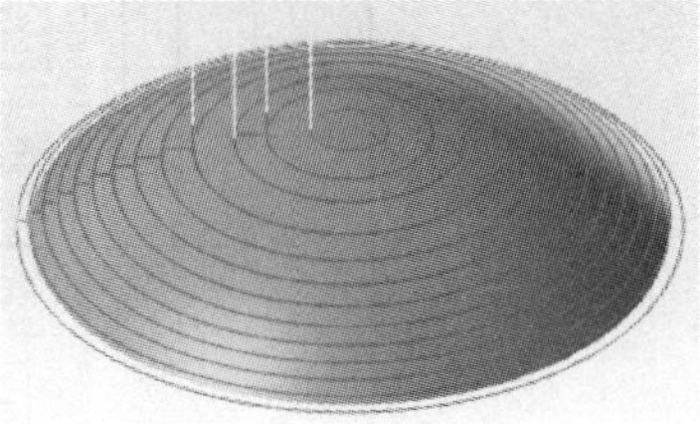

图 4.2.17 启用并增加浅滩区域的刀具路径

13 平面区域

对工件平面或近似平面进行加工设置。单击【平面区域】按钮，弹出【平面区域加工设置】对话框（如图 4.2.18 平面区域加工设置），可以用来设置平面区域的步进量

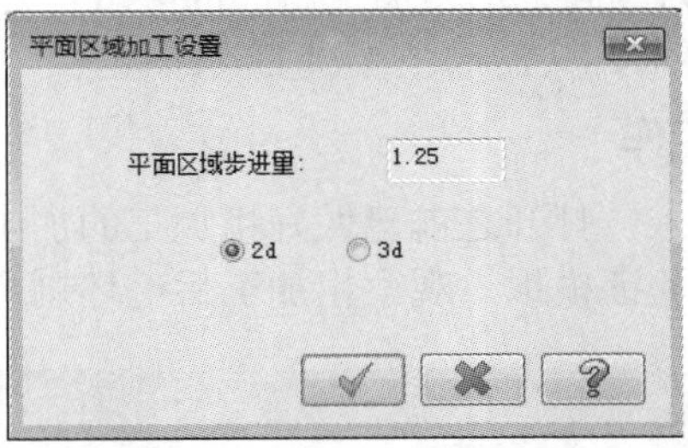

图 4.2.18 平面区域加工设置

图 4.2.19 所示为未选中平面区域时的刀具路径

图 4.2.20 所示为选中平面区域时的刀具路径

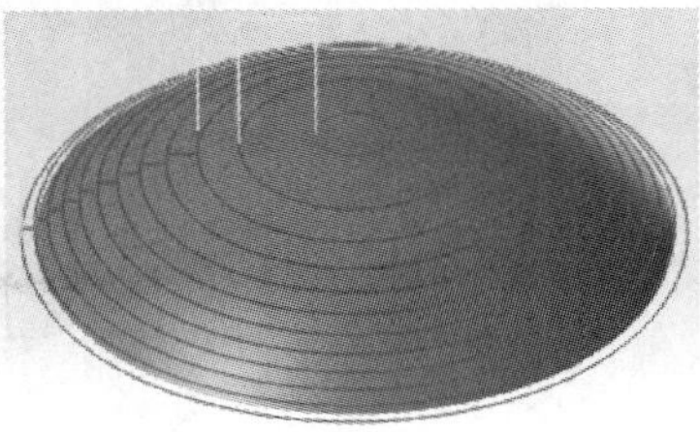

图 4.2.19 未选中平面区域时的刀具路径

图 4.2.20 选中平面区域时的刀具路径

三、等高外形精加工实例一

等高外形精加工
实例一

加工前的工艺分析与准备

1. 工艺分析

该零件表面由连续的曲面构成，中间有两处突起的凸台，工件尺寸 120mm× 80mm×50mm（如图 4.2.21 等高外形精加工实例一），无尺寸公差要求。尺寸标注完整，轮廓描述清楚。零件材料为已经加工成型的标准铝块，无热处理和硬度要求。之前已经进行了挖槽的粗加工操作。

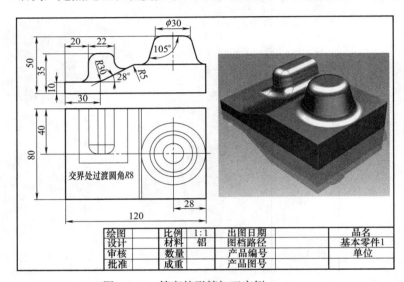

绘图		比例	1：1	出图日期		品名	
设计		材料	铝	图档路径		基本零件1	
审核		数量		产品编号		单位	
批准		成重		产品图号			

图 4.2.21　等高外形精加工实例一

① 用 φ8 的球刀等高外形精加工斜面的区域；
② 根据加工要求，共需产生 1 次刀具路径。

2. 前期准备工作

（1）图形的导入　打开之前已做好粗加工的加工图形（如图 4.2.22 图形的导入）。
（2）进行实体验证模拟　观察粗加工后毛坯剩余状况（如图 4.2.23 实体验证）。

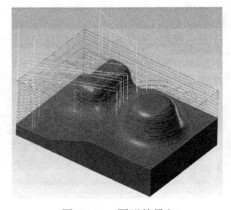

图 4.2.22　图形的导入

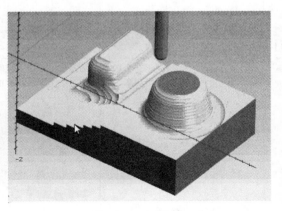

图 4.2.23　实体验证

等高外形精加工斜面

3. 加工面的选择

选择主菜单【刀路】→【曲面精修】→【等高】→弹出对话框【输入新 NC 名称】→点击【确认】→选择待加工的曲面（如图 4.2.24 加工面的选择）→【回车确认】→【干涉面】→选择待加工曲面的周围的曲面（如图 4.2.25 干涉面）→【切削范围】→选择毛坯的四边（如图 4.2.26 切削范围）→【指定下刀点】→指定工件左下角的点。

4. 刀具类型选择

在系统弹出的【曲面精修等高】对话框→在【刀具列表】中选择 $\phi 8$ 的球刀→设置【进给速率】200 →【主轴转速】3000 →【下刀速率】150 →勾选【快速提刀】（如图 4.2.27 刀具类型选择）。

图 4.2.24　加工面的选择

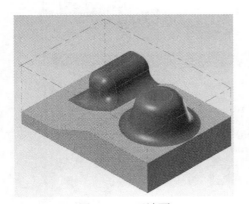

图 4.2.25　干涉面

图 4.2.26　切削范围

图 4.2.27　刀具类型选择

5. 曲面参数

打开【曲面参数】对话框→【下刀位置】【增量坐标】2 →【加工面预留量】0（如图 4.2.28 曲面参数）。

6. 等高精修参数

打开【等高精修参数】对话框→【Z 最大步进量】0.6 →勾选【切削排序最佳化】→【确定】（如图 4.2.29 等高精修参数）。

7. 生成刀路

此时已经生成刀路（如图 4.2.30 生成刀路）。

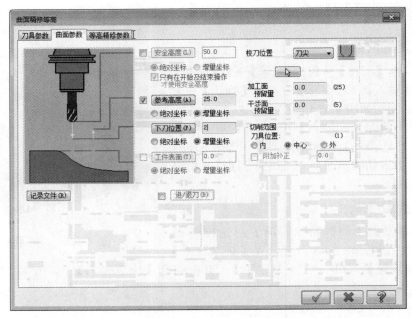

图 4.2.28　曲面参数

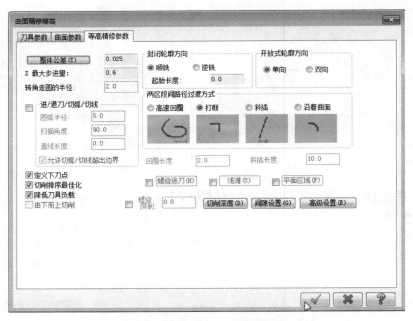

图 4.2.29　等高精修参数

最终验证模拟

8. 实体验证模拟

选中所有的加工→打开【验证已选择的操作 ☁】→【Mastercam 模拟】对话框→隐藏【刀柄】和【线框】→【调整速度】→【播放】→观察实体验证情况（如图 4.2.31 实体验证）。

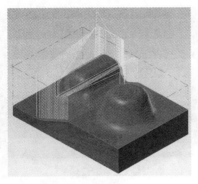

图 4.2.30 生成刀路

图 4.2.31 实体验证

四、等高外形精加工实例二

加工前的工艺分析与准备

1. 工艺分析

该零件表面由一个凹槽构成（如图 4.2.32 等高外形精加工实例二），工件尺寸 100mm×100mm×50mm，无尺寸公差要求。尺寸标注完整，轮廓描述清楚。零件材料为已经加工成型的标准铝块，无热处理和硬度要求。之前已经做过挖槽粗加工和等高外形粗加工。

等高外形精加工
实例二

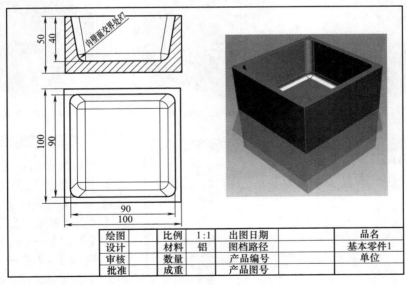

图 4.2.32 等高外形精加工实例二

① 用 φ8 的球刀等高外形精加工曲面陡峭区域；
② 根据加工要求，共需产生 1 次刀具路径。

2. 前期准备工作

（1）图形的导入 打开之前已做好粗加工的加工图形（如图 4.2.33 图形的导入）。
（2）进行实体验证模拟 观察粗加工后毛坯剩余状况（如图 4.2.34 实体验证）。

图 4.2.33　图形的导入

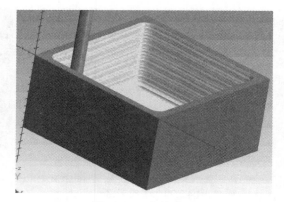

图 4.2.34　实体验证

等高外形精加工内斜面

3. 加工面的选择

选择主菜单【刀路】→【曲面精修】→【等高】→弹出对话框【输入新 NC 名称】→点击【确认】→选择待加工的曲面（如图 4.2.35 加工面的选择）→【回车确认】→【干涉面】→选择待加工曲面的周围的曲面（如图 4.2.36 干涉面）→【切削范围】→选择毛坯的四边（如图 4.2.37 切削范围）→【指定下刀点】→指定工件左下角的点。

图 4.2.35　加工面的选择

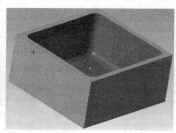

图 4.2.36　干涉面

图 4.2.37　切削范围

图 4.2.38　刀具类型选择

4. 刀具类型选择

在系统弹出的【曲面精修等高】对话框→选择【刀具参数】选项卡→【刀具过滤】按钮→选择【全关】按钮，【刀具类型】→选择【球刀】→【确认】→【从刀库中选择】按钮→在【选择刀具】对话框中选择 $\phi8$ 的球刀（如图 4.2.38 刀具类型选择）。

5. 曲面参数

打开【曲面参数】对话框→【下刀位置】【增量坐标】2 →【加工面预留量】0（如图 4.2.39 曲面参数）。

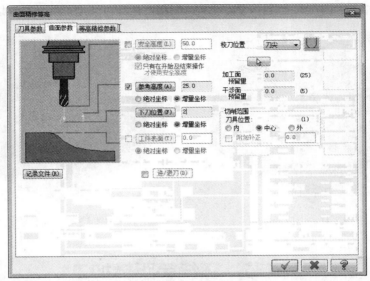

图 4.2.39　曲面参数

6. 等高精修参数

打开【等高精修参数】对话框→【Z 最大步进量】0.6 →勾选【切削排序最佳化】→【确定】（如图 4.2.40 等高精修参数）。

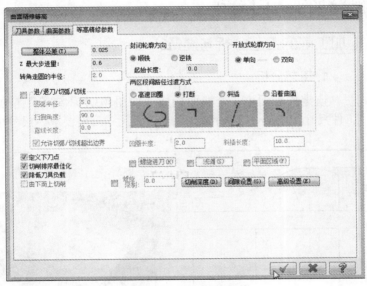

图 4.2.40　等高精修参数

7. 生成刀路

此时已经生成刀路（如图 4.2.41 生成刀路）。

最终验证模拟

8. 实体验证模拟

选中所有的加工→打开【验证已选择的操作 】→【Mastercam 模拟】对话框→隐藏

【刀柄】和【线框】→【调整速度】→【播放】→观察实体验证情况（如图 4.2.42 实体验证）。

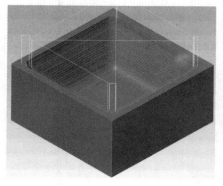

图 4.2.41　生成刀路

图 4.2.42　实体验证

第三节　环绕等距精加工

　　环绕等距精加工可在多个曲面零件时采用环绕式切削，而且刀具路径采用等距式排列，残料高度固定，在整个区域上产生首尾一致的表面光洁度，抬刀次数少，因而是比较好的精加工刀具路径，常作为工件最后一层残料的清除。

一、环绕等距精加工入门实例

环绕等距精加工
入门实例

加工前的工艺分析与准备

1. 工艺分析

　　该零件表面由 1 个曲面构成（如图 4.3.1 环绕等距精加工入门实例）。工件尺寸 100mm×70mm×30mm，无尺寸公差要求。尺寸标注完整，轮廓

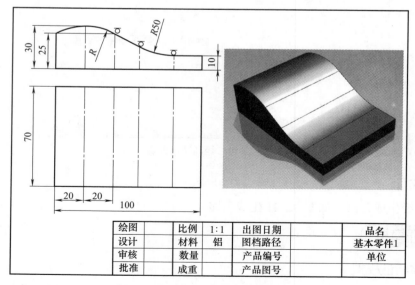

图 4.3.1　环绕等距精加工入门实例

描述清楚。零件材料为已经加工成型的标准铝块，无热处理和硬度要求。之前已进行了平行铣削粗加工操作。

① 用 φ6 的球刀环绕等距精修参数曲面的区域；
② 根据加工要求，共需产生 1 次刀具路径。

2. 前期准备工作

（1）图形的导入　打开之前已做好粗加工的加工图形。

（2）进行实体验证模拟　观察粗加工后毛坯剩余状况（如图 4.3.2 实体验证）。

图 4.3.2　实体验证

环绕等距精加工顶部曲面

3. 加工面的选择

选择主菜单【刀路】→【曲面精修】→【环绕】→弹出【选择工件形状】未定义→弹出对话框【输入新 NC 名称】→点击【确认】→选择待加工的曲面（如图 4.3.3 加工面的选择）→【回车确认】→【干涉面】→选择待加工曲面的周围的曲面（如图 4.3.4 干涉面）→【切削范围】→选择毛坯的四边（如图 4.3.5 切削范围）→【指定下刀点】→指定工件左下角的点。

图 4.3.3　加工面的选择

图 4.3.4　干涉面

图 4.3.5　切削范围

4. 刀具类型选择

在系统弹出的【曲面精修环绕等距】对话框→选择【刀具参数】选项卡→【刀具过滤】按钮→选择【全关】按钮，【刀具类型】→选择【球刀】→【确认】→【从刀库中选择】按钮→在【选择刀具】对话框中选择 φ6 的球刀→设置【进给速率】120 →【主轴转速】2000 →【下刀速率】100 →勾选【快速提刀】（如图 4.3.6 刀具类型选择）。

5. 曲面参数设置

打开【曲面参数】对话框→【下刀位置】【增量坐标】2 →【加工面预留量】0（如图 4.3.7 曲面参数设置）。

6. 环绕等距精修参数

打开【曲面精修环绕等距】对话框→【最大切削间距】0.5 →取消勾选【限定深度】→打开【间隙设置】对话框→勾选【切削顺序最优化】→【确定】→【确定】（如图 4.3.8 环绕等距精修参数）。

7. 生成刀路

此时已经生成刀路（如图 4.3.9 生成刀路）。

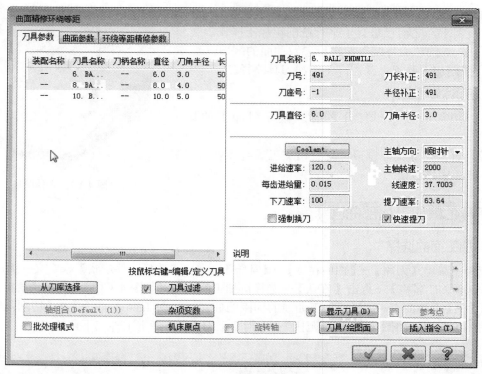

图 4.3.6　刀具类型选择

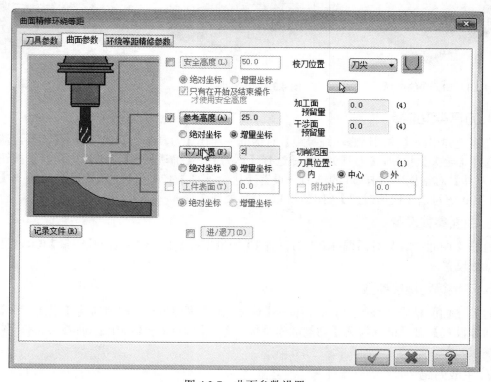

图 4.3.7　曲面参数设置

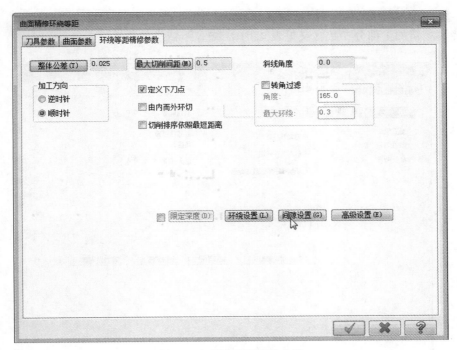

图 4.3.8　环绕等距精修参数

最终验证模拟

8. 实体验证模拟

选中所有的加工→打开【验证已选择的操作 🔧】→【Mastercam 模拟】对话框→隐藏
【刀柄】和【线框】→【调整速度】→【播放】→观察实体验证情况（如图 4.3.10 实体验证）。

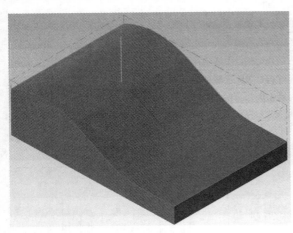

图 4.3.9　生成刀路

图 4.3.10　实体验证

二、环绕等距精加工的参数设置

选择【刀具路径】→【曲面精修】→【环绕】菜单→弹出【曲面精修环绕等距】对话框→
单击【环绕等距精修参数】标签，切换到【环绕等距精修参数】选项卡（如图 4.3.11 环绕等距精修参数），用来设置环绕等距精加工参数。

环绕等距精加工部分参数含义见表 4.3.1 环绕等距精修参数。

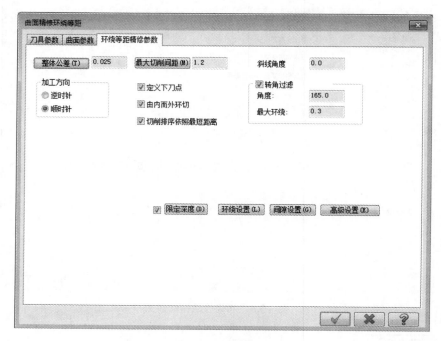

图 4.3.11 环绕等距精修参数

表 4.3.1 环绕等距精修参数

序号	名称	详细说明
1	整体公差	设定刀具路径与曲面之间的误差值
2	最大切削间距	设定刀具路径之间的最大间距
3	加工方向	设定环绕方向，是【逆时针】还是【顺时针】
4	定义下刀点	选择一点作为下刀点，刀具会在最靠近该点的地方进刀
5	由内而外环切	设定环绕的起始点从内向外切削，不选中该项即从外向内切削
6	切削排序依照最短距离	适合对抬刀次数多的零件进行优化，减少抬刀次数
7	斜线角度	输入环绕等距刀具路径转角的斜线角度 图 4.3.12 所示为【斜线角度】为 0°时的刀具路径 图 4.3.13 所示为【斜线角度】为 50°时的刀具路径 图 4.3.12 【斜线角度】为 0°时的刀具路径　　图 4.3.13 【斜线角度】为 50°时的刀具路径

续表

序号	名称	详细说明		
8	转角过滤	设置环绕等距切削转角设置		
		角度	输入临界角度值，所有在此角度值范围内的都在转角处走圆弧	
		最大环绕	输入环绕转角圆弧半径值	
		图 4.3.14 所示为转角过滤的角度设为 120°，半径为 0.2 时的刀具路径 图 4.3.15 所示为转角过滤的角度设为 60°，半径为 0.2 时的刀具路径。由于刀具路径间夹角为 90°，所以设置为 60°将不走圆角 图 4.3.16 所示为转角过滤的角度设为 91°，半径为 2 时的刀具路径可以看出转角半径变大		
		图 4.3.14　角度设为 120°，半径为 0.2 时的刀具路径	图 4.3.15　角度设为 60°，半径为 0.2 时的刀具路径	图 4.3.16　角度设为 91°，半径为 2 时的刀具路径

三、环绕等距精加工实例一

加工前的工艺分析与准备

1. 工艺分析

工件图的基本形状：四周都是倒了圆角的形状，中间是一个 $R26.75$ 整个挖进去的形状，整个上表面都是曲面形状（如图 4.3.17 环绕等距精加工实例一）。工件长宽尺寸 120mm×80mm，无尺寸公差要求。尺寸标注完整，轮廓描述清楚。零件材料为已经加工成型的标准铝块，无热处理和硬度要求。之前已进行了挖槽的粗加工操作。

环绕等距精加工
实例一

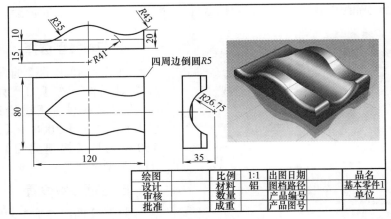

图 4.3.17　环绕等距精加工实例一

① 用 $\phi8$ 的球刀环绕等距精加工中间 $R26.75$ 的圆弧曲面的区域；
② 根据加工要求，共需产生 1 次刀具路径。

2. 前期准备工作

（1）图形的导入　打开之前已做好粗加工的加工图形（如图 4.3.18 图形的导入）。

（2）进行实体验证模拟　观察粗加工后毛坯剩余状况（如图 4.3.19 实体验证）。

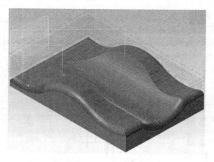

图 4.3.18　图形的导入

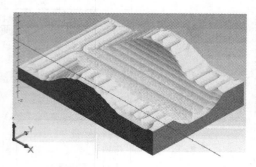

图 4.3.19　实体验证

> **环绕等距精加工中间 R26.75 的圆弧曲面**

3. 加工面的选择

选择主菜单【刀路】→【曲面精修】→【环绕】→弹出【选择工件形状】未定义→弹出对话框【输入新 NC 名称】→点击【确认】→选择待加工的曲面→【回车确认】（如图 4.3.20 加工面的选择）→【干涉面】→选择待加工曲面的周围的曲面（如图 4.3.21 干涉面）→【切削范围】→选择毛坯的四边（如图 4.3.22 切削范围）→【指定下刀点】→指定待加工工件前端的尖点。

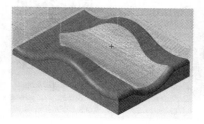

图 4.3.20　加工面的选择

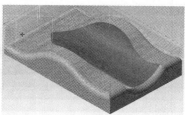

图 4.3.21　干涉面

图 4.3.22　切削范围

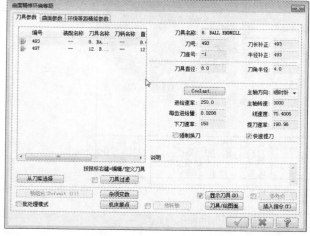

图 4.3.23　刀具类型选择

4. 刀具类型选择

在系统弹出的【曲面精修环绕等距】对话框→在【刀具列表】中选择 $\phi 8$ 的球刀→设置【进给速率】250 →【主轴转速】3000 →【下刀速率】150 →勾选【快速提刀】（如图 4.3.23 刀具类型选择）。

5. 曲面参数设置

打开【曲面参数】对话框→【下刀位置】【增量坐标】2 →【加工面预留量】0（如图 4.3.24 曲面参数设置）。

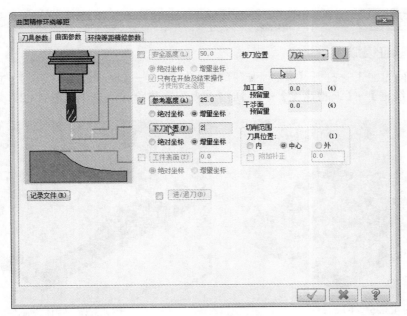

图 4.3.24　曲面参数设置

6. 环绕等距精修参数

打开【曲面精修环绕等距】对话框→【最大切削间距】0.4→取消勾选【限定深度】→打开【间隙设置】对话框→勾选【切削顺序最优化】→【确定】→【确定】（如图 4.3.25 环绕等距精修参数）。

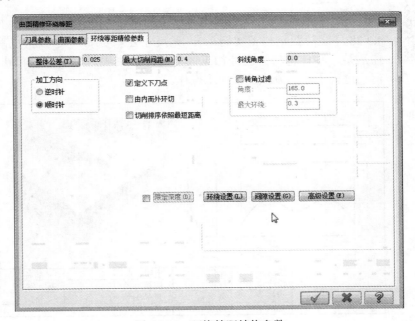

图 4.3.25　环绕等距精修参数

7. 生成刀路

此时已经生成刀路（如图 4.3.26 生成刀路）。

最终验证模拟

8. 实体验证模拟

选中所有的加工→打开【验证已选择的操作 ⚙】→【Mastercam 模拟】对话框→隐藏【刀柄】和【线框】→【调整速度】→【播放】→观察实体验证情况（如图 4.3.27 实体验证）。

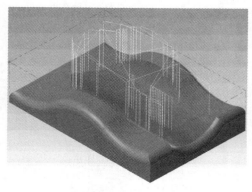

图 4.3.26　生成刀路

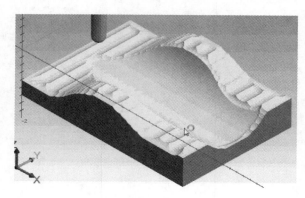

图 4.3.27　实体验证

四、环绕等距精加工实例二

加工前的工艺分析与准备

1. 工艺分析

该零件表面由 1 个曲面构成。工件尺寸 100mm×80mm×30mm（如图 4.3.28 环绕等距精加工实例二），无尺寸公差要求。尺寸标注完整，轮廓描述清楚。零件材料为已经加工成型的标准铝块，无热处理和硬度要求。之前已进行了曲面流线的粗加工操作。

环绕等距精加工
实例二

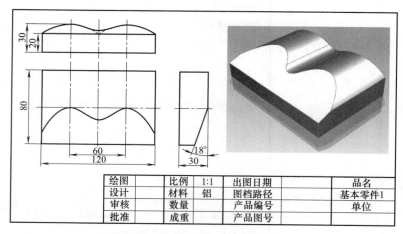

绘图		比例	1:1	出图日期		品名	
设计		材料	铝	图档路径		基本零件1	
审核		数量		产品编号		单位	
批准		成重		产品图号			

图 4.3.28　环绕等距精加工实例二

① 用 $\phi8$ 的球刀环绕等距精加工上部曲面区域；
② 用 $\phi8$ 的球刀环绕等距精加工下部斜面区域；

③ 根据加工要求，共需产生 2 次刀具路径。

2. 前期准备工作

（1）图形的导入　打开之前已做好粗加工的加工图形（如图 4.3.29 图形的导入）。

（2）进行实体验证模拟　观察粗加工后毛坯剩余状况（如图 4.3.30 实体验证）。

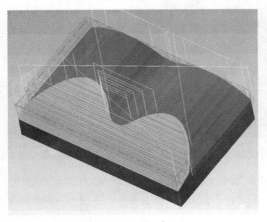

图 4.3.29　图形的导入

图 4.3.30　实体验证

上部曲面区域的加工

3. 加工面的选择

选择主菜单【刀路】→【曲面精修】→【环绕】→弹出【选择工件形状】未定义→弹出对话框【输入新 NC 名称】→点击【确认】→选择待加工的曲面（如图 4.3.31 选择待加工的曲面）→【回车确认】→【干涉面】→选择待加工曲面的周围的曲面（如图 4.3.32 干涉面）→【切削范围】→选择毛坯的四边（如图 4.3.33 切削范围）→【指定下刀点】→指定待加工曲面左下角的点。

图 4.3.31　选择待加工的曲面

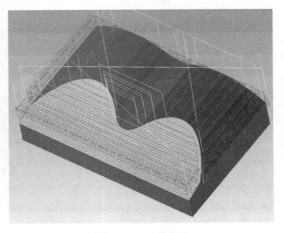

图 4.3.32　干涉面

4. 刀具类型选择

在系统弹出的【曲面精修环绕等距】对话框→在【刀具列表】中选择 $\phi 8$ 的球刀→设置【进给速率】300 →【主轴转速】3000 →【下刀速率】180 →勾选【快速提刀】（如图 4.3.34

刀具类型选择）。

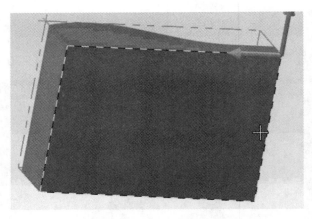

图 4.3.33　切削范围

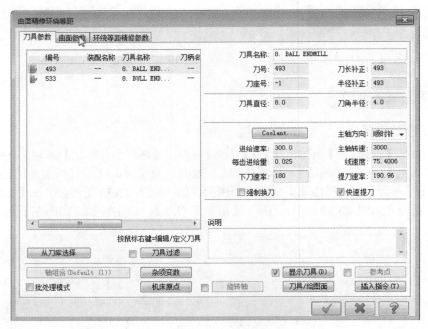

图 4.3.34　刀具类型选择

5. 曲面参数设置

打开【曲面参数】对话框→【下刀位置】【增量坐标】2→【加工面预留量】0（如图 4.3.35 曲面参数设置）。

6. 环绕等距精修参数

打开【曲面精修环绕等距】对话框→【最大切削间距】0.5→取消勾选【限定深度】→打开【间隙设置】对话框→勾选【切削顺序最优化】→【确定】→【确定】（如图 4.3.36 环绕等距精修参数）。

7. 生成刀路

此时已经生成刀路（如图 4.3.37 生成刀路）。

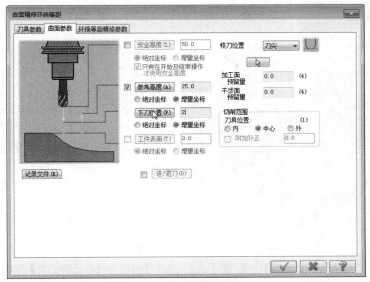

图 4.3.35 曲面参数设置

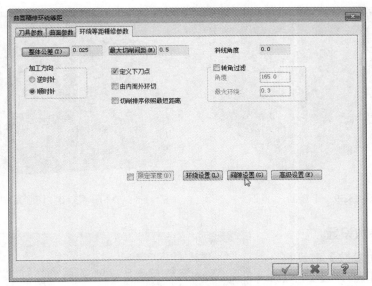

图 4.3.36 环绕等距精修参数

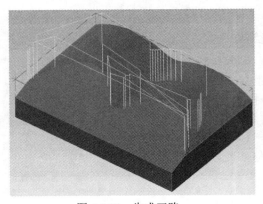

图 4.3.37 生成刀路

下部斜面区域的加工

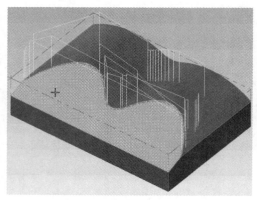

图 4.3.38　选择待加工的曲面

8. 加工面的选择

选择主菜单【刀路】→【曲面精修】→【环绕】→弹出【选择工件形状】未定义→弹出对话框【输入新 NC 名称】→点击【确认】→选择待加工的曲面（如图 4.3.38 选择待加工的曲面）→【回车确认】→【干涉面】→选择待加工曲面的周围的曲面（如图 4.3.39 干涉面）→【切削范围】→选择毛坯的四边（如图 4.3.40 切削范围）→【指定下刀点】→指定工件左下角的点。

9. 刀具类型选择

在系统弹出的【曲面精修环绕等距】对话框→

在【刀具列表】中选择 $\phi8$ 的球刀→设置【进给速率】300 →【主轴转速】3000 →【下刀速率】180 →勾选【快速提刀】（如图 4.3.41 刀具类型选择）。

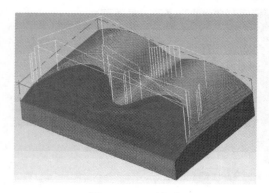

图 4.3.39　干涉面

图 4.3.40　切削范围

10. 曲面参数设置

打开【曲面参数】对话框→【下刀位置】【增量坐标】2 →【加工面预留量】0（如图 4.3.42 曲面参数设置）。

11. 环绕等距精修参数

打开【曲面精修环绕等距】对话框→【最大切削间距】0.5 →取消勾选【限定深度】→打开【间隙设置】对话框→勾选【切削顺序最优化】→【确定】→【确定】（如图 4.3.43 环绕等距精修参数）。

12. 生成刀路

此时已经生成刀路（如图

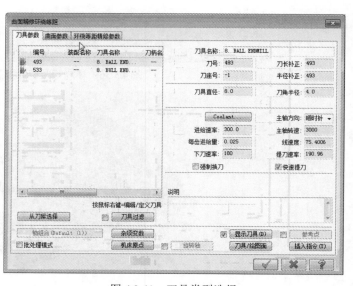

图 4.3.41　刀具类型选择

4.3.44 生成刀路）。

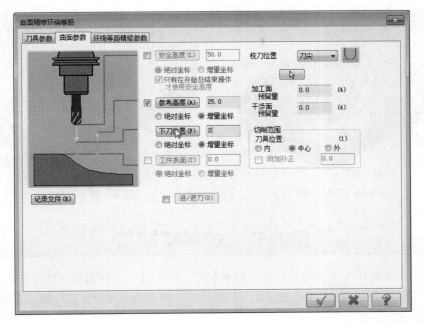

图 4.3.42　曲面参数设置

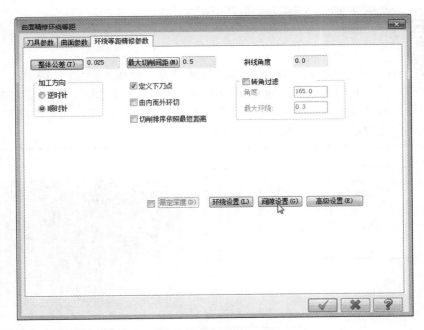

图 4.3.43　环绕等距精修参数

最终验证模拟

13. 实体验证模拟

选中所有的加工→打开【验证已选择的操作 】→【Mastercam 模拟】对话框→隐藏

【刀柄】和【线框】→【调整速度】→【播放】→观察实体验证情况（如图 4.3.45 实体验证）。

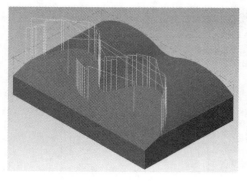

图 4.3.44　生成刀路

图 4.3.45　实体验证

第四节　放射精加工

　　放射精加工主要用于类似扇形区域工件的加工，产生从一点向四周发散或者从四周向中心集中的精加工刀具路径。值得注意的是此刀具路径中心加工效果比较好，边缘加工效果不太好。

一、放射精加工入门实例

放射精加工入门
实例

加工前的工艺分析与准备

1. 工艺分析

　　该零件表面由扇形形状凹槽构成（如图 4.4.1 放射精加工入门实例）。工件尺寸 120mm×80mm×20mm，无尺寸公差要求。尺寸标注完整，轮廓描述清楚。零件材料为已经加工成型的标准铝块，无热处理和硬度要求。之前已经进行了粗加工的操作。

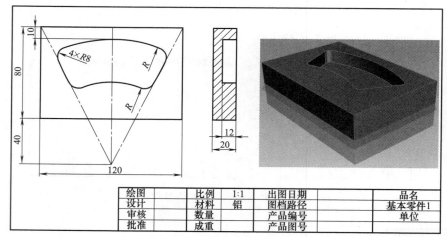

图 4.4.1　放射精加工入门实例

　　① 用 $\phi6$ 的平底刀放射精加工扇形的区域；
　　② 根据加工要求，共需产生 1 次刀具路径。

2. 前期准备工作

（1）图形的导入　打开之前已做好粗加工的加工图形（如图 4.4.2 图形的导入）。

（2）进行实体验证模拟　观察粗加工后毛坯剩余状况（如图 4.4.3 实体验证）。

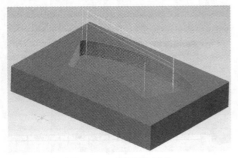
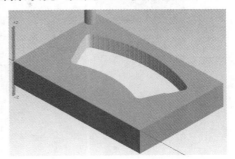

图 4.4.2　图形的导入　　　　　　　　　图 4.4.3　实体验证

3. 加工面的选择

选择主菜单【刀路】→【曲面精修】→【放射】→弹出【选择工件形状】未定义→弹出对话框【输入新 NC 名称】→点击【确认】→选择待加工的曲面（如图 4.4.4 选择待加工的曲面）→【回车确认】→【干涉面】→选择待加工曲面的周围的曲面（如图 4.4.5 干涉面）→【切削范围】→选择毛坯的四边（如图 4.4.6 切削范围）→【放射中心点】→选择圆弧的中心点（如图 4.4.7 放射中心点）。

图 4.4.4　选择待加工的曲面　　　　　　　图 4.4.5　干涉面

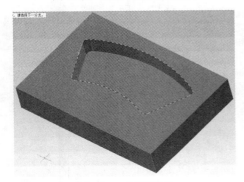

图 4.4.6　切削范围　　　　　　　　　　图 4.4.7　放射中心点

4. 刀具类型选择

在系统弹出的【曲面精修放射】对话框→选择【刀具参数】按钮→选择【全关】按钮，

【刀具类型】→选择【平底刀】→【确认】→【从刀库选择】按钮→在【选择刀具】对话框中选择 $\phi6$ 的平底刀（如图 4.48 刀具类型选择）。

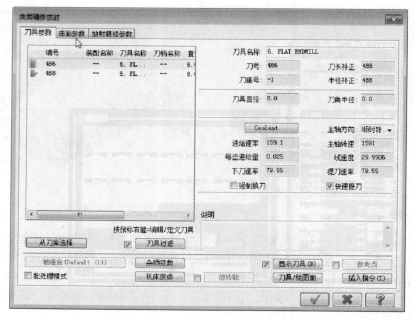

图 4.4.8　刀具类型选择

5. 曲面参数

打开【曲面参数】对话框→【下刀位置】【增量坐标】2 →【加工面预留量】0（如图 4.4.9 曲面参数）。

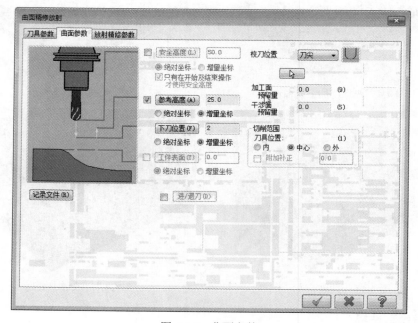

图 4.4.9　曲面参数

6. 放射精修参数

打开【放射精修参数】对话框→【最大角度增量】0.5→打开【间隙设置】对话框→勾选【切削顺序最优化】→【确定】→【确定】（如图 4.4.10 放射精修参数）。

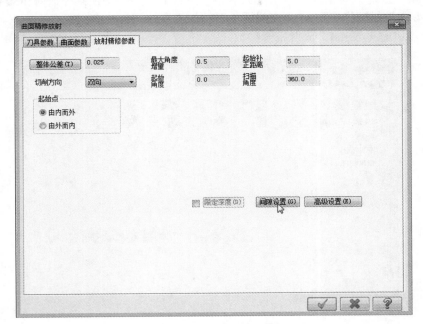

图 4.4.10　放射精修参数

7. 生成刀路

此时已经生成刀路（如图 4.4.11 生成刀路）。

（最终验证模拟）

8. 实体验证模拟

选中所有的加工→打开【验证已选择的操作 📐】→【Mastercam 模拟】对话框→隐藏【刀柄】和【线框】→【调整速度】→【播放】→观察实体验证情况（如图 4.4.12 实体验证）。

图 4.4.11　生成刀路

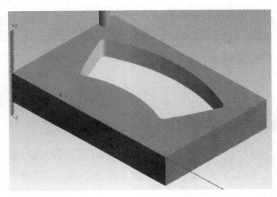

图 4.4.12　实体验证

二、放射精加工的参数设置

选择【刀具路径】→【曲面精修】→【放射】菜单→选取工件类型和加工曲面→【确定】→弹出【曲面精修放射】对话框→单击【放射精修参数】标签，切换到【放射精修参数】选项卡（如图 4.4.13 放射精修参数），用来设置放射精加工参数。

其各选项讲解见表 4.4.1 放射精修参数。

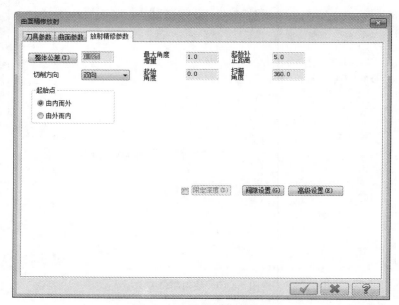

图 4.4.13　放射精修参数

表 4.4.1　放射精修参数

序号	名称	详细说明	
1	整体公差	设定刀具路径与曲面之间的误差	
2	切削方向	设置切削走刀的方式，有双向切削和单向切削两种	
3	最大角度增量	设定放射精加工刀具路径之间的角度	
4	起始补正距离	以指定的点为中心，向外偏移一定的半径后再切削	
5	起始角度	设置放射精加工刀具路径起始加工与 X 轴的夹角	
6	扫描角度	设置放射路径加工的角度范围。以逆时针为正	
7	起始点	设置刀具路径的加工起始点	
		由内而外	加工起始点在放射中心点，加工方向从内向外铣削
		由外而内	加工起始点在放射边缘，加工方向从外向内铣削

三、放射精加工实例一

加工前的工艺分析与准备

放射精加工
实例一

1. 工艺分析

该零件表面由两个球形的部分区域组成，四周底面是平面（如图 4.4.14 放射状精加工实例一）。工件长宽尺寸 100mm×100mm×20mm，无尺寸公差要求。尺寸标注完整，轮廓描述清楚。零件材料为已经加工成型的标准铝块，无热处理和硬度要求。之前已经进行了粗加工操作。

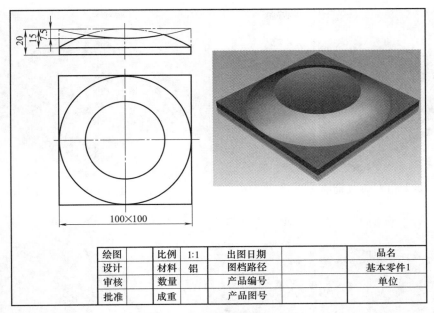

图 4.4.14 放射精加工实例一

① 用 $\phi10$ 的球刀放射精加工曲面的区域；

② 根据加工要求，共需产生 1 次刀具路径。

2. 前期准备工作

（1）图形的导入 打开之前已做好粗加工的加工图形（如图 4.4.15 图形的导入）。

（2）进行实体验证模拟 观察粗加工后毛坯剩余状况（如图 4.4.16 实体验证）。

图 4.4.15 图形的导入

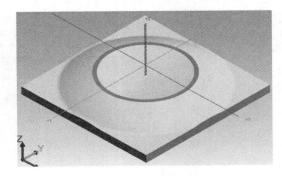

图 4.4.16 实体验证

顶部区域的加工

3. 加工面的选择

选择主菜单【刀路】→【曲面精修】→【放射】→弹出【选择工件形状】未定义→弹出对话框【输入新 NC 名称】→点击【确认】→选择待加工的曲面（如图 4.4.17 加工面的选择）→【回车确认】→【干涉面】→选择待加工曲面的周围的曲面（如图 4.4.18 干涉面）→【切削范围】→选择毛坯的四边（如图 4.4.19 切削范围）→【放射中心点】→选择圆的中心点（如图 4.4.20 放射中心点）。

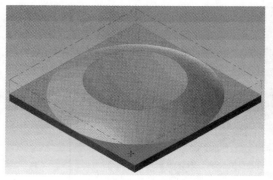

图 4.4.17　加工面的选择

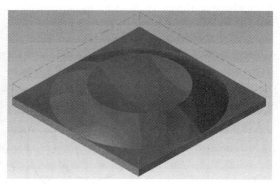

图 4.4.18　干涉面

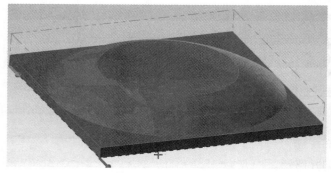

图 4.4.19　切削范围

图 4.4.20　放射中心点

4. 刀具类型选择

在系统弹出的【曲面精修放射】对话框→在【刀具列表】中选择 $\phi10$ 的平底刀→设置【进给速率】200→【主轴转速】3000→【下刀速率】150→勾选【快速提刀】（如图 4.4.21 刀具类型选择）。

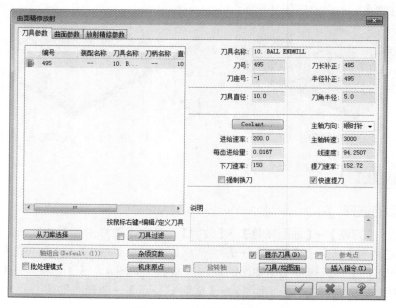

图 4.4.21　刀具类型选择

5. 曲面参数

打开【曲面参数】对话框→【参考高度】【绝对坐标】10 →【下刀位置】【增量坐标】2 →【加工面预留量】0（如图 4.4.22 曲面参数）。

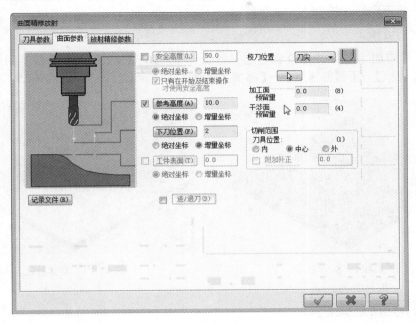

图 4.4.22　曲面参数

6. 放射精修参数

打开【放射精修参数】对话框→【最大角度增量】0.4 →打开【间隙设置】对话框→勾选【切削顺序最优化】→【确定】→【确定】（如图 4.4.23 放射精修参数）。

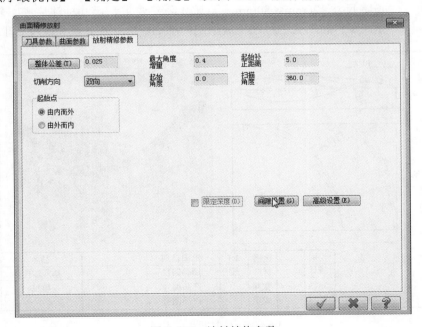

图 4.4.23　放射精修参数

7. 生成刀路

此时已经生成刀路（如图 4.4.24 生成刀路）。

最终验证模拟

8. 实体验证模拟

选中所有的加工→打开【验证已选择的操作 🖳】→【Mastercam 模拟】对话框→隐藏【刀柄】和【线框】→【调整速度】→【播放】→观察实体验证情况（如图 4.4.25 实体验证）。

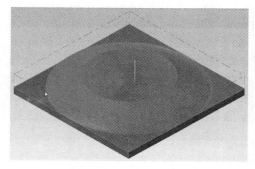

图 4.4.24　生成刀路

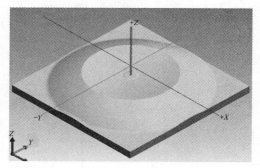

图 4.4.25　实体验证

四、放射精加工实例二

放射精加工
实例二

加工前的工艺分析与准备

1. 工艺分析

该零件表面由连续的曲面组成（如图 4.4.26 放射精加工实例二），工件长宽尺寸 120mm×80mm，无尺寸公差要求。尺寸标注完整，轮廓描述清楚。零件材料为已经加工成型的标准铝块，无热处理和硬度要求。

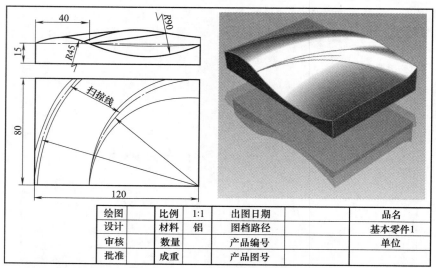

绘图		比例	1:1	出图日期		品名	
设计		材料	铝	图档路径		基本零件1	
审核		数量		产品编号		单位	
批准		成重		产品图号			

图 4.4.26　放射精加工实例二

① 用 φ8 的球刀放射精加工曲面的区域；

② 根据加工要求，共需产生 1 次刀具路径。

2. 前期准备工作

（1）图形的导入　打开之前已做好粗加工的加工图形（如图 4.4.27 图形的导入）。

（2）进行实体验证模拟　观察粗加工后毛坯剩余状况（如图 4.4.28 实体验证）。

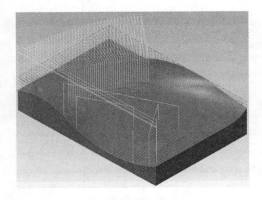

图 4.4.27　图形的导入

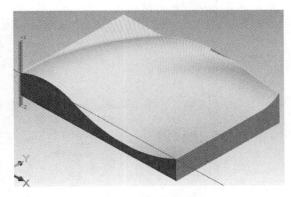

图 4.4.28　实体验证

顶部区域的加工

3. 加工面的选择

选择主菜单【刀路】→【曲面精修】→【放射】→弹出【选择工件形状】未定义→弹出对话框【输入新 NC 名称】→点击【确认】→选择待加工的曲面（如图 4.4.29 加工面的选择）→【回车确认】→【干涉面】→选择待加工曲面的周围的曲面（如图 4.4.30 干涉面）→【切削范围】→选择毛坯的四边（如图 4.4.31 切削范围）→【放射中心点】→选择右下角角点（如图 4.4.32 放射中心点）。

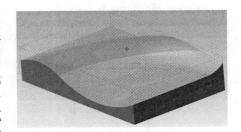

图 4.4.29　加工面的选择

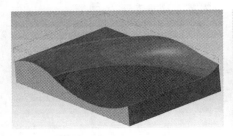

图 4.4.30　干涉面

图 4.4.31　切削范围

图 4.4.32　放射中心点

4. 刀具类型选择

在系统弹出的【曲面精修放射】对话框→选择【刀具参数】按钮→选择【全关】按钮，【刀具类型】→选择【球刀】→【确认】→【从刀库中选择】按钮→在【选择刀具】对话框中选择 φ8 的球刀（如图 4.4.33 刀具类型选择）。

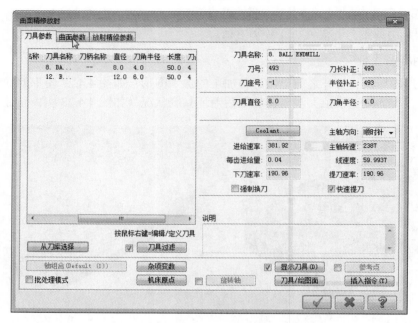

图 4.4.33 刀具类型选择

5. 曲面参数

打开【曲面参数】对话框→【参考高度】【增量坐标】10→【下刀位置】【增量坐标】2→【加工面预留量】0（如图 4.4.34 曲面参数）。

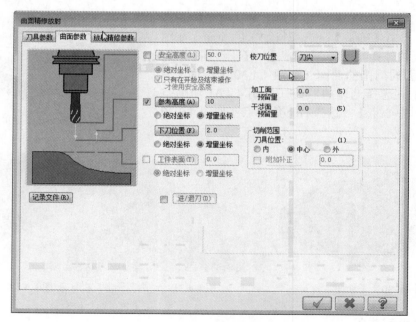

图 4.4.34 曲面参数

6. 放射精修参数

打开【放射精修参数】对话框→【最大角度增量】0.4→打开【间隙设置】对话框→勾

选【切削顺序最优化】→【确定】→【确定】（如图 4.4.35 放射精修参数）。

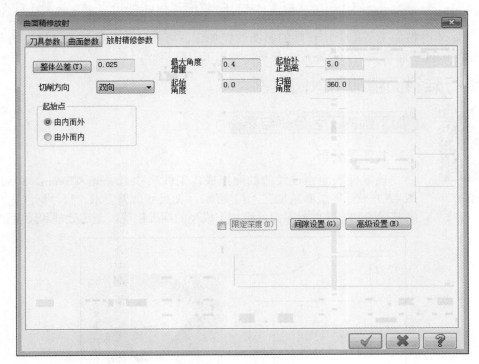

图 4.4.35　放射精修参数

7. 生成刀路

此时已经生成刀路（如图 4.4.36 生成刀路）。

最终验证模拟

8. 实体验证模拟

选中所有的加工→打开【验证已选择的操作 🖼️】→【Mastercam 模拟】对话框→隐藏【刀柄】和【线框】→【调整速度】→【播放】→观察实体验证情况（如图 4.4.37 实体验证）。

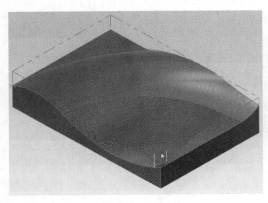

图 4.4.36　生成刀路

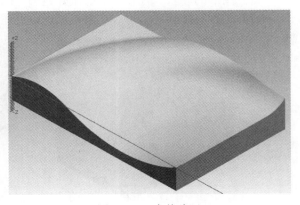

图 4.4.37　实体验证

第五节　平行陡斜面精加工

平行陡斜面精加工适用于比较陡的斜面的精加工，可在陡斜面区域上以设定的角度产生相互平行的陡斜面精加工刀具路径，与平行精加工刀路相似。

一、平行陡斜面精加工入门实例

陡斜面精加工入门加工实例

加工前的工艺分析与准备

1. 工艺分析

该零件表面由连续的曲面组成。工件尺寸 100mm×70mm×30mm（如图 4.5.1 平行陡斜面精加工入门实例），无尺寸公差要求。尺寸标注完整，轮廓描述清楚。零件材料为已经加工成型的标准铝块，无热处理和硬度要求。

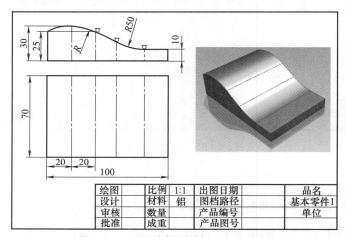

绘图		比例	1:1	出图日期		品名	
设计		材料	铝	图档路径		基本零件1	
审核		数量		产品编号		单位	
批准		成重		产品图号			

图 4.5.1　平行陡斜面精加工入门实例

① 用 $\phi10$ 的球刀平行陡斜面精加工顶部曲面区域；
② 根据加工要求，共需产生 1 次刀具路径。

2. 前期准备工作

（1）图形的导入　打开之前已做好粗加工的加工图形（如图 4.5.2 图形的导入）。
（2）进行实体验证模拟　观察粗加工后毛坯剩余状况（如图 4.5.3 实体验证）。

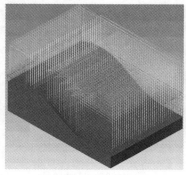

图 4.5.2　图形的导入

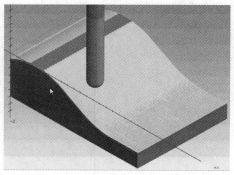

图 4.5.3　实体验证

3. 加工面的选择

选择主菜单【刀路】→【曲面精修】→【平行陡斜面】→弹出【选择工件形状】未定义→弹出对话框【输入新 NC 名称】→点击【确认】→选择待加工的曲面（如图 4.5.4 选择待加工的曲面）→【回车确认】→【干涉面】→选择待加工曲面的周围的曲面（如图 4.5.5 干涉面）→【切削范围】→选择毛坯的四边（如图 4.5.6 切削范围）→【指定下刀点】→指定工件左下角的点。

| 图 4.5.4 选择待加工的曲面 | 图 4.5.5 干涉面 | 图 4.5.6 切削范围 |

4. 刀具类型选择

在系统弹出的【曲面精修平行陡斜面】对话框→选择 $\phi10$ 的球刀→设置【进给速率】300 →【主轴转速】2500 →【下刀速率】150 →勾选【快速提刀】（如图 4.5.7 刀具类型选择）。

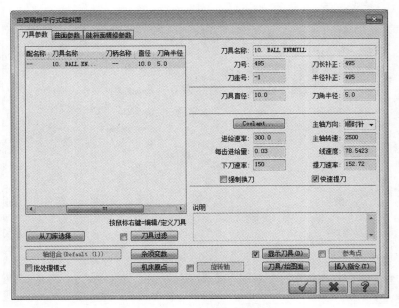

图 4.5.7 刀具类型选择

5. 曲面参数设置

打开【曲面参数】对话框→【下刀位置】【增量坐标】2 →【加工面预留量】0（如图 4.5.8 曲面参数设置）。

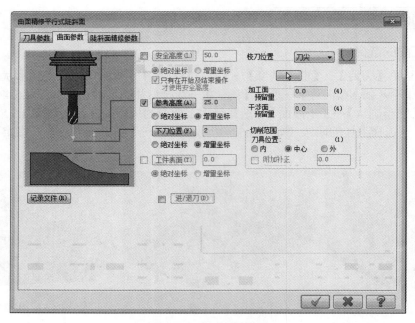

图 4.5.8　曲面参数设置

6. 陡斜面精修参数

打开【陡斜面精修参数】对话框→【最大切削间距】0.5 →【从倾斜角度】15 →【到倾斜角度】90 →打开【间隙设置】对话框→勾选【切削顺序最优化】→【确定】→【确定】（如图4.5.9 陡斜面精修参数）。

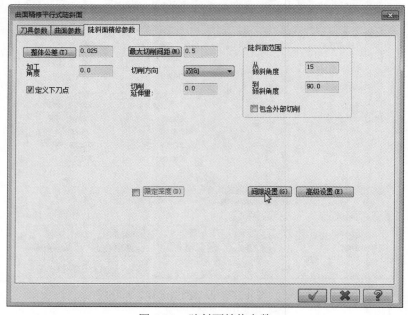

图 4.5.9　陡斜面精修参数

7. 生成刀路

此时已经生成刀路（如图 4.5.10 生成刀路）。

最终验证模拟

8. 实体验证模拟

选中所有的加工→打开【验证已选择的操作 🗗】→【Mastercam 模拟】对话框→隐藏【刀柄】和【线框】→【调整速度】→【播放】→观察实体验证情况（如图 4.5.11 实体验证）。

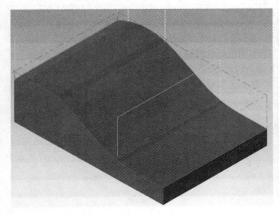

图 4.5.10　生成刀路

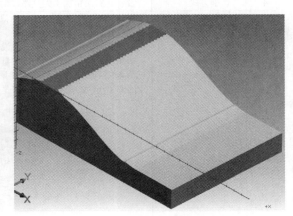

图 4.5.11　实体验证

二、平行陡斜面精加工的加工参数

选择【刀路】→【曲面精修】→【平行陡斜面】→弹出【曲面精修平行式陡斜面】对话框→单击【陡斜面精修参数】标签，切换到【陡斜面精修参数】选项卡（如图 4.5.12 陡斜面精修参数），用来设置陡斜面精加工参数。

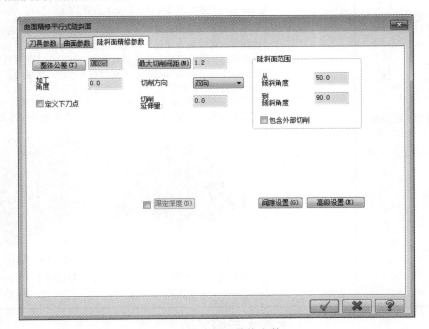

图 4.5.12　陡斜面精修参数

其各选项讲解见表 4.5.1 陡斜面精修参数。

表 4.5.1　陡斜面精修参数

序号	名称		详 细 说 明
1	整体公差		设定刀具路径与曲面之间的误差
2	最大切削间距		设定两刀具路径之间的距离
3	加工角度		设定陡斜面加工切削方向在水平面的投影与 X 轴的夹角
4	切削方式		设置陡斜面精加工刀具路径切削的方式，有【双向】和【单向】两种方式
5	切削延伸量		在陡斜面切削路径中，由于只加工陡斜面，没有加工浅平面，因而在陡斜面刀具路径之间将有间隙断开，形成内边界。而曲面的边界形成外边界。切削方向的延伸量将在内边界的切削方向上沿曲面延伸一段设定的值，来清除部分残料区域。 图 4.5.13 所示为【切削延伸量】为 0 时的刀具路径。 图 4.5.14 所示为【切削延伸量】为 20 时的刀具路径。可以看出后面的刀具路径在内边界延伸了一段距离，此距离即是用户所设置的延伸值 图 4.5.13　【切削延伸量】为 0 时的刀具路径　　　图 4.5.14　【切削延伸量】为 20 时的刀具路径
6	定义下刀点		指定刀点，陡斜面精加工刀具路径下刀时，将以最接近点的地方开始进刀
7	陡斜面的范围		以角度来限定陡斜面加工的曲面角度范围
		从倾斜角度	设定陡斜面范围的起始角度，此角度为最小角度。所有角度大于该角度时被认为是陡斜面将进行陡斜面精加工
		到倾斜角度	设定陡斜面范围的终止角度，此角度为最大角度。所有角度小于该角度而大于最小角度时被认为是陡斜面范围将进行陡斜面精加工
		包含外部切削	为了解决浅平面区域较大，而陡斜面精加工对浅平面加工效果不佳的问题，可以设置【包含外部的切削】选项。该项是在切削方向延伸量的基础上将全部的浅平面进行覆盖。在启用【包含外部切削】复选框后就不需要再设置切削方向延伸量了，因为【包含外部的切削】相当于将切削方向延伸量设定延伸到曲面边界。 图 4.5.15 所示为取消启用【包含外部的切削】复选框时的刀具路径。 图 4.5.16 所示为启用【包含外部的切削】复选框时的刀具路径 图 4.5.15　取消启用【包含外部的切削】复选框时的刀具路径　　　图 4.5.16　启用【包含外部的切削】复选框时的刀具路径

★★★ 经验总结 ★★★

对于四周都是陡斜面的工件，陡斜面精加工并不能一次将四周全部加工完，通常采用两刀路分别为 0° 和 90° 交错铣削，即可将四周所有斜壁全部铣削完全。

三、平行陡斜面精加工实例一

加工前的工艺分析与准备

1. 工艺分析

工件图的基本形状：四周都是倒了圆角的形状，中间是一个 R26.75 整个挖进去的形状，整个上表面都是曲面形状（如图 4.5.17 平行陡斜面精加工实例一）。工件长宽尺寸 120mm×80mm，无尺寸公差要求。尺寸标注完整，轮廓描述清楚。零件材料为已经加工成型的标准铝块，无热处理和硬度要求。之前已经进行了粗加工操作。

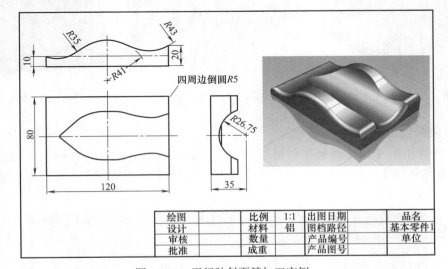

图 4.5.17　平行陡斜面精加工实例一

① 用 φ8 的球刀平行陡斜面精加工曲面的区域；
② 根据加工要求，共需产生 1 次刀具路径。

2. 前期准备工作

（1）图形的导入　打开之前已做好粗加工的加工图形（如图 4.5.18 图形的导入）。
（2）进行实体验证模拟　观察粗加工后毛坯剩余状况（如图 4.5.19 实体验证）。

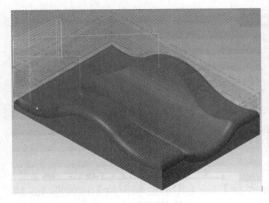

图 4.5.18　图形的导入

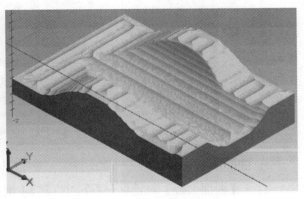

图 4.5.19　实体验证

平行陡斜面精加工顶部曲面

3. 加工面的选择

选择主菜单【刀路】→【曲面精修】→【平行陡斜面】→弹出【选择工件形状】未定义→弹出对话框【输入新 NC 名称】→点击【确认】→选择待加工的曲面（如图 4.5.20 选择待加工的曲面）→【回车确认】→【干涉面】→选择待加工曲面的周围的曲面（如图 4.5.21 干涉面）→【切削范围】→选择毛坯的四边（如图 4.5.22 切削范围）→【指定下刀点】→指定待加工工件前端的尖点。

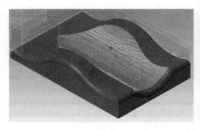 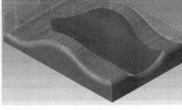 

图 4.5.20　选择待加工的曲面　　　　图 4.5.21　干涉面　　　　图 4.5.22　切削范围

4. 刀具类型选择

在系统弹出的【曲面精修平行陡斜面】对话框→选择 $\phi 8$ 的球刀→设置【进给速率】300 →【主轴转速】2000 →【下刀速率】150 →勾选【快速提刀】（如图 4.5.23 刀具类型选择）。

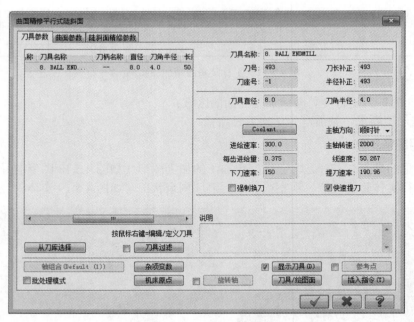

图 4.5.23　刀具类型选择

5. 曲面参数设置

打开【曲面参数】对话框→【下刀位置】【增量坐标】2 →【加工面预留量】0（如图 4.5.24 曲面参数设置）。

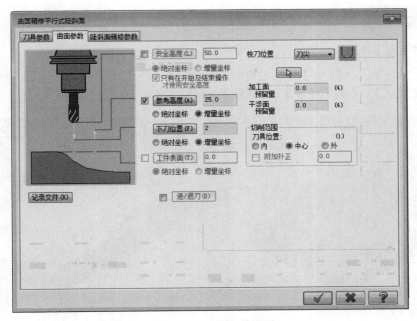

图 4.5.24　曲面参数设置

6. 陡斜面精修参数

打开【陡斜面精修参数】对话框→【最大切削间距】0.4→【从倾斜角度】50→【到倾斜角度】90→打开【间隙设置】对话框→勾选【切削顺序最优化】→【确定】→【确定】（如图 4.5.25 陡斜面精修参数）。

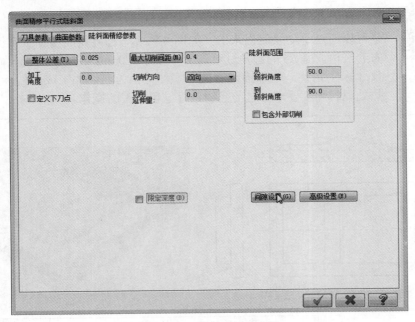

图 4.5.25　陡斜面精修参数

7. 生成刀路

此时已经生成刀路（如图 4.5.26 生成刀路），对 50°至 90°的陡峭区域进行精加工。

最终验证模拟

8. 实体验证模拟

选中所有的加工→打开【验证已选择的操作 🔧】→【Mastercam 模拟】对话框→隐藏【刀柄】和【线框】→【调整速度】→【播放】→观察实体验证情况（如图 4.5.27 实体验证）。

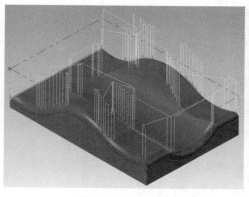

图 4.5.26　生成刀路

图 4.5.27　实体验证

四、平行陡斜面精加工实例二

加工前的工艺分析与准备

1. 工艺分析

平行陡斜面
精加工实例二

工件图的基本形状，从侧面上看基本上是由曲面构成的，这种图形也是可以通过手动绘制出来的（如图 4.5.28 平行陡斜面精加工实例二）。上下右的三边，是 R5 的圆角过渡。工件尺寸 120mm×80mm，无尺寸公差要求。尺寸标注完整，轮廓描述清楚。零件材料为已经加工成型的标准铝块，无热处理和硬度要求。之前已经进行过粗加工的操作。

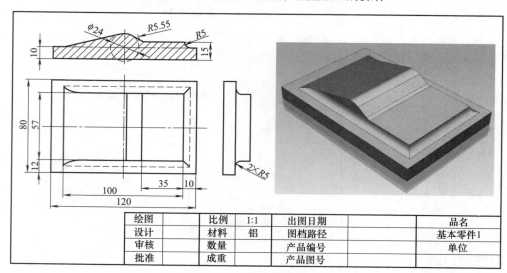

绘图		比例	1:1	出图日期		品名	
设计		材料	铝	图档路径		基本零件1	
审核		数量		产品编号		单位	
批准		成重		产品图号			

图 4.5.28　平行陡斜面精加工实例二

① 用 $\phi8$ 的球刀平行陡斜面精加工曲面的区域；
② 根据加工要求，共需产生 1 次刀具路径。

2. 前期准备工作

（1）图形的导入　打开之前已做好粗加工的加工图形（如图 4.5.29 图形的导入）。
（2）进行实体验证模拟　观察粗加工后毛坯剩余状况（如图 4.5.30 实体验证）。

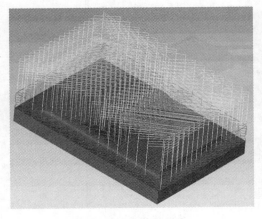

图 4.5.29　图形的导入

图 4.5.30　实体验证

平行陡斜面精加工顶部曲面

3. 加工面的选择

选择主菜单【刀路】→【曲面精修】→【平行陡斜面】→弹出【选择工件形状】未定义→弹出对话框【输入新 NC 名称】→点击【确认】→选择待加工的曲面（如图 4.5.31 选择待加工的曲面）→【回车确认】→【干涉面】→选择待加工曲面的周围的曲面（如图 4.5.32 干涉面）→【切削范围】→选择毛坯的四边（如图 4.5.33 切削范围）→【指定下刀点】→指定工件下侧的点。

图 4.5.31　选择待加工的曲面

图 4.5.32　干涉面

图 4.5.33　切削范围

4. 刀具类型选择

进入【刀具参数】→【刀具过滤】→选择【全关】按钮→【刀具类型】→选择【平底刀】→【确认】→【从刀库中选择】按钮→在【选择刀具】对话框中选择 $\phi8$ 的球刀→设置【进给速率】200 →【主轴转速】2500 →【下刀速率】150 →勾选【快速提刀】（如图 4.5.34 刀具类型选择）。

5. 曲面参数设置

打开【曲面参数】对话框→【下刀位置】【增量坐标】2 →【加工面预留量】0（如图 4.5.35

曲面参数设置)。

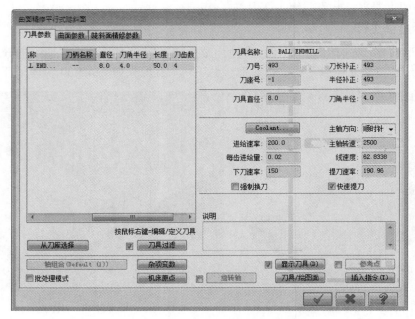

图 4.5.34　刀具类型选择

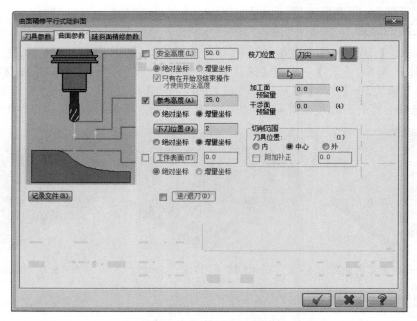

图 4.5.35　曲面参数设置

6. 陡斜面精修参数

打开【陡斜面精修参数】对话框→【最大切削间距】0.2→【加工角度】90→【从倾斜角度】50→【到倾斜角度】90→打开【间隙设置】对话框→勾选【切削顺序最优化】→【确定】→【确定】(如图 4.5.36 陡斜面精修参数)。

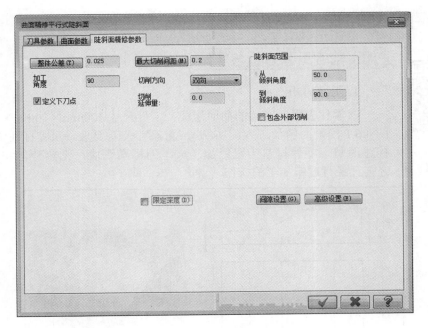

图 4.5.36 陡斜面精修参数

7. 生成刀路

此时已经生成刀路（如图 4.5.37 生成刀路）。

最终验证模拟

8. 实体验证模拟

选中所有的加工→打开【验证已选择的操作 】→【Mastercam 模拟】对话框→隐藏【刀柄】和【线框】→【调整速度】→【播放】→观察实体验证情况（如图 4.5.38 实体验证）。

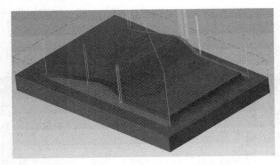

图 4.5.37 生成刀路

图 4.5.38 实体验证

第六节 浅平面精加工

浅平面精加工又叫做浅滩精修，适合对比较平坦的曲面进行精加工。某些刀路在浅平面区域加工的效果不佳，如挖槽粗加工、等高外形精加工、陡斜面精加工等，常常会留下非常多的残料，而浅平面精加工可以对这些残料区域进行加工。

一、浅平面精加工入门实例

浅平面精加工
入门实例

加工前的工艺分析与准备

1. 工艺分析

该零件表面由连续的曲面组成，工件尺寸 100mm×70mm×30mm（如图 4.6.1 浅平面精加工入门实例），无尺寸公差要求。尺寸标注完整，轮廓描述清楚。零件材料为已经加工成型的标准铝块，无热处理和硬度要求。之前已经行过粗加工的操作。

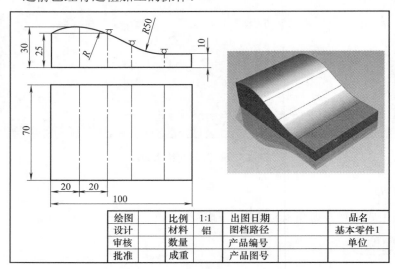

绘图		比例	1:1	出图日期		品名	
设计		材料	铝	图档路径		基本零件1	
审核		数量		产品编号		单位	
批准		成重		产品图号			

图 4.6.1　浅平面精加工入门实例

① 用 $\phi10$ 的球刀浅平面精加工曲面的区域；
② 根据加工要求，共需产生 1 次刀具路径。

2. 前期准备工作

（1）图形的导入　打开之前已做好粗加工的加工图形（如图 4.6.2 图形的导入）。
（2）进行实体验证模拟　观察粗加工后毛坯剩余状况（如图 4.6.3 实体验证）。

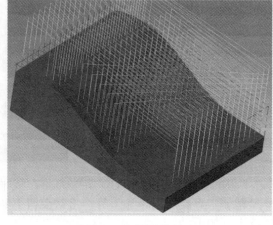

图 4.6.2　图形的导入

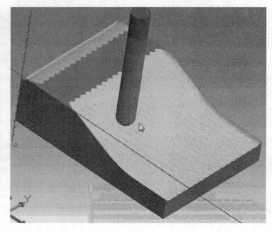

图 4.6.3　实体验证

3. 加工面的选择

选择主菜单【刀路】→【曲面精修】→【浅滩】→弹出【选择工件形状】未定义→弹出对话框【输入新 NC 名称】→点击【确认】→选择待加工的曲面（如图 4.6.4 加工面的选择）→【回车确认】→【干涉面】→选择待加工曲面的周围的曲面（如图 4.6.5 干涉面）→【切削范围】→选择毛坯的四边（如图 4.6.6 切削范围）→【指定下刀点】→指定工件左下角的点。

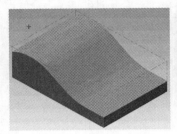
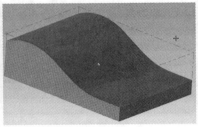

图 4.6.4　加工面的选择　　　　图 4.6.5　干涉面　　　　图 4.6.6　切削范围

4. 刀具类型选择

在系统弹出的【曲面精修浅滩】对话→选择【刀具参数】选项卡→【刀具过滤】按钮→选择【全关】按钮，【刀具类型】→选择【球刀】→【确认】→【从刀库中选择】按钮→在【选择刀具】对话框中选择 ϕ10 的球刀（如图 4.6.7 刀具类型选择）。

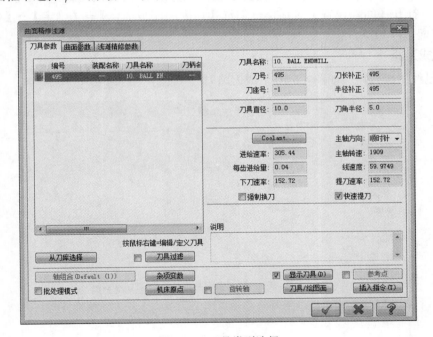

图 4.6.7　刀具类型选择

5. 曲面参数设置

打开【曲面参数】对话框→【参考高度】【增量坐标】10 →【下刀位置】【增量坐标】2 →【加工面预留量】0（如图 4.6.8 曲面参数设置）。

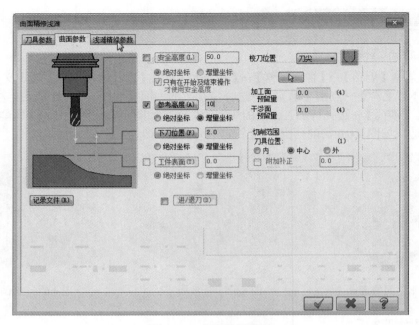

图 4.6.8　曲面参数设置

6. 曲面浅滩精修

打开【曲面浅滩精修】对话框→【最大切削间距】0.5→【从倾斜角度】0→【到倾斜角度】10→打开【间隙设置】对话框→勾选【切削顺序最优化】→【确定】→【确定】（如图 4.6.9 曲面浅滩精修）。

7. 生成刀路

此时已经生成刀路（如图 4.6.10 生成刀路）。

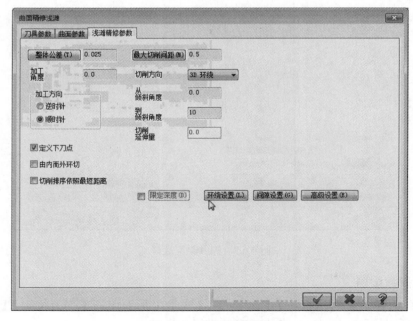

图 4.6.9　曲面浅滩精修

最终验证模拟

8. 实体验证模拟

选中所有的加工→打开【验证已选择的操作 】→【Mastercam 模拟】对话框→隐藏【刀柄】和【线框】→【调整速度】→【播放】→观察实体验证情况（如图 4.6.11 实体验证）。

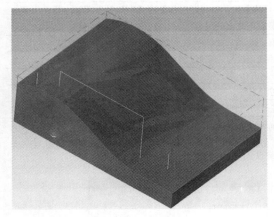

图 4.6.10 生成刀路

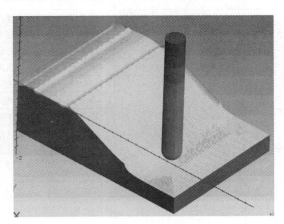

图 4.6.11 实体验证

二、浅平面精加工的参数设置

选择【刀具路径】→【曲面精修】→【浅滩】菜单→弹出【曲面精修浅滩】对话框→单击【浅滩精修参数】标签，切换到【浅滩精修参数】选项卡（如图 4.6.12 浅滩精修参数），用来设置浅平面精加工参数。

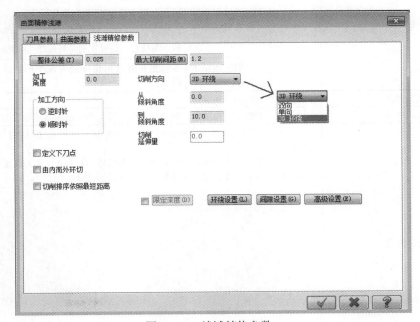

图 4.6.12 浅滩精修参数

其各选项讲解见表 4.6.1。

表 4.6.1　浅滩精修参数

序号	名称	详细说明		
1	整体公差	设定刀具路径与曲面之间的误差		
2	最大切削间距	设定两刀具路径之间的距离		
3	加工角度	设定刀具路径切削方向与 X 轴夹角。此项只有在切削方式为【双向】切削或【单向】切削时才有效，切削方式为【3D 环绕】时此处角度值无效		
4	加工方向	当设置切削方式为【3D 环绕】时，有【逆时针】和【顺时针】两种		
5	定义下刀点	选择一点，刀具路径从最靠近此点处进行下刀		
6	由内而外环切	加工时从内向外进行切削。此项只在切削方式为【3D 环绕】时才被激活		
7	切削顺序依照最短距离	该项可以在加工刀具路径提刀次数较多时进行优化处理，减少提刀次数		
8	切削方向	设定浅平面精加工刀具路径的切削方式		
		双向	以双向来回切削工件	
		单向	以单一方向进行切削到终点后，提刀到参考高度，再回到起点重新循环	
		3D 环绕	以等距环绕的方式进行切削。当切削方式为 3D 环绕时，可点击下方的【环绕设置】打开【环绕设置】参数对话框，可以重新设置计算精度（如图 4.6.13 环绕设置） 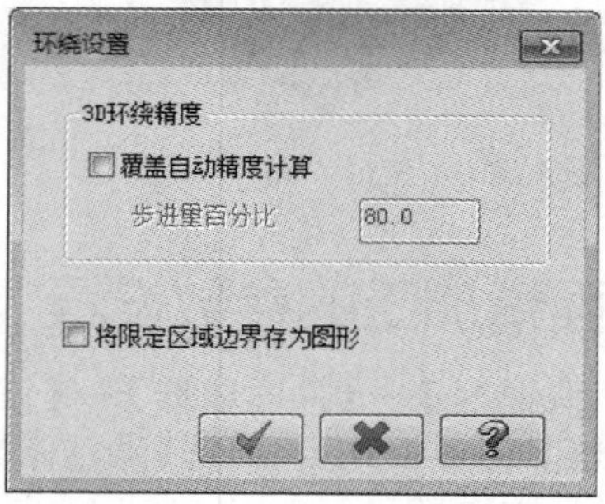	
			图 4.6.13　环绕设置	
			覆盖自动精度计算	启用此复选框时系统将先前的部分设置值覆盖，采用步进量的百分比来控制切削间距。若取消启用此复选框，系统自动以设置的误差值和切削间距进行计算
			将限定区域的边界存为图形	启用该复选框将限定为浅平面的区域边界保存为图形
9	从倾斜角度	设定浅平面的最小角度值		
10	到倾斜角度	设定浅平面的最大角度值。最小角度值到最大角度值即是要加工的浅平面区域		
11	切削延伸量	在浅平面区域的切削方向沿曲面延伸一定距离。只适合【双向】切削和【单向】切削。 图 4.6.14 所示为【到倾斜角度】20【切削延伸量】为 0 时的刀具路径。 图 4.6.15 所示为【切削延伸量】为 20 时的刀具路径 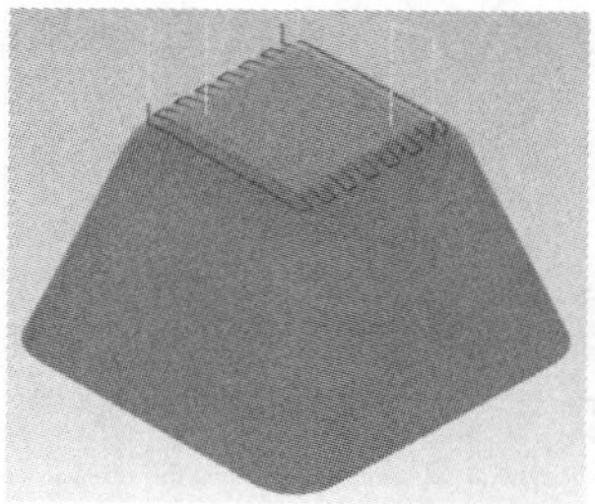 　 图 4.6.14　【到倾斜角度】20【切削延伸量】为 0 时的刀具路径 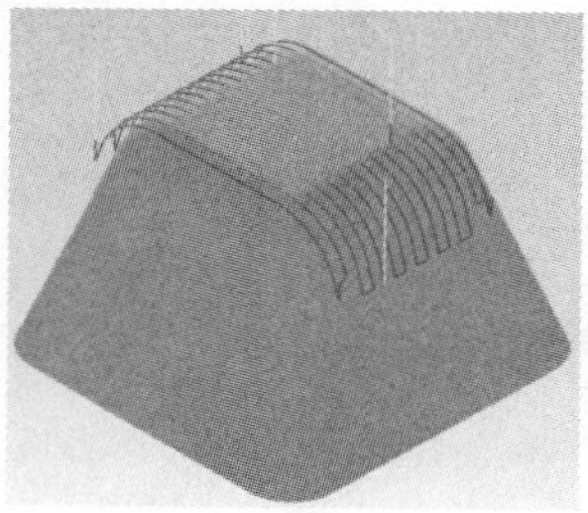　　图 4.6.15　【切削延伸量】为 20 时的刀具路径		

三、浅平面精加工实例一

加工前的工艺分析与准备

1. 工艺分析

工件图的基本形状：四周都是倒了圆角的形状，中间是一个 R26.75 整个挖进去的形状，整个上表面都是曲面形状（如图 4.6.16 浅平面精加工实例一）。工件长宽尺寸 120mm×80mm，无尺寸公差要求。尺寸标注完整，轮廓描述清楚。零件材料为已经加工成型的标准铝块，无热处理和硬度要求。之前已经进行了粗加工操作。

浅平面精加工实例一

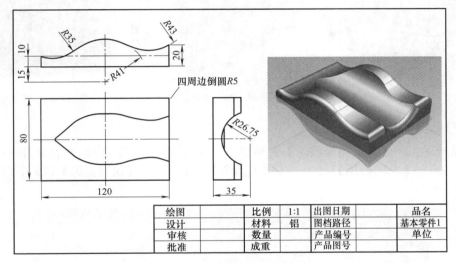

图 4.6.16 浅平面精加工实例一

① 用 φ8 的球刀浅平面精加工曲面的区域；
② 根据加工要求，共需产生 1 次刀具路径。

2. 前期准备工作

（1）图形的导入　打开之前已做好粗加工的加工图形（如图 4.6.17 图形的导入）。
（2）进行实体验证模拟　观察粗加工后毛坯剩余状况（如图 4.6.18 实体验证）。

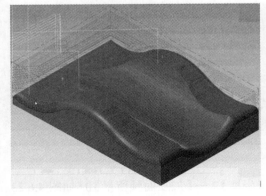

图 4.6.17　图形的导入

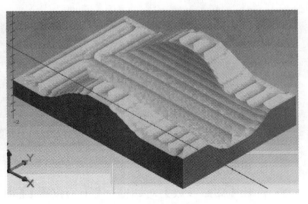

图 4.6.18　实体验证

浅平面精加工曲面的区域

3. 加工面的选择

选择主菜单【刀路】→【曲面精修】→【环绕】→弹出【选择工件形状】未定义→弹出对话框【输入新 NC 名称】→点击【确认】→选择待加工的曲面（如图 4.6.19 选择待加工的曲面）→【回车确认】→【干涉面】→选择待加工曲面的周围的曲面（如图 4.6.20 干涉面）→【切削范围】→选择毛坯的四边（如图 4.6.21 切削范围）→【指定下刀点】→指定待加工工件前端的尖点。

图 4.6.19　选择待加工的曲面

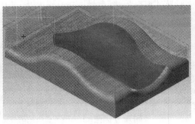

图 4.6.20　干涉面

图 4.6.21　切削范围

4. 刀具类型选择

在系统弹出的【曲面精修浅滩】对话框→在【刀具列表】中选择 $\phi 8$ 的球刀→设置【进给速率】300→【主轴转速】2500→【下刀速率】150→勾选【快速提刀】（如图 4.6.22 刀具类型选择）。

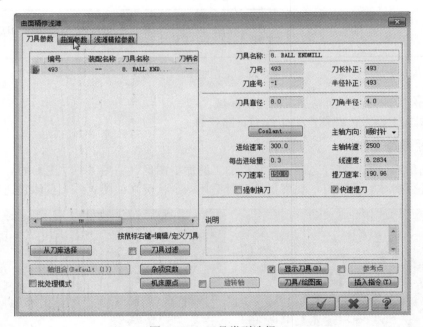

图 4.6.22　刀具类型选择

5. 曲面参数设置

打开【曲面参数】对话框→【下刀位置】【增量坐标】2→【加工面预留量】0（如图 4.6.23 曲面参数设置）。

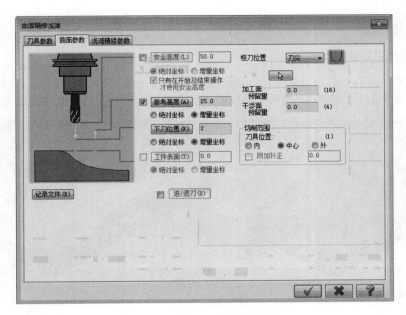

图 4.6.23　曲面参数设置

6. 曲面浅滩精修

打开【曲面浅滩精修】对话框→【加工角度】30→【最大切削间距】0.5→【从倾斜角度】0→【到倾斜角度】20→打开【间隙设置】对话框→勾选【切削顺序最优化】→【确定】→【确定】（如图 4.6.24 曲面浅滩精修）。

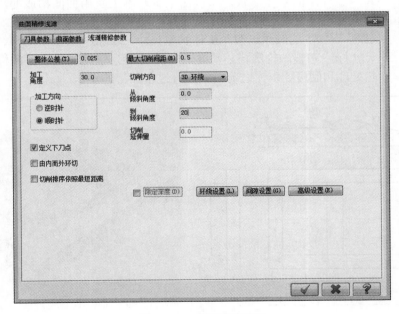

图 4.6.24　曲面浅滩精修

7. 生成刀路

此时已经生成刀路（如图 4.6.25 生成刀路）。

最终验证模拟

8. 实体验证模拟

选中所有的加工→打开【验证已选择的操作 📦】→【Mastercam 模拟】对话框→隐藏【刀柄】和【线框】→【调整速度】→【播放】→观察实体验证情况（如图 4.6.26 实体验证）。

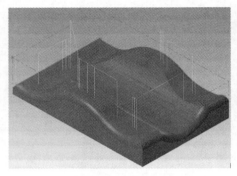

图 4.6.25　生成刀路

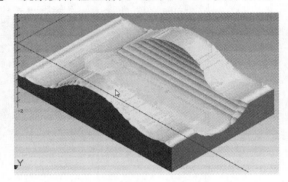

图 4.6.26　实体验证

四、浅平面精加工实例二

加工前的工艺分析与准备

浅平面精加工
实例二

1. 工艺分析

工件图的基本形状，从侧面上看基本上是由曲面构成的，这种图形也是可以通过手动绘制出来的（如图 4.6.27 浅平面精加工实例二）。上下右的三边，是 R5 的圆角过渡。工件长宽尺寸 120mm×80mm，无尺寸公差要求。尺寸标注完整，轮廓描述清楚。零件材料为已经加工成型的标准铝块，无热处理和硬度要求。之前已经进行过粗加工的操作。

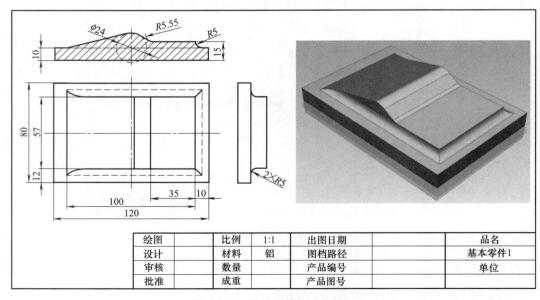

图 4.6.27　浅平面精加工实例二

① 用 $\phi 8$ 的球刀平行陡斜面精加工曲面的区域；

② 根据加工要求，共需产生 1 次刀具路径。

2. 前期准备工作

（1）图形的导入　打开之前已做好粗加工的加工图形（如图 4.6.28 图形的导入）。

（2）进行实体验证模拟　观察粗加工后毛坯剩余状况（如图 4.6.29 实体验证）。

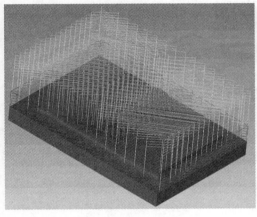 

图 4.6.28　图形的导入　　　　　　　　　图 4.6.29　实体验证

平行陡斜面精加工顶部曲面

3. 加工面的选择

选择主菜单【刀路】→【曲面精修】→【浅滩】→弹出【选择工件形状】未定义→弹出对话框【输入新 NC 名称】→点击【确认】→选择待加工的曲面（如图 4.6.30 加工面的选择）→【回车确认】→【干涉面】→选择待加工曲面的周围的曲面（如图 4.6.31 干涉面）→【切削范围】→选择毛坯的四边（如图 4.6.32 切削范围）→【指定下刀点】→指定工件下侧的点。

图 4.6.30　加工面的选择　　　　图 4.6.31　干涉面　　　　图 4.6.32　切削范围

4. 刀具类型选择

进入【刀具参数】→选择 $\phi 8$ 的球刀→设置【进给速率】300 →【主轴转速】2500 →【下刀速率】200 →勾选【快速提刀】（如图 4.6.33 刀具类型选择）。

5. 曲面参数设置

打开【曲面参数】对话框→【下刀位置】【增量坐标】2 →【加工面预留量】0（如图 4.6.34

曲面参数设置）。

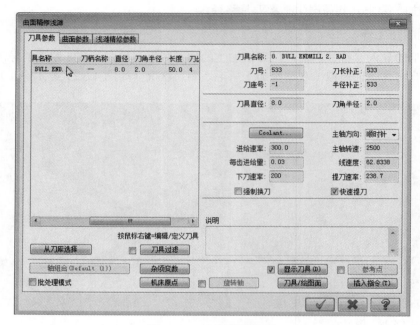

图 4.6.33　刀具类型选择

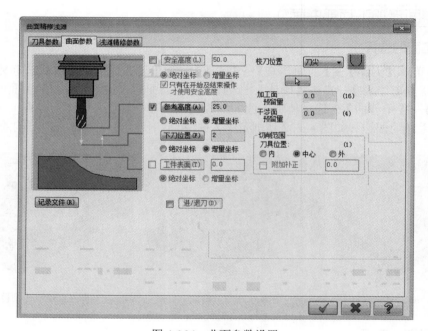

图 4.6.34　曲面参数设置

6. 曲面浅滩精修

打开【曲面浅滩精修】对话框→【最大切削间距】0.5→【从倾斜角度】0→【到倾斜角度】15→打开【间隙设置】对话框→勾选【切削顺序最优化】→【确定】→【确定】（如图 4.6.35 曲面浅滩精修）。

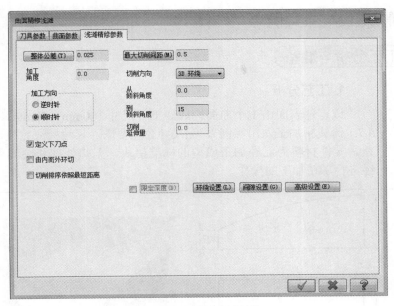

图 4.6.35 曲面浅滩精修

7. 生成刀路

此时已经生成刀路（如图 4.6.36 生成刀路）。

最终验证模拟

8. 实体验证模拟

选中所有的加工→打开【验证已选择的操作 ⬚】→【Mastercam 模拟】对话框→隐藏【刀柄】和【线框】→【调整速度】→【播放】→观察实体验证情况（如图 4.6.37 实体验证）。

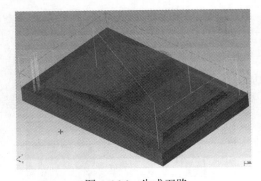

图 4.6.36 生成刀路

图 4.6.37 实体验证

第七节 流线精加工

曲面流线精加工是沿着曲面的流线产生相互平行的刀具路径，选择的曲面最好不要相交，且流线方向相同，刀具路径不产生冲突，才可以产生流线精加工刀具路径。曲面流线方向一般有两个方向，且两方向相互垂直，所以流线精加工刀具路径也有两个方向，可产生曲面引导方向或截断方向加工刀具路径。

一、流线精加工入门实例

加工前的工艺分析与准备

流线精加工入门
实例

1. 工艺分析

该零件表面由 1 个曲面构成。工件尺寸 100mm×70mm×50mm（如图 4.7.1 流线精加工入门实例），无尺寸公差要求。尺寸标注完整，轮廓描述清楚。零件材料为已经加工成型的标准铝块，无热处理和硬度要求。之前已经进行了精加工的操作。

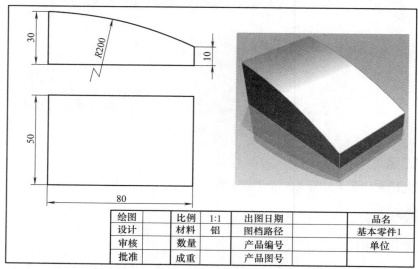

绘图		比例	1:1	出图日期		品名	
设计		材料	铝	图档路径		基本零件1	
审核		数量		产品编号		单位	
批准		成重		产品图号			

图 4.7.1　流线精加工入门实例

① 用 $\phi 8$ 的球刀流线精加工曲面的区域；
② 根据加工要求，共需产生 1 次刀具路径。

2. 前期准备工作

（1）图形的导入　打开之前已做好粗加工的加工图形（如图 4.7.2 图形的导入）。
（2）进行实体验证模拟　观察粗加工后毛坯剩余状况（如图 4.7.3 实体验证）。

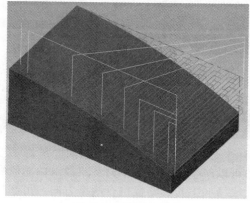

图 4.7.2　图形的导入

图 4.7.3　实体验证

顶部曲面区域的加工

3. 加工面的选择

选择主菜单【刀路】→【曲面粗切精修】→【流线】→弹出【选择工件形状】未定义→弹出对话框【输入新 NC 名称】→点击【确认】→选择待加工的曲面（如图 4.7.4 选择待加工的曲面）→【回车确认】→【干涉面】→选择待加工曲面的周围的曲面（如图 4.7.5 干涉面）→【曲面流线】→点击【切削方向】，改变切削的方向（如图 4.7.6 切削方向）。

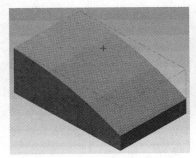 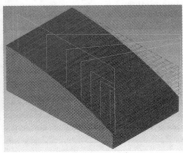 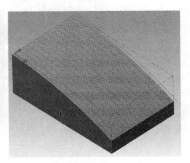

图 4.7.4　选择待加工的曲面　　　　图 4.7.5　干涉面　　　　图 4.7.6　切削方向

4. 刀具类型选择

在系统弹出的【曲面精修流线】对话框→选择【刀具过滤】按钮→选择【全关】按钮，【刀具类型】→选择【球刀】→【确认】→【从刀库中选择】按钮→在【选择刀具】对话框中选择 $\phi 8$ 的球刀（如图 4.7.7 刀具类型选择）。

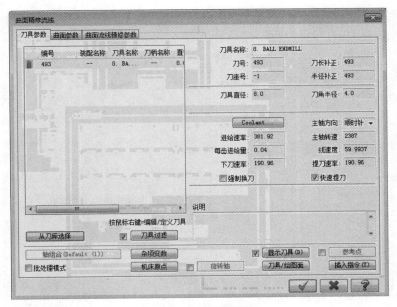

图 4.7.7　刀具类型选择

5. 曲面参数设置

打开【曲面参数】对话框→【下刀位置】【增量坐标】2 →【加工面预留量】0（如图 4.7.8 曲面参数设置）。

403

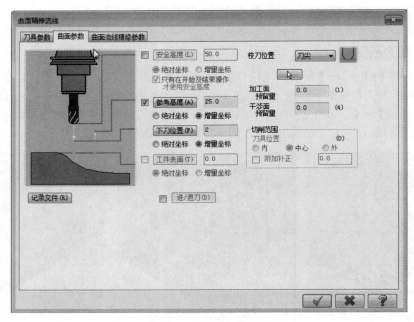

图 4.7.8 曲面参数设置

6. 曲面流线精修参数

打开【曲面精修流线】对话框→【截断方向控制】【距离】0.4 →打开【间隙设置】对话框→勾选【切削顺序最优化】→【确定】→【确定】（如图 4.7.9 曲面流线精修参数）。

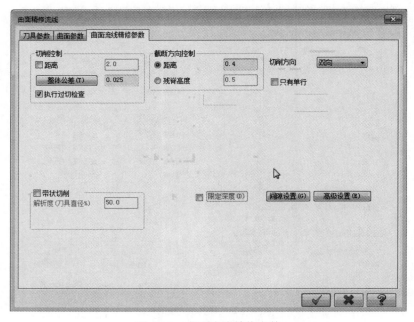

图 4.7.9 曲面流线精修参数

7. 生成刀路

此时已经生成刀路（如图 4.7.10 生成刀路）。

8. 实体验证模拟

选中所有的加工→打开【验证已选择的操作 🔧】→【Mastercam 模拟】对话框→隐藏【刀柄】和【线框】→【调整速度】→【播放】→观察实体验证情况（如图 4.7.11 实体验证）。

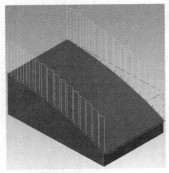

图 4.7.10 生成刀路

图 4.7.11 实体验证

二、曲面流线精加工的参数设置

1. 刀具路径的曲面选取

选择【刀具路径】→【曲面精修】→【流线】菜单→选择流线加工所需曲面→【刀具曲面选择】对话框（如图 4.7.12 刀具曲面选择）。该对话框可以用来设置加工曲面的选取、干涉曲面的选取和曲面流线参数。

在【刀具路径的曲面选取】对话框中单击【曲面流线】按钮，弹出【曲面流线设置】对话框（如图 4.7.13 曲面流线设置）。该对话框可以用来设置曲面流线的相关参数。

曲面流线设置参数各含义见表 4.7.1 曲面流线设置。

图 4.7.12 刀具曲面选择　　图 4.7.13 曲面流线设置

表 4.7.1 曲面流线设置

序号	名称	详细说明
1	补正方向	刀具路径产生在曲面的正面或反面的切换按钮。如图 4.7.14 所示为补正方向向外，如图 4.7.15 所示为补正方向向内 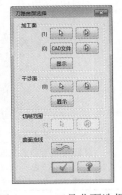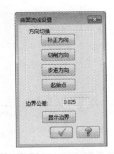 图 4.7.14 补正方向向外　　图 4.7.15 补正方向向内
2	切削方向	刀具路径切削方向的切换按钮。如图 4.7.16 所示加工方向为切削方向，如图 4.7.17 所示加工方向为截断方向

序号	名称	详细说明
2	切削方向	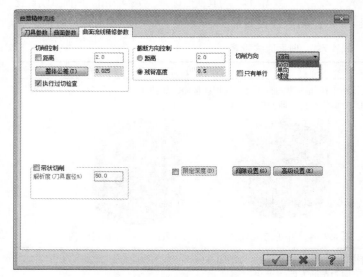 图 4.7.16　切削方向　　　图 4.7.17　截断方向
3	步进方向	刀具路径截断方向起始点的控制按钮。如图 4.7.18 所示为从上向下加工，如图 4.7.19 所示为从下向上加工 图 4.7.18　从上向下加工　　图 4.7.19　从下向上加工
4	起始	刀具路径切削方向起点的控制按钮。如图 4.7.20 所示切削方向向左，如图 4.7.21 所示为切削方向向右 图 4.7.20　切削方向向左　　图 4.7.21　切削方向向右
5	边界公差	设置曲面与曲面之间的间隙值。当曲面边界之间的值大于此值，被认为曲面不连续，刀具路径也不会连续。当曲面边界之间的值小于此值，系统可以忽略曲面之间的间隙，认为曲面连续，会产生连续的刀具路径

2. 流线精修参数

在【曲面精修流线】对话框中单击【曲面流线精修参数】标签，切换到【曲面流线精修参数】选项卡（如图 4.7.22 曲面流线精修参数）所示，用来设置流线精修参数。

其各选项讲解见表 4.7.2 曲面流线精修参数。

图 4.7.22　曲面流线精修参数

表 4.7.2 曲面流线精修参数

序号	名称	详细说明	
1	切削控制	控制沿着切削方向路径的误差，系统提供两种方式:【距离】和【整体误差】	
		距离	输入数值设定刀具在曲面上沿切削方向的移动的增量。此方式误差较大
		整体公差	以设定刀具路径与曲面之间的误差值来控制切削方向路径的误差
		执行过切检查	该参数会对刀具过切现象进行调整，避免过切
2	截断方向控制	控制垂直切削方向路径的误差。系统提供两种方式:【距离】和【残脊高度】	
		距离	设置切削路径之间的距离
		残脊高度	设置切削路径之间留下的残料高度。残料超过设置高度，系统自动调整切削路径之间的距离
3	切削方向	设置流线加工的切削方式，有3种:【双向】【单向】和【螺旋式】	
		双向	以双向来回切削的方式进行加工
		单向	以单方向进行切削，提刀到参考高度，再下刀到起点循环切削
		螺旋式	产生螺旋式切削刀具路径
		只有单行	限定只能排成一列的曲面上产生流线加工刀具路径

三、流线精加工实例一

加工前的工艺分析与准备

1. 工艺分析

流线精加工
实例一

该零件表面由 4 个斜面构成。工件尺寸 100mm×100mm×40mm（如图 4.7.23 流线精加工实例一），无尺寸公差要求。尺寸标注完整，轮廓描述清楚。零件材料为已经加工成型的标准铝块，无热处理和硬度要求。之前已经进行了精加工的操作。

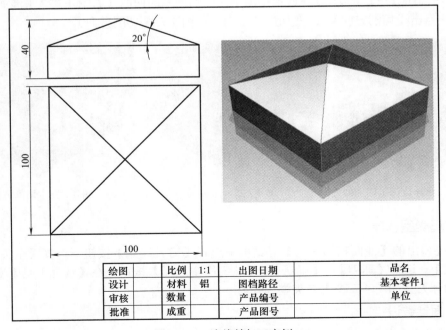

绘图		比例	1:1	出图日期		品名	
设计		材料	铝	图档路径		基本零件1	
审核		数量		产品编号		单位	
批准		成重		产品图号			

图 4.7.23 流线精加工实例一

① 用 $\phi8$ 的球刀流线精加工上下斜面的区域；

② 用 $\phi8$ 的球刀流线精加工左右斜面的区域；

③ 根据加工要求，共需产生 2 次刀具路径。

2. 前期准备工作

（1）图形的导入　打开之前已做好粗加工的加工图形（如图 4.7.24 图形的导入）。

（2）进行实体验证模拟　观察粗加工后毛坯剩余状况（如图 4.7.25 实体验证）。

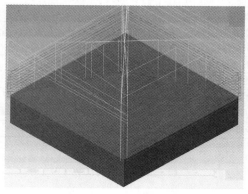

图 4.7.24　图形的导入

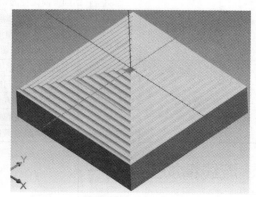

图 4.7.25　实体验证

上下斜面区域的加工

3. 加工面的选择

选择主菜单【刀路】→【曲面粗切】→【流线】→弹出【选择工件形状】未定义→弹出对话框【输入新 NC 名称】→点击【确认】→选择待加工的曲面（如图 4.7.26 选择待加工的曲面）→【回车确认】→【干涉面】→选择待加工曲面的周围的曲面（如图 4.7.27 干涉面）→【曲面流线】→点击【切削方向】，改变切削的方向（如图 4.7.28 切削方向）。

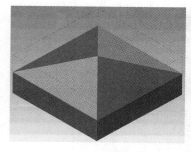

图 4.7.26　选择待加工的曲面

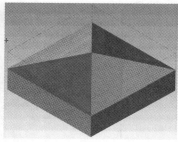

图 4.7.27　干涉面

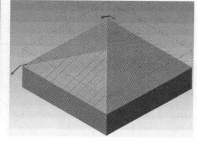

图 4.7.28　切削方向

4. 刀具类型选择

在系统弹出的【曲面精修流线】对话框→选择【刀具过滤】按钮→选择【全关】按钮，【刀具类型】→选择【球刀】→【确认】→【从刀库中选择】按钮→在【选择刀具】对话框中选择 $\phi8$ 的球刀（如图 4.7.29 刀具类型选择）。

5. 曲面参数设置

打开【曲面参数】对话框→【参考高度】【增量坐标】10 →【下刀位置】【增量坐标】2 →

【加工面预留量】（如图 4.7.30 曲面参数设置）。

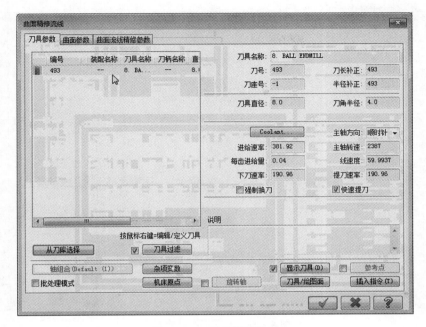

图 4.7.29　刀具类型选择

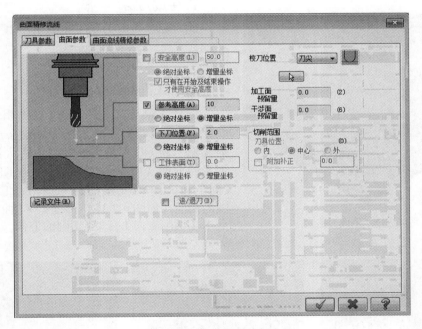

图 4.7.30　曲面参数设置

6. 曲面流线精修参数

打开【曲面流线精修参数】对话框→【截断方向控制】【距离】0.5 →打开【间隙设置】
对话框→勾选【切削顺序最优化】→【确定】→【确定】（如图 4.7.31 曲面流线精修参数）。

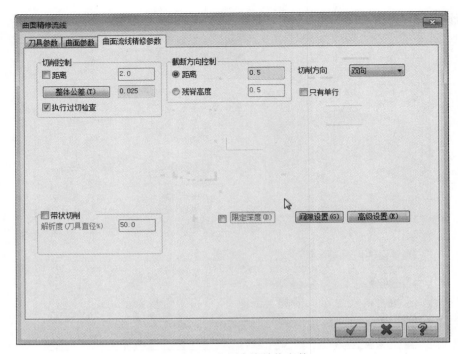

图 4.7.31　曲面流线精修参数

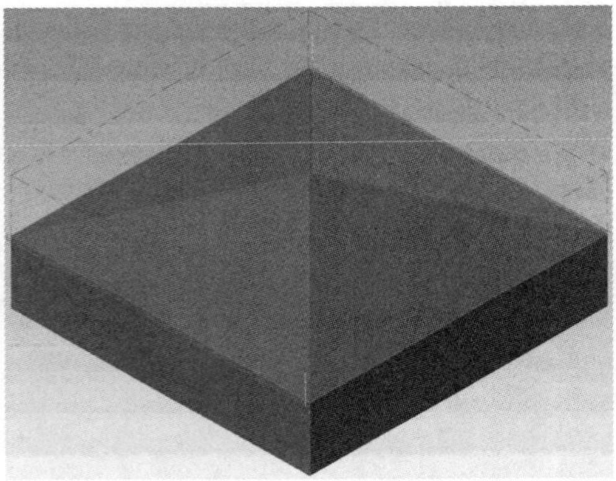

7. 生成刀路

此时已经生成刀路（如图 4.7.32 生成刀路）。

左右斜面区域的加工

8. 加工面的选择

选择主菜单【刀路】→【曲面粗切】→【流线】→弹出【选择工件形状】未定义→弹出对话框【输入新 NC 名称】→点击【确认】→选择待加工的曲面（如图 4.7.33 选择待加工的曲面）→【回车确认】→【干涉面】→选择待加工曲面的周围的曲面（如图 4.7.34 干涉面）→【曲面流线】→点击【切削方向】，改变切削的方向（如图 4.7.35 切削方向）。

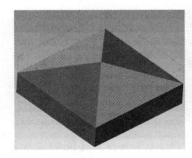

图 4.7.32　生成刀路

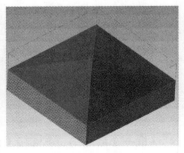

图 4.7.33　选择待加工的曲面

图 4.7.34　干涉面

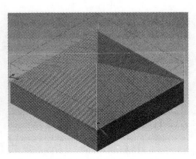

图 4.7.35　切削方向

9.【刀具】【曲面参数】不变，继承上一次操作

10. 曲面流线精修参数

打开【曲面流线精修参数】对话框→【截断方向控制】【距离】0.5→打开【间隙设置】对话框→勾选【切削顺序最优化】→【确定】→【确定】（如图 4.7.36 曲面流线精修参数）。

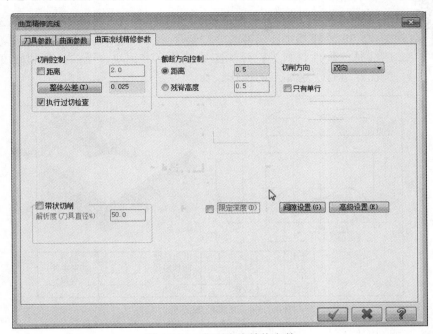

图 4.7.36　曲面流线精修参数

11. 生成刀路

此时已经生成刀路（如图 4.7.37 生成刀路）。

最终验证模拟

12. 实体验证模拟

选中所有的加工→打开【验证已选择的操作 】→【Mastercam 模拟】对话框→隐藏【刀柄】和【线框】→【调整速度】→【播放】→观察实体验证情况（如图 4.7.38 实体验证）。

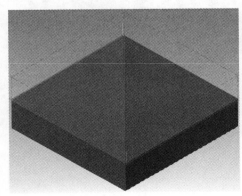

图 4.7.37　生成刀路

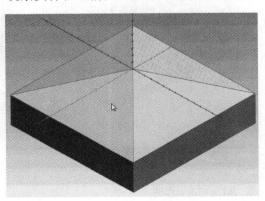

图 4.7.38　实体验证

四、流线精加工实例二

加工前的工艺分析与准备

流线精加工
实例二

1. 工艺分析

　　该零件表面由 1 个曲面构成。工件尺寸 120mm×80mm×30mm（如图 4.7.39 流线精加工实例二），无尺寸公差要求。尺寸标注完整，轮廓描述清楚。零件材料为已经加工成型的标准铝块，无热处理和硬度要求。之前已经进行了精加工的操作。

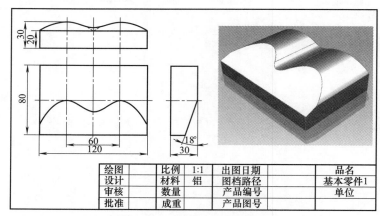

绘图		比例	1:1	出图日期		品名	
设计		材料	铝	图档路径		基本零件1	
审核		数量		产品编号		单位	
批准		成重		产品图号			

图 4.7.39　流线精加工实例二

① 用 $\phi 8$ 的球刀流线精加工上部曲面区域；
② 用 $\phi 8$ 的球刀流线精加工下部斜面区域；
③ 根据加工要求，共需产生 2 次刀具路径。

2. 前期准备工作

（1）图形的导入　打开之前已做好粗加工的加工图形（如图 4.7.40 图形的导入）。
（2）进行实体验证模拟　观察粗加工后毛坯剩余状况（如图 4.7.41 实体验证）。

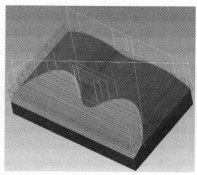

图 4.7.40　图形的导入

图 4.7.41　实体验证

上部曲面区域的加工

3. 加工面的选择

　　选择主菜单【刀路】→【曲面精修】→【流线】→弹出【选择工件形状】未定义→弹出对

话框【输入新 NC 名称】→点击【确认】→选择待加工的曲面（如图 4.7.42 选择待加工的曲面）→【回车确认】→【干涉面】→选择待加工曲面的周围的曲面（如图 4.7.43 干涉面）→【曲面流线】→点击【切削方向】，改变切削的方向（如图 4.7.44 切削方向）。

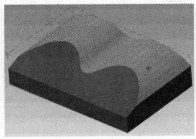

图 4.7.42　选择待加工的曲面

图 4.7.43　干涉面

图 4.7.44　切削方向

4. 刀具类型选择

在系统弹出的【曲面精修流线】对话框→选择 $\phi8$ 的球刀（如图 4.7.45 刀具类型选择）。

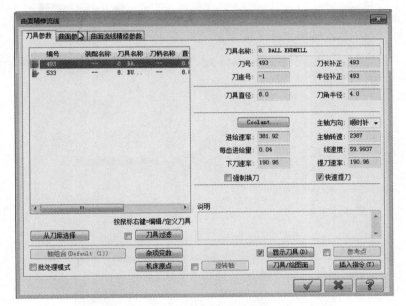

图 4.7.45　刀具类型选择

5. 曲面参数设置

打开【曲面参数】对话框→【下刀位置】【增量坐标】2 →【加工面预留量】0（如图 4.7.46 曲面参数设置）。

6. 曲面流线精修参数

打开【曲面流线精修参数】对话框→【截断方向控制】【距离】0.4 →打开【间隙设置】对话框→勾选【切削排序最优化】→【确定】→【确定】（如图 4.7.47 曲面流线精修参数）。

7. 生成刀路

此时已经生成刀路（如图 4.7.48 生成刀路）。

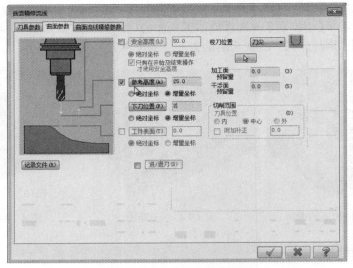

图 4.7.46　曲面参数设置

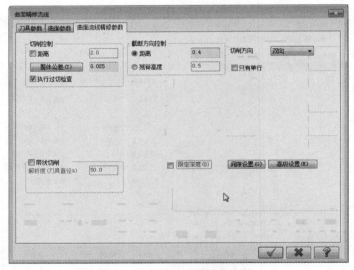

图 4.7.47　曲面流线精修参数

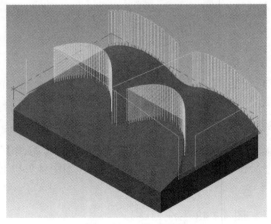

图 4.7.48　生成刀路

下部斜面区域的加工

8. 加工面的选择

选择主菜单【刀路】→【曲面精修】→【流线】→弹出【选择工件形状】未定义→弹出对话框【输入新 NC 名称】→点击【确认】→选择待加工的曲面（如图 4.7.49 选择待加工的曲面）→【回车确认】→【干涉面】→选择待加工曲面的周围的曲面（如图 4.7.50 干涉面）→【曲面流线】→点击【切削方向】（如图 4.7.51 切削方向）。

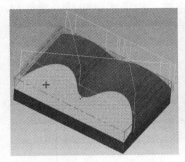
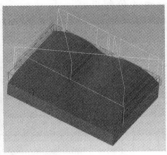
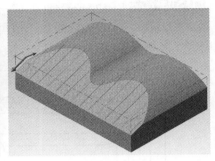

图 4.7.49 选择待加工的曲面　　图 4.7.50 干涉面　　图 4.7.51 切削方向

9.【刀具】【曲面参数】【曲面流线精修参数】不变，继承上一次的操作

10. 生成刀路

此时已经生成刀路（如图 4.7.52 生成刀路）。

最终验证模拟

11. 实体验证模拟

选中所有的加工→打开【验证已选择的操作】→【Mastercam 模拟】对话框→隐藏【刀柄】和【线框】→【调整速度】→【播放】→观察实体验证情况（如图 4.7.53 实体验证）。

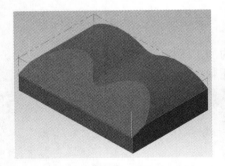
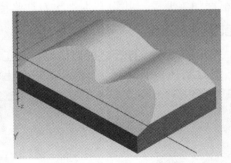

图 4.7.52 生成刀路　　　　图 4.7.53 实体验证

第八节　残料清角精加工

残料清角精加工是对先前的操作或大直径刀具所留下来的残料进行加工。残料清角精加工主要用来清除局部地方过多的残料区域，使残料均匀，避免精加工刀具接触过多的残料撞刀，为后续的精加工做准备。

一、残料清角精加工入门实例

加工前的工艺分析与准备

残料清角精加工
入门实例

1. 工艺分析

工件图的基本形状，从侧面上看基本上是由曲面构成的，下右的三边，是 $R5$ 的圆角过渡（如图 4.8.1 残料清角精加工入门实例）。工件长宽尺寸 120mm×80mm，无尺寸公差要求。尺寸标注完整，轮廓描述清楚。零件材料为已经加工成型的标准铝块，无热处理和硬度要求。之前已经进行了粗加工的操作。

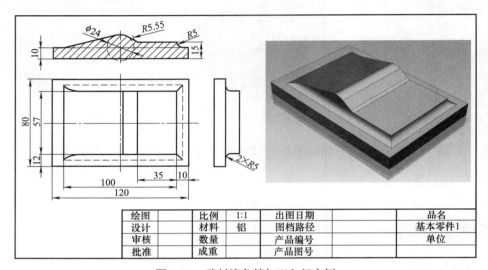

绘图		比例	1:1	出图日期		品名	
设计		材料	铝	图档路径		基本零件1	
审核		数量		产品编号		单位	
批准		成重		产品图号			

图 4.8.1　残料清角精加工入门实例

① 用 $\phi6$ 球刀残料清角精加工顶部曲面；
② 根据加工要求，共需产生 1 次刀具路径。

2. 前期准备工作

（1）图形的导入　打开之前已做好粗加工的加工图形（如图 4.8.2 图形的导入）。
（2）进行实体验证模拟　观察粗加工后毛坯剩余状况（如图 4.8.3 实体验证）。

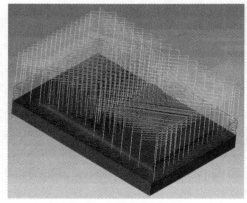

图 4.8.2　图形的导入

图 4.8.3　实体验证

残料清角精加工顶部曲面

3. 加工面的选择

选择主菜单【刀路】→【曲面精修】→【残料】→弹出对话框【输入新 NC 名称】→点击【确认】→选择待加工的曲面（如图 4.8.4 选择待加工的曲面）→【回车确认】→【干涉面】→选择待加工曲面的周围的曲面（如图 4.8.5 干涉面）→【切削范围】→选择毛坯的四边（如图 4.8.6 切削范围）→【指定下刀点】→指定工件下侧的点。

图 4.8.4　选择待加工的曲面　　　图 4.8.5　干涉面　　　图 4.8.6　切削范围

4. 刀具类型选择

进入【刀具参数】→选择 $\phi6$ 的球刀（如图 4.8.7 刀具类型选择）。

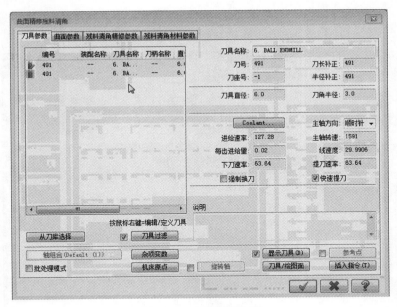

图 4.8.7　刀具类型选择

5. 曲面参数设置

打开【曲面参数】对话框→【下刀位置】【增量坐标】2 →【加工面预留量】0（如图 4.8.8 曲面参数设置）。

6. 残料清角精修参数

打开【残料清角精修参数】对话框→【最大切削间距】0.4 →【从倾斜角度】0 →【到倾

417

斜角度】90→打开【间隙设置】对话框→勾选【切削顺序最优化】→【确定】→【确定】（如图 4.8.9 残料清角精修参数）。

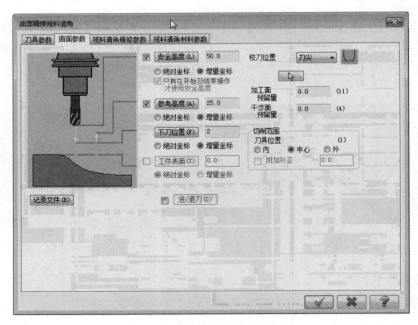

图 4.8.8　曲面参数设置

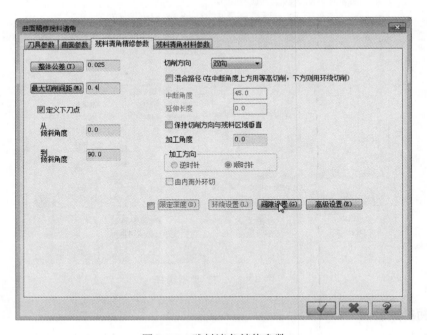

图 4.8.9　残料清角精修参数

7. 生成刀路

此时已经生成刀路（如图 4.8.10 生成刀路）。

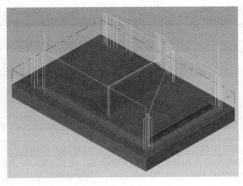

图 4.8.10　生成刀路

图 4.8.11　实体验证

8. 实体验证模拟

选中所有的加工→打开【验证已选择的操作 】→【Mastercam 模拟】对话框→隐藏【刀柄】和【线框】→【调整速度】→【播放】→观察实体验证情况（如图 4.8.11 实体验证）。

二、残料清角精加工的参数设置

1. 残料清角精修参数

选择【刀路】→【曲面精修】→【残料】菜单→弹出【曲面精修残料清角】对话框→单击【残料清角精修参数】标签，切换到【残料清角精修参数】选项卡（如图 4.8.12 残料清角精修参数），用来设置残料清角精加工参数。

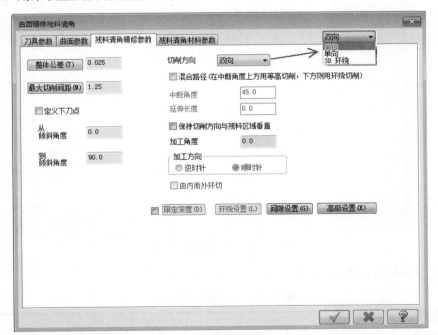

图 4.8.12　残料清角精修参数

残料清角精加工部分参数含义见表 4.8.1 残料清角精修参数。

表 4.8.1　残料清角精修参数

序号	名称	详细说明
1	整体公差	设定刀具路径与曲面之间的误差
2	最大切削间距	设定两刀具路径之间的距离
3	定义下刀点	选择一点作为下刀点，刀具会在最靠近此点的地方进刀
4	从倾斜角度	设定残料清角刀具路径的曲面最小倾斜角度
5	到倾斜角度	设定残料清角刀具路径的曲面最大倾斜角度
6	切削方向	设定残料清角的切削方式，有【双向】【单向】和【3D 环绕】3 种切削方式
7	混合路径	在残料区域的斜面中，有陡斜面和浅平面之分，系统为了将残料区域铣削干净，还设置了混合路径，对陡斜面和浅平面分别采用不同的走刀方法。在浅平面采用环绕切削。在陡斜面区域采用等高切削。分界点即是中断角度，大于中断角度的斜面即是陡斜面，采用等高切削；小于中断角度为浅平面，采用环绕切削
8	保持切削方向与残料区域垂直	产生的等高切削刀具路径与曲面相垂直
9	加工角度	设定刀具路径的加工角度。只在【双向】和【单向】切削方式时有用
10	加工方向	设置 3D 环绕刀具路径的加工方向，【逆时针】或是【顺时针】
11	由内而外环切	设置 3D 环绕刀具路径加工方式为从内向外

2. 残料清角材料参数

在【曲面精修残料清角】对话框中单击【残料清角材料参数】标签，切换到【残料清角材料参数】选项卡（如图 4.8.13 残料清角材料参数）。该对话框用来设置残料清角精加工剩余材料参数。

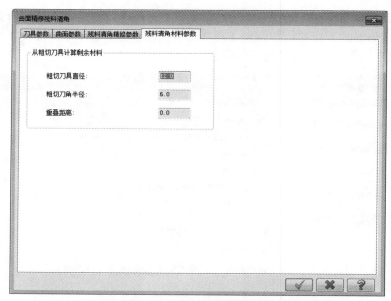

图 4.8.13　残料清角材料参数

残料清角的材料参数含义见表 4.8.2 残料清角材料参数。

表 4.8.2　残料清角材料参数

序号	名称	详细说明
1	精切刀具直径	输入精加工刀具直径，系统会根据刀具直径计算剩余的材料
2	精切刀具半径	输入精加工刀具的刀角半径，系统会根据刀具的刀角半径精确计算刀具加工不到的剩余材料
3	重叠距离	加大残料区域的切削范围

三、残料清角精加工实例一

加工前的工艺分析与准备

1. 工艺分析

该零件表面由连续的曲面构成，中间有两处突起的凸台（如图 4.8.14 残料清角精加工实例一），工件尺寸 120mm×80mm×50mm，无尺寸公差要求。尺寸标注完整，轮廓描述清楚。零件材料为已经加工成型的标准铝块，无热处理和硬度要求。之前已经做好了开粗操作。

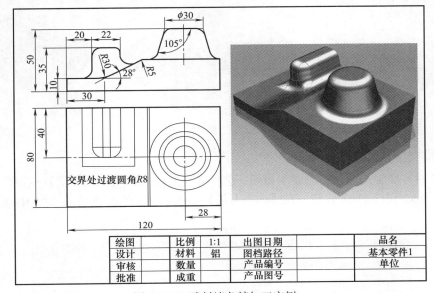

图 4.8.14 残料清角精加工实例一

① 用 φ6 的球刀残料清角精加工曲面的剩余的区域；
② 根据加工要求，共需产生 1 次刀具路径。

2. 前期准备工作

（1）图形的导入 打开之前已做好粗加工的加工图形（如图 4.8.15 图形的导入）。
（2）进行实体验证模拟 观察粗加工后毛坯剩余状况（如图 4.8.16 实体验证）。

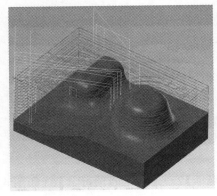

图 4.8.15 图形的导入

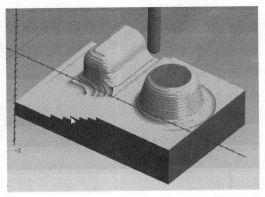

图 4.8.16 实体验证

等高外形精加工上部曲面

3. 加工面的选择

选择主菜单【刀路】→【曲面精修】→【残料】→弹出对话框【输入新 NC 名称】→点击【确认】→选择待加工的曲面（如图 4.8.17 选择待加工的曲面）→【回车确认】→【干涉面】→选择待加工曲面的周围的曲面（如图 4.8.18 干涉面）→【切削范围】→选择毛坯的四边（如图 4.8.19 切削范围）→【指定下刀点】→指定工件左下角的点。

图 4.8.17　选择待加工的曲面

图 4.8.18　干涉面

图 4.8.19　切削范围

4. 刀具类型选择

进入【刀具参数】→【刀具过滤】按钮→选择【全关】按钮，【刀具类型】→选择【球刀】→【确认】→【从刀库中选择】按钮→在【选择刀具】对话框中选择 $\phi 6$ 的球刀（如图 4.8.20 刀具类型选择）。

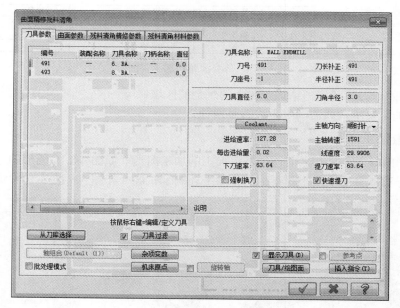

图 4.8.20　刀具类型选择

5. 曲面参数设置

打开【曲面参数】对话框→【下刀位置】【增量坐标】2 →【加工面预留量】0（如图 4.8.21 曲面参数设置）。

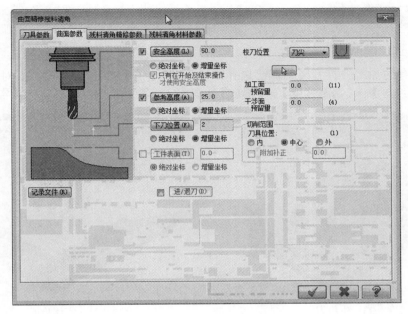

图 4.8.21 曲面参数设置

6. 残料清角精修参数

打开【残料清角精修参数】对话框→【最大切削间距】0.4 →【从倾斜角度】0 →【到倾斜角度】90 →打开【间隙设置】对话框→勾选【切削顺序最优化】→【确定】→【确定】（如图 4.8.22 残料清角精修参数）。

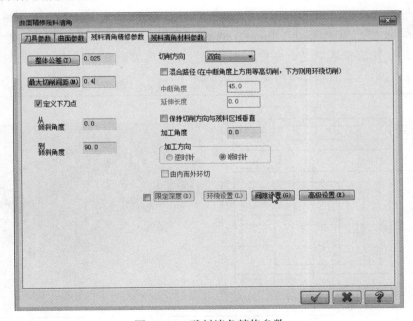

图 4.8.22 残料清角精修参数

7. 生成刀路

此时已经生成刀路（如图 4.8.23 生成刀路）。

最终验证模拟

8. 实体验证模拟

选中所有的加工→打开【验证已选择的操作 ▣ 】→【Mastercam 模拟】对话框→隐藏【刀柄】和【线框】→【调整速度】→【播放】→观察实体验证情况（如图 4.8.24 实体验证）。

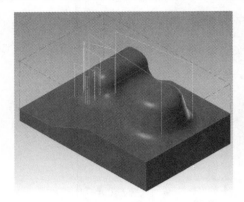

图 4.8.23　生成刀路

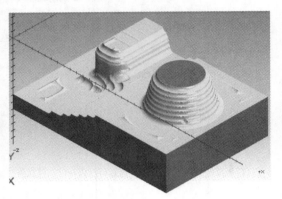

图 4.8.24　实体验证

四、残料清角精加工实例二

加工前的工艺分析与准备

1. 工艺分析

残料清角精加工实例二

该零件表面由连续的台阶平面构成（如图 4.8.25 残料清角精加工实例二）。工件尺寸 120mm×80mm×25mm，无尺寸公差要求。尺寸标注完整，轮廓描述清楚。零件材料为已经加工成型的标准铝块，无热处理和硬度要求。之前已经进行了粗加工的操作。

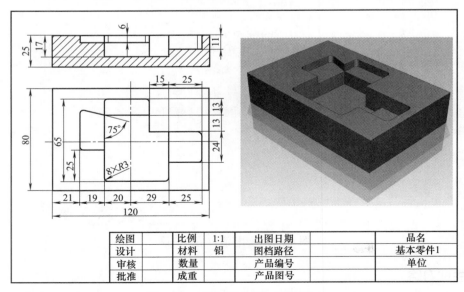

图 4.8.25　残料清角精加工实例二

① 用 ϕ4 残料清角精加工剩余的残料区域；

② 根据加工要求，共需产生 1 次刀具路径。

2. 前期准备工作

（1）图形的导入　打开之前已做好粗加工的加工图形（如图 4.8.26 图形的导入）。

（2）进行实体验证模拟　观察粗加工后毛坯剩余状况（如图 4.8.27 实体验证）。

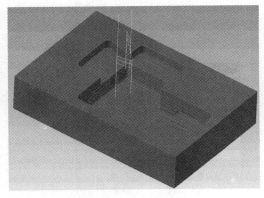

图 4.8.26　图形的导入

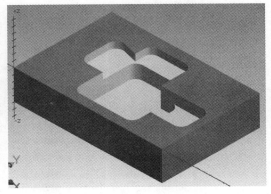

图 4.8.27　实体验证

槽形区域的加工

3. 加工面的选择

选择主菜单【刀路】→【曲面精修】→【残料】→弹出对话框【输入新 NC 名称】→点击【确认】→选择待加工的曲面（如图 4.8.28 选择待加工的曲面）→【回车确认】→【干涉面】→选择待加工曲面的周围的曲面（如图 4.8.29 干涉面）→【切削范围】→选择毛坯的四边（如图 4.8.30 切削范围）→【指定下刀点】→指定工件左下角的点。

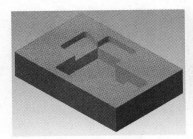

图 4.8.28　选择待加工的曲面

图 4.8.29　干涉面

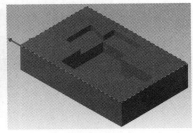

图 4.8.30　切削范围

4. 刀具类型选择

进入【刀具参数】→【刀具过滤】按钮→选择【全关】按钮，【刀具类型】→选择【平底刀】→【确认】→【从刀库中选择】按钮→在【选择刀具】对话框中选择 ϕ4 的平底刀→设置【进给速率】150 →【主轴转速】1500 →【下刀速率】120 →勾选【快速提刀】（如图 4.8.31 刀具类型选择）。

5. 曲面参数设置

打开【曲面参数】对话框→【下刀位置】【增量坐标】2 →【加工面预留量】0（如图 4.8.32

曲面参数设置）。

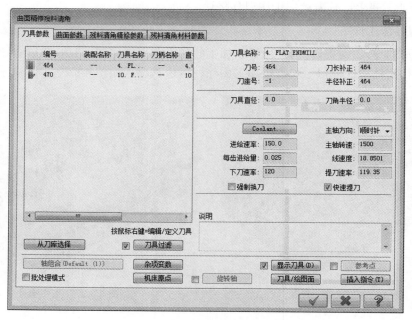

图 4.8.31　刀具类型选择

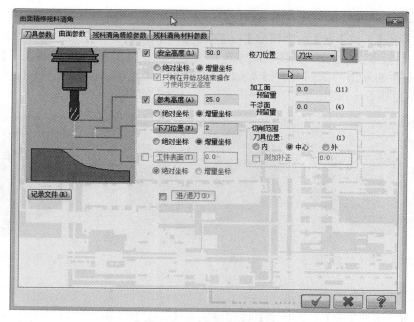

图 4.8.32　曲面参数设置

6. 残料清角精修参数

打开【残料清角精修参数】对话框→【最大切削间距】0.4→【从倾斜角度】0→【到倾斜角度】90→打开【间隙设置】对话框→勾选【切削顺序最优化】→【确定】→【确定】（如图 4.8.33 残料清角精修参数）。

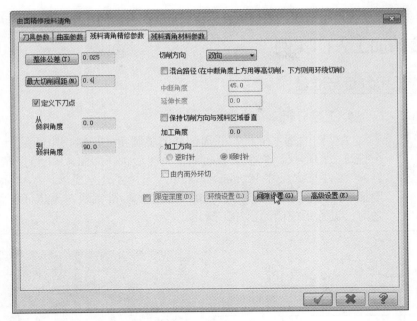

图 4.8.33　残料清角精修参数

7. 生成刀路

此时已经生成刀路（如图 4.8.34 生成刀路）。

最终验证模拟

8. 实体验证模拟

选中所有的加工→打开【验证已选择的操作 】→【Mastercam 模拟】对话框→隐藏【刀柄】和【线框】→【调整速度】→【播放】→观察实体验证情况（如图 4.8.35 实体验证）。

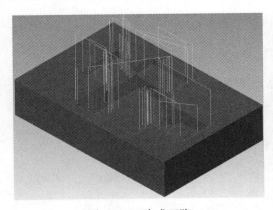

图 4.8.34　生成刀路

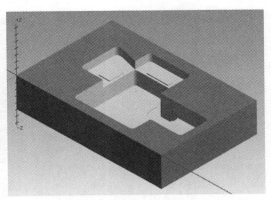

图 4.8.35　实体验证

第九节　熔接精加工

熔接精加工是将两条曲线内形成的刀具路径投影到曲面上，从而形成精加工刀具路径。

需要选取两条曲线作为熔接曲线。熔接精加工其实是双线投影的区域精加工。

一、熔接精加工入门实例

加工前的工艺分析与准备

熔接精加工入门
实例

1. 工艺分析

工件图的基本形状：四周都是倒了圆角的形状，中间是一个 R26.75 整个挖进去的形状，整个上表面都是曲面形状（如图 4.9.1 熔接精加工入门实例）。工件长宽尺寸 120mm×80mm，无尺寸公差要求。尺寸标注完整，轮廓描述清楚。零件材料为已经加工成型的标准铝块，无热处理和硬度要求。之前已进行了挖槽的粗加工操作。

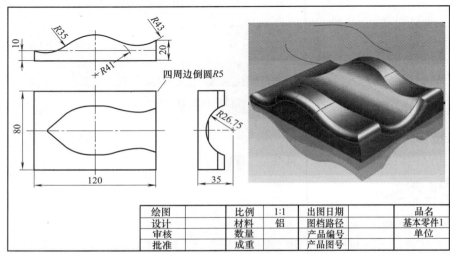

绘图		比例	1:1	出图日期		品名	
设计		材料	铝	图档路径		基本零件1	
审核		数量		产品编号		单位	
批准		成重		产品图号			

图 4.9.1　熔接精加工入门实例

① 用 $\phi10$ 的球刀熔接精加工两条曲线之间的曲面区域；
② 根据加工要求，共需产生 1 次刀具路径。

2. 前期准备工作

（1）图形的导入　打开之前已做好粗加工的加工图形（如图 4.9.2 图形的导入）。
（2）进行实体验证模拟　观察粗加工后毛坯剩余状况（如图 4.9.3 实体验证）。

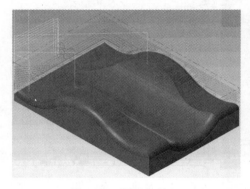

图 4.9.2　图形的导入

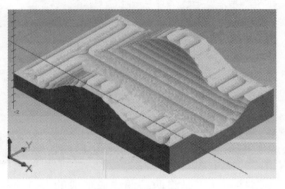

图 4.9.3　实体验证

熔接精加工两条曲线之间的曲面区域

3. 加工面的选择

选择主菜单【刀路】→【曲面精修】→【熔接】→弹出【选择工件形状】未定义→弹出对话框【输入新 NC 名称】→点击【确认】→选择待加工的曲面（如图 4.9.4 选择待加工的曲面）→【确认】→【干涉面】→选择待加工曲面的周围的曲面（如图 4.9.5 干涉面）→【选择熔接曲线】→选择两条曲线（如图 4.9.6 选择熔接曲线）。

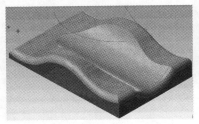

图 4.9.4　选择待加工的曲面

图 4.9.5　干涉面

图 4.9.6　选择熔接曲线

4. 刀具类型选择

在系统弹出的【曲面精修熔接】对话框→在【刀具列表】种选择 φ10 的球刀→设置【进给速率】300 →【主轴转速】3000 →【下刀速率】180 →勾选【快速提刀】（如图 4.9.7 刀具类型选择）。

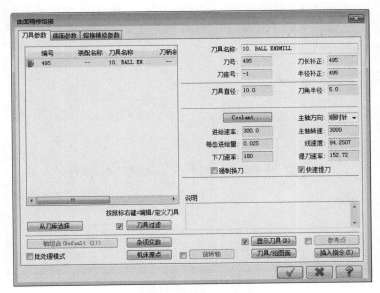

图 4.9.7　刀具类型选择

5. 曲面参数设置

打开【曲面参数】对话框→【下刀位置】【增量坐标】2 →【加工面预留量】0（如图 4.9.8 曲面参数设置）。

6. 熔接精修参数

打开【熔接精修参数】对话框→【最大步进量】0.5 →打开【间隙设置】对话框→勾选

【切削顺序最优化】→【确定】→【确定】（如图 4.9.9 熔接精修参数）。

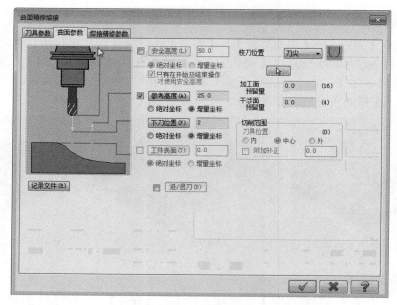

图 4.9.8　曲面参数设置

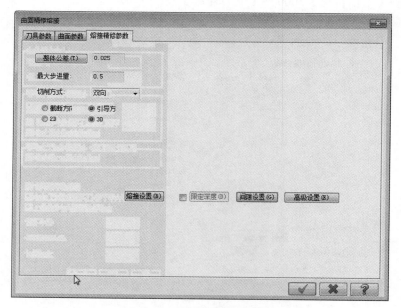

图 4.9.9　熔接精修参数

7. 生成刀路

此时已经生成刀路（如图 4.9.10 生成刀路）。

最终验证模拟

8. 实体验证模拟

选中所有的加工→打开【验证已选择的操作 📋】→【Mastercam 模拟】对话框→隐藏

【刀柄】和【线框】→【调整速度】→【播放】→观察实体验证情况（如图 4.9.11 实体验证）。

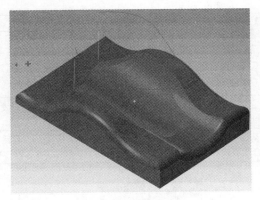
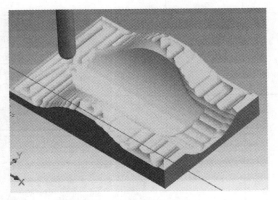

图 4.9.10　生成刀路　　　　　　　　　　　图 4.9.11　实体验证

二、熔接精加工的参数设置

选择【刀路】→【曲面精修】→【熔接】菜单→弹出【曲面熔接精加工】对话框→单击【熔接精修参数】标签，切换到【熔接精修参数】选项卡（如图 4.9.12 熔接精加工参数），用来设置熔接精修参数。

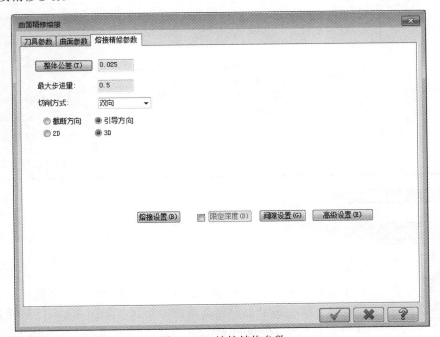

图 4.9.12　熔接精修参数

熔接精加工部分参数含义见表 4.9.1 熔接精修参数。

表 4.9.1　熔接精修参数

序号	名称	详　细　说　明
1	整体公差	设定刀具路径与曲面之间的误差值
2	最大步进量	设定刀具路径之间的最大间距

续表

序号	名称	详 细 说 明	
3	切削方式	设置熔接加工切削方式，有【双向】【单向】和【螺旋线】切削方式	
		双向	以双向来回切削工件
		单向	以单一方向进行切削到终点后，提刀到参考高度，再回到起点重新循环
		螺旋线	在两熔接边界间产生截断方向熔接精加工刀具路径。这是一种二维切削方式，刀具路径是直线型的，适合腔体加工，不适合陡斜面的加工
4	截断方向	从一个串联曲线到另一个串联曲线之间创建二维刀具路径，刀具从第一个被选的串联曲线的七点开始加工（如图 4.9.13 截断方向）	
	引导方向	在两熔接边界间产生切削方向熔接精加工刀具路径。可以选择 2D 或 3D 加工方式。刀具路径由一条曲线延伸到另一条曲线，适合于流线加工（如图 4.9.14 引导方向）	
		图 4.9.13　截断方向　　　　图 4.9.14　引导方向	
5	2D	适合产生 2D 熔接精加工刀具路径	
6	3D	适合产生 3D 熔接精加工刀具路径	
7	熔接设置	设置两个熔接边界在熔接时横向和纵向的距离。单击【熔接设置】按钮，弹出【引导方向熔接设置】对话框（如图 4.9.15 引导方向熔接设置）。用来设置引导方向的距离和步进量的百分比等参数	图 4.9.15　引导方向熔接设置

三、熔接精加工实例一

加工前的工艺分析与准备

1. 工艺分析

　　工件图的基本形状：四周都是倒了圆角的形状，中间是一个 R26.75 整个挖进去的形状，整个上表面都是曲面形状（如图 4.9.16 熔接精加工实例一）。工件长宽尺寸 120mm×80mm，无尺寸公差要求。尺寸标注完整，轮廓描述清楚。零件材料为已经加工成型的标准铝块，无热处理和硬度要求。之前已进行了挖槽的粗加工操作。

① 用 φ10 的球刀熔接精加工两条边界线之间的曲面区域；

② 根据加工要求，共需产生 1 次刀具路径。

2. 前期准备工作

（1）图形的导入　打开之前已做好粗加工的加工图形（如图 4.9.17 图形的导入）。

（2）进行实体验证模拟　观察粗加工后毛坯剩余状况（如图 4.9.18 实体验证）。

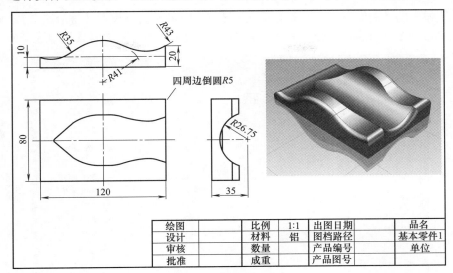

图 4.9.16　熔接精加工实例一

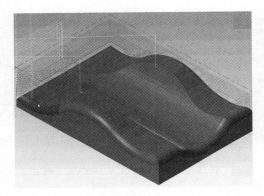

图 4.9.17　图形的导入

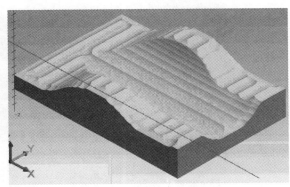

图 4.9.18　实体验证

（ 熔接精加工两条边界线之间的曲面区域 ）

3. 加工面的选择

选择主菜单【刀路】→【曲面精修】→【熔接】→弹出【选择工件形状】未定义→弹出对话框【输入新 NC 名称】→点击【确认】→选择待加工的曲面（如图 4.9.19 选择待加工的曲面）→【回车确认】→【干涉面】→选择待加工曲面的周围的曲面（如图 4.9.20 干涉面）→【选择熔接曲线】→选择两条曲线（如图 4.9.21 选择熔接曲线）。

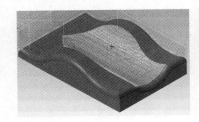

图 4.9.19　选择待加工的曲面

图 4.9.20　干涉面

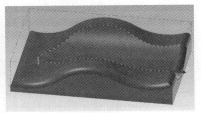

图 4.9.21　选择熔接曲线

4. 刀具类型选择

在系统弹出的【曲面精修熔接】对话框→选择 φ10 的球刀→设置【进给速率】300 →【主轴转速】3000 →【下刀速率】150 →勾选【快速提刀】（如图 4.9.22 刀具类型选择）。

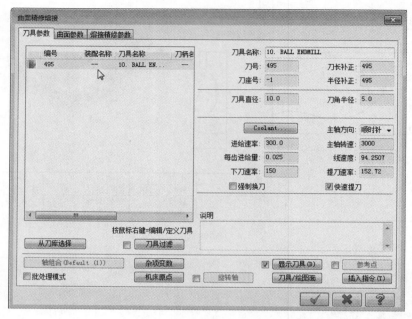

图 4.9.22　刀具类型选择

5. 曲面参数设置

打开【曲面参数】对话框→【下刀位置】【增量坐标】2 →【加工面预留量】0（如图 4.9.23 曲面参数设置）。

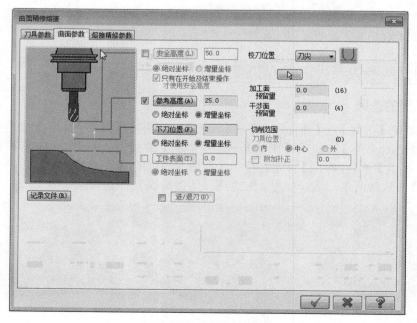

图 4.9.23　曲面参数设置

6. 熔接精修参数

打开【熔接精修参数】对话框→【最大步进量】0.5 →打开【间隙设置】对话框→勾选【切削顺序最优化】→【确定】→【确定】（如图 4.9.24 熔接精修参数）。

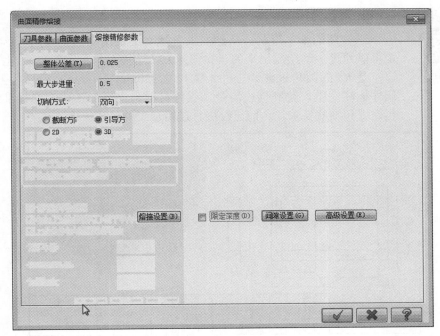

图 4.9.24　熔接精修参数

7. 生成刀路

此时已经生成刀路（如图 4.9.25 生成刀路）。

最终验证模拟

8. 实体验证模拟

选中所有的加工→打开【验证已选择的操作 📦】→【Mastercam 模拟】对话框→隐藏【刀柄】和【线框】→【调整速度】→【播放】→观察实体验证情况（如图 4.9.26 实体验证）。

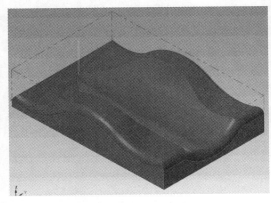

图 4.9.25　生成刀路

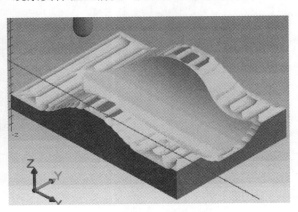

图 4.9.26　实体验证

四、熔接精加工实例二

加工前的工艺分析与准备

熔接精加工
实例二

1. 工艺分析

工件图的基本形状，从侧面上看基本上是由曲面构成的，这种图形也是可以通过手动绘制出来的（如图 4.9.27 熔接精加工实例二）。上下右的三边，是 R5 的圆角过渡。工件长宽尺寸 120mm×80mm，无尺寸公差要求。尺寸标注完整，轮廓描述清楚。零件材料为已经加工成型的标准铝块，无热处理和硬度要求。之前已经进行过粗加工的操作。

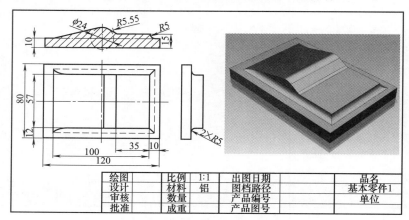

图 4.9.27　熔接精加工实例二

① 用 φ4 的球刀熔接精加工侧面陡峭的区域；
② 根据加工要求，共需产生 1 次刀具路径。

2. 前期准备工作

（1）图形的导入　打开之前已做好粗加工的加工图形（如图 4.9.28 图形的导入）。
（2）进行实体验证模拟　观察粗加工后毛坯剩余状况（如图 4.9.29 实体验证）。观察局部区域（如图 4.9.30 观察局部区域）。

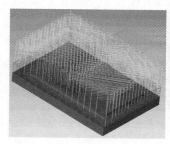

图 4.9.28　图形的导入　　　　图 4.9.29　实体验证　　　　图 4.9.30　观察局部区域

熔接精加工侧面陡峭的区域

3. 加工面的选择

选择主菜单【刀路】→【曲面精修】→【熔接】→弹出对话框【输入新 NC 名称】→点击

【确认】→选择待加工的曲面（如图 4.9.31 选择待加工的曲面）→【回车确认】→【干涉面】→选择待加工曲面的周围的曲面（如图 4.9.32 干涉面）→【选择熔接曲线】→选择两条曲线（如图 4.9.33 选择熔接曲线）。

图 4.9.31 选择待加工的曲面　　　图 4.9.32 干涉面　　　图 4.9.33 选择熔接曲线

4. 刀具类型选择

在系统弹出的【曲面精修熔接】对话框→点击【从刀库选择】→选择 φ4 的球刀（如图 4.9.34 刀具类型选择）。

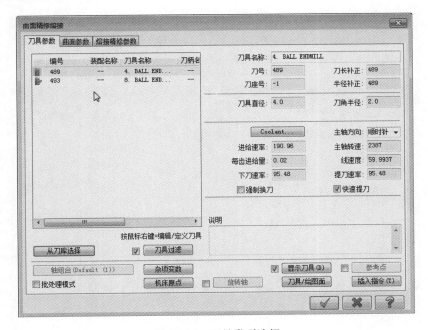

图 4.9.34 刀具类型选择

5. 曲面参数设置

打开【曲面参数】对话框→【下刀位置】【增量坐标】2→【加工面预留量】0（如图 4.9.35 曲面参数设置）。

6. 熔接精修参数

打开【熔接精修参数】对话框→【最大步进量】0.4→打开【间隙设置】对话框→勾选【切削顺序最优化】→【确定】→【确定】（如图 4.9.36 熔接精修参数）。

7. 生成刀路

此时已经生成刀路（如图 4.9.37 生成刀路）。

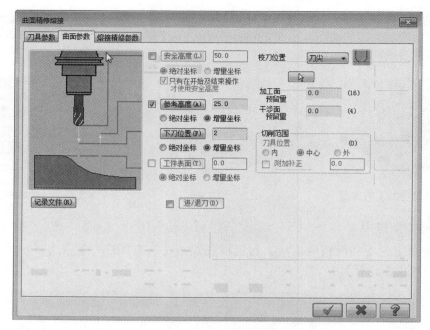

图 4.9.35　曲面参数设置

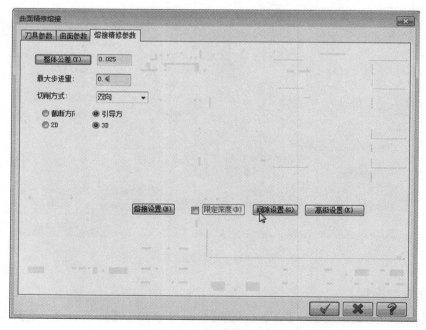

图 4.9.36　熔接精修参数

最终验证模拟

8. 实体验证模拟

选中所有的加工→打开【验证已选择的操作 】→【Mastercam 模拟】对话框→隐藏【刀柄】和【线框】→【调整速度】→【播放】→观察实体验证情况（如图 4.9.38 实体验证）。

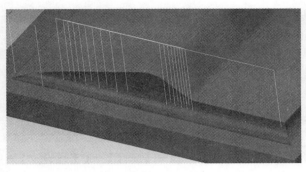

图 4.9.37　生成刀路　　　　　　　　　图 4.9.38　实体验证

第十节　投影精加工

投影精加工是将已经存在的刀具路径或几何图形投影到曲面上产生刀具路径。投影加工的类型有：曲线投影、NCI 文件投影加工和点集投影，常用于曲面上的文字加工、商标加工等。

一、投影精加工入门实例

加工前的工艺分析与准备

1. 工艺分析

该零件表面由 1 个曲面构成。工件尺寸 120mm×80mm×20mm（如图 4.10.1 投影精加工入门实例），无尺寸公差要求。尺寸标注完整，轮廓描述清楚。零件材料为已经加工成型的标准铝块，无热处理和硬度要求。

投影精加工入门
实例

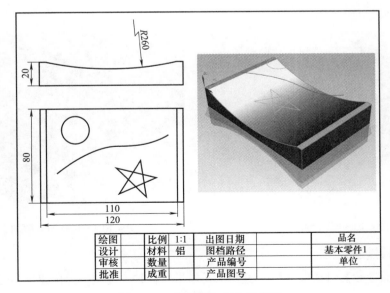

图 4.10.1　投影精加工入门实例

① 用 $\phi3R0.2$ 的圆鼻刀投影精加工曲线；

② 根据加工要求，共需产生 1 次刀具路径。

2. 前期准备工作

（1）图形的导入　打开已绘制好的图形→按 F9 键打开坐标系→观察原点位置→然后再按 F9 键关闭。

（2）选择加工所使用的机床类型　选择主菜单【机床类型】→【铣床】→【默认】，进入铣床的加工模块。

（3）毛坯设置　在左侧的【刀路】面板中，打开【机床群组】→【属性】→【毛坯设置】→【机床群组属性】对话框→点击【选择对角】按钮→选择工件的左上角和右下角。

曲线投影的精加工

3. 加工面的选择

选择主菜单【刀路】→【曲面精修】→【投影】→选择待加工的曲面（如图 4.10.2 选择待加工的曲面）→【回车确认】→【干涉面】→选择待加工曲面的周围的曲面（如图 4.10.3 干涉面）→【曲线】→选择所有要加工的曲线（如图 4.10.4 选择所有要加工的曲线）。

4. 刀具类型选择

在系统弹出的【曲面精修投影】对话框→选择【刀具参数】选项卡→【刀具过滤】按钮→选择【全关】按钮，【刀具类型】→选择【木雕刀】→【确认】→【从刀库选择】按钮→在【选择刀具】对话框中选择 $\phi10\text{-}45$ 的木雕刀→设置【进给速率】4000→【主轴转速】2000→【下刀速率】2000→勾选【快速提刀】

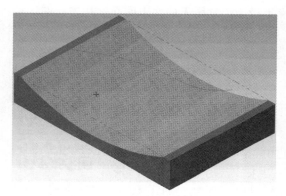

图 4.10.2　选择待加工的曲面

（如图 4.10.5 刀具类型选择）。

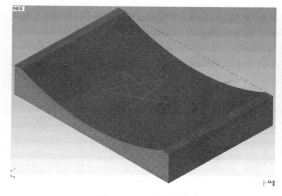

图 4.10.3　干涉面

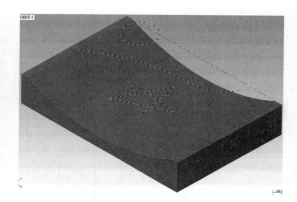

图 4.10.4　选择所有要加工的曲线

5. 曲面参数设置

打开【曲面参数】对话框→【下刀位置】【增量坐标】2→【加工面预留量】–0.3（如图 4.10.6 曲面参数设置）。

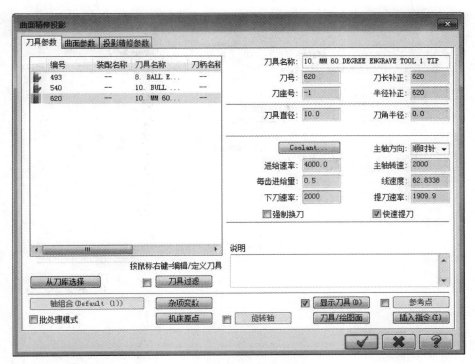

图 4.10.5　刀具类型选择

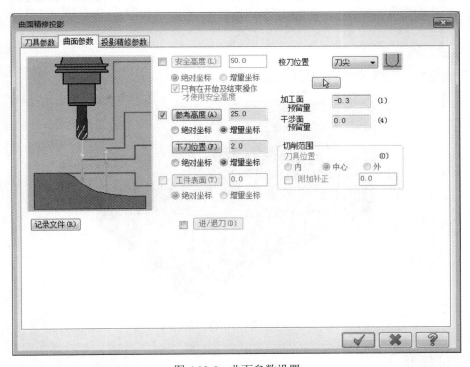

图 4.10.6　曲面参数设置

6. 投影精修参数

打开【投影精修参数】对话框→【投影方式】曲线→勾选【两切削间提刀】→打开【间隙

设置】对话框→勾选【切削顺序最优化】→【确定】→【确定】（如图 4.10.7 投影精修参数）。

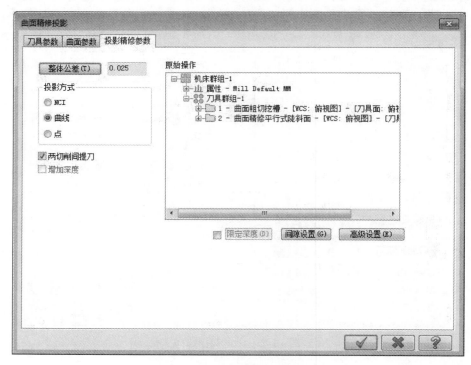

图 4.10.7　投影精修参数

7. 生成刀路

此时已经生成刀路（如图 4.10.8 生成刀路）。

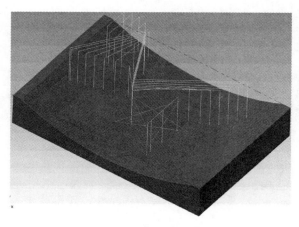

图 4.10.8　生成刀路

最终验证模拟

8. 实体验证模拟

选中所有的加工→打开【验证已选择的操作 】→【Mastercam 模拟】对话框→隐藏

【刀柄】和【线框】→【调整速度】→【播放】→观察实体验证情况（如图 4.10.9 实体验证）。

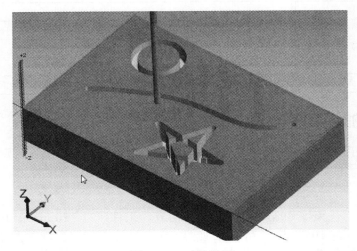

图 4.10.9 实体验证

二、投影精加工的参数设置

选择【刀具路径】→【曲面精修】→【投影】菜单→【曲面粗切投影】对话框→单击【投影精加工参数】标签→切换到【投影精修参数】选项卡，（如图 4.10.10 投影精修参数）所示，用来投影放射加工的专用参数。

其各选项说明见表 4.10.1。

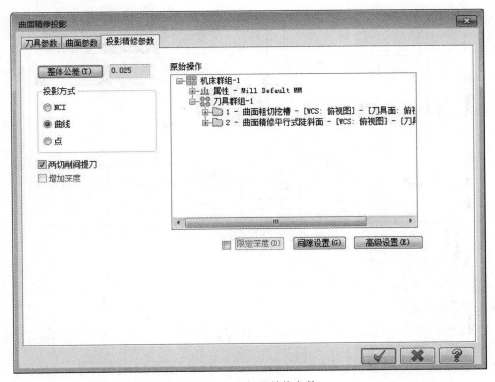

图 4.10.10 投影精修参数

表 4.10.1 粗加工平行铣削参数

序号	名称		详细说明
1	投影方式		设置投影加工的投影类型
		曲线	投影曲线生成刀路
		点	投影点生成刀路
2	两切削间提刀		在两段不连续的刀路之间抬刀移动，避免直接从加工表面走刀

三、投影精加工实例一

加工前的工艺分析与准备

投影精加工
实例一

1. 工艺分析

该零件表面由 1 个曲面构成。工件尺寸 120mm×80mm×20mm（如图 4.10.11 投影精加工实例一），无尺寸公差要求。尺寸标注完整，轮廓描述清楚。零件材料为已经加工成型的标准铝块，无热处理和硬度要求。

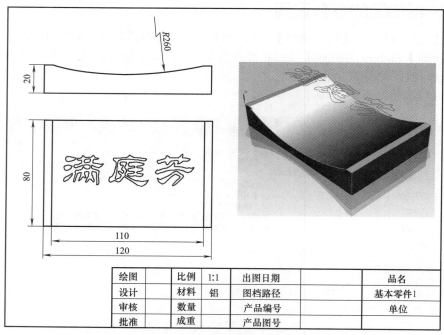

图 4.10.11 投影精加工实例一

① 用 $\phi 1R0.2$ 的圆鼻刀投影精加工汉字；
② 根据加工要求，共需产生 1 次刀具路径。

2. 前期准备工作

（1）图形的导入 打开已绘制好的图形→按 F9 键打开坐标系→观察原点位置→然后再按 F9 键关闭。

（2）选择加工所使用的机床类型 选择主菜单【机床类型】→【铣床】→【默认】，进入铣床的加工模块。

（3）毛坯设置 在左侧的【刀路】面板中，打开【机床群组】→【属性】→【毛坯设置】→【机床群组属性】对话框→点击【选择对角】按钮→选择工件的左上角和右下角。

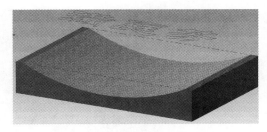

图 4.10.12 选择待加工的曲面

曲线投影的粗加工

3. 加工面的选择

选择主菜单【刀路】→【曲面精修】→【投影】→选择待加工的曲面（如图 4.10.12 选择待加工的曲面）→【回车确认】→【干涉面】→选择待加工曲面的周围的曲面（如图 4.10.13 干涉面）→【曲线】→选择所有要加工的曲线（如图 4.10.14 选择所有要加工的曲线）。

图 4.10.13 干涉面

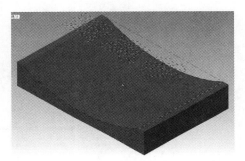

图 4.10.14 选择所有要加工的曲线

4. 刀具类型选择

在系统弹出的【曲面精修投影】对话框→选择【刀具参数】选项卡→【刀具过滤】按钮→选择【全关】按钮，【刀具类型】→选择【木雕刀】→【确认】→【从刀库选择】按钮→在【选择刀具】对话框中选择 ϕ10-45 的木雕刀→设置【进给速率】4000 →【主轴转速】2000 →【下刀速率】2000 →勾选【快速提刀】（如图 4.10.15 刀具类型选择）。

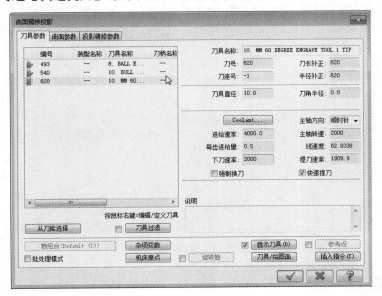

图 4.10.15 刀具类型选择

5. 曲面参数设置

打开【曲面参数】对话框→【下刀位置】【增量坐标】2 →【加工面预留量】−0.4（如图 4.10.16 曲面参数设置）。

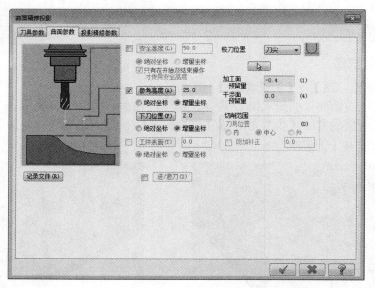

图 4.10.16　曲面参数设置

6. 投影精修参数

打开【投影精修参数】对话框→【投影方式】曲线→勾选【两切削间提刀】→打开【间隙设置】对话框→勾选【切削顺序最优化】→【确定】→【确定】（如图 4.10.17 投影精修参数）。

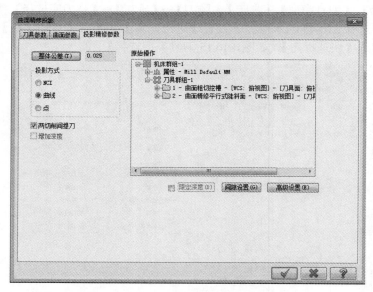

图 4.10.17　投影精修参数

7. 生成刀路

此时已经生成刀路（如图 4.10.18 生成刀路）。

8. 实体验证模拟

选中所有的加工→打开【验证已选择的操作 ⬛】→【Mastercam 模拟】对话框→隐藏【刀柄】和【线框】→【调整速度】→【播放】→观察实体验证情况（如图 4.10.19 实体验证）。

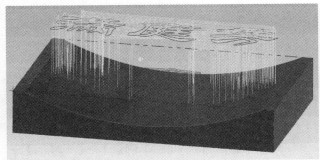

图 4.10.18 生成刀路

图 4.10.19 实体验证

四、投影精加工实例二

加工前的工艺分析与准备

投影精加工
实例二

1. 工艺分析

该零件表面由 1 个曲面构成。工件尺寸 120mm×80mm×20mm（如图 4.10.20 投影精加工实例二），无尺寸公差要求。尺寸标注完整，轮廓描述清楚。零件材料为已经加工成型的标准铝块，无热处理和硬度要求。

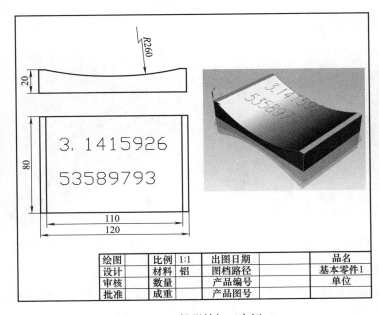

图 4.10.20 投影精加工实例二

① 用 ϕ1R0.2 的圆鼻刀投影精加工单线条文字；

② 根据加工要求，共需产生 1 次刀具路径。

2. 前期准备工作

（1）图形的导入　打开已绘制好的图形→按 F9 键打开坐标系→观察原点位置→然后再按 F9 键关闭。

（2）选择加工所使用的机床类型　选择主菜单【机床类型】→【铣床】→【默认】，进入铣床的加工模块。

（3）毛坯设置　在左侧的【刀路】面板中，打开【机床群组】→【属性】→【毛坯设置】→【机床群组属性】对话框→点击【选择对角】按钮→选择工件的左上角和右下角。

曲线投影的粗加工

3. 加工面的选择

选择主菜单【刀路】→【曲面精修】→【投影】→选择待加工的曲面（如图 4.10.21 选择

图 4.10.21　选择待加工的曲面

待加工的曲面）→【回车确认】→【干涉面】→选择待加工曲面的周围的曲面（如图 4.10.22干涉面）→【曲线】→选择所有要加工的曲线（如图 4.10.23 选择所有要加工的曲线）。

4. 刀具类型选择

在系统弹出的【曲面精修投影】对话框→选择【刀具参数】选项卡→【刀具过滤】按钮→选择【全关】按钮，【刀具类型】→选择【木雕刀】→【确认】→【从刀库选择】按钮→在【选择刀具】对话框中选择 ϕ5-30 的木雕刀→设置【进给速率】2000→【主轴转速】10000→【下刀速率】3000→勾选【快速提刀】

（如图 4.10.24 刀具类型选择）。

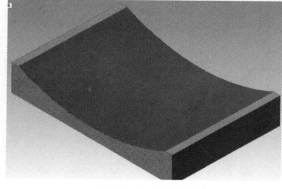

图 4.10.22　干涉面

图 4.10.23　选择所有要加工的曲线

5. 曲面参数设置

打开【曲面参数】对话框→【下刀位置】【增量坐标】2→【加工面预留量】−0.6（如图4.10.25 曲面参数设置）。

6. 投影精修参数

打开【投影精修参数】对话框→【投影方式】曲线→勾选【两切削间提刀】→打开【间隙设置】对话框→勾选【切削顺序最优化】→【确定】→【确定】（如图 4.10.26 投影精修参数）。

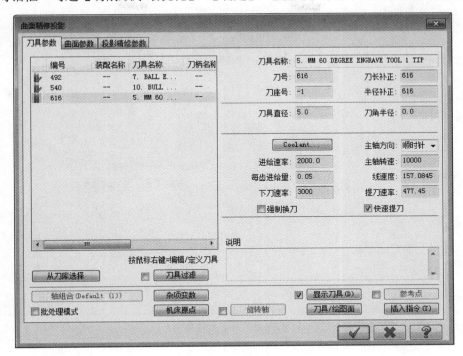

图 4.10.24 刀具类型选择

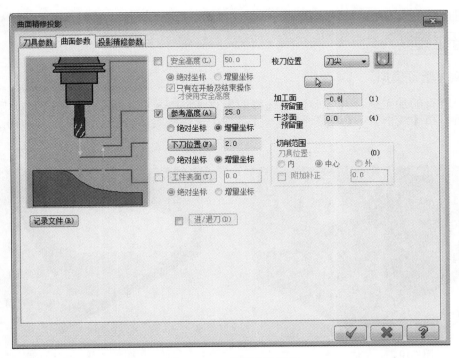

图 4.10.25 曲面参数设置

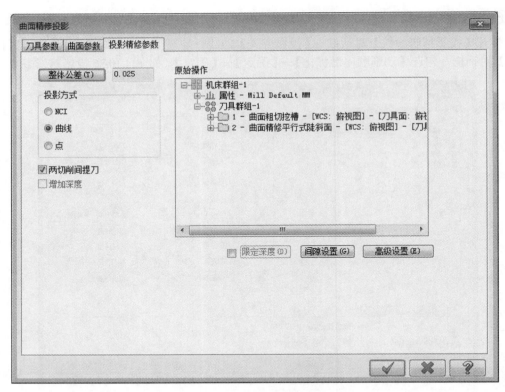

图 4.10.26　投影精修参数

7. 生成刀路

此时已经生成刀路（如图 4.10.27 生成刀路）。

最终验证模拟

8. 实体验证模拟

选中所有的加工→打开【验证已选择的操作 ⬚】→【Mastercam 模拟】对话框→隐藏【刀柄】和【线框】→【调整速度】→【播放】→观察实体验证情况（如图 4.10.28 实体验证）。

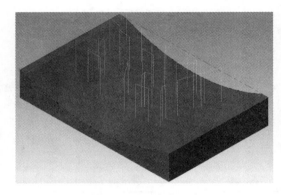

图 4.10.27　生成刀路

图 4.10.28　实体验证

第十一节 三维曲面精加工实例

一、三维曲面精加工实例一

加工前的工艺分析与准备

1. 工艺分析

工件图上的工件由两大块组成，第一部分是底座，第二部分是上面圆弧状的凸台，在圆弧状的凸台中间还有一个凹下去的形状，凹下去的形状周边有 R4 的倒角，从工件图上的剖视图可以看出，整个凸台部分很明显是一个曲线的部分，从侧面来看一个弯曲的圆弧（如图 4.11.1 三维曲面粗加工实例一）。之前已经进行了粗加工的操作。

三维曲面精加工
实例一

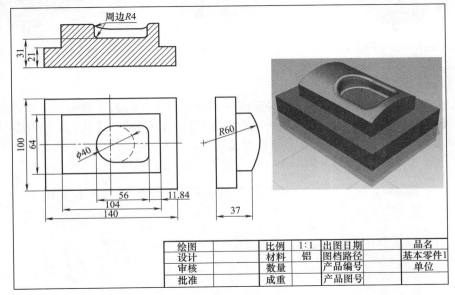

绘图		比例	1:1	出图日期		品名	
设计		材料	铝	图档路径		基本零件1	
审核		数量		产品编号		单位	
批准		成重		产品图号			

图 4.11.1 三维曲面粗加工实例一

① $\phi6$ 的球刀平行铣削精加工上部圆弧曲面；
② $\phi6$ 的球刀等高外形粗加工中间凹槽区域；
③ $\phi10$ 的平底刀等高外形粗加工凸台四周的面区域；
④ $\phi10$ 的平底刀浅平面精加工底面的区域；
⑤ $\phi6R1$ 的圆鼻刀浅平面精加工凹槽的底面区域；
⑥ 根据加工要求，共需产生 5 次刀具路径。

2. 前期准备工作

图形的导入和实体验证模拟：打开之前已做好粗加工的加工图形、进行实体验证模拟，观察粗加工后毛坯剩余状况（如图 4.11.2 实体验证）。

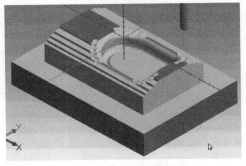

图 4.11.2 实体验证

平行铣削精加工上部圆弧曲面

3. 加工面的选择

选择主菜单【刀路】→【曲面精修】→【平行】→弹出【选择工件形状】未定义→弹出对话框【输入新 NC 名称】→点击【确认】→选择待加工的曲面（如图 4.11.3 选择待加工的曲面）→【回车确认】→【干涉面】→选择待加工曲面的周围的曲面（如图 4.11.4 干涉面）→【切削范围】→选择毛坯的四边（如图 4.11.5 切削范围）→【指定下刀点】→指定工件左下角的点。

图 4.11.3　选择待加工的曲面

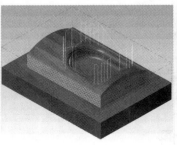
图 4.11.4　干涉面

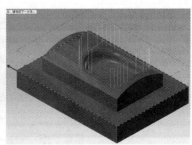
图 4.11.5　切削范围

4. 刀具类型选择

在系统弹出的【曲面精修平行】对话框→选择【刀具参数】选项卡→【刀具过滤】按钮→选择【全关】按钮，【刀具类型】→选择【球刀】→【确认】→【从刀库选择】按钮→在【选择刀具】对话框中选择 $\phi6$ 的球刀→设置【进给速率】150 →【主轴转速】3000 →【下刀速率】80 →勾选【快速提刀】（如图 4.11.6 刀具类型选择）。

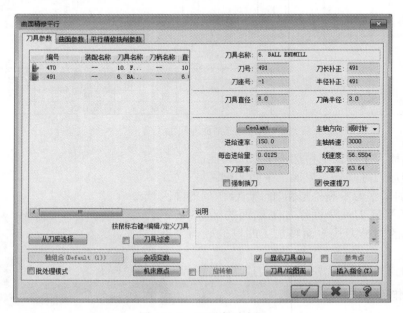
图 4.11.6　刀具类型选择

5. 曲面参数设置

打开【曲面参数】对话框→【参考位置】【增量坐标】10 →【下刀位置】【增量坐标】

2 →【加工面预留量】0（如图 4.11.7 曲面参数设置）。

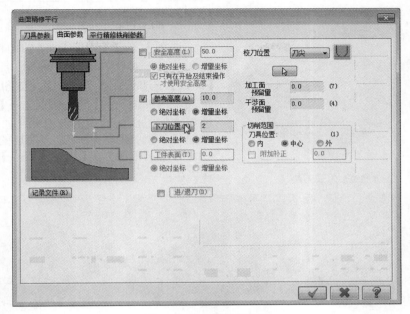

图 4.11.7 曲面参数设置

6. 平行精修铣削参数

打开【平行精修铣削参数】对话框→【最大切削间距】0.4 →【加工角度】30 →打开【间隙设置】对话框→勾选【切削顺序最优化】→【确定】→【确定】（如图 4.11.8 平行精修铣削参数）。

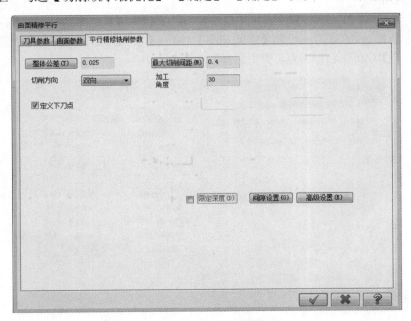

图 4.11.8 平行精修铣削参数

7. 生成刀路

此时已经生成刀路（如图 4.11.9 生成刀路）。

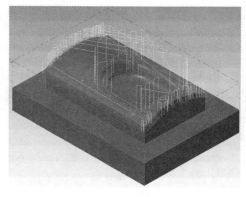

图 4.11.9　生成刀路

等高外形精加工中间凹槽区域

8. 加工面的选择

选择主菜单【刀路】→【曲面精修】→【等高】→弹出对话框【输入新 NC 名称】→点击【确认】→选择待加工的曲面（如图 4.11.10 选择待加工的曲面）→【回车确认】→【干涉面】→选择待加工曲面的周围的曲面（如图 4.11.11 干涉面）→【切削范围】→选择毛坯的四边（如图 4.11.12 切削范围）→【指定下刀点】→指定工件左下角的点。

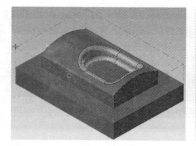

图 4.11.10　选择待加工的曲面

图 4.11.11　干涉面

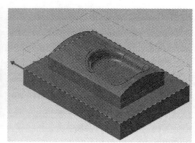

图 4.11.12　切削范围

9. 刀具类型选择

在系统弹出的【曲面粗切等高】对话框→选择【刀具参数】选项卡→【刀具过滤】按钮→选择【全关】按钮，【刀具类型】→选择【球刀】→【确认】→【从刀库选择】按钮→在【选择刀具】对话框中选择 $\phi6$ 的球刀→设置【进给速率】150 →【主轴转速】3000 →【下刀速率】80 →勾选【快速提刀】（如图 4.11.13 刀具类型选择）。

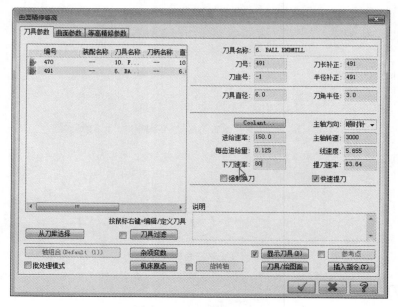

图 4.11.13　刀具类型选择

10. 曲面参数

打开【曲面参数】对话框→【参考高度】【增量坐标】10→【下刀位置】【增量坐标】2→【加工面预留量】0（如图 4.11.14 曲面参数）。

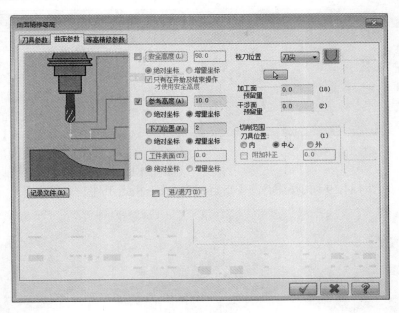

图 4.11.14 曲面参数

11. 等高精修参数

打开【等高精修参数】对话框→【Z 最大步进量】0.5→勾选【切削排序最佳化】→【确定】（如图 4.11.15 等高精修参数）。

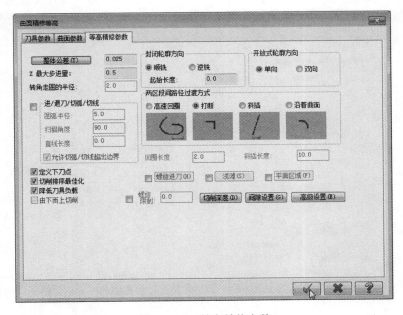

图 4.11.15 等高精修参数

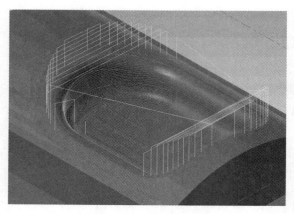

图 4.11.16　生成刀路

12. 生成刀路

此时已经生成刀路（如图 4.11.16 生成刀路）。

等高外形精加工凸台四周的面区域

13. 加工面的选择

选择主菜单【刀路】→【曲面精修】→【等高】→弹出对话框【输入新 NC 名称】→点击【确认】→选择待加工的曲面（如图 4.11.17 选择待加工的曲面）→【回车确认】→【干涉面】→选择待加工曲面的周围的曲面（如图 4.11.18 干涉面）→【切削范围】→选择毛坯的四边（如图 4.11.19 切削范围）→【指定下刀点】→指定工件左下角的点。

图 4.11.17　选择待加工的曲面

图 4.11.18　干涉面

图 4.11.19　切削范围

14. 刀具类型选择

在系统弹出的【曲面粗切等高】对话框→选择 $\phi10$ 的平底刀→设置【进给速率】300 →【主轴转速】3000 →【下刀速率】150 →勾选【快速提刀】（如图 4.11.20 刀具类型选择）。

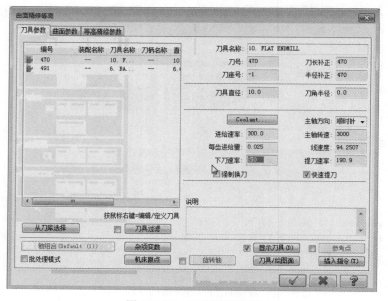

图 4.11.20　刀具类型选择

15. 曲面参数

打开【曲面参数】对话框→【参考高度】【增量坐标】10 →【下刀位置】【增量坐标】2 →【加工面预留量】0（如图 4.11.21 曲面参数）。

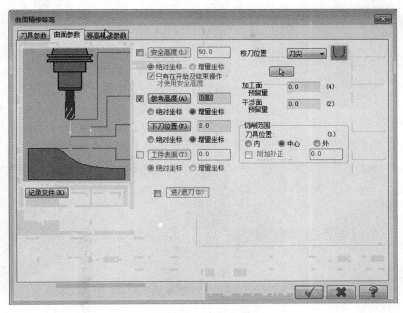

图 4.11.21　曲面参数

16. 等高精修参数

打开【等高精修参数】对话框→【Z 最大步进量】2 →勾选【切削排序最佳化】→【确定】（如图 4.11.22 等高精修参数）。

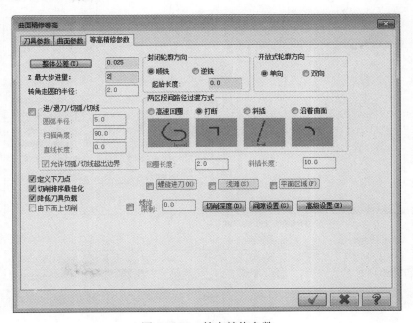

图 4.11.22　等高精修参数

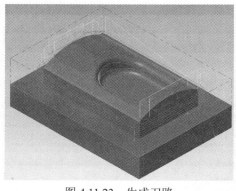

图 4.11.23　生成刀路

17. 生成刀路

此时已经生成刀路（如图 4.11.23 生成刀路）。

浅平面精加工底面的区域

18. 加工面的选择

选择主菜单【刀路】→【曲面精修】→【浅滩】→弹出对话框【输入新 NC 名称】→点击【确认】→选择待加工的曲面（如图 4.11.24 选择待加工的曲面）→【回车确认】→【干涉面】→选择待加工曲面的周围的曲面（如图 4.11.25 干涉面）→【切削范围】→选择毛坯的四边（如图 4.11.26 切削范围）→【指定下刀点】→指定工件左下角的点。

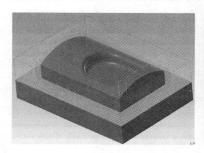

图 4.11.24　选择待加工的曲面

图 4.11.25　干涉面

图 4.11.26　切削范围

19. 刀具类型选择

在系统弹出的【曲面精修浅滩】对话框→选择 φ10 的平底刀（如图 4.11.27 刀具类型选择）。

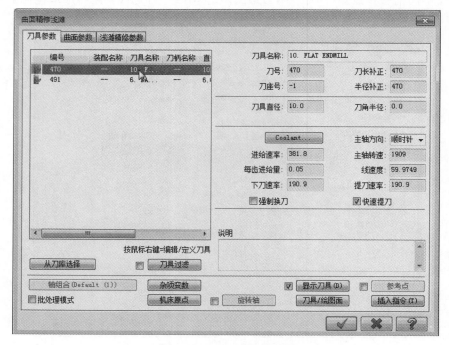

图 4.11.27　刀具类型选择

20. 曲面参数设置

打开【曲面参数】对话框→【下刀位置】【增量坐标】2→【加工面预留量】0（如图 4.11.28 曲面参数设置）。

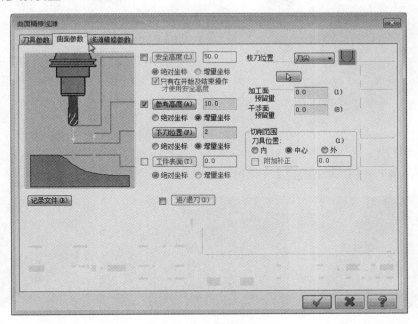

图 4.11.28　曲面参数设置

21. 浅滩精修参数

打开【浅滩精修参数】对话框→【最大切削间距】5→打开【间隙设置】对话框→勾选【切削顺序最优化】→【确定】→【确定】（如图 4.11.29 浅滩精修参数）。

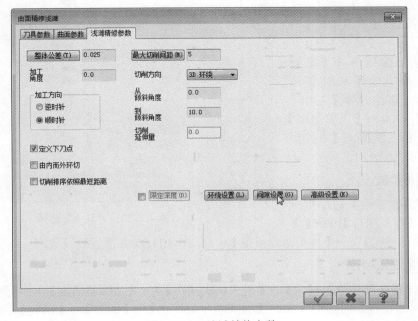

图 4.11.29　浅滩精修参数

图 4.11.30　生成刀路

22. 生成刀路

此时已经生成刀路（如图 4.11.30 生成刀路）。

浅平面精加工凹槽的底面区域

23. 加工面的选择

选择主菜单【刀路】→【曲面精修】→【浅滩】→弹出【选择工件形状】未定义→弹出对话框【输入新 NC 名称】→点击【确认】→选择待加工的曲面（如图 4.11.31 选择待加工的曲面）→【回车确认】→【干涉面】→选择待加工曲面的周围的曲面（如图 4.11.32 干涉面）→【切削范围】→选择毛坯的四边（如图 4.11.33 切削范围）→【指定下刀点】→指定凹槽中间的点。

图 4.11.31　选择待加工的曲面

图 4.11.32　干涉面

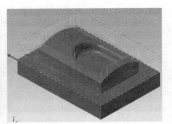

图 4.11.33　切削范围

24. 刀具类型选择

在系统弹出的【曲面精修浅滩】对话框→选择【刀具参数】选项卡→【刀具过滤】按钮→选择【全关】按钮，【刀具类型】→选择【圆鼻刀】→【确认】→【从刀库中选择】按钮→在【选择刀具】对话框中选择 $\phi 6R1$ 的圆鼻刀→设置【进给速率】120→【主轴转速】3000→【下刀速率】150→勾选【快速提刀】（如图 4.11.34 刀具类型选择）。

25. 曲面参数设置

打开【曲面参数】对话框→【参考高度】【增量坐标】10→【下刀位置】【增量坐标】2→【加工面预留量】0（如图 4.11.35 曲面参数设置）。

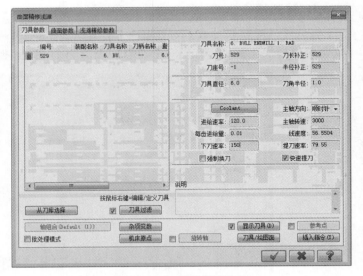

图 4.11.34　刀具类型选择

26. 曲面浅滩精修

打开【浅滩精修参数】对话框→【最大切削间距】3→【从倾斜角度】0→【到倾斜角度】5→打开【间隙设置】对话框→勾选【切削顺序最优化】→【确定】→【确定】（如图 4.11.36 浅滩精修参数）。

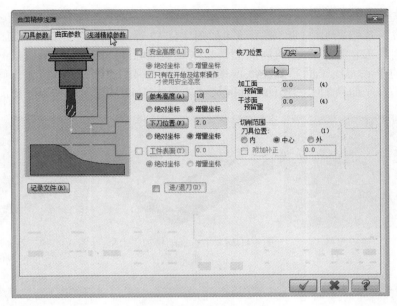

图 4.11.35 曲面参数设置

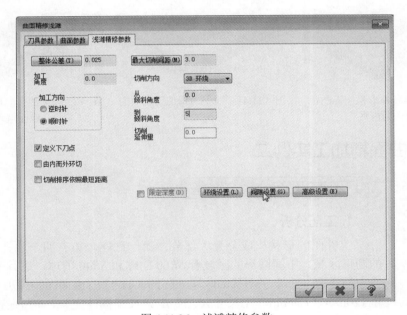

图 4.11.36 浅滩精修参数

27. 生成刀路

此时已经生成刀路（如图 4.11.37 生成刀路）。

最终验证模拟

28. 实体验证模拟

选中所有的加工→打开【验证已选择的操作 】→【Mastercam 模拟】对话框→隐藏【刀柄】和【线框】→【调整速度】→【播放】→观察实体验证情况。

$\phi 6$ 的球刀平行铣削精加工上部圆弧曲面（如图 4.11.38 平行铣削精加工上部圆弧曲面），$\phi 6$ 的球刀等高外形粗加工中间凹槽区域（如图 4.11.39 等高外形粗加工中间凹槽区域），$\phi 10$ 的平底刀等高外形粗加工凸台四周的面区域（如图 4.11.40 等高外形粗加工凸台四周的面区域），$\phi 10$ 的平底刀浅平面精加工底面的区域（如图 4.11.41 浅平面精加工底面的区域），$\phi 6R1$ 的圆鼻刀浅平面精加工凹槽的底面区域（如图 4.11.42 浅平面精加工凹槽的底面区域）。

图 4.11.37　生成刀路

图 4.11.38　平行铣削精加工上部圆弧曲面

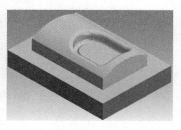
图 4.11.39　等高外形粗加工中间凹槽区域

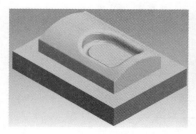
图 4.11.40　等高外形粗加工凸台四周的面区域

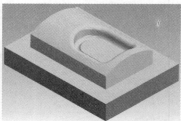
图 4.11.41　浅平面精加工底面的区域

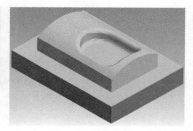
图 4.11.42　浅平面精加工凹槽的底面区域

二、三维曲面精加工实例二

三维曲面精加工实例二

加工前的工艺分析与准备

1. 工艺分析

工件图的形状构成分几大部分：第一底座，第二四个通孔，第三中间的圆形区域，中间圆形的区域有 $SR60$ 的球和 $SR40$ 的球，进行差集所得到，在中间还有一个十字形状的区域（如图 4.11.43 三维曲面精加工实例二）。

工件长宽尺寸 120mm×120mm，无尺寸公差要求。尺寸标注完整，轮廓描述清楚。零件材料为已经加工成型的标准铝块，无热处理和硬度要求。之前已经进行过粗加工了。

① $\phi 6$ 的平底刀等高精加工十字形的区域；
② $\phi 8$ 的球刀等高精加工中间球形区域；
③ $\phi 10$ 的平底刀浅平面精加工底面；
④ $\phi 6$ 的平底刀等高精加工四个孔；
⑤ 根据加工要求，共需产生 4 次刀具路径。

2. 前期准备工作

（1）图形的导入和实体验证模拟　打开之前已做好粗加工的加工图形。
（2）进行实体验证模拟　观察粗加工后毛坯剩余状况（如图 4.11.44）。

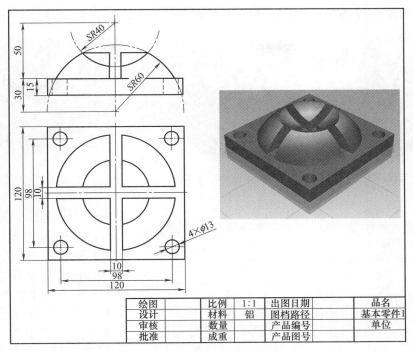

绘图		比例	1:1	出图日期		品名	
设计		材料	铝	图档路径		基本零件1	
审核		数量		产品编号		单位	
批准		成重		产品图号			

图 4.11.43　三维曲面精加工实例二

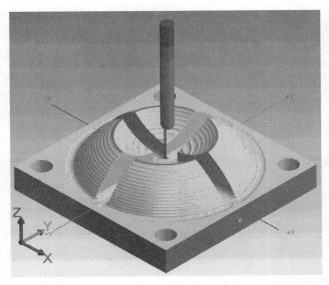

图 4.11.44　粗加工后毛坯剩余状况

等高精加工十字形的区域

3. 加工面的选择

选择主菜单【刀路】→【曲面精修】→【等高】→弹出对话框【输入新 NC 名称】→点击【确认】→选择待加工的曲面（如图 4.11.45 选择待加工的曲面）→【回车确认】→【干涉面】→选择待加工曲面的周围的曲面（如图 4.11.46 干涉面）→【切削范围】→选择毛坯的四边（如图

4.11.47 切削范围）→【指定下刀点】→指定球面圆心的点。

图 4.11.45　选择待加工的曲面　　图 4.11.46　干涉面　　图 4.11.47　切削范围

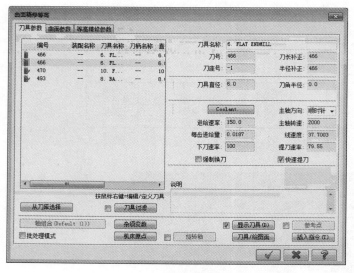

图 4.11.48　刀具类型选择

4. 刀具类型选择

在系统弹出的【曲面精修等高】对话框→【刀具过滤】按钮→选择【全关】按钮，【刀具类型】→选择【平底刀】→【确认】→【从刀库选择】按钮→在【选择刀具】对话框中选择 $\phi 6$ 的平底刀→设置【进给速率】150 →【主轴转速】2000 →【下刀速率】100 →勾选【快速提刀】（如图 4.11.48 刀具类型选择）。

5. 曲面参数

打开【曲面参数】对话框→【下刀位置】【增量坐标】2 →【加工面预留量】0（如图 4.11.49 曲面参数）。

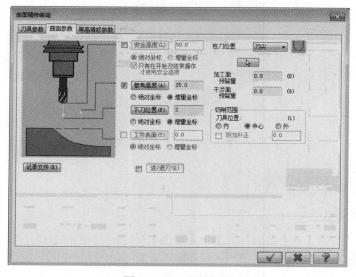

图 4.11.49　曲面参数

6. 等高精修参数

打开【等高精修参数】对话框→【Z 最大步进量】2.5 →勾选【切削排序最佳化】→【确定】(如图 4.11.50 等高精修参数)。

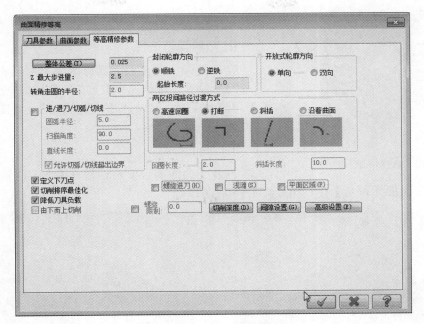

图 4.11.50　等高精修参数

7. 生成刀路

此时已经生成刀路(如图 4.11.51 生成刀路)。

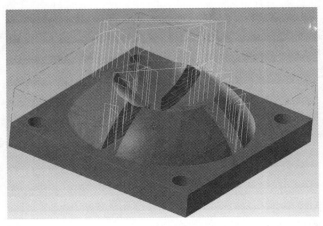

图 4.11.51　生成刀路

等高精加工中间球形区域

8. 加工面的选择

选择主菜单【刀路】→【曲面精修】→【等高】→弹出对话框【输入新 NC 名称】→点击

图 4.11.52　选择待加工的曲面

【确认】→选择待加工的曲面（如图 4.11.52 选择待加工的曲面）→【回车确认】→【干涉面】→选择待加工曲面的周围的曲面（如图 4.11.53 干涉面）→【切削范围】→选择毛坯的四边（如图 4.11.54 切削范围）→【指定下刀点】→指定圆心的点。

9. 刀具类型选择

在系统弹出的【曲面精修等高】对话框→选择 $\phi 8$ 的球刀→设置【进给速率】250 →【主轴转速】2500 →【下刀速率】180 →勾选【快速提刀】（如图 4.11.55 刀具类型选择）。

10. 曲面参数

打开【曲面参数】对话框→【下刀位置】【增量坐标】2 →【加工面预留量】0（如图 4.11.56 曲面参数）。

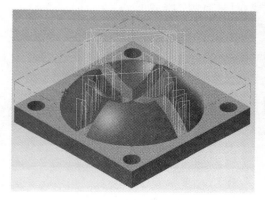

图 4.11.53　干涉面

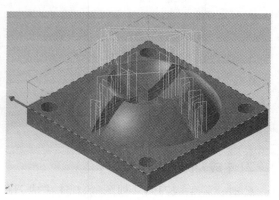

图 4.11.54　切削范围

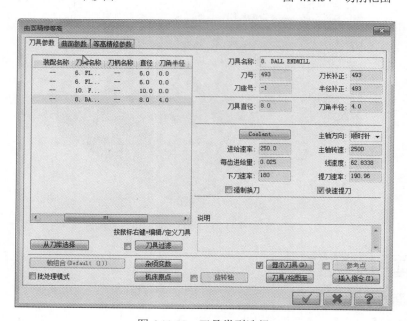

图 4.11.55　刀具类型选择

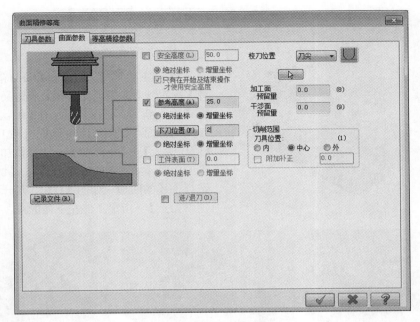

图 4.11.56　曲面参数

11. 等高精修参数

打开【等高精修参数】对话框→【Z 最大步进量】0.5 →勾选【切削排序最佳化】→【确定】（如图 4.11.57 等高精修参数）。

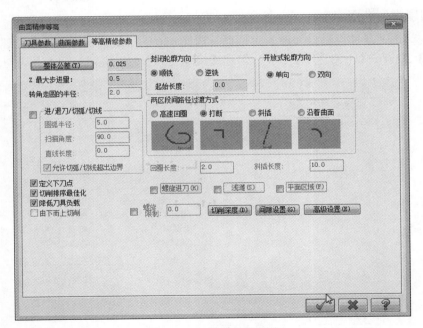

图 4.11.57　等高精修参数

12. 生成刀路

此时已经生成刀路（如图 4.11.58 生成刀路）。

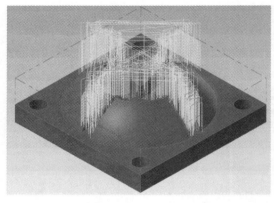

图 4.11.58　生成刀路

13. 加工面的选择

选择主菜单【刀路】→【曲面精修】→【浅滩】→弹出【选择工件形状】未定义→弹出对话框【输入新 NC 名称】→点击【确认】→选择待加工的曲面（如图 4.11.59 选择待加工的曲面）→【回车确认】→【干涉面】→选择待加工曲面的周围的曲面（如图 4.11.60 干涉面）→【切削范围】→选择毛坯的四边（如图 4.11.61 切削范围）→【指定下刀点】→指定工件左下角的点。

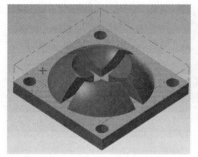

图 4.11.59　选择待加工的曲面

图 4.11.60　干涉面

图 4.11.61　切削范围

14. 刀具类型选择

在系统弹出的【曲面精修浅滩】对话框→选择 φ10 的平底刀→设置【进给速率】400 →【主轴转速】2000 →【下刀速率】200 →勾选【快速提刀】（如图 4.11.62 刀具类型选择）。

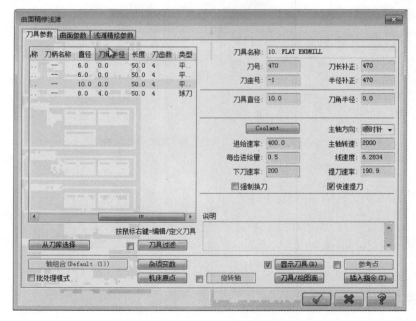

图 4.11.62　刀具类型选择

15. 曲面参数设置

打开【曲面参数】对话框→【参考高度】【增量坐标】25→【下刀位置】【增量坐标】2→【加工面预留量】0（如图 4.11.63 曲面参数设置）。

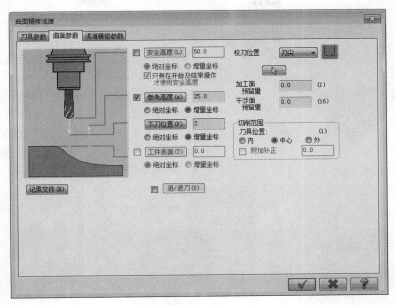

图 4.11.63　曲面参数设置

16. 曲面浅滩精修

打开【浅滩精修参数】对话框→【最大切削间距】5→【从倾斜角度】0→【到倾斜角度】10→打开【间隙设置】对话框→勾选【切削顺序最优化】→【确定】→【确定】（如图 4.11.64 浅滩精修参数）。

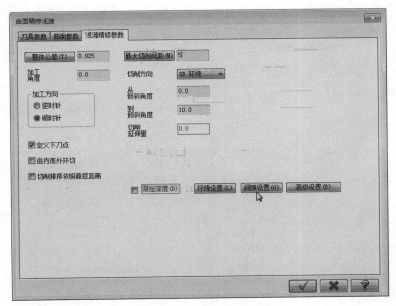

图 4.11.64　浅滩精修参数

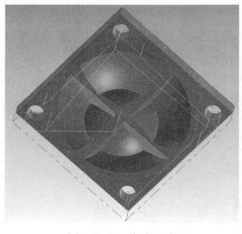

图 4.11.65　生成刀路

17. 生成刀路

此时已经生成刀路（如图 4.11.65 生成刀路）。

【等高精加工四个孔】

18. 加工面的选择

选择主菜单【刀路】→【曲面精修】→【等高】→弹出对话框【输入新 NC 名称】→点击【确认】→选择待加工的曲面（如图 4.11.66 选择待加工的曲面）→【回车确认】→【干涉面】→选择待加工曲面的周围的曲面（如图 4.11.67 干涉面）→【切削范围】→选择毛坯的四边（如图 4.11.68 切削范围）→【指定下刀点】→指定左下角的圆心的点。

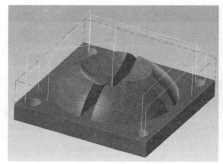

图 4.11.66　选择待加工的曲面

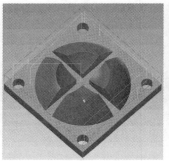

图 4.11.67　干涉面

图 4.11.68　切削范围

19. 刀具类型选择

在系统弹出的【曲面精修等高】对话框→选择 $\phi6$ 的平底刀→设置【进给速率】150 →【主轴转速】1500 →【下刀速率】100 →勾选【快速提刀】（如图 4.11.69 刀具类型选择）。

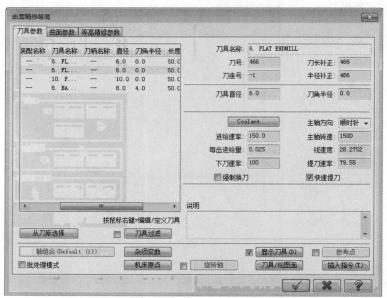

图 4.11.69　刀具类型选择

20. 曲面参数

打开【曲面参数】对话框→【参考高度】【增量坐标】25→【下刀位置】【增量坐标】2→【加工面预留量】0（如图4.11.70曲面参数）。

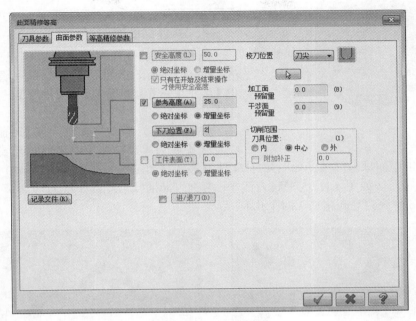

图 4.11.70　曲面参数

21. 等高精修参数

打开【等高精修参数】对话框→【Z最大步进量】1.5→勾选【切削排序最佳化】→【确定】（如图4.11.71等高精修参数）。

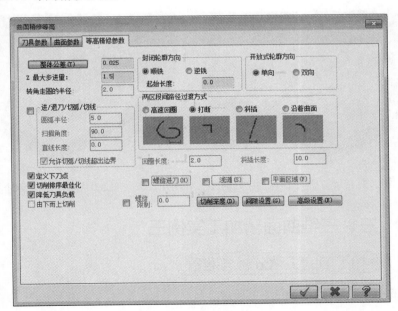

图 4.11.71　等高精修参数

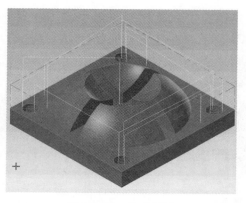

图 4.11.72 生成刀路

22. 生成刀路

此时已经生成刀路（如图 4.11.72 生成刀路）。

23. 实体验证模拟

选中所有的加工→打开【验证已选择的操作 】→【Mastercam 模拟】对话框→隐藏【刀柄】和【线框】→【调整速度】→【播放】→观察实体验证情况。

$\phi6$ 的平底刀等高精加工十字形的区域（如图 4.11.73 平底刀等高精加工十字形的区域），$\phi8$ 的球刀等高精加工中间球形区域（如图 4.11.74 球刀等高精加工中间球形区域），$\phi10$ 的平底刀浅平面精加工底面（如图 4.11.75 平底刀浅平面精加工底面），$\phi6$ 的平底刀等高精加工四个孔（如图 4.11.76 平底刀等高精加工四个孔）。

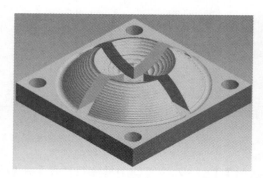

图 4.11.73 平底刀等高精加工十字形的区域

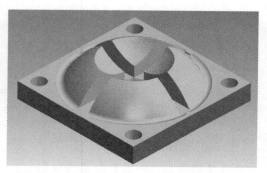

图 4.11.74 球刀等高精加工中间球形区域

图 4.11.75 平底刀浅平面精加工底面

图 4.11.76 平底刀等高精加工四个孔

三、三维曲面精加工实例三

三维曲面精加工
实例三

1. 工艺分析

工件图上由右侧三维图可以看出，它由一个椭圆形的曲面区域、圆弧的过渡的陡面区域和一个大斜面构成，那么由这个题目我们可以很明显想到在做底部的时候，需要用到平底刀，如果不用平底刀，底下的直角是无法做出来的，那么做到侧面的时候可以用到 R 角的刀具，在做壁加工的时候基本上也是用到平底刀做侧壁的加工，侧壁从上到下到底面的区域（如图 4.11.77 三维曲面精加工实例三）。

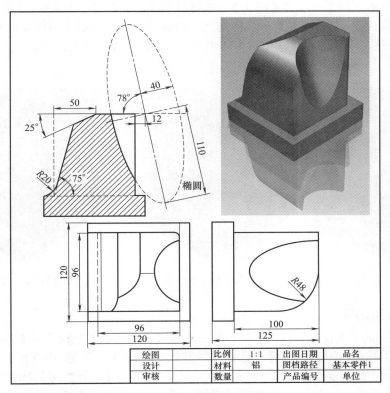

绘图		比例	1:1	出图日期		品名	
设计		材料	铝	图档路径		基本零件1	
审核		数量		产品编号		单位	

图 4.11.77　三维曲面精加工实例三

工件尺寸 120mm×120mm×125mm，无尺寸公差要求。尺寸标注完整，轮廓描述清楚。零件材料为已经加工成型的标准铝块，无热处理和硬度要求。之前已经进行过粗加工的操作。

① ϕ10 的球刀浅平面精加工顶部曲面；

② ϕ10 的球刀等高外形精加工大圆弧面；

③ ϕ10 的球刀等高外形精加工大斜面；

④ ϕ10 的球刀等高外形精加工椭圆曲面；

⑤ ϕ10 的球刀平行铣削精加工大圆角区域；

⑥ ϕ10 的平底刀等高外形精加工垂直面；

⑦ ϕ10 的平底刀浅平面精加工底面区域；

⑧ 根据加工要求，共需产生 7 次刀具路径。

2. 前期准备工作

（1）图形的导入　打开之前已做好粗加工的加工图形。

（2）进行实体验证模拟　观察粗加工后毛坯剩余状况（如图 4.11.78 实体验证）。

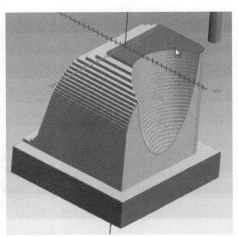

图 4.11.78　实体验证

浅平面精加工顶部曲面

3. 加工面的选择

选择主菜单【刀路】→【曲面精修】→【浅滩】→弹出【选择工件形状】未定义→弹出对话框【输入新 NC 名称】→点击【确认】→选择待加工的曲面（如图 4.11.79 选择待加工的曲面）→【回车确认】→【干涉面】→选择待加工曲面的周围的曲面（如图 4.11.80 干涉面）→【切削范围】→选择毛坯的四边（如图 4.11.81 切削范围）→【指定下刀点】→指定工件左下角的点。

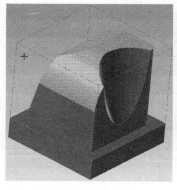

图 4.11.79　选择待加工的曲面

图 4.11.80　干涉面

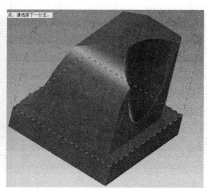

图 4.11.81　切削范围

4. 刀具类型选择

在系统弹出的【曲面精修浅滩】对话框→选择【刀具参数】选项卡→【刀具过滤】按钮→选择【全关】按钮，【刀具类型】→选择【球刀】→【确认】→【从刀库选择】按钮→在【选择刀具】对话框中选择 φ10 的球刀→设置【进给速率】300 →【主轴转速】2500 →【下刀速率】150 →勾选【快速提刀】（如图 4.11.82 刀具类型选择）。

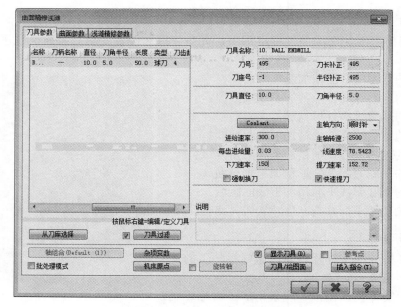

图 4.11.82　刀具类型选择

5. 曲面参数设置

打开【曲面参数】对话框→【参考高度】【增量坐标】10 →【下刀位置】【增量坐标】2 →【加工面预留量】0（如图 4.11.83 曲面参数设置）。

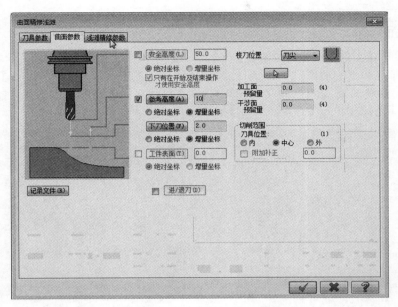

图 4.11.83　曲面参数设置

6. 曲面精修浅滩

打开【浅滩精修参数】对话框→【最大切削间距】0.4 →【从倾斜角度】0 →【到倾斜角度】60 →打开【间隙设置】对话框→勾选【切削顺序最优化】→【确定】→【确定】（如图 4.11.84 浅滩精修参数）。

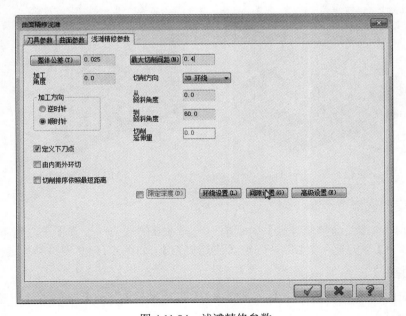

图 4.11.84　浅滩精修参数

7. 生成刀路

此时已经生成刀路（如图 4.11.85 生成刀路）。

等高外形精加工大圆弧面

8. 加工面的选择

选择主菜单【刀路】→【曲面精修】→【等高】→弹出对话框【输入新 NC 名称】→点击【确认】→选择待加工的曲面（如图 4.11.86 选择待加工的曲面）→【回车确认】→【干涉面】→选择待加工曲面的周围的曲面（如图 4.11.87 干涉面）→【切削范围】→选择毛坯的四边（如图 4.11.88 切削范围）→【指定下刀点】→指定曲面左下角的点。

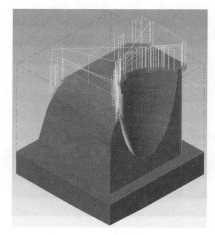

图 4.11.85　生成刀路

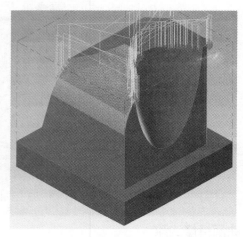

图 4.11.86　选择待加工的曲面

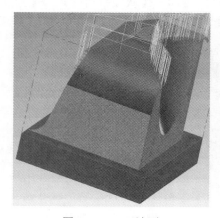

图 4.11.87　干涉面

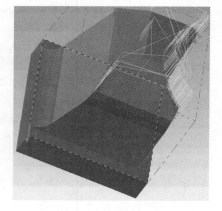

图 4.11.88　切削范围

9. 刀具类型选择

在系统弹出的【曲面精修等高】对话框→选择 $\phi10$ 的球刀→设置【进给速率】300 →【主轴转速】2500 →【下刀速率】150 →勾选【快速提刀】（如图 4.11.89 刀具类型选择）。

10. 曲面参数

打开【曲面参数】对话框→【下刀位置】【增量坐标】2 →【加工面预留量】0（如图 4.11.90 曲面参数）。

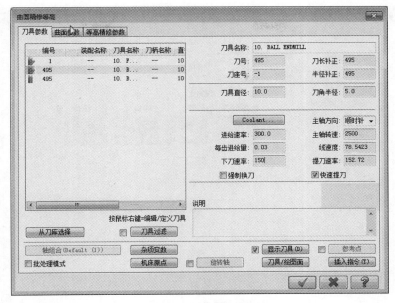

图 4.11.89　刀具类型选择

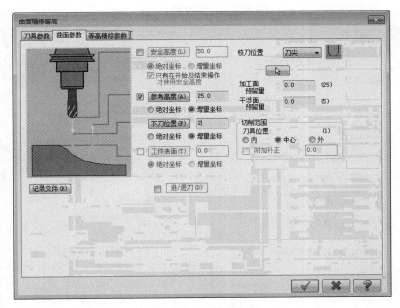

图 4.11.90　曲面参数

11. 等高精修参数

打开【等高精修参数】对话框→【Z 最大步进量】0.4 →勾选【切削排序最佳化】（如图 4.11.91 等高精修参数）。

打开【切削深度】→勾选【绝对坐标】→【最高位置】−15 →【最低位置】−48 →【确定】（如图 4.11.92 绝对坐标设置）。

12. 生成刀路

此时已经生成刀路（如图 4.11.93 生成刀路）。

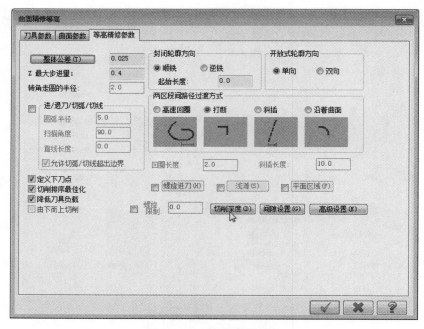

图 4.11.91　等高精修参数

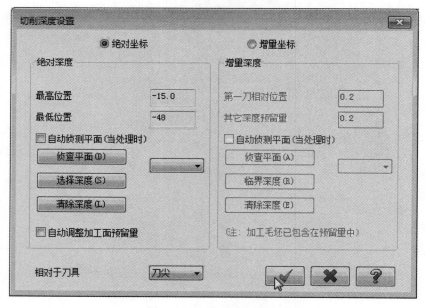

图 4.11.92　绝对坐标设置

等高外形精加工大斜面

13. 加工面的选择

选择主菜单【刀路】→【曲面精修】→【等高】→弹出对话框【输入新 NC 名称】→点击【确认】→选择待加工的曲面（如图 4.11.94 选择待加工的曲面）→【回车确认】→【干涉面】→选择待加工曲面的周围的曲面（如图 4.11.95 干涉面）→【切削范围】→选择毛坯的四边（如图 4.11.96 切削范围）→【指定下刀点】→指定曲面左下角的点。

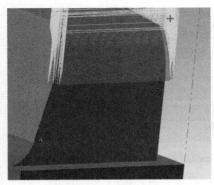

图 4.11.93 生成刀路

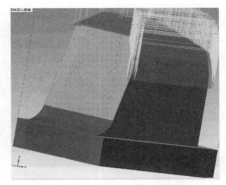

图 4.11.94 选择待加工的曲面

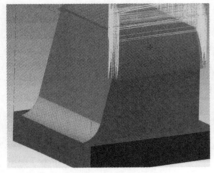

图 4.11.95 干涉面

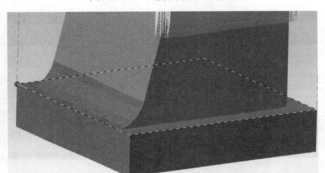

图 4.11.96 切削范围

14.【刀具】不变

15. 曲面参数设置

打开【曲面参数】对话框→【参考高度】【绝对坐标】10→【下刀位置】【增量坐标】2→【加工面预留量】0（如图 4.11.97 曲面参数设置）。

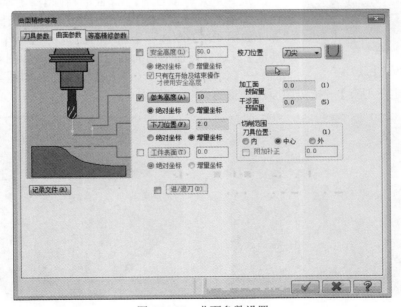

图 4.11.97 曲面参数设置

16. 选择增量坐标

【等高精修参数】不变→打开【切削深度】→勾选【增量坐标】用以关闭绝对坐标【确定】（如图 4.11.98 选择增量坐标）。

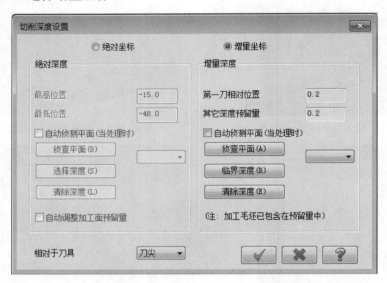

图 4.11.98　选择增量坐标

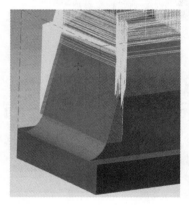

图 4.11.99　生成刀路

17. 生成刀路

此时已经生成刀路（如图 4.11.99 生成刀路）。

等高外形精加工椭圆曲面

18. 加工面的选择

选择主菜单【刀路】→【曲面精修】→【等高】→弹出对话框【输入新 NC 名称】→点击【确认】→选择待加工的曲面（如图 4.11.100 选择待加工的曲面）→【回车确认】→【干涉面】→选择待加工曲面的周围的曲面（如图 4.11.101 干涉面）→【切削范围】→选择毛坯的四边（如图 4.11.102 切削范围）→【指定下刀点】→指定曲面左下角的点。

图 4.11.100　选择待加工的曲面

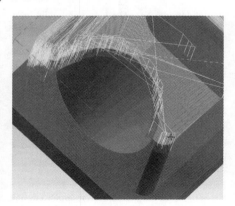

图 4.11.101　干涉面

19.【刀具】【曲面参数】【等高精修参数】不变

20. 生成刀路

此时已经生成刀路（如图 4.11.103 生成刀路）。

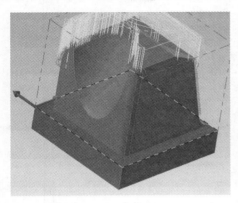

图 4.11.102 切削范围 　　　　　　　　图 4.11.103 生成刀路

平行铣削精加工大圆角区域

21. 加工面的选择

选择主菜单【刀路】→【曲面精修】→【平行】→弹出【选择工件形状】未定义→弹出对话框【输入新 NC 名称】→点击【确认】→选择待加工的曲面（如图 4.11.104 选择待加工的曲面）→【回车确认】→【干涉面】→选择待加工曲面的周围的曲面（如图 4.11.105 干涉面）→【切削范围】→选择毛坯的四边（如图 4.11.106 切削范围）→【指定下刀点】→指定工件左上角的点。

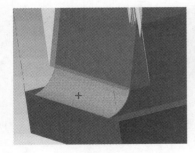
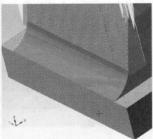

图 4.11.104 选择待加工的曲面 　　图 4.11.105 干涉面 　　图 4.11.106 切削范围

22. 刀具类型选择

在系统弹出的【曲面精修平行】对话框→选择 $\phi10$ 的球刀→设置【进给速率】250 →【主轴转速】2500 →【下刀速率】180 →勾选【快速提刀】（如图 4.11.107 刀具类型选择）。

23. 曲面参数设置

打开【曲面参数】对话框→【下刀位置】【增量坐标】2 →【加工面预留量】0（如图 4.11.108 曲面参数设置）。

24. 平行精修铣削参数

打开【平行精修铣削参数】对话框→【最大切削间距】0.4 →【切削方向】单向→打开

【间隙设置】对话框→勾选【切削顺序最优化】→【确定】→【确定】（如图 4.11.109 平行精修铣削参数）。

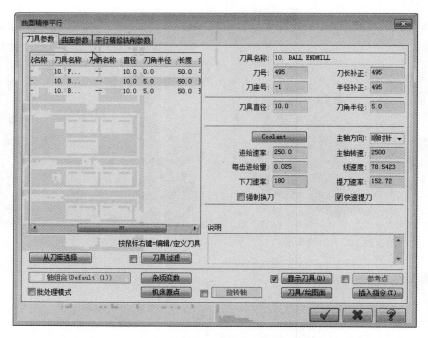

图 4.11.107　刀具类型选择

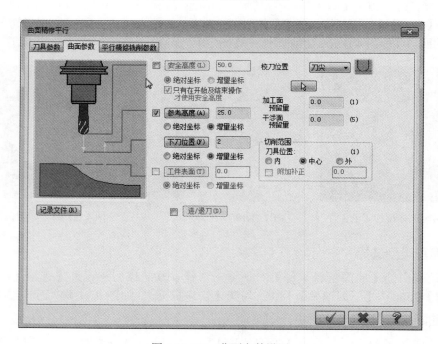

图 4.11.108　曲面参数设置

25. 生成刀路

此时已经生成刀路（如图 4.11.110 生成刀路）。

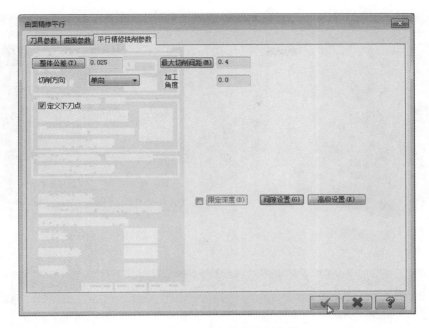

图 4.11.109 平行精修铣削参数

图 4.11.110 生成刀路

等高外形精加工垂直面

26. 加工面的选择

选择主菜单【刀路】→【曲面精修】→【等高】→弹出对话框【输入新 NC 名称】→点击【确认】→选择待加工的曲面（如图 4.11.111 选择待加工的曲面）→【回车确认】→【干涉面】→选择待加工曲面的周围的曲面（如图 4.11.112 干涉面）→【切削范围】→选择毛坯的四边（如图 4.11.113 切削范围）→【指定下刀点】→指定曲面左下角的点。

27. 刀具类型选择

在系统弹出的【曲面精修等高】对话框→选择 φ10 的平底刀→设置【进给速率】400 →【主

图 4.11.111 选择待加工的曲面

轴转速】2500 →【下刀速率】250 →勾选【快速提刀】（如图 4.11.114 刀具类型选择）。

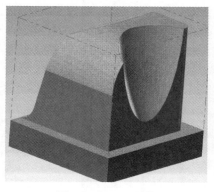

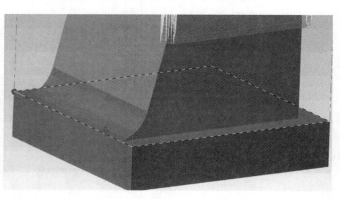

图 4.11.112　干涉面　　　　　　　　　　图 4.11.113　切削范围

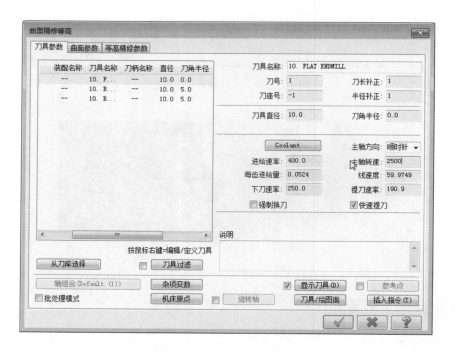

图 4.11.114　刀具类型选择

28. 曲面参数

打开【曲面参数】对话框→【下刀位置】【增量坐标】2 →【加工面预留量】0（如图 4.11.115 曲面参数）。

29. 等高精修参数

打开【等高精修参数】对话框→【Z 最大步进量】4 →勾选【切削排序最佳化】（如图 4.11.116 等高精修参数）。

30. 生成刀路

此时已经生成刀路（如图 4.11.117 生成刀路）。

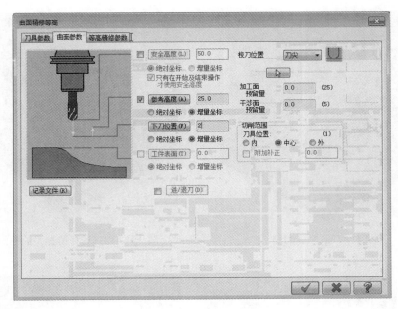

图 4.11.115　曲面参数

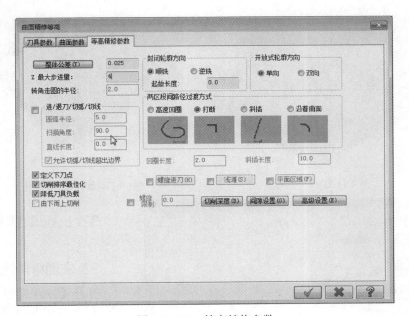

图 4.11.116　等高精修参数

浅平面精加工底面区域

31. 加工面的选择

选择主菜单【刀路】→【曲面精修】→【浅滩】→弹出【选择工件形状】未定义→弹出对话框【输入新 NC 名称】→点击【确认】→选择待加工的曲面（如图 4.11.118 选择待加工的曲面）→【回车确认】→【干涉面】→选择待加工曲面的周围的曲面（如图 4.11.119 干涉面）→【切削范围】→选择毛坯的四边（如图 4.11.120 切削范围）→【指定下刀点】→指定工件左下角的点。

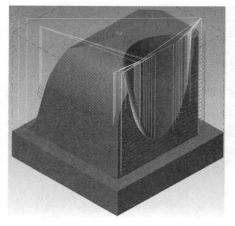

图 4.11.117　生成刀路

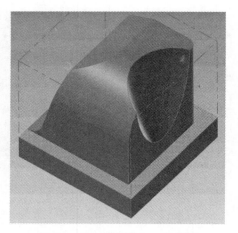

图 4.11.118　选择待加工的曲面

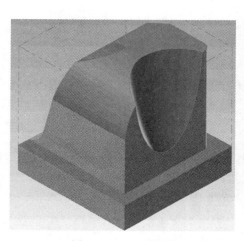

图 4.11.119　干涉面

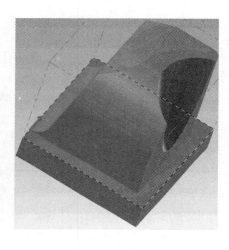

图 4.11.120　切削范围

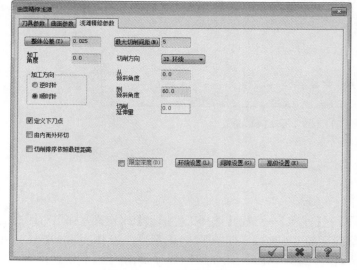

图 4.11.121　浅滩精修参数

32.【刀具】【曲面参数】不变

33. 曲面精修浅滩

打开【浅滩精修参数】对话框→【最大切削间距】5→【从倾斜角度】0→【到倾斜角度】60→打开【间隙设置】对话框→勾选【切削顺序最优化】→【确定】→【确定】（如图 4.11.121 浅滩精修参数）。

34. 生成刀路

此时已经生成刀路（如图 4.11.122 生成刀路）。

最终验证模拟

35. 实体验证模拟

选中所有的加工→打开【验证已选择的操作 ⬚ 】→【Mastercam 模拟】对话框→隐藏【刀柄】和【线框】→【调整速度】→【播放】→观察实体验证情况。

$\phi10$ 的球刀浅平面精加工顶部曲面（如图 4.11.123 球刀浅平面精加工顶部曲面），$\phi10$ 的球刀等高外形精加工大圆弧面（如图 4.11.124 球刀等高外形精加工大圆弧面），$\phi10$ 的球刀等高外形精加工大斜面（如图 4.11.125 球刀等高外形精加工大斜面），$\phi10$ 的球刀等高外形精加工椭圆曲面（如图 4.11.126 球刀等高外形精加工椭圆曲面），$\phi10$ 的球刀平行铣削精加工大圆角区域（如图 4.11.127 球刀平行铣削精加工大圆角区域），$\phi10$ 的平底刀等高外形精加工垂直面（如图 4.11.128 平底刀等高外形精加工垂直面），$\phi10$ 的平底刀浅平面精加工底面区域（如图 4.11.129 平底刀浅平面精加工底面区域）。

图 4.11.122　生成刀路

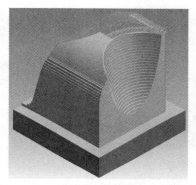

图 4.11.123　球刀浅平面精加工顶部曲面

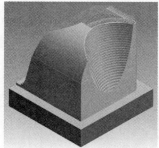

图 4.11.124　球刀等高外形精
加工大圆弧面

图 4.11.125　球刀等高外形精
加工大斜面

图 4.11.126　球刀等高外形精
加工椭圆曲面

图 4.11.127　球刀平行铣削精
加工大圆角区域

图 4.11.128　平底刀等高外形
精加工垂直面

图 4.11.129　平底刀浅平面
精加工底面区域

第五章

Mastercam X9 数控加工综合实例

第一节　数控加工综合实例一——多曲面凸台零件

加工前的工艺分析与准备

数控加工综合实
例一——多曲面
凸台零件

1. 工艺分析

工件图上面除了一个底座之外基本上都是三个大的圆弧曲面（如图 5.1.1 数控加工综合实例一——多曲面凸台零件），在三个凸台的区域基本上是由一个大圆弧区域和左右两个对称的椭圆圆弧的区域构成的。工件尺寸 120mm×100mm，无尺寸公差要求。尺寸标注完整，轮廓描述清楚。零件材料为已经加工成型的标准铝块，无热处理和硬度要求。

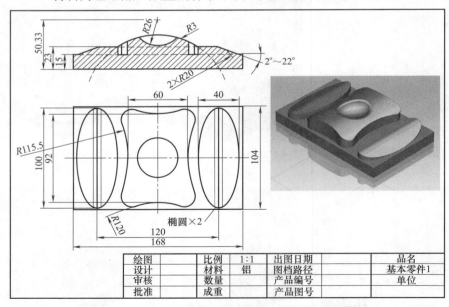

绘图	比例	1:1	出图日期		品名	
设计	材料	铝	图档路径		基本零件1	
审核	数量		产品编号		单位	
批准	成重		产品图号			

图 5.1.1　数控加工综合实例一——多曲面凸台零件

① $\phi10$ 的平底刀挖槽粗加工进行开粗；

② $\phi5$ 的平底刀残料粗加工剩余的区域；

③ $\phi 8$ 的球刀平行铣削精加工顶部三个曲面；

④ $\phi 8$ 的球刀环绕等距精加工顶部中间的球形凹槽；

⑤ 根据加工要求，共需产生 2 次刀具路径。

2. 前期准备工作

（1）图形的导入　打开已绘制好的图形→按
F9 键打开坐标系→观察原点位置→然后再按 F9
键关闭。

（2）绘制辅助图形　在工件四周绘制一个矩
形，做挖槽加工的辅助边界使用（如图 5.1.2 绘
制辅助图形）。

图 5.1.2　绘制辅助图形

（3）选择加工所使用的机床类型　选择主菜
单【机床类型】→【铣床】→【默认】，进入铣床
的加工模块。

（4）毛坯设置　在左侧的【刀路】面板中，打开【机床群组】→【属性】→【毛坯设
置】→【机床群组属性】对话框→点击【所有图形】按钮→【确认】。

挖槽粗加工进行开粗

3. 加工面的选择

选择主菜单【刀路】→【曲面粗切】→【挖槽】→弹出对话框【输入新 NC 名称】→点击
【确认】→选择待加工的曲面（如图 5.1.3 选择加工面）→【回车确认】→【切削范围】→选择
毛坯的四边（如图 5.1.4 切削范围）→【指定下刀点】→指定工件左下角的点。

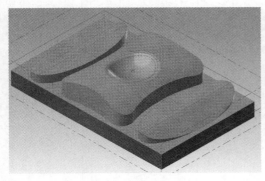

图 5.1.3　选择加工面

图 5.1.4　切削范围

4. 刀具类型选择

在系统弹出的【曲面粗切挖槽】对话框→选择【刀具参数】选项卡→【刀具过滤】按钮→
选择【全关】按钮，【刀具类型】→选择【平底刀】→【确认】→【从刀库选择】按钮→在【选
择刀具】对话框中选择 $\phi 10$ 的平底刀→【进给速率】350 →【主轴转速】2500 →【下刀速率】
150 →勾选【快速提刀】（如图 5.1.5 刀具类型选择）。

5. 曲面参数

打开【曲面参数】对话框→【下刀位置】【增量坐标】2 →【加工面预留量】0（如图 5.1.6
曲面参数）。

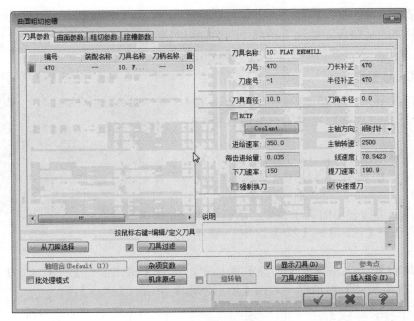

图 5.1.5　刀具类型选择

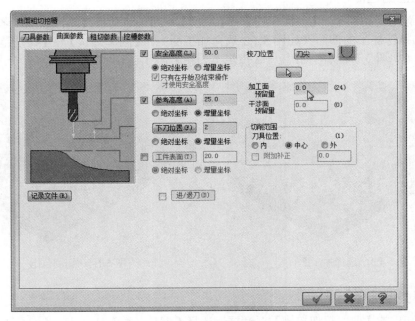

图 5.1.6　曲面参数

6. 粗切参数

打开【粗切参数】对话框→【Z 最大步进量】2.5 →打开【间隙设置】对话框→勾选【切削顺序最优化】→【确定】（如图 5.1.7 粗切参数）。

7. 生成刀路

此时已经生成刀路（如图 5.1.8 加工刀路）。

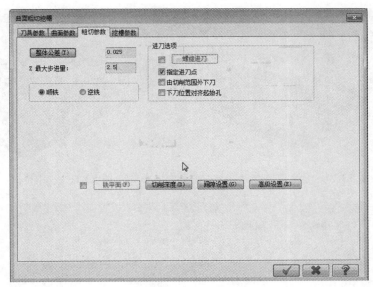

图 5.1.7　粗切参数

残料粗加工剩余的区域

8. 加工面的选择

选择主菜单【刀路】→【曲面粗切】→【残料】→弹出【选择工件形状】未定义→弹出对话框【输入新 NC 名称】→点击【确认】→选择待加工的曲面（如图 5.1.9 选择待加工的曲面）→【回车确认】→【干涉面】→选择待加工曲面的周围的曲面（如图 5.1.10 干涉面）→【切削范围】→选择毛坯的四边（如图 5.1.11 切削范围）→【指定下刀点】→指定工件左下角的点。

图 5.1.8　加工刀路

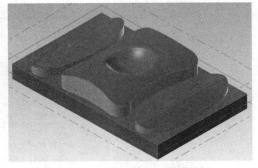

图 5.1.9　选择待加工的曲面

9. 刀具类型选择

在系统弹出的【曲面残料粗切】对话框→选择【刀具参数】→【刀具过滤】按钮→选择【全关】按钮，【刀具类型】→选择【平底刀】→【确认】→【从刀库选择】按钮→在【选择刀具】对话框中选择 $\phi5$ 的平底刀→【进给速率】160→【主轴转速】2000→【下刀速率】100→勾选【快速提刀】（如图 5.1.12 刀具类型选择）。

10. 曲面参数

打开【曲面参数】对话框→【下刀位置】【增量坐标】2→【加工面预留量】0（如图 5.1.13 曲面参数）。

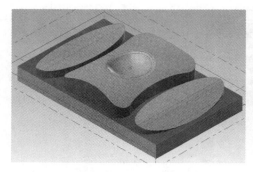

图 5.1.10　干涉面

图 5.1.11　切削范围

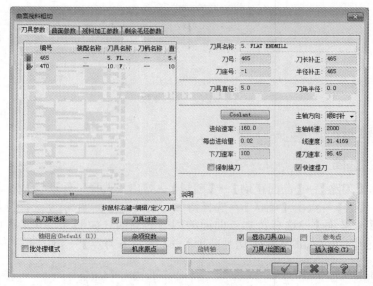

图 5.1.12　刀具类型选择

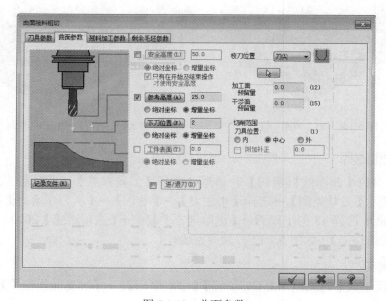

图 5.1.13　曲面参数

11. 残料加工参数

打开【残料加工参数】对话框→【Z 最大步进量】1.6 →【步进量】2.0 →勾选【切削顺序最优化】→【确定】（如图 5.1.14 残料加工参数）。

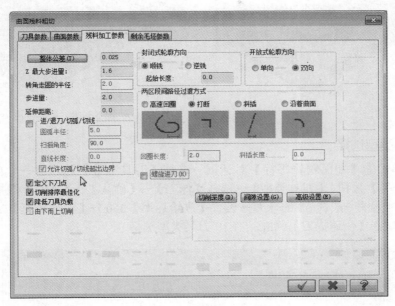

图 5.1.14　残料加工参数

12. 生成刀路

此时已经生成刀路（如图 5.1.15 生成刀路）。

平行铣削精加工顶部三个曲面

13. 加工面的选择

选择主菜单【刀路】→【曲面精修】→【平行】→弹出【选择工件形状】未定义→弹出对话框【输入新 NC 名称】→点击【确认】→选择待加工的曲面（如图 5.1.16 选择待加工的曲面）→【回车确认】→【干涉面】→选择待加工曲面的周围的曲面（如图 5.1.17 干涉面）→【切削范围】→选择毛坯的四边（如图 5.1.18 切削范围）→【指定下刀点】→指定中间球形的圆心的点。

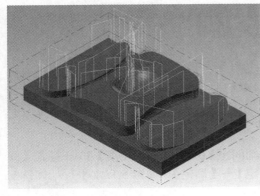

图 5.1.15　生成刀路

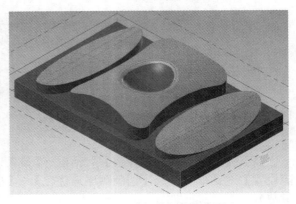

图 5.1.16　选择待加工的曲面

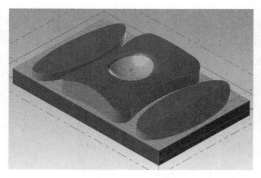

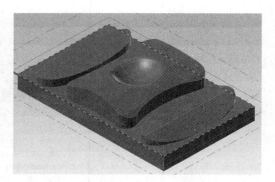

图 5.1.17　干涉面　　　　　　　　　　图 5.1.18　切削范围

14. 刀具类型选择

在系统弹出的【曲面精修平行】对话框→选择【刀具参数】选项卡→【刀具过滤】按钮→选择【全关】按钮,【刀具类型】→选择【球刀】→【确认】→【从刀库选择】按钮→在【选择刀具】对话框中选择 $\phi 8$ 的球刀→设置【进给速率】350 →【主轴转速】2500 →【下刀速率】120 →勾选【快速提刀】(如图 5.1.19 刀具类型选择)。

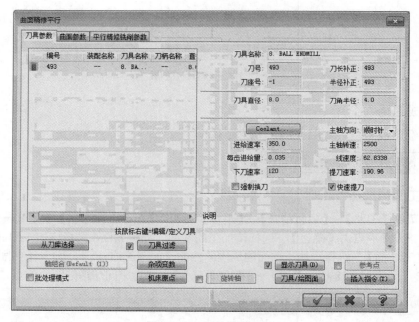

图 5.1.19　刀具类型选择

15. 曲面参数设置

打开【曲面参数】对话框→【下刀位置】【增量坐标】2 →【加工面预留量】0(如图 5.1.20 曲面参数设置)。

16. 平行精修铣削参数

打开【平行精修铣削参数】对话框→【最大切削间距】0.4 →【加工角度】30 →打开【间隙设置】对话框→勾选【切削顺序最优化】→【确定】→【确定】(如图 5.1.21 平行精修铣削参数)。

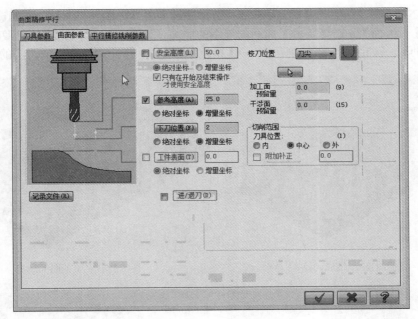

图 5.1.20　曲面参数设置

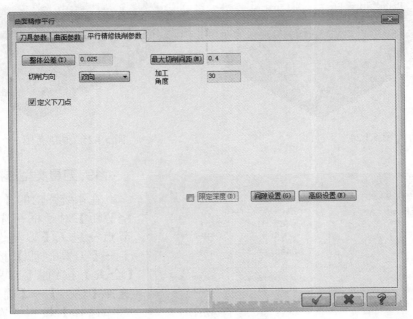

图 5.1.21　平行精修铣削参数

17. 生成刀路

此时已经生成刀路（如图 5.1.22 生成刀路）。

环绕等距精加工顶部中间的球形凹槽

18. 加工面的选择

选择主菜单【刀路】→【曲面精修】→【环绕】→弹出【选择工件形状】未定义→弹出对话

框【输入新 NC 名称】→点击【确认】→选择待加工的曲面（如图 5.1.23 加工面的选择）→【回车确认】→【干涉面】→选择待加工曲面的周围的曲面（如图 5.1.24 干涉面）→【切削范围】→选择毛坯的四边（如图 5.1.25 切削范围）→【指定下刀点】→指定中间球形的圆心的点。

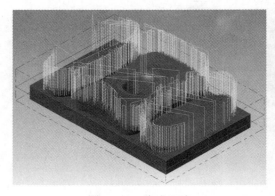

图 5.1.22　生成刀路

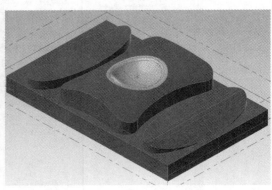

图 5.1.23　加工面的选择

图 5.1.24　干涉面

图 5.1.25　切削范围

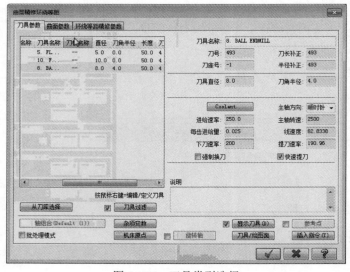

图 5.1.26　刀具类型选择

19. 刀具类型选择

在系统弹出的【曲面精修环绕等距】对话框→选择【刀具】节点→进入【刀具设置】选项卡→【刀具过滤】按钮→选择【全关】按钮，【刀具类型】→选择【球刀】→【确认】→【从刀库选择】按钮→在【选择刀具】对话框中选择 $\phi 8$ 的球刀→设置【进给速率】250 →【主轴转速】2500 →【下刀速率】200 →勾选【快速提刀】（如图 5.1.26 刀具类型选择）。

20. 曲面参数设置

打开【曲面参数】对话框→【下刀位置】【增量坐标】2 →【加工面预留量】0（如图 5.1.27 曲面参数设置）。

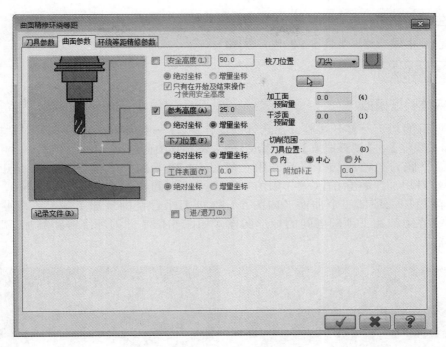

图 5.1.27　曲面参数设置

21. 环绕等距精修参数

打开【环绕等距精修参数】对话框→【最大切削间距】0.4 →取消勾选【限定深度】→打开【间隙设置】对话框→勾选【切削顺序最优化】→【确定】→【确定】（如图 5.1.28 环绕等距精修参数）。

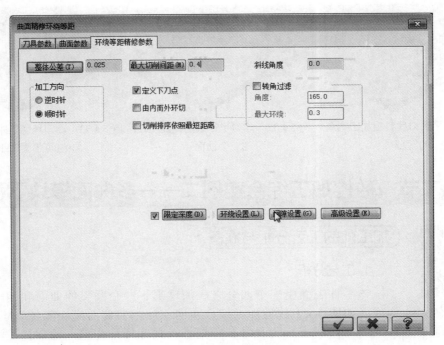

图 5.1.28　环绕等距精修参数

22. 生成刀路

此时已经生成刀路（如图 5.1.29 生成刀路）。

（最终验证模拟）

23. 实体验证模拟

选中所有的加工→打开【验证已选择的操作 】→【Mastercam 模拟】对话框→隐藏【刀柄】和【线框】→【调整速度】→【播放】→观察实体验证情况。

$\phi 10$ 的平底刀挖槽粗加工进行开粗（如图 5.1.30 平底刀挖槽粗加工进行开粗），$\phi 5$ 的平底刀残料粗加工剩余的区域（如图 5.1.31 平底刀残料粗加工剩余的区域），$\phi 8$ 的球刀平行铣削精加工顶部三个曲面（如图 5.1.32 球刀平行铣削精加工顶部三个曲面），$\phi 8$ 的球刀环绕等距精加工顶部中间的球形凹槽（如图 5.1.33 球刀环绕等距精加工顶部中间的球形凹槽）。

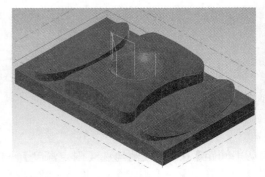

图 5.1.29　生成刀路

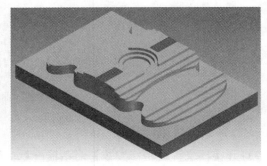

图 5.1.30　平底刀挖槽粗加工进行开粗

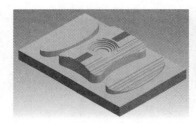

图 5.1.31　平底刀残料粗加工剩余的区域

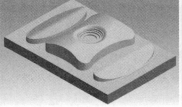

图 5.1.32　球刀平行铣削精加工顶部三个曲面

图 5.1.33　球刀环绕等距精加工顶部中间的球形凹槽

第二节　数控加工综合实例二——多曲面模块零件

（加工前的工艺分析与准备）

1. 工艺分析

该零件表面由一个四分之一的球形、一个圆弧的曲面和四个沉头孔构成（如图 5.2.1 数控加工综合实例二——多曲面模块零件），工件尺寸 100mm×100mm，无尺寸公差要求。尺寸标注完整，轮廓描述清楚。零件材料为已经加工成型的标准铝块，无热处理和硬度要求。

数控加工综合实例二——多曲面模块零件

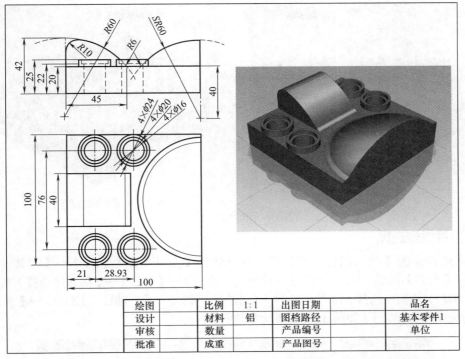

图 5.2.1 数控加工综合实例二——多曲面模块零件

① $\phi12$ 的平底刀挖槽粗加工的整体开粗；

② $\phi5$ 的平底刀残料粗加工剩余的区域；

③ $\phi4$ 的平底刀等高外形粗加工圆柱外侧区域；

④ $\phi8$ 的球刀平行铣削精加工左侧的曲面区域；

⑤ $\phi8$ 的球刀等高外形精加工右侧半球形曲面区域；

⑥ $\phi8$ 的球刀等高外形精加工最左侧陡峭曲面区域；

⑦ $\phi8$ 的球刀放射状精加工半球形槽区域；

⑧ 根据加工要求，共需产生 7 次刀具路径。

2. 前期准备工作

（1）图形的导入 打开已绘制好的图形→按 F9 键打开坐标系→观察原点位置→然后再按 F9 键关闭。

（2）选择加工所使用的机床类型 选择主菜单【机床类型】→【铣床】→【默认】，进入铣床的加工模块。

（3）毛坯设置 在左侧的【刀路】面板中，打开【机床群组】→【属性】→【毛坯设置】→【机床群组属性】对话框→点击【所有图形】按钮→【确认】。

挖槽粗加工的整体开粗

3. 加工面的选择

选择主菜单【刀路】→【曲面粗切】→【挖槽】→弹出对话框【输入新 NC 名称】→点击【确认】→选择待加工的曲面（如图 5.2.2 选择加工面）→【回车确认】→【切削范围】→选择毛坯的四边（如图 5.2.3 切削范围）→【指定下刀点】→指定工件左下角的点。

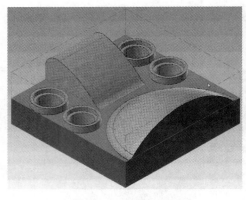

图 5.2.2　选择加工面

图 5.2.3　选择切削范围

4. 刀具类型选择

在系统弹出的【曲面粗切挖槽】对话框→选择【刀具参数】选项卡→【刀具过滤】按钮→选择【全关】按钮，【刀具类型】→选择【平底刀】→【确认】→【从刀库选择】按钮→在【选择刀具】对话框中选择 $\phi12$ 的平底刀→【进给速率】300 →【主轴转速】2000、→【下刀速率】150 →勾选【快速提刀】（如图 5.2.4 刀具类型选择）。

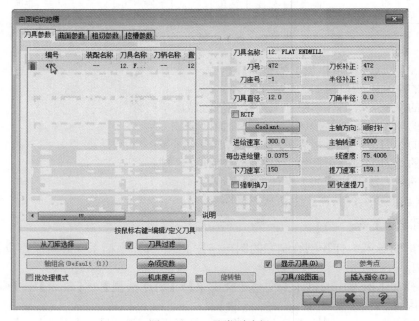

图 5.2.4　刀具类型选择

5. 曲面参数

打开【曲面参数】对话框→【下刀位置】【增量坐标】2 →【加工面预留量】0（如图 5.2.5 曲面参数）。

6. 粗切参数

打开【粗切参数】对话框→【Z 最大步进量】2.5 →打开【间隙设置】对话框→勾选【切削顺序最优化】→【确定】（如图 5.2.6 粗切参数）。

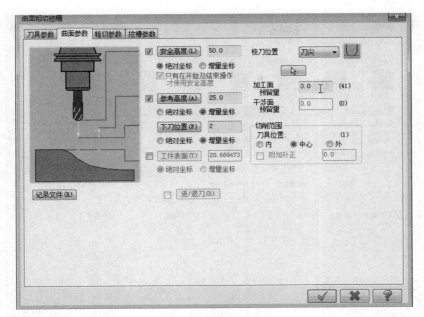

图 5.2.5 曲面参数

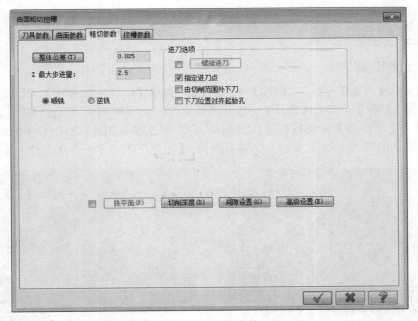

图 5.2.6 粗切参数

7. 挖槽参数

打开【挖槽参数】对话框→勾选【粗切】→【高速切削】→勾选【精修】→【次】1→【间距】1→【确定】(如图 5.2.7 挖槽参数)。

8. 生成刀路

此时已经生成刀路(如图 5.2.8 加工刀路)。

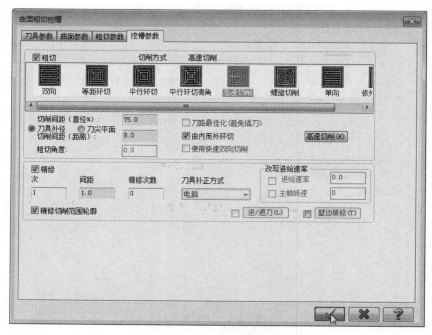

图 5.2.7　挖槽参数

残料粗加工剩余的区域

9. 加工面的选择

选择主菜单【刀路】→【曲面粗切】→【残料】→弹出【选择工件形状】未定义→弹出对话框【输入新 NC 名称】→点击【确认】→选择待加工的曲面（如图 5.2.9 选择待加工的曲面）→【回车确认】→【干涉面】→选择待加工曲面的周围的曲面（如图 5.2.10 干涉面）→【切削范围】→选择毛坯的四边（如图 5.2.11 切削范围）→【指定下刀点】→指定工件左下角的点。

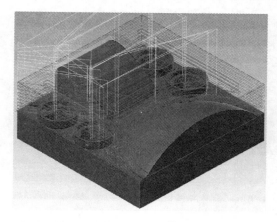

图 5.2.8　加工刀路

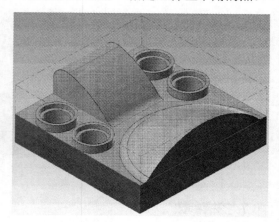

图 5.2.9　选择待加工的曲面

10. 刀具类型选择

在系统弹出的【曲面残料粗切】对话框→选择【刀具参数】→【刀具过滤】按钮→选择【全关】按钮,【刀具类型】→选择【平底刀】→【确认】→【从刀库选择】按钮→在【选择刀具】对话框中选择φ5的平底刀→【进给速率】160→【主轴转速】2000→【下刀速率】120→勾选【快速提刀】（如图5.2.12刀具类型选择）。

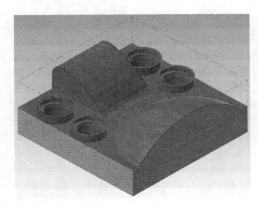

图5.2.10　干涉面

图5.2.11　切削范围

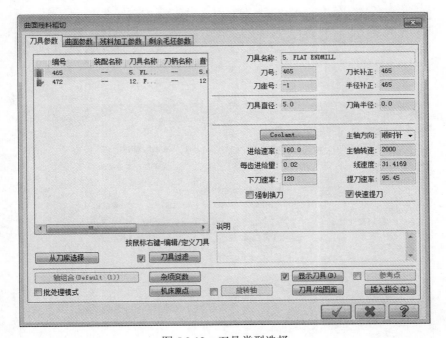

图5.2.12　刀具类型选择

11. 曲面参数

打开【曲面参数】对话框→【下刀位置】【增量坐标】2→【加工面预留量】0（如图5.2.13曲面参数）。

12. 残料加工参数

打开【残料加工参数】对话框→【Z最大步进量】0.2→【步进量】2.5→勾选【切削顺序最优化】→【确定】（如图5.2.14残料加工参数）。

13. 生成刀路

此时已经生成刀路（如图5.2.15生成刀路）。

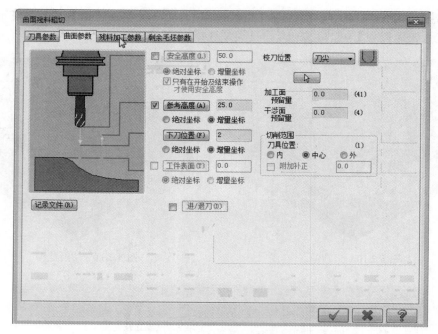

图 5.2.13　曲面参数

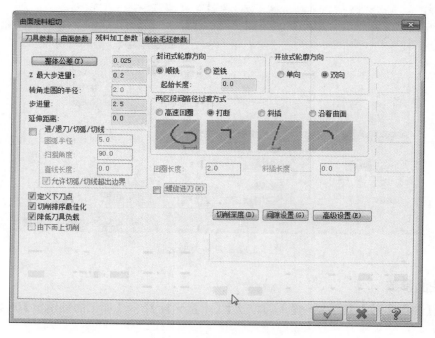

图 5.2.14　残料加工参数

等高外形粗加工圆柱外侧区域

14. 绘制辅助线

在工件上下各绘制辅助线，作为【切削范围】的边界使用（如图 5.2.16 绘制辅助线）。

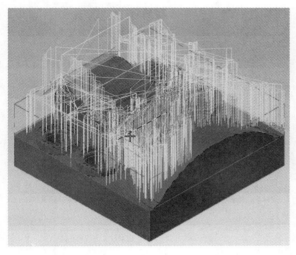

图 5.2.15　生成刀路

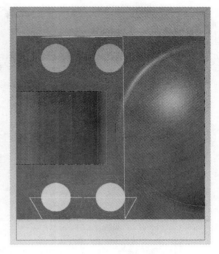

图 5.2.16　绘制辅助线

15. 加工面的选择

选择主菜单【刀路】→【曲面粗切】→【等高】→弹出对话框【输入新 NC 名称】→点击
【确认】→选择待加工的曲面（如图 5.2.17 选择待加工的曲面）→【回车确认】→【干涉面】→
选择待加工曲面的周围的曲面（如图 5.2.18 干涉面）→【切削范围】→选择毛坯的四边和辅
助线（如图 5.2.19 切削范围）→【指定下刀点】→指定工件左下角的点。

图 5.2.17　选择待加工的曲面

图 5.2.18　干涉面

图 5.2.19　切削范围

16. 刀具类型选择

在系统弹出的【曲面精修等高】对话框→选择【刀具参数】选项卡→【刀具过滤】按
钮→选择【全关】按钮，【刀具类型】→选择【平底刀】→【确认】→【从刀库中选择】按
钮→在【选择刀具】对话框中选择 ϕ4 的平底刀→设置【进给速率】120 →【主轴转速】
2000 →【下刀速率】150 →勾选【快速提刀】（如图 5.2.20 刀具类型选择）。

17. 曲面参数

打开【曲面参数】对话框→【下刀位置】【增量坐标】2 →【加工面预留量】0（如图 5.2.21
曲面参数）。

18. 等高精修参数

打开【等高精修参数】对话框→【Z 最大步进量】1.3 →勾选【切削排序最佳化】→【确
定】（如图 5.2.22 等高精修参数）。

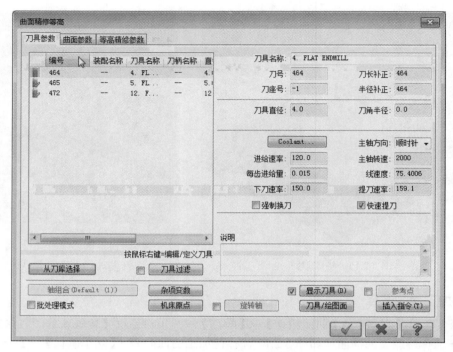

图 5.2.20　刀具类型选择

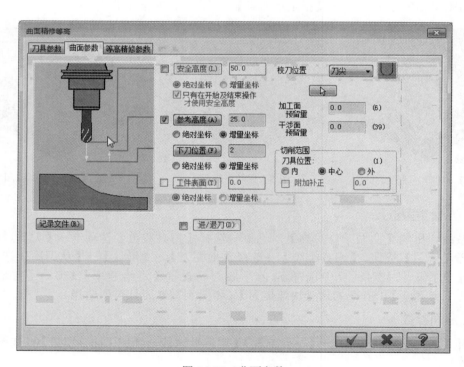

图 5.2.21　曲面参数

19. 生成刀路

此时已经生成刀路（如图 5.2.23 生成刀路）。

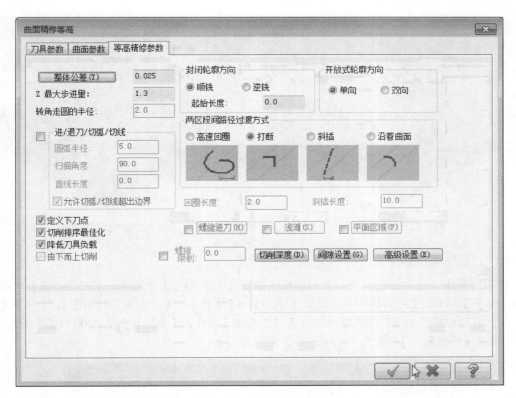

图 5.2.22　等高精修参数

平行铣削精加工左侧的曲面区域

20. 加工面的选择

选择主菜单【刀路】→【曲面精修】→【平行】→弹出【选择工件形状】未定义→弹出对话框【输入新 NC 名称】→点击【确认】→选择待加工的曲面（如图 5.2.24 选择待加工的曲面）→【回车确认】→【干涉面】→选择待加工曲面的周围的曲面（如图 5.2.25 干涉面）→【切削范围】→选择毛坯的四边（如图 5.2.26 切削范围）→【指定下刀点】→指定工件左下角的点。

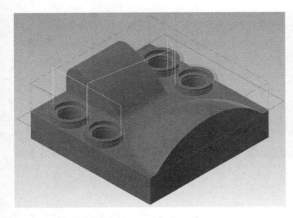

图 5.2.23　生成刀路

图 5.2.24　选择待加工的曲面

507

图 5.2.25 干涉面　　　　　　　　　　图 5.2.26 切削范围

21. 刀具类型选择

在系统弹出的【曲面精修平行】对话框→选择【刀具参数】选项卡→【刀具过滤】按钮→选择【全关】按钮,【刀具类型】→选择【球刀】→【确认】→【从刀库中选择】按钮→在【选择刀具】对话框中选择 φ8 的球刀→设置【进给速率】300 →【主轴转速】3000 →【下刀速率】150 →勾选【快速提刀】(如图 5.2.27 刀具类型选择)。

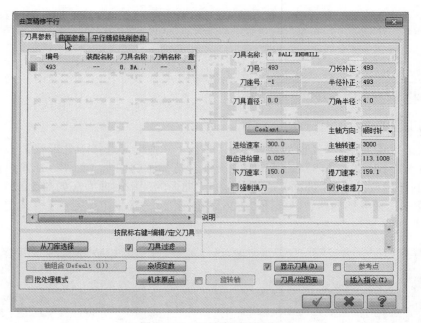

图 5.2.27 刀具类型选择图

22. 曲面参数

打开【曲面参数】对话框→【下刀位置】【增量坐标】2 →【加工面预留量】0(如图 5.2.28 曲面参数)。

23. 平行精修铣削参数

打开【平行精修铣削参数】对话框→【最大切削间距】0.4 →【加工角度】0 →打开【间

隙设置】对话框→勾选【切削顺序最优化】→【确定】→【确定】（如图 5.2.29 平行精修铣削参数）。

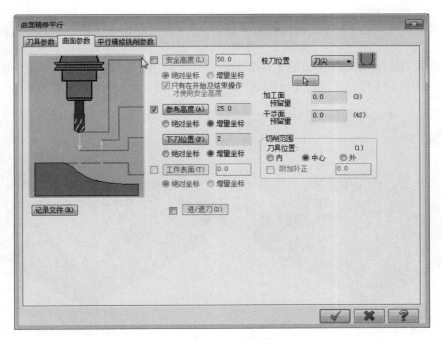

图 5.2.28　曲面参数

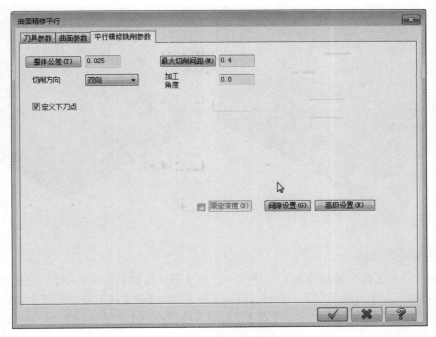

图 5.2.29　平行精修铣削参数

24. 生成刀路

此时已经生成刀路（如图 5.2.30 生成刀路）。

等高外形精加工右侧半球形曲面区域

25. 加工面的选择

选择主菜单【刀路】→【曲面精修】→【等高】→弹出对话框【输入新 NC 名称】→点击【确认】→选择待加工的曲面（如图 5.2.31 加工面的选择）→【回车确认】→【干涉面】→选择待加工曲面的周围的曲面（如图 5.2.32 干涉面）→【切削范围】→选择毛坯的四边（如图 5.2.33 切削范围）→【指定下刀点】→指定工件左下角的点。

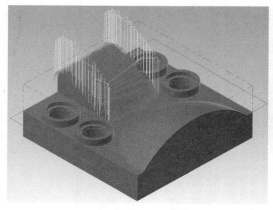

图 5.2.30　生成刀路

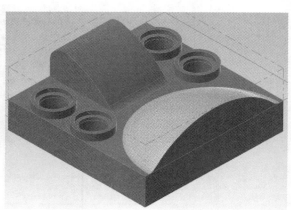

图 5.2.31　加工面的选择

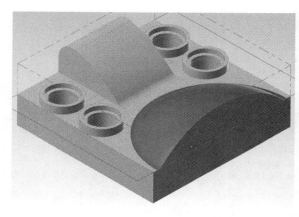

图 5.2.32　干涉面

图 5.2.33　切削范围

26. 刀具类型选择

在系统弹出的【曲面精修等高】对话框→选择【刀具参数】选项卡→【刀具过滤】按钮→选择【全关】按钮，【刀具类型】→选择【球刀】→【确认】→【从刀库中选择】按钮→在【选择刀具】对话框中选择 $\phi 8$ 的球刀→设置【进给速率】300 →【主轴转速】3000 →【下刀速率】150 →勾选【快速提刀】（如图 5.2.34 刀具类型选择）。

27. 曲面参数

打开【曲面参数】对话框→【下刀位置】【增量坐标】2 →【加工面预留量】0（如图 5.2.35 曲面参数）。

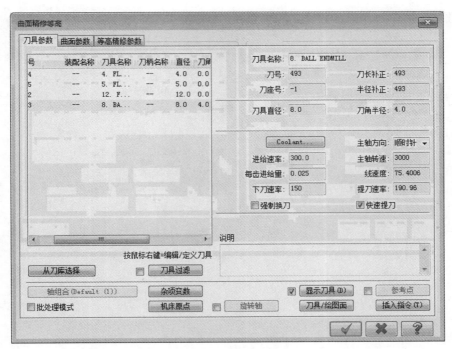

图 5.2.34　刀具类型选择

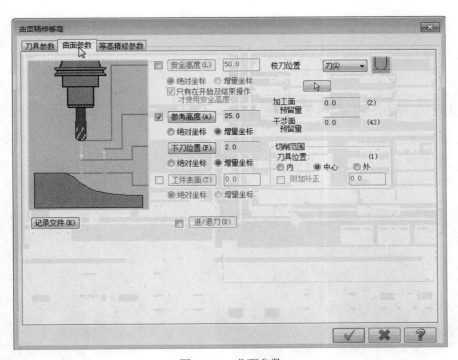

图 5.2.35　曲面参数

28. 等高精修参数

打开【等高精修参数】对话框→【Z 最大步进量】0.3 →勾选【切削排序最佳化】→【确

定】（如图 5.2.36 等高精修参数）。

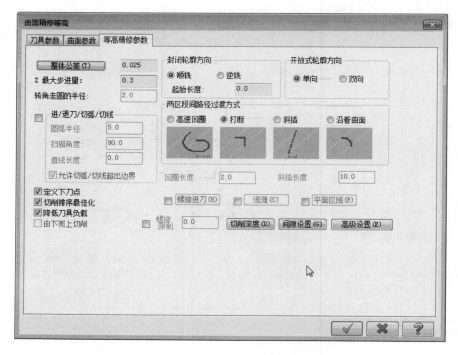

图 5.2.36　等高精修参数

29. 生成刀路

此时已经生成刀路（如图 5.2.37 生成刀路）。

等高外形精加工最左侧陡峭曲面区域

30. 绘制辅助线

在工件左侧绘制辅助线，将待加工区域框住，作为【切削范围】的边界使用（如图 5.2.38 绘制辅助线）。

图 5.2.37　生成刀路

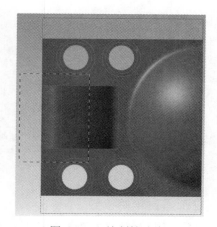

图 5.2.38　绘制辅助线

31. 加工面的选择

选择主菜单【刀路】→【曲面精修】→【等高】→弹出对话框【输入新 NC 名称】→点击【确认】→选择待加工的曲面（如图 5.2.39 加工面的选择）→【回车确认】→【干涉面】→选择待加工曲面的周围的曲面（如图 5.2.40 干涉面）→【切削范围】→选择毛坯的四边（如图 5.2.41 切削范围）→【指定下刀点】→指定工件左下角的点。

32. 刀具类型选择

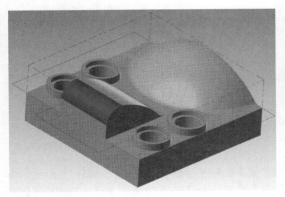

图 5.2.39　加工面的选择

在系统弹出的【曲面精修等高】对话框→在【选择刀具】对话框中选择 $\phi8$ 的球刀→设置【进给速率】300 →【主轴转速】3000 →【下刀速率】150 →勾选【快速提刀】（如图 5.2.42 刀具类型选择）。

图 5.2.40　干涉面　　　　　　　　　图 5.2.41　切削范围

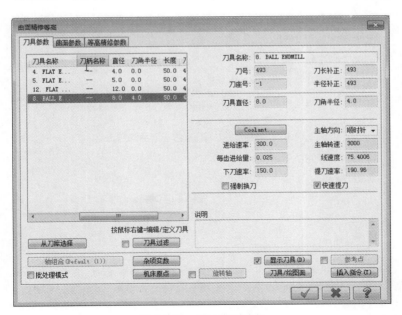

图 5.2.42　刀具类型选择

33. 曲面参数

打开【曲面参数】对话框→【下刀位置】【增量坐标】2→【加工面预留量】0（如图 5.2.43 曲面参数）。

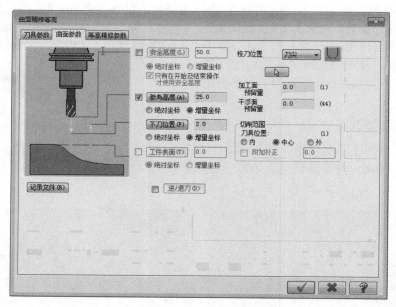

图 5.2.43　曲面参数

34. 等高精修参数

打开【等高精修参数】对话框→【Z 最大步进量】0.3→勾选【切削排序最佳化】→【确定】（如图 5.2.44 等高精修参数）→【切削深度】→【绝对坐标】→【最高位置】15.689→【最低位置】10→【确定】（如图 5.2.45 切削深度设置）。

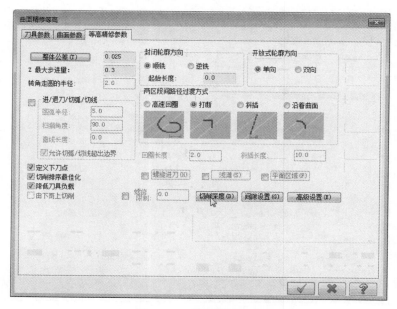

图 5.2.44　等高精修参数

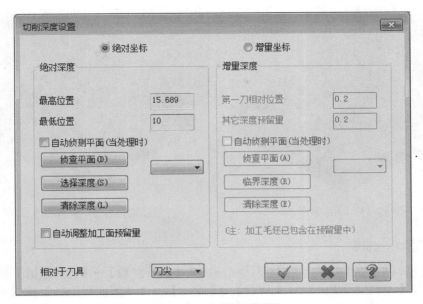

图 5.2.45　切削深度设置

35. 生成刀路

此时已经生成刀路（如图 5.2.46 生成刀路）。

放射精加工半球形区域

36. 加工面的选择

选择主菜单【刀路】→【曲面精修】→【放射】→弹出【选择工件形状】未定义→弹出对话框【输入新 NC 名称】→点击【确认】→选择待加工的曲面（如图 5.2.47 选择待加工的曲面）→【回车确认】→【干涉面】→选择待加工曲面的周围的曲面（如图 5.2.48 干涉面）→【切削范围】→选择毛坯的四边（如图 5.2.49 切削范围）→【放射中心点】→选择圆弧的顶点（如图 5.2.50 圆弧的顶）。

图 5.2.46　生成刀路

图 5.2.47　选择待加工的曲面

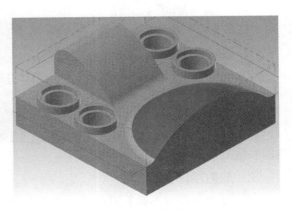

图 5.2.48　干涉面

图 5.2.49　切削范围　　　　　　　　　图 5.2.50　圆弧的顶

37. 刀具类型选择

在系统弹出的【曲面精修放射】对话框→选择【刀具参数】→【刀具过滤】按钮→选择【全关】按钮，【刀具类型】→选择【球刀】→【确认】→【从刀库中选择】按钮→在【选择刀具】对话框中选择 φ8 的球刀→设置【进给速率】300→【主轴转速】3000→【下刀速率】120→勾选【快速提刀】（如图 5.2.51 刀具类型选择）。

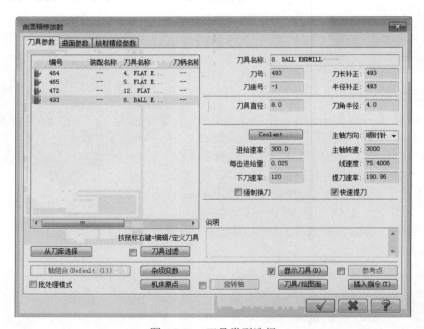

图 5.2.51　刀具类型选择

38. 曲面参数

打开【曲面参数】对话框→【下刀位置】【增量坐标】2→【加工面预留量】0（如图 5.2.52 曲面参数）。

39. 放射精修参数

打开【放射精修参数】对话框→【最大角度增量】1→打开【间隙设置】对话框→勾选【切削顺序最优化】→【确定】→【确定】（如图 5.2.53 放射精修参数）。

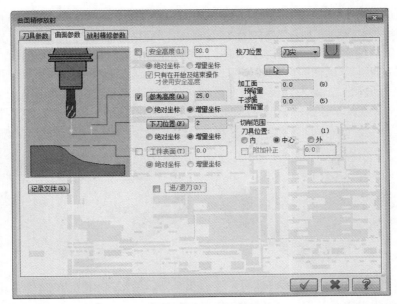

图 5.2.52 曲面参数

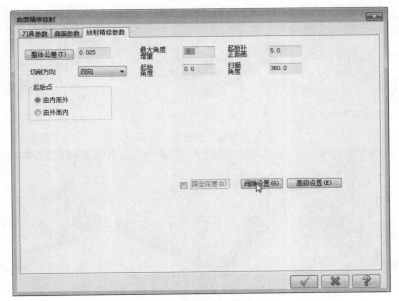

图 5.2.53 放射精修参数

40. 生成刀路

此时已经生成刀路（如图 5.2.54 生成刀路）。

最终验证模拟

41. 实体验证模拟

选中所有的加工→打开【验证已选择的操作 】→【Mastercam 模拟】对话框→隐藏【刀柄】和【线框】→【调整速度】→【播放】→观察实体验证情况。

$\phi12$ 的平底刀挖槽粗加工的整体开粗（如图 5.2.55 平底刀挖槽粗加工的整体开粗），$\phi5$ 的平底刀残料粗加工剩余的区域（如图 5.2.56 平底刀残料粗加工剩余的区域），$\phi 4$ 的平底刀等高外形粗加工圆柱外侧区域（如图 5.2.57 平底刀等高外形粗加工圆柱外侧区域），$\phi 8$ 的球刀平行铣削精加工左侧的曲面区域（如图 5.2.58 球刀平行铣削精加工左侧的曲面区域），$\phi 8$ 的球刀等高外形精加工右侧半球形曲面区域（如图 5.2.59 球刀等高外形精加工右侧半球形曲面区域），$\phi 8$ 的球刀等高外形精加工最左侧陡峭曲面区域（如图 5.2.60 球刀等高外形精加工最左侧陡峭曲面区域），$\phi 8$ 的球刀放射状精加工半球形区域（如图 5.2.61 球刀放射状精加工半球形区域）。

图 5.2.54　生成刀路

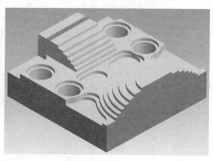

图 5.2.55　平底刀挖槽粗加工的整体开粗

图 5.2.56　平底刀残料粗加工剩余的区域

图 5.2.57　平底刀等高外形粗加工圆柱外侧区域

图 5.2.58　球刀平行铣削精加工左侧的曲面区域

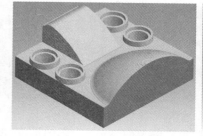

图 5.2.59　球刀等高外形精加工右侧半球形曲面区域

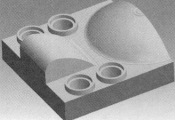

图 5.2.60　球刀等高外形精加工最左侧陡峭曲面区域

图 5.2.61　球刀放射状精加工半球形区域

第三节　数控加工综合实例三——固定镶件模块零件

数控加工综合实例三——
固定镶件模块零件

加工前的工艺分析与准备

1. 工艺分析

由图 5.3.1 可以看出图形的基本的形状，中间有一连串的孔，在中间的靠右侧的区域有一个凸起来的圆弧的形状，四周是一个很薄的带有倒角 C2 的薄壁区域，工件底部的类似于底座上也有倒角

*C*2 的区域（如图 5.3.1 数控加工综合实例三——固定镶件模块零件）。

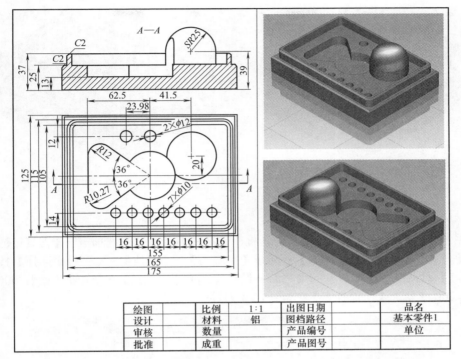

绘图		比例	1:1	出图日期		品名	
设计		材料	铝	图档路径		基本零件1	
审核		数量		产品编号		单位	
批准		成重		产品图号			

图 5.3.1　数控加工综合实例三——固定镶件模块零件

工件尺寸 175mm×125mm，无尺寸公差要求。尺寸标注完整，轮廓描述清楚。零件材料为已经加工成型的标准铝块，无热处理和硬度要求。

① *ϕ*10 的平底刀挖槽粗加工的开粗操作；

② *ϕ*5 的平底刀残料粗加工剩余的区域；

③ *ϕ*6 的球刀等高外形精加工球形曲面的区域；

④ *ϕ*10 的 45° 倒角刀二维外形铣削加工第一层的 *C*2 倒角区域；

⑤ *ϕ*10 的 45° 倒角刀二维外形铣削加工第二层的 *C*2 倒角区域；

⑥ 根据加工要求，共需产生 5 次刀具路径。

2. 前期准备工作

（1）图形的导入　打开已绘制好的图形→按 F9 键打开坐标系→观察原点位置→然后再按 F9 键关闭。

（2）选择加工所使用的机床类型　选择主菜单【机床类型】→【铣床】→【默认】，进入铣床的加工模块。

（3）毛坯设置　在左侧的【刀路】面板中，打开【机床群组】→【属性】→【毛坯设置】→【机床群组属性】对话框→点击【所有图形】按钮→【确认】。

挖槽粗加工的开粗操作

3. 加工面的选择

选择主菜单【刀路】→【曲面粗切】→【挖槽】→弹出对话框【输入新 NC 名称】→点击【确认】→选择待加工的曲面（如图 5.3.2 选择加工面）→【回车确认】→【切削范围】→选择

毛坯的四边（如图 5.3.3 选择切削范围）→【指定下刀点】→指定工件左下角的点。

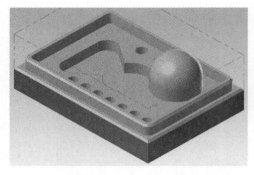

图 5.3.2　选择加工面

图 5.3.3　选择切削范围

4. 刀具类型选择

在系统弹出的【曲面粗切挖槽】对话框→选择【刀具参数】选项卡→【刀具过滤】按钮→选择【全关】按钮，【刀具类型】→选择【平底刀】→【确认】→【从刀库选择】按钮→在【选择刀具】对话框中选择 ϕ10 的平底刀→设置【进给速率】350 →【主轴转速】2000 →【下刀速率】200 →勾选【快速提刀】（如图 5.3.4 刀具类型选择）。

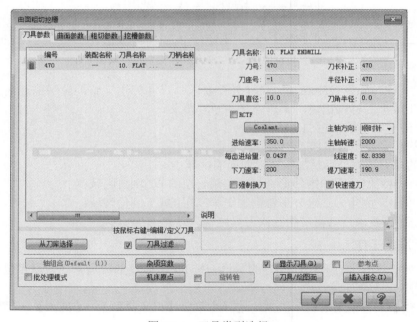

图 5.3.4　刀具类型选择

5. 曲面参数

打开【曲面参数】对话框→【下刀位置】【增量坐标】2 →【加工面预留量】0（如图 5.3.5 曲面参数）。

6. 粗切参数

打开【粗切参数】对话框→【Z 最大步进量】2.5 →打开【间隙设置】对话框→勾选【切削顺序最优化】→【确定】（如图 5.3.6 粗切参数）。

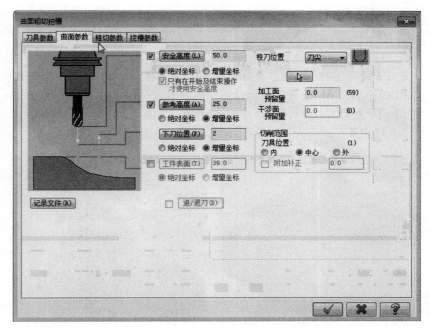

图 5.3.5 曲面参数

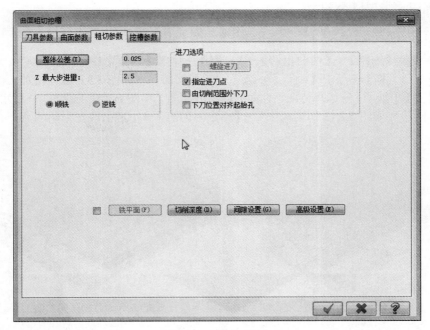

图 5.3.6 粗切参数

7. 挖槽参数

打开【挖槽参数】对话框→勾选【粗切】→【高速切削】→勾选【精修】→【次数】1→【间距】1→【确定】（如图 5.3.7 挖槽参数）。

8. 生成刀路

此时已经生成刀路（如图 5.3.8 加工刀路）。

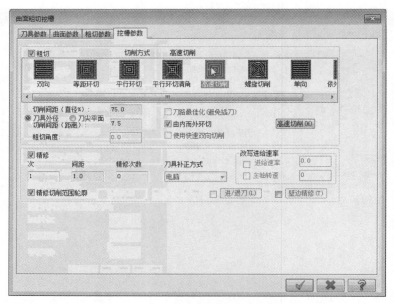

图 5.3.7　挖槽参数

残料粗加工剩余的区域

9. 加工面的选择

选择主菜单【刀路】→【曲面粗切】→【残料】→弹出【选择工件形状】未定义→弹出对话框【输入新 NC 名称】→点击【确认】→选择待加工的曲面（如图 5.3.9 选择待加工的曲面）→【回车确认】→【干涉面】→选择待加工曲面的周围的曲面（如图 5.3.10 干涉面）→【切削范围】→选择毛坯的四边（如图 5.3.11 切削范围）→【指定下刀点】→指定工件左下角的点。

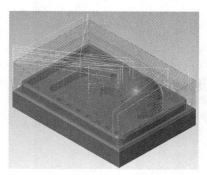

图 5.3.8　加工刀路

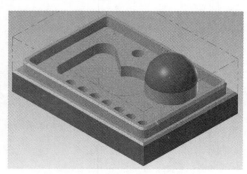

图 5.3.9　选择待加工的曲面

图 5.3.10　干涉面

图 5.3.11　切削范围

10. 刀具类型选择

在系统弹出的【曲面残料粗切】对话框→选择【刀具参数】→【刀具过滤】按钮→选择【全关】按钮，【刀具类型】→选择【平底刀】→【确认】→【从刀库选择】按钮→在【选择刀具】对话框中选择 $\phi5$ 的平底刀→【进给速率】180 →【主轴转速】2000 →【下刀速率】100 →勾选【快速提刀】（如图 5.3.12 刀具类型选择）。

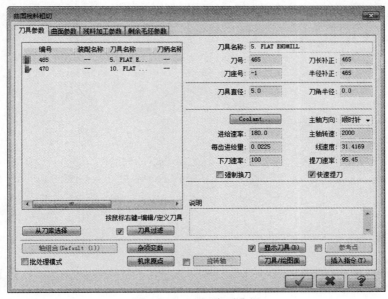

图 5.3.12　刀具类型选择

11. 曲面参数

打开【曲面参数】对话框→【下刀位置】【增量坐标】2 →【加工面预留量】0（如图 5.3.13 曲面参数）。

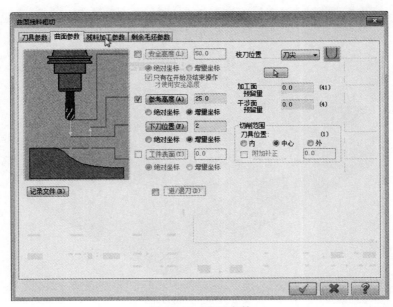

图 5.3.13　曲面参数

12. 残料加工参数

打开【残料加工参数】对话框→【Z 最大步进量】1.5 →【步进量】2.0 →勾选【切削顺序最优化】→【确定】（如图 5.3.14 残料加工参数）。

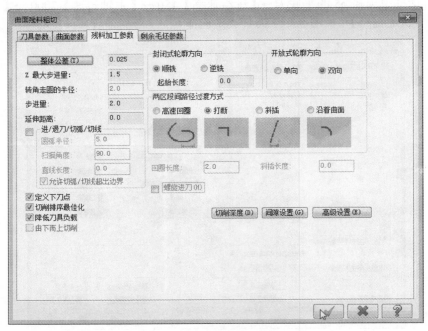

图 5.3.14　残料加工参数

13. 生成刀路

此时已经生成刀路（如图 5.3.15 生成刀路）。

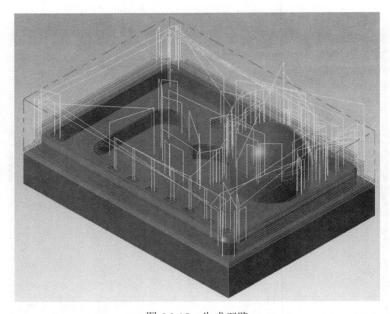

图 5.3.15　生成刀路

等高外形精加工球形曲面的区域

14. 加工面的选择

选择主菜单【刀路】→【曲面精修】→【等高】→弹出对话框【输入新 NC 名称】→点击【确认】→选择待加工的曲面（如图 5.3.16 加工面的选择）→【回车确认】→【干涉面】→选择待加工曲面的周围的曲面（如图 5.3.17 干涉面）→【切削范围】→选择毛坯的四边（如图 5.3.18 切削范围）→【指定下刀点】→指定工件左下角的点。

15. 刀具类型选择

在系统弹出的【曲面精修等高】对话框→选择【刀具参数】选项卡→【刀具过滤】按钮→选

图 5.3.16　加工面的选择

择【全关】按钮，【刀具类型】→选择【球刀】→【确认】→【从刀库选择】按钮→在【选择刀具】对话框中选择 φ6 的球刀→设置【进给速率】120 →【主轴转速】2000 →【下刀速率】100 →勾选【快速提刀】（如图 5.3.19 刀具类型选择）。

图 5.3.17　干涉面

图 5.3.18　切削范围

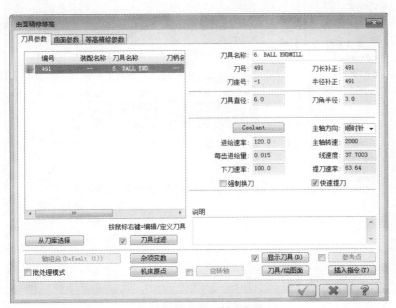

图 5.3.19　刀具类型选择

16. 曲面参数

打开【曲面参数】对话框→【下刀位置】【增量坐标】2 →【加工面预留量】0（如图 5.3.20 曲面参数）。

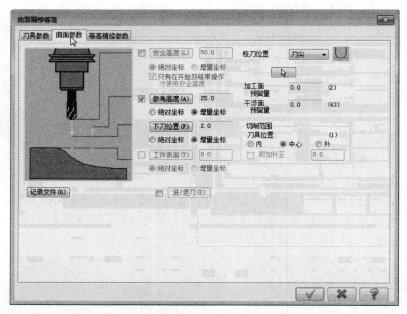

图 5.3.20　曲面参数

17. 等高精修参数

打开【等高精修参数】对话框→【Z 最大步进量】0.3 →勾选【切削排序最佳化】→【确定】（如图 5.3.21 等高精修参数）。

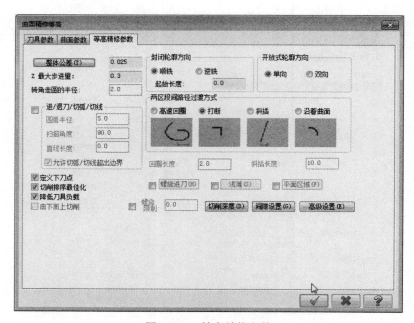

图 5.3.21　等高精修参数

18. 生成刀路

此时已经生成刀路（如图 5.3.22 生成刀路）。

> **二维外形铣削加工第一层的 *C*2 倒角区域**

19. 加工面的选择

选择主菜单【刀路】→【外形】→弹出对话框【输入新 NC 名称】→点击【确认】→打开【串联选项】对话框→选择【串联】按钮，并点选要加工倒角的边线（如图 5.3.23 点选要加工倒角的边线）。

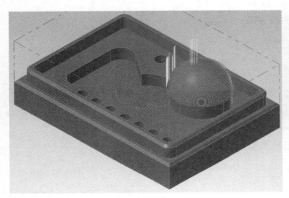

图 5.3.22　生成刀路　　　　　　　图 5.3.23　点选要加工倒角的边线

20. 刀具类型选择

在系统弹出的【2D 刀具—外形铣削】对话框→选择【刀具】节点→进入【刀具设置】选项卡→【刀具过滤】按钮→选择【全关】按钮，刀具类型】→选择【倒角刀】→【确认】→【从刀库选择】按钮→在【选择刀具】对话框中选择 ϕ10 的 45°倒角刀→【确认】→双击该倒角刀→【定义倒角刀】→【刀尖直径】0 →【完成】（如图 5.3.24 定义倒角刀）→设置【进给速率】120 →【主轴转速】3500 →【下刀速率】100 →勾选【快速提刀】（如图 5.3.25 刀具类型选择）。

图 5.3.24　定义倒角刀

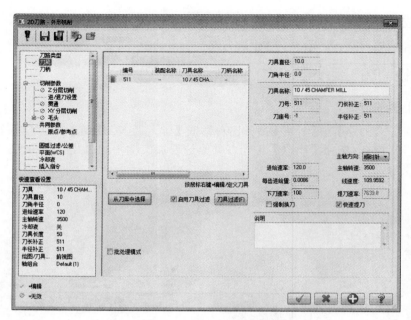

图 5.3.25　刀具类型选择

21. 切削参数设置

打开【切削参数】节点→在对话框中设置【补正方向】左→【外形铣削方式】2D 倒角→【宽度】0.002 →【刀尖补正】0【壁边预留量】0 →【底面预留量】0 →【确定】（如图 5.3.26 切削参数设置）。

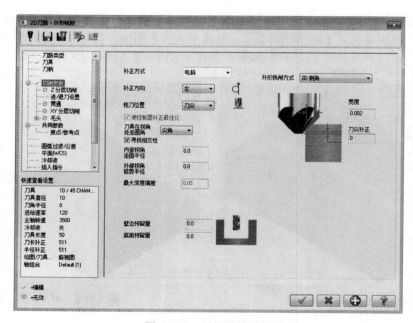

图 5.3.26　切削参数设置

22.【Z 分层切削】【进 / 退刀设置】【XY 分层切削】【共同参数】和【冷却液】不进行设置

23. 生成刀路

此时已经生成刀路（如图 5.3.27 生成刀路）。

二维外形铣削加工第二层的 _C2_ 倒角区域

24. 点击图形

复制上一步操作→粘贴→点击复制后的图形（如图 5.3.28 点击图形）。

图 5.3.27　生成刀路

图 5.3.28　点击图形

25. 点选要加工的下一层倒角的边线

右击→删除原有的【串联】→右击【增加串联】→点选要加工的下一层倒角的边线（如图 5.3.29 点选要加工的下一层倒角的边线）。

26. 生成刀路

点击【刀路】，重新生成生成刀路（如图 5.3.30 生成刀路）。

图 5.3.29　点选要加工的下一层倒角的边线

图 5.3.30　生成刀路

最终验证模拟

27. 实体验证模拟

选中所有的加工→打开【验证已选择的操作 📋】→【Mastercam 模拟】对话框→隐藏【刀柄】和【线框】→【调整速度】→【播放】→观察实体验证情况。

$\phi10$ 的平底刀挖槽粗加工的开粗操作（如图 5.3.31 平底刀挖槽粗加工的开粗操作），$\phi5$ 的平底刀残料粗加

图 5.3.31　平底刀挖槽粗加工的开粗操作

工剩余的区域（如图 5.3.32 平底刀残料粗加工剩余的区域），$\phi6$ 的球刀等高外形精加工球形曲面的区域（如图 5.3.33 球刀等高外形精加工球形曲面的区域），$\phi10$ 的 45°倒角刀二维外形铣削加工第一层的 C2 倒角区域（如图 5.3.34 二维外形铣削加工第一层的 C2 倒角区域），$\phi10$ 的 45°倒角刀二维外形铣削加工第二层的 C2 倒角区域（如图 5.3.35 二维外形铣削加工第二层的 C2 倒角区域）。

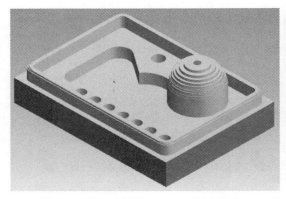

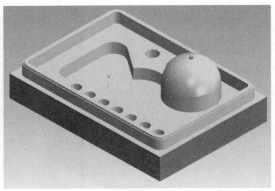

图 5.3.32　平底刀残料粗加工剩余的区域　　　图 5.3.33　球刀等高外形精加工球形曲面的区域

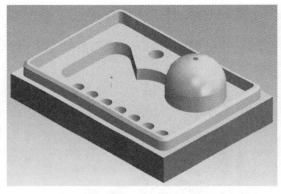

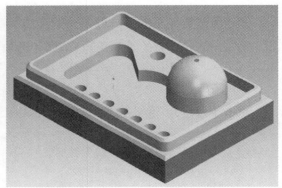

图 5.3.34　二维外形铣削加工第一层的 C2 倒角区域　　图 5.3.35　二维外形铣削加工第二层的 C2 倒角区域

第四节　数控加工综合实例四——后视镜模具

加工前的工艺分析与准备

数控加工综合实例
四——后视镜模具

1. 工艺分析

由图上可以看出摩托车后视镜图形的基本形状，中间由一连串曲面组成，在边角区域采用小的球刀修边（如图 5.4.1 数控加工综合实例四——后视镜模具）。

工件无尺寸公差要求。尺寸标注完整，轮廓描述清楚。零件材料为已经加工成型的标准铝块，无热处理和硬度要求。

① $\phi10$ 的平底刀挖槽粗加工的开粗操作；
② $\phi8$ 的球刀残料粗加工剩余的区域；

③ $\phi8$ 的球刀平行铣削精加工后视镜左侧 Y 向的小曲面；

④ $\phi8$ 的球刀平行铣削精加工后视镜周围 X 向的大曲面；

⑤ $\phi8$ 的球刀浅平面精加工后视镜顶部曲面区域；

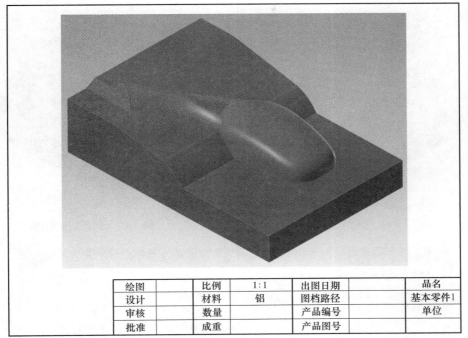

绘图		比例	1:1	出图日期		品名	
设计		材料	铝	图档路径		基本零件1	
审核		数量		产品编号		单位	
批准		成重		产品图号			

图 5.4.1　数控加工综合实例四——后视镜模具

⑥ $\phi8$ 的球刀等高外形精加工后视镜的陡峭曲面区域；

⑦ $\phi2$ 的球刀等高外形精加工后视镜的三角曲面区域；

⑧ $\phi2$ 的球刀残料清角精加后视镜剩余的曲面区域；

⑨ 根据加工要求，共需产生 8 次刀具路径。

2. 前期准备工作

（1）图形的导入　打开已绘制好的图形→按 F9 键打开坐标系→观察原点位置→然后再按 F9 键关闭。

（2）选择加工所使用的机床类型　选择主菜单【机床类型】→【铣床】→【默认】，进入铣床的加工模块。

（3）毛坯设置　在左侧的【刀路】面板中，打开【机床群组】→【属性】→【毛坯设置】→【机床群组属性】对话框→点击【所有图形】按钮→【确认】。

挖槽粗加工的开粗操作

3. 加工面的选择

选择主菜单【刀路】→【曲面粗切】→【挖槽】→弹出对话框【输入新 NC 名称】→点击【确认】→选择待加工的曲面（如图 5.4.2 选择加工面）→【回车确认】→【切削范围】→选择毛坯的四边（如图 5.4.3 切削范围）→【指定下刀点】→指定工件左下角的点。

4. 刀具类型选择

在系统弹出的【曲面粗切挖槽】对话框→选择【刀具参数】选项卡→【刀具过滤】按钮→

选择【全关】按钮,【刀具类型】→选择【平底刀】→【确认】→【从刀库选择】按钮→在【选择刀具】对话框中选择 ϕ10 的平底刀→设置【进给速率】400→【主轴转速】2000→【下刀速率】150→勾选【快速提刀】(如图 5.4.4 刀具类型选择)。

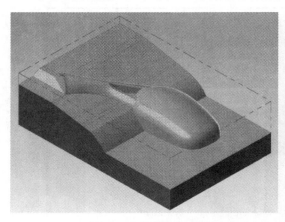

图 5.4.2　选择加工面

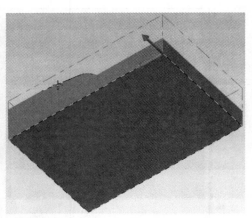

图 5.4.3　选择切削范围

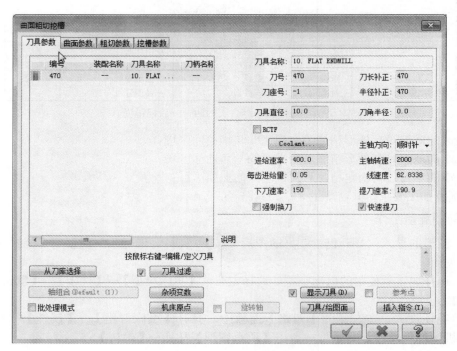

图 5.4.4　刀具类型选择

5. 曲面参数

打开【曲面参数】对话框→【下刀位置】【增量坐标】2→【加工面预留量】0(如图 5.4.5 曲面参数)。

6. 粗切参数

打开【粗切参数】对话框→【Z 最大步进量】2.5→打开【间隙设置】对话框→勾选【切削顺序最优化】→【确定】(如图 5.4.6 粗切参数)。

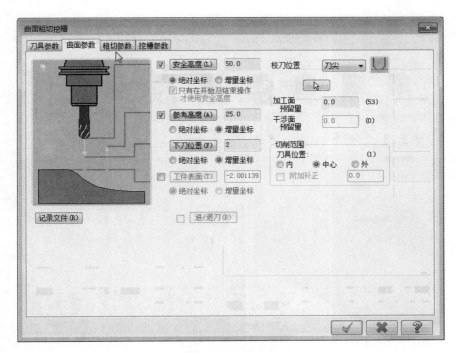

图 5.4.5　曲面参数

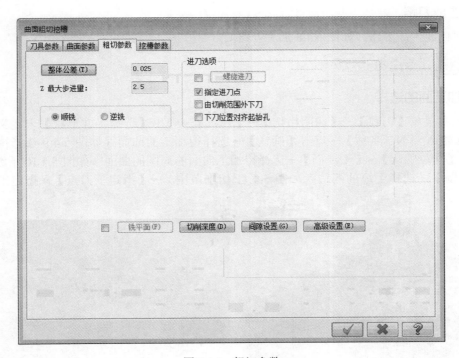

图 5.4.6　粗切参数

7. 挖槽参数

打开【挖槽参数】对话框→勾选【粗切】→【高速切削】→勾选【精修】→【次数】1 →【间距】1 →【确定】（如图 5.4.7 挖槽参数）。

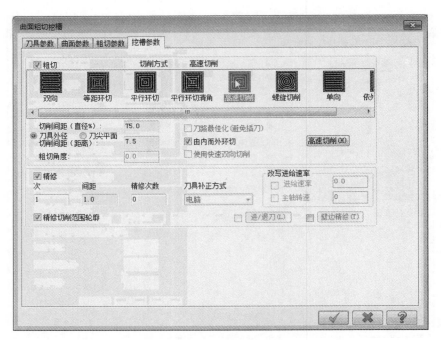

图 5.4.7　挖槽参数

8. 生成刀路

此时已经生成刀路（如图 5.4.8 加工刀路）。

残料粗加工剩余的区域

9. 加工面的选择

选择主菜单【刀路】→【曲面粗切】→【残料】→弹出【选择工件形状】未定义→弹出对话框【输入新 NC 名称】→点击【确认】→选择待加工的曲面（如图 5.4.9 选择待加工的曲面）→【回车确认】→【干涉面】→选择待加工曲面的周围的曲面（如图 5.4.10 干涉面）→【切削范围】→选择毛坯的四边（如图 5.4.11 切削范围）→【指定下刀点】→指定工件左下角的点。

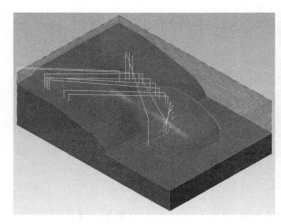

图 5.4.8　加工刀路

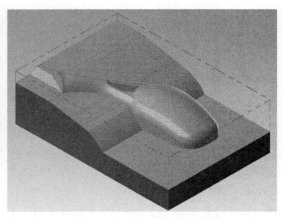

图 5.4.9　选择待加工的曲面

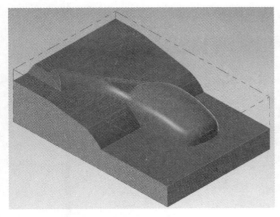
图 5.4.10　干涉面

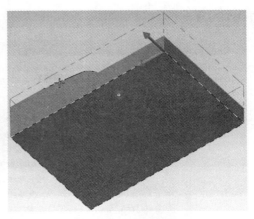
图 5.4.11　切削范围

10. 刀具类型选择

在系统弹出的【曲面残料粗切】对话框→选择【刀具参数】→【刀具过滤】按钮→选择【全关】按钮，【刀具类型】→选择【球刀】→【确认】→【从刀库选择】按钮→在【选择刀具】对话框中选择 $\phi8$ 的球刀→【进给速率】400→【主轴转速】2000→【下刀速率】150→勾选【快速提刀】（如图 5.4.12 刀具类型选择）。

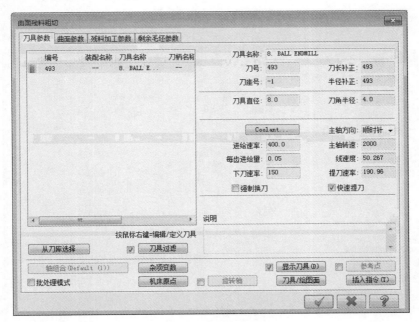
图 5.4.12　刀具类型选择

11. 曲面参数

打开【曲面参数】对话框→【下刀位置】【增量坐标】2→【加工面预留量】0（如图 5.4.13 曲面参数）。

12. 残料加工参数

打开【残料加工参数】对话框→【Z 最大步进量】1.5→【步进量】2.0→勾选【切削顺

序最优化】→【确定】（如图 5.4.14 残料加工参数）。

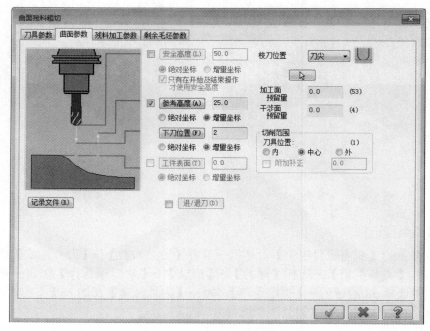

图 5.4.13　曲面参数

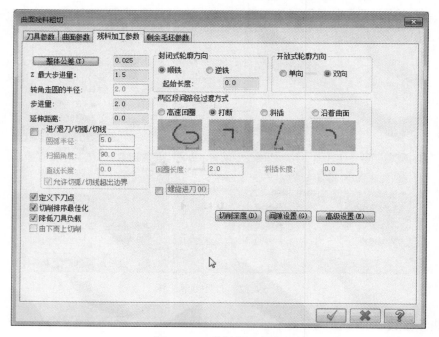

图 5.4.14　残料加工参数

13. 生成刀路

此时已经生成刀路（如图 5.4.15 生成刀路）。

平行铣削精加工后视镜左侧 Y 向的小曲面

14. 加工面的选择

选择主菜单【刀路】→【曲面精修】→【平行】→弹出【选择工件形状】未定义→弹出对话框【输入新 NC 名称】→点击【确认】→选择待加工的曲面（如图 5.4.16 选择待加工的曲面）→【回车确认】→【干涉面】→选择待加工曲面的周围的曲面（如图 5.4.17 干涉面）→【切削范围】→选择毛坯的四边（如图 5.4.18 切削范围）→【指定下刀点】→指定工件左下角的点。

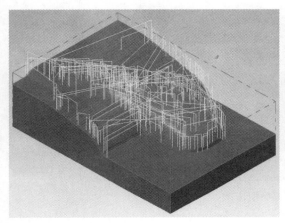

图 5.4.15 生成刀路

图 5.4.16 选择待加工的曲面

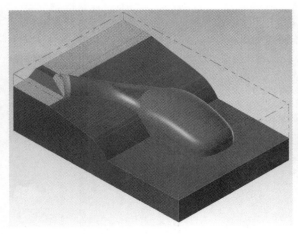

图 5.4.17 干涉面

图 5.4.18 切削范围

15. 刀具类型选择

在系统弹出的【曲面精修平行】对话框→选择【刀具参数】选项卡→【刀具过滤】按钮→选择【全关】按钮，【刀具类型】→选择【球刀】→【确认】→【从刀库选择】按钮→在【选择刀具】对话框中选择 $\phi8$ 的球刀（如图 5.4.19 刀具类型选择）。

16. 曲面参数设置

打开【曲面参数】对话框→【下刀位置】【增量坐标】2 →【加工面预留量】0（如图 5.4.20 曲面参数设置）。

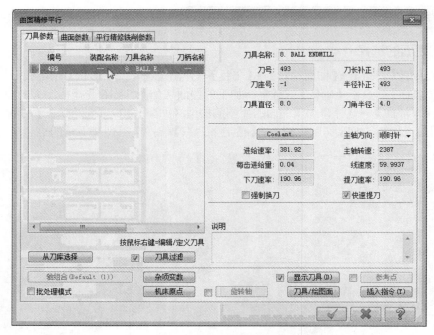

图 5.4.19　刀具类型选择

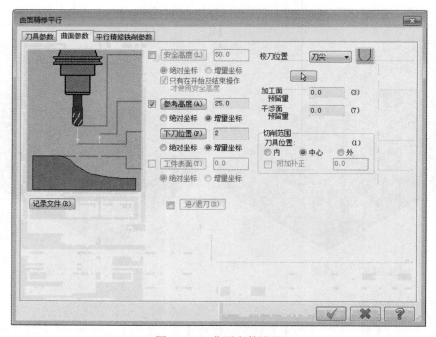

图 5.4.20　曲面参数设置

17. 平行精修铣削参数

打开【平行精修铣削参数】对话框→【最大切削间距】0.4 →【加工角度】90 →打开【间隙设置】对话框→勾选【切削顺序最优化】→【确定】→【确定】（如图 5.4.21 平行精修铣削参数）。

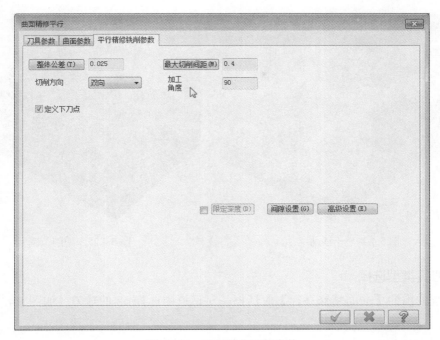

图 5.4.21　平行精修铣削参数

18. 生成刀路

此时已经生成刀路（如图 5.4.22 生成刀路）。

平行铣削精加工后视镜周围 X 向的大曲面

19. 加工面的选择

选择主菜单【刀路】→【曲面精修】→【平行】→弹出【选择工件形状】未定义→弹出对话框【输入新 NC 名称】→点击【确认】→选择待加工的曲面（如图 5.4.23 选择待加工的曲面）→【回车确认】→【干涉面】→选择待加工曲面的周围的曲面（如图 5.4.24 干涉面）→【切削范围】→选择毛坯的四边（如图 5.4.25 切削范围）→【指定下刀点】→指定待加工曲面左下角的点。

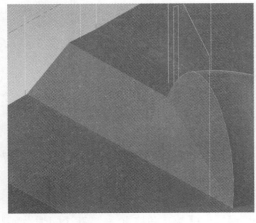

图 5.4.22　生成刀路

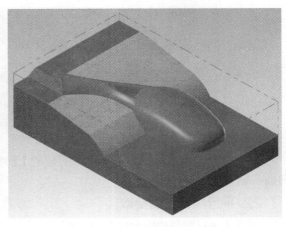

图 5.4.23　选择待加工的曲面

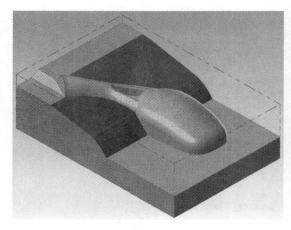
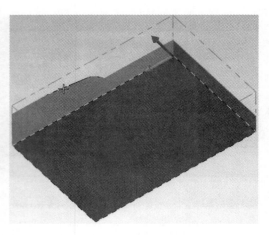

图 5.4.24　干涉面　　　　　　　　　　　图 5.4.25　切削范围

20. 刀具类型选择

在系统弹出的【曲面精修平行】对话框→对话框中选择 $\phi8$ 的球刀（如图 5.4.26 刀具类型选择）。

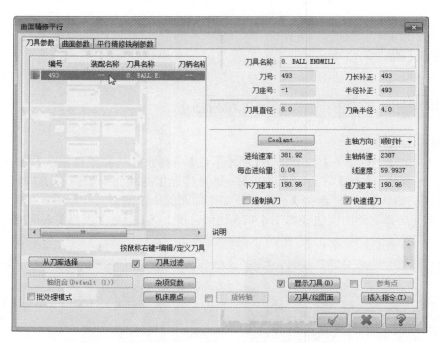

图 5.4.26　刀具类型选择

21. 曲面参数设置

打开【曲面参数】对话框→【下刀位置】【增量坐标】2 →【加工面预留量】0（如图 5.4.27 曲面参数设置）。

22. 平行精修铣削参数

打开【平行精修铣削参数】对话框→最大切削间距】0.4 →【加工角度】0 →打开【间隙设置】

对话框→勾选【切削顺序最优化】→【确定】→【确定】（如图 5.4.28 平行精修铣削参数）。

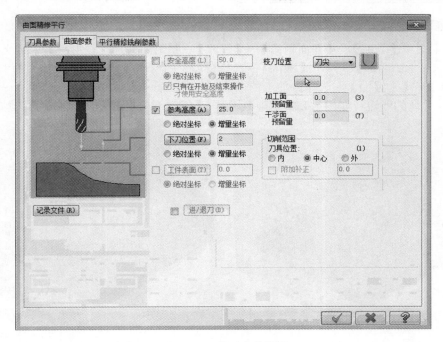

图 5.4.27　曲面参数设置

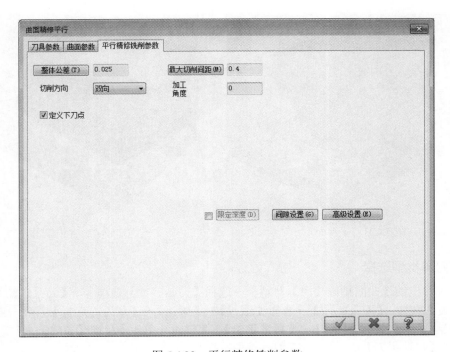

图 5.4.28　平行精修铣削参数

23. 生成刀路

此时已经生成刀路（如图 5.4.29 生成刀路）。

浅平面精加工后视镜顶部曲面区域

24. 加工面的选择

选择主菜单【刀路】→【曲面精修】→【浅滩】→弹出【选择工件形状】未定义→弹出对话框【输入新 NC 名称】→点击【确认】→选择待加工的曲面（如图 5.4.30 加工面的选择）→【回车确认】→【干涉面】→选择待加工曲面的周围的曲面（如图 5.4.31 干涉面）→【切削范围】→选择毛坯的四边（如图 5.4.32 切削范围）→【指定下刀点】→指定后视镜左侧的点。

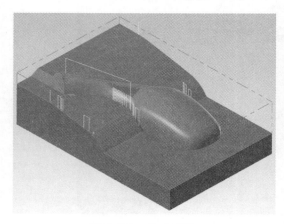

图 5.4.29　生成刀路

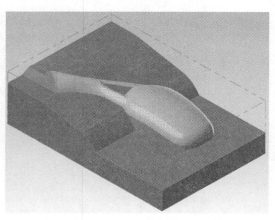

图 5.4.30　加工面的选择

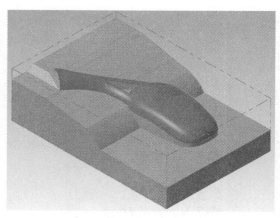

图 5.4.31　干涉面

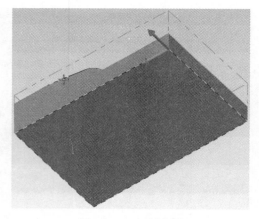

图 5.4.32　切削范围

25. 刀具类型选择

在系统弹出的【曲面精修浅滩】对话框→选择【刀具参数】选项卡→【刀具过滤】按钮→选择【全关】按钮，【刀具类型】→选择【球刀】→【确认】→【从刀库选择】按钮→在【选择刀具】对话框中选择 $\phi 8$ 的球刀→设置【进给速率】250 →【主轴转速】3000 →【下刀速率】150 →勾选【快速提刀】（如图 5.4.33 刀具类型选择）。

26. 曲面参数设置

打开【曲面参数】对话框→【参考高度】【增量坐标】25 →【下刀位置】【增量坐标】2 →【加工面预留量】0（如图 5.4.34 曲面参数设置）。

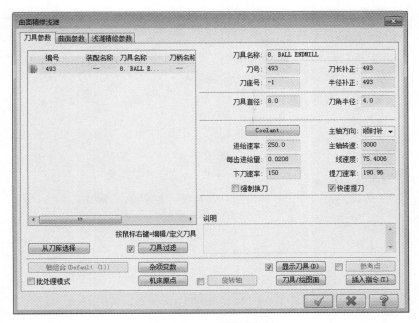

图 5.4.33　刀具类型选择

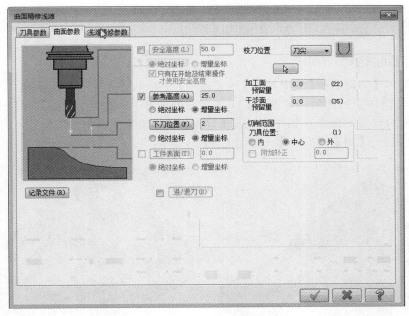

图 5.4.34　曲面参数设置

27. 曲面精修浅滩

打开【曲面精修浅滩】对话框→【最大切削间距】0.4→【从倾斜角度】0→【到倾斜角度】50→勾选【由内而外环切】→打开【间隙设置】对话框→勾选【切削顺序最优化】→【确定】→【确定】（如图 5.4.35 曲面精修浅滩）。

28. 生成刀路

此时已经生成刀路（如图 5.4.36 生成刀路）。

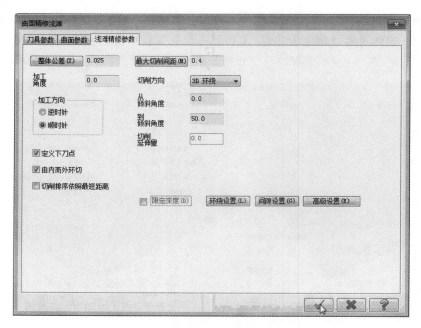

图 5.4.35　曲面精修浅滩

等高外形精加工后视镜的陡峭曲面区域

29. 加工面的选择

选择主菜单【刀路】→【曲面精修】→【等高】→弹出对话框【输入新 NC 名称】→点击【确认】→选择待加工的曲面（如图 5.4.37 加工面的选择）→【回车确认】→【干涉面】→选择待加工曲面的周围的曲面（如图 5.4.38 干涉面）→【切削范围】→选择毛坯的四边（如图 5.4.39 切削范围）→【指定下刀点】→指定工件左下角的点。

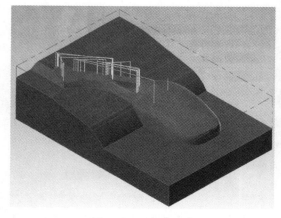

图 5.4.36　生成刀路

图 5.4.37　加工面的选择

30. 刀具类型选择

在系统弹出的【曲面精修等高】对话框→选择【刀具参数】选项卡→【刀具过滤】按钮→选择【全关】按钮，【刀具类型】→选择【球刀】→【确认】→【从刀库选择】按钮→在

【选择刀具】对话框中选择 $\phi8$ 的球刀→设置【进给速率】400 →【主轴转速】3000 →【下刀速率】150 →勾选【快速提刀】（如图 5.4.40 刀具类型选择）。

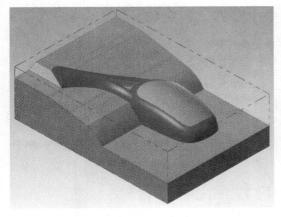

图 5.4.38　干涉面

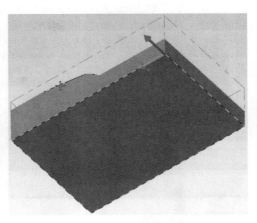

图 5.4.39　切削范围

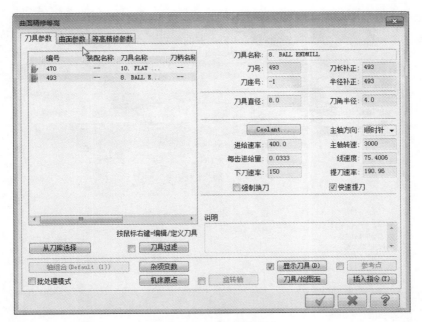

图 5.4.40　刀具类型选择

31. 曲面参数

打开【曲面参数】对话框→【下刀位置】【增量坐标】2 →【加工面预留量】0（如图 5.4.41 曲面参数）。

32. 等高精修参数

打开【等高精修参数】对话框→【Z 最大步进量】0.5 →勾选【切削排序最佳化】→【确定】（如图 5.4.42 等高精修参数）。

33. 生成刀路

此时已经生成刀路（如图 5.4.43 生成刀路）。

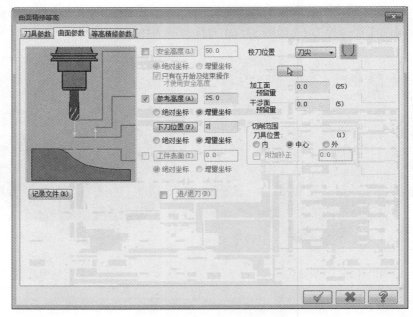

图 5.4.41   曲面参数

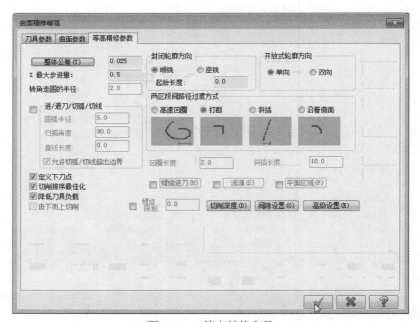

图 5.4.42   等高精修参数

等高外形精加工后视镜的三角曲面区域

34. 加工面的选择

选择主菜单【刀路】→【曲面精修】→【等高】→弹出对话框【输入新 NC 名称】→点击【确认】→选择待加工的曲面（如图 5.4.44 加工面的选择）→【回车确认】→【干涉面】→选择待加工曲面的周围的曲面（如图 5.4.45 干涉面）→【切削范围】→选择毛坯的四边（如图

5.4.46 切削范围）→【指定下刀点】→指定工件左下角的点。

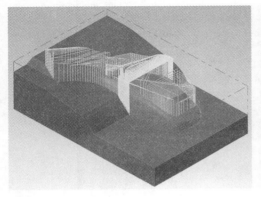

图 5.4.43　生成刀路

图 5.4.44　加工面的选择

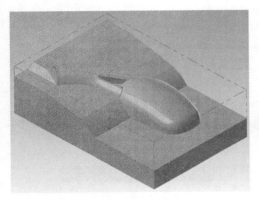

图 5.4.45　干涉面

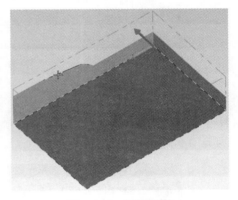

图 5.4.46　切削范围

35. 刀具类型选择

在系统弹出的【曲面精修等高】对话→选择【刀具参数】选项卡→【刀具过滤】按钮→选择【全关】按钮，【刀具类型】→选择【球刀】→【确认】→【从刀库中选择】按钮→在【选择刀具】对话框中选择 $\phi2$ 的球刀→设置【进给速率】250 →【主轴转速】3500 →【下刀速率】120 →勾选【快速提刀】（如图 5.4.47 刀具类型选择）。

36. 曲面参数

打开【曲面参数】对话框→【下刀位置】【增量坐标】2 →【加工面预留量】0（如图 5.4.48 曲面参数）。

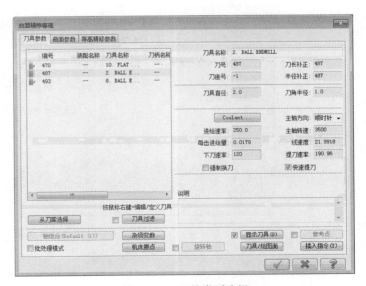

图 5.4.47　刀具类型选择

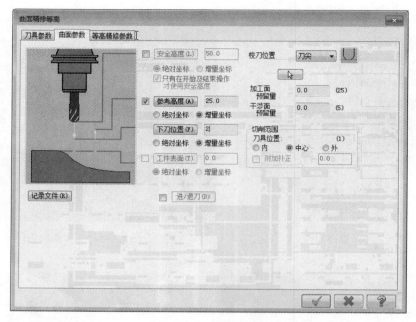

图 5.4.48   曲面参数

37. 等高精修参数

打开【等高精修参数】对话框→【Z 最大步进量】0.25→勾选【切削排序最佳化】→【确定】(如图 5.4.49 等高精修参数)。

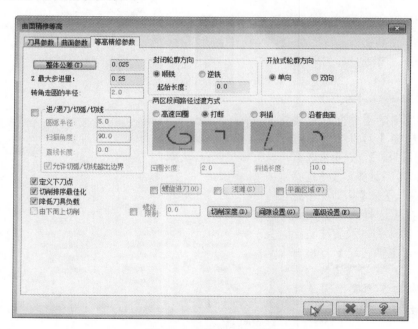

图 5.4.49   等高精修参数

38. 生成刀路

此时已经生成刀路(如图 5.4.50 生成刀路)。

残料清角精加后视镜剩余的曲面区域

39. 加工面的选择

选择主菜单【刀路】→【曲面精修】→【残料】→弹出对话框【输入新 NC 名称】→点击【确认】→选择待加工的曲面（如图 5.4.51 选择待加工的曲面）→【回车确认】→【干涉面】→选择待加工曲面的周围的曲面（如图 5.4.52 干涉面）→【切削范围】→选择毛坯的四边（如图 5.4.53 切削范围）→【指定下刀点】→指定工件下侧的点。

图 5.4.50　生成刀路

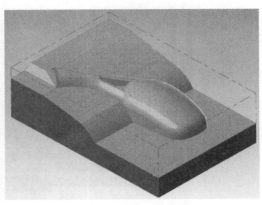

图 5.4.51　选择待加工的曲面

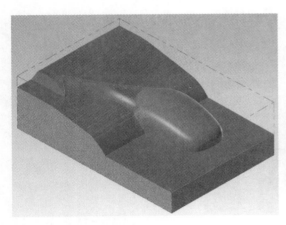

图 5.4.52　干涉面

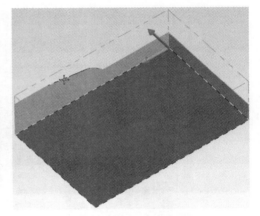

图 5.4.53　切削范围

40. 刀具类型选择

在系统弹出的【曲面精修残料清角】对话框→【选择刀具】对话框中选择 $\phi2$ 的球刀→设置【进给速率】400 →【主轴转速】4500 →【下刀速率】150 →勾选【快速提刀】（如图 5.4.54 刀具类型选择）。

41. 曲面参数设置

打开【曲面参数】对话框→【下刀位置】【增量坐标】2 →【加工面预留量】0（如图 5.4.55 曲面参数设置）。

42. 残料清角精修参数

打开【残料清角精修参数】对话框→【最大切削间距】0.3 →【从倾斜角度】0 →【到倾

斜角度】90 →打开【间隙设置】对话框→勾选【切削顺序最优化】→【确定】→【确定】（如图 5.4.56 残料清角精修参数）。

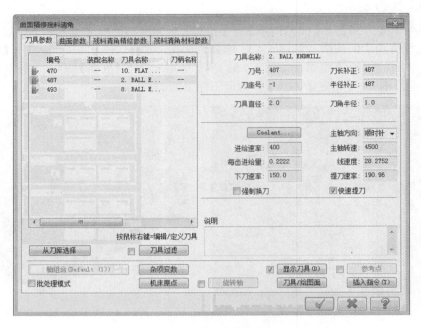

图 5.4.54　刀具类型选择

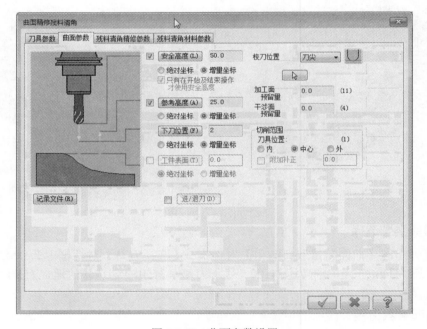

图 5.4.55　曲面参数设置

43. 生成刀路

此时已经生成刀路（如图 5.4.57 生成刀路）。

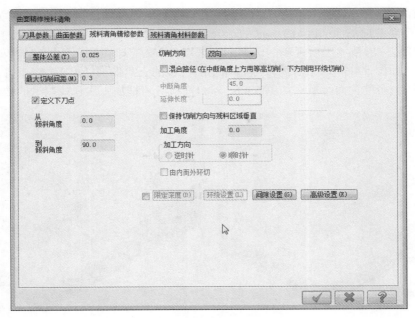

图 5.4.56　残料清角精修参数

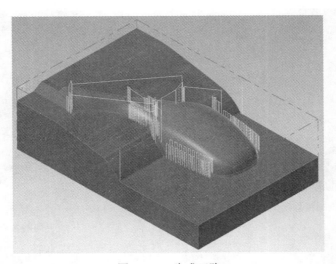

图 5.4.57　生成刀路

(最终验证模拟)

44. 实体验证模拟

选中所有的加工→打开【验证已选择的操作 ┇】→【Mastercam 模拟】对话框→隐藏【刀柄】和【线框】→【调整速度】→【播放】→观察实体验证情况。

ϕ10 的平底刀挖槽粗加工的开粗操作（如图 5.4.58 平底刀挖槽粗加工的开粗操作），ϕ8 的球刀残料粗加工剩余的区域（如图 5.4.59 球刀残料粗加工剩余的区域），ϕ8 的球刀平行铣削精加工后视镜左侧 Y 向的小曲面（如图 5.4.60 球刀平行铣削精加工后视镜左侧 Y 向的小曲面），ϕ8 的球刀平行铣削精加工后视镜周围 X 向的大曲面（如图 5.4.61 球刀平行铣削精加工后视镜周围 X 向的大曲面），$\phi 8$ 的球刀浅平面精加工后视镜顶部曲面区域（如图 5.4.62 球刀浅平面精加工后视镜顶部曲面区域），$\phi 8$ 的球刀等高外形精加工后视镜的陡峭曲面区域（如图 5.4.63 球刀等高外形精加工后视镜的陡峭曲面区域），$\phi 2$ 的球刀等高外形精加工后视镜的三角曲面区域（如图 5.4.64 球刀等高外形精加工后视镜的三角曲面区域），$\phi 2$ 的球刀残料清角精加工后视镜剩余的曲面区域（如图 5.4.65 球刀残料清角精加工后视镜剩余的曲面区域）。

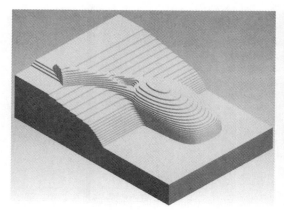

图 5.4.58 平底刀挖槽粗加工的开粗操作

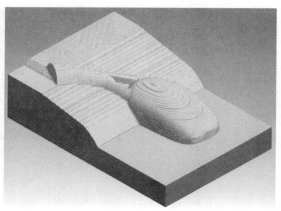

图 5.4.59 球刀残料粗加工剩余的区域

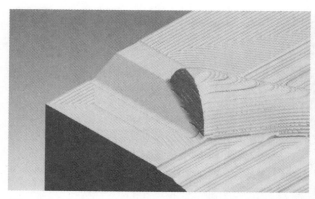

图 5.4.60 球刀平行铣削精加工后视镜左侧 Y 向的小曲面

图 5.4.61 球刀平行铣削精加工后视镜周围 X 向的大曲面

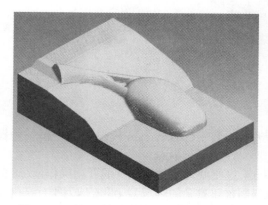

图 5.4.62 球刀浅平面精加工后视镜顶部曲面区域

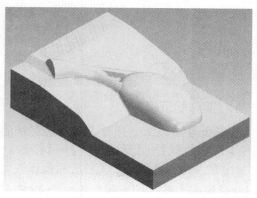

图 5.4.63 球刀等高外形精加工后视镜的陡峭曲面区域

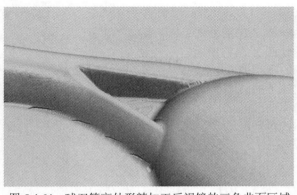 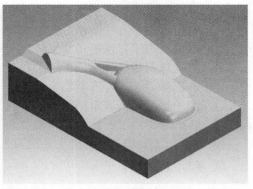

图 5.4.64　球刀等高外形精加工后视镜的三角曲面区域　　图 5.4.65　球刀残料清角精加工后视镜剩余的曲面区域

第五节　数控加工综合实例五——游戏手柄模具凹模

加工前的工艺分析与准备

数控加工综合实例五——游戏手柄模具凹模

1. 工艺分析

由图上可以看出游戏手柄的凹模的基本形状是由挖槽的形状构成，具体细节可采用残料、等高、浅滩等操作完成（如图 5.5.1 数控加工综合实例五——游戏手柄模具凹模）。

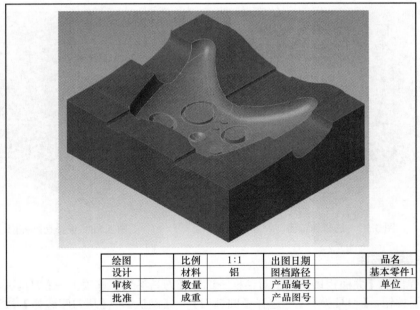

绘图		比例	1:1	出图日期		品名	
设计		材料	铝	图档路径		基本零件1	
审核		数量		产品编号		单位	
批准		成重		产品图号			

图 5.5.1　数控加工综合实例五——游戏手柄模具凹模

工件无尺寸公差要求。尺寸标注完整，轮廓描述清楚。零件材料为已经加工成型的标准铝块，无热处理和硬度要求。

① $\phi 12R3$ 的圆鼻刀挖槽粗加工的开粗操作；

② φ6R1 的圆鼻刀残料粗加工剩余的区域；

③ φ6 的球刀平行铣削精加工游戏手柄外部 Y 向的曲面；

④ φ6 的球刀平行铣削精加工游戏手柄外部 X 向的曲面；

⑤ φ6 的球刀等高外形精加工游戏手柄的陡峭曲面区域；

⑥ φ6 的球刀等高外形精加工未能一次加工的陡峭曲面区域；

⑦ φ3 的球刀残料清角精加工剩余的凹模曲面区域；

⑧ φ3 的球刀浅平面精加工凹模剩余的残料区域；

⑨ 根据加工要求，共需产生 8 次刀具路径。

2. 前期准备工作

（1）图形的导入　打开已绘制好的图形→按 F9 键打开坐标系→观察原点位置→然后再按 F9 键关闭。

（2）选择加工所使用的机床类型　选择主菜单【机床类型】→【铣床】→【默认】，进入铣床的加工模块。

（3）毛坯设置　在左侧的【刀路】面板中，打开【机床群组】→【属性】→【毛坯设置】→【机床群组属性】对话框→点击【所有图形】按钮→【确认】。

挖槽粗加工的开粗操作

3. 加工面的选择

选择主菜单【刀路】→【曲面粗切】→【挖槽】→弹出对话框【输入新 NC 名称】→点击【确认】→选择待加工的曲面（如图 5.5.2 选择加工面）→【回车确认】→【切削范围】→选择毛坯的四边（如图 5.5.3 选择切削范围）→【指定下刀点】→指定工件左下角的点。

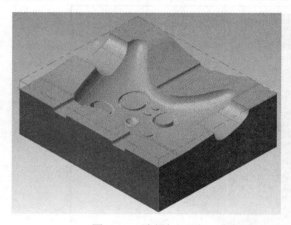　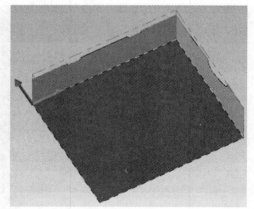

图 5.5.2　选择加工面　　　　　　　　　　图 5.5.3　选择切削范围

4. 刀具类型选择

在系统弹出的【曲面粗切挖槽】对话框→选择【刀具参数】选项卡→【刀具过滤】按钮→选择【全关】按钮，【刀具类型】→选择【圆鼻刀】→【确认】→【从刀库选择】按钮→在【选择刀具】对话框中选择 φ12R3 的圆鼻刀（如图 5.5.4 刀具类型选择）。

5. 曲面参数

打开【曲面参数】对话框→【下刀位置】【增量坐标】2 →【加工面预留量】0（如图 5.5.5 曲面参数）。

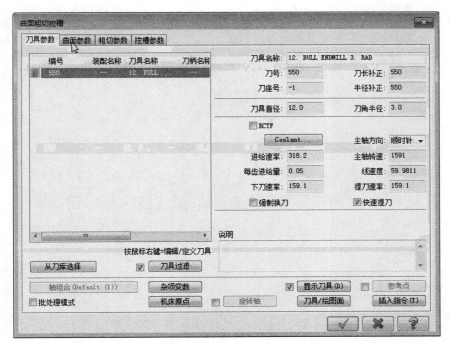

图 5.5.4　刀具类型选择

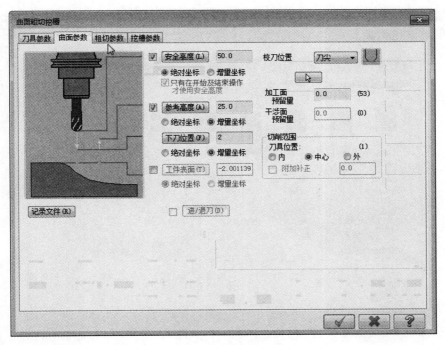

图 5.5.5　曲面参数

6. 粗切参数

打开【粗切参数】对话框→【Z最大步进量】2.5→打开【间隙设置】对话框→勾选【切削顺序最优化】→【确定】（如图 5.5.6 粗切参数）。

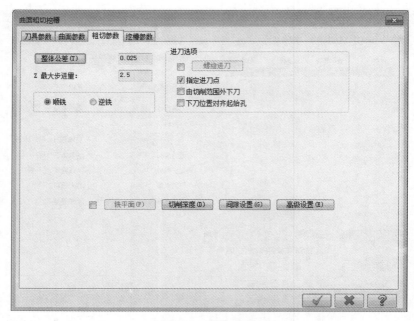

图 5.5.6　粗切参数

7. 挖槽参数

打开【挖槽参数】对话框→勾选【粗切】→【高速切削】→勾选【由内而外环切】→【确定】（如图 5.5.7 挖槽参数）。

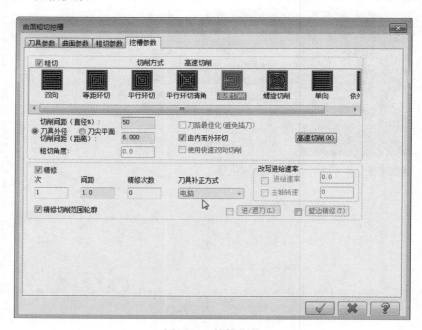

图 5.5.7　挖槽参数

8. 生成刀路

此时已经生成刀路（如图 5.5.8 加工刀路）。

残料粗加工剩余的区域

9. 加工面的选择

选择主菜单【刀路】→【曲面粗切】→【残料】→弹出【选择工件形状】未定义→弹出对话框【输入新 NC 名称】→点击【确认】→选择待加工的曲面（如图 5.5.9 选择待加工的曲面）→【回车确认】→【干涉面】→选择待加工曲面的周围的曲面（如图 5.5.10 干涉面）→【切削范围】→选择毛坯的四边（如图 5.5.11 切削范围）→【指定下刀点】→指定工件左下角的点。

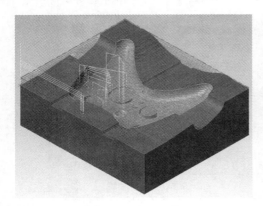

图 5.5.8　加工刀路

图 5.5.9　选择待加工的曲面

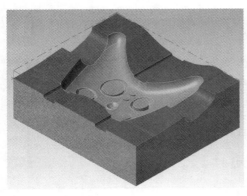

图 5.5.10　干涉面

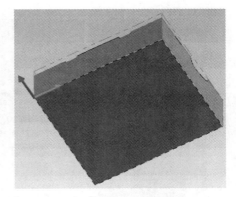

图 5.5.11　切削范围

10. 刀具类型选择

在系统弹出的【曲面残料粗切】对话框→选择【刀具参数】→【刀具过滤】按钮→选择【全关】按钮，【刀具类型】→选择【圆鼻刀】→【确认】→【从刀库选择】按钮→在【选择刀具】对话框中选择 $\phi 6R1$ 的圆鼻刀（如图 5.5.12 刀具类型选择）。

11. 曲面参数

打开【曲面参数】对话框→【下刀位置】【增量坐标】2 →【加工面预留量】0（如图 5.5.13 曲面参数）。

12. 残料加工参数

打开【残料加工参数】对话框→【Z 最大步进量】1.5 →【步进量】2.0 →勾选【切削顺序最优化】→【确定】（如图 5.5.14 残料加工参数）。

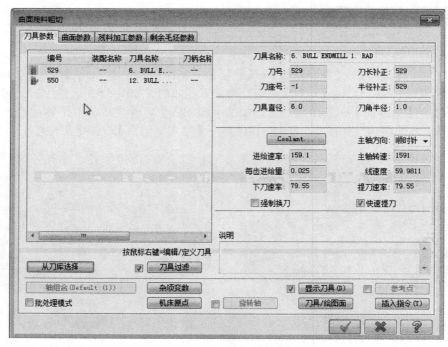

图 5.5.12　刀具类型选择

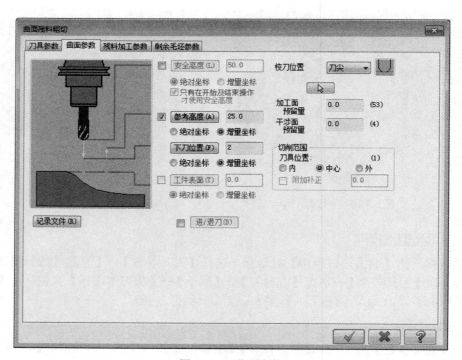

图 5.5.13　曲面参数

13. 生成刀路

此时已经生成刀路（如图 5.5.15 生成刀路）。

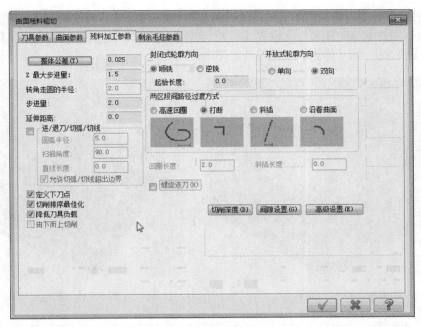

图 5.5.14　残料加工参数

平行铣削精加工游戏手柄外部 Y 向的曲面

14. 加工面的选择

选择主菜单【刀路】→【曲面精修】→【平行】→弹出【选择工件形状】未定义→弹出对话框【输入新 NC 名称】→点击【确认】→选择待加工的曲面（如图 5.5.16 选择待加工的曲面）→【回车确认】→【干涉面】→选择待加工曲面的周围的曲面（如图 5.5.17 干涉面）→【切削范围】→选择毛坯的四边（如图 5.5.18 切削范围）→【指定下刀点】→指定工件左下角的点。

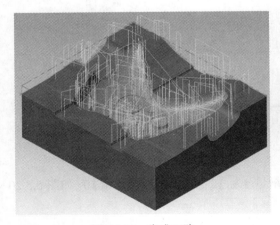

图 5.5.15　生成刀路

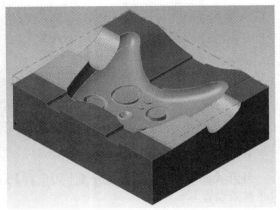

图 5.5.16　选择待加工的曲面

15. 刀具类型选择

在系统弹出的【曲面精修平行】对话框→选择【刀具参数】选项卡→【刀具过滤】按钮→

选择【全关】按钮,【刀具类型】→选择【球刀】→【确认】→【从刀库选择】按钮→在【选择刀具】对话框中选择 $\phi 6$ 的球刀→设置【进给速率】150→【主轴转速】2500→【下刀速率】100→勾选【快速提刀】(如图5.5.19刀具类型选择)。

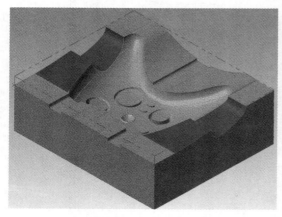

图 5.5.17　干涉面

图 5.5.18　切削范围

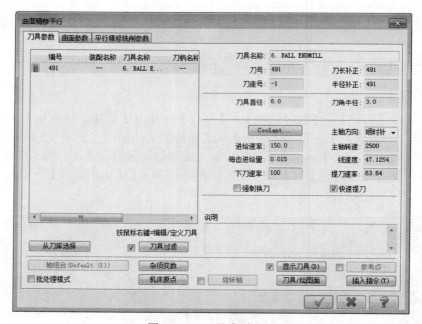

图 5.5.19　刀具类型选择

16. 曲面参数设置

打开【曲面参数】对话框→【下刀位置】【增量坐标】2→【加工面预留量】0(如图5.5.20曲面参数设置)。

17. 平行精修铣削参数

打开【平行精修铣削参数】对话框→【最大切削间距】0.4→【加工角度】90→打开【间隙设置】对话框→勾选【切削顺序最优化】→【确定】→【确定】(如图5.5.21平行精修铣削参数)。

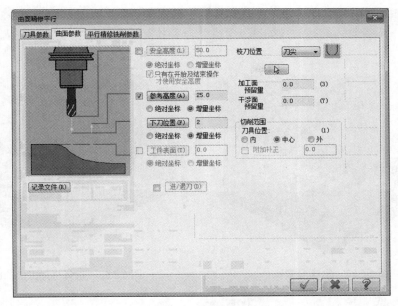

图 5.5.20　曲面参数设置

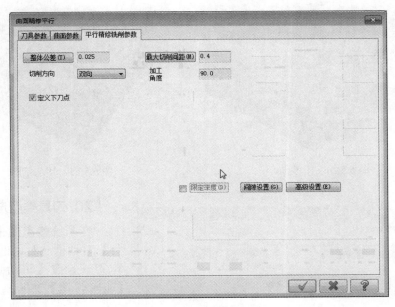

图 5.5.21　平行精修铣削参数

18. 生成刀路

此时已经生成刀路（如图 5.5.22 生成刀路）。

平行铣削精加工游戏手柄外部 X 向的曲面

19. 加工面的选择

选择主菜单【刀路】→【曲面精修】→【平行】→弹出【选择工件形状】未定义→弹出对话框【输入新 NC 名称】→点击【确认】→选择待加工的曲面（如图 5.5.23 选择待加工的

曲面）→【回车确认】→【干涉面】→选择待加工曲面的周围的曲面（如图 5.5.24 干涉面）→【切削范围】→选择毛坯的四边（如图 5.5.25 切削范围）→【指定下刀点】→指定待加工曲面左下角的点。

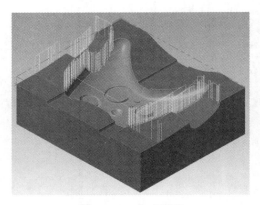

图 5.5.22　生成刀路

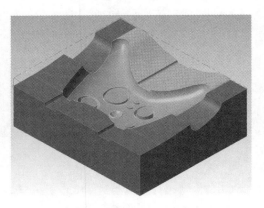

图 5.5.23　选择待加工的曲面

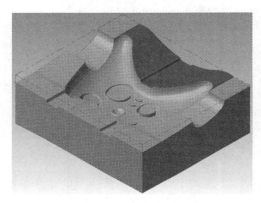

图 5.5.24　干涉面

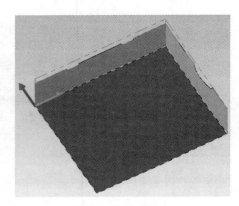

图 5.5.25　切削范围

图 5.5.26　刀具类型选择

20. 刀具类型选择

在系统弹出的【曲面精修平行】对话框→对话框中选择 $\phi6$ 的球刀→设置【进给速率】150 →【主轴转速】2500 →【下刀速率】100 → 勾选【快速提刀】（如图 5.5.26 刀具类型选择）。

21. 曲面参数设置

打开【曲面参数】对话框→【下刀位置】【增量坐标】2 →【加工面预留量】0（如图 5.5.27 曲面参数设置）。

22. 平行精修铣削参数

打开【平行精修铣削参数】

对话框→【最大切削间距】0.4 →【加工角度】0 →打开【间隙设置】对话框→勾选【切削顺序最优化】→【确定】→【确定】（如图 5.5.28 平行精修铣削参数）。

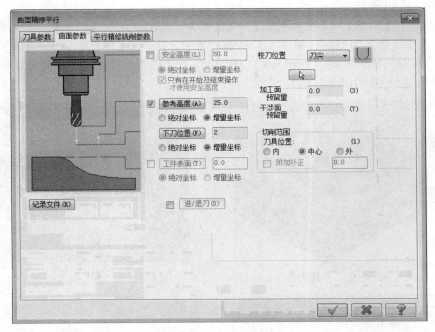

图 5.5.27　曲面参数设置

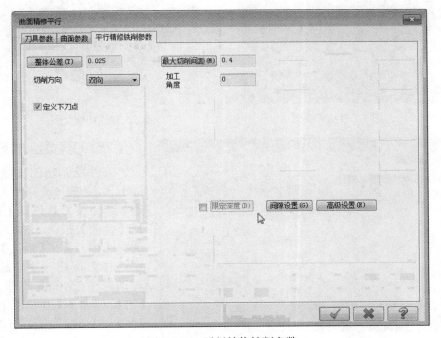

图 5.5.28　平行精修铣削参数

23. 生成刀路

此时已经生成刀路（如图 5.5.29 生成刀路）。

等高外形精加工游戏手柄的陡峭曲面区域

24. 加工面的选择

选择主菜单【刀路】→【曲面精修】→【等高】→弹出对话框【输入新 NC 名称】→点击【确认】→选择待加工的曲面（如图 5.5.30 加工面的选择）→【回车确认】→【干涉面】→选择待加工曲面的周围的曲面（如图 5.5.31 干涉面）→【切削范围】→选择毛坯的四边（如图 5.5.32 切削范围）→【指定下刀点】→指定工件左下角的点。

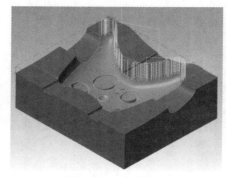

图 5.5.29　生成刀路

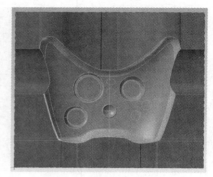

图 5.5.30　加工面的选择

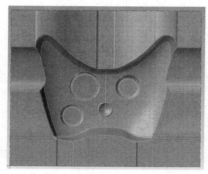

图 5.5.31　干涉面

图 5.5.32　切削范围

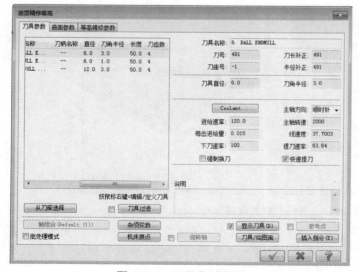

图 5.5.33　刀具类型选择

25. 刀具类型选择

在系统弹出的【曲面精修等高】对话框→选择【刀具参数】选项卡→【刀具过滤】按钮→选择【全关】按钮，【刀具类型】→选择【球刀】→【确认】→【从刀库选择】按钮→在【选择刀具】对话框中选择 $\phi 6$ 的球刀→设置【进给速率】120 →【主轴转速】2000 →【下刀速率】100 →勾选【快速提刀】（如图 5.5.33 刀具类型选择）。

26. 曲面参数

打开【曲面参数】对话框→

【下刀位置】【增量坐标】2 →【加工面预留量】0（如图 5.5.34 曲面参数）。

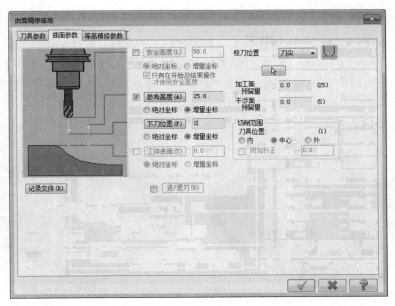

图 5.5.34　曲面参数

27. 等高精修参数

打开【等高精修参数】对话框→【Z 最大步进量】0.5 →勾选【切削排序最佳化】→【确定】（如图 5.5.35 等高精修参数）。

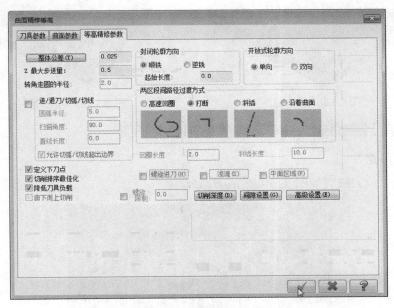

图 5.5.35　等高精修参数

28. 生成刀路

此时已经生成刀路（如图 5.5.36 生成刀路）。

等高外形精加工未能一次加工的陡峭曲面区域

29. 加工面的选择

选择主菜单【刀路】→【曲面精修】→【等高】→弹出对话框【输入新 NC 名称】→点击【确认】→选择待加工的曲面（如图 5.5.37 加工面的选择）→【回车确认】→【干涉面】→选择待加工曲面的周围的曲面（如图 5.5.38 干涉面）→【切削范围】→选择毛坯的四边（如图 5.5.39 切削范围）→【指定下刀点】→指定工件左下角的点。

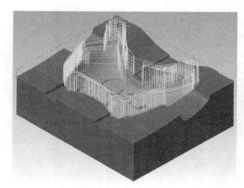

图 5.5.36　生成刀路

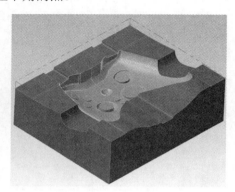

图 5.5.37　加工面的选择

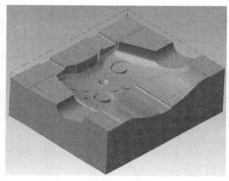

图 5.5.38　干涉面

图 5.5.39　切削范围

30.【刀具】【曲面参数】【等高精修参数】保持不变

31. 生成刀路

此时已经生成刀路（如图 5.5.40 生成刀路）。

图 5.5.40　生成刀路

残料清角精加工剩余的凹模曲面区域

32. 加工面的选择

选择主菜单【刀路】→【曲面精修】→【残料】→弹出对话框【输入新 NC 名称】→点击【确认】→选择待加工的曲面（如图 5.5.41 选择待加工的曲面）→【回车确认】→【干涉面】→选择待加工曲面的周围的曲面（如图 5.5.42 干涉面）→【切削范围】→选择毛坯的四边（如图 5.5.43 切削范围）→【指定下刀点】→指定工件下侧的点。

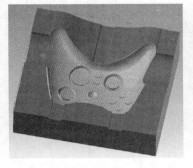　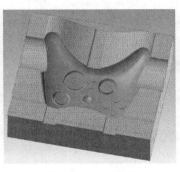　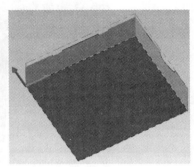

图 5.5.41　选择待加工的曲面　　　图 5.5.42　干涉面　　　图 5.5.43　切削范围

33. 刀具类型选择

在系统弹出的【曲面精修残料清角】对话框→选择【刀具参数】选项卡→【刀具过滤】按钮→选择【全关】按钮，【刀具类型】→选择【球刀】→【确认】→【从刀库选择】按钮→【选择刀具】对话框中选择 $\phi3$ 的球刀→设置【进给速率】200 →【主轴转速】3500 →【下刀速率】100 →勾选【快速提刀】（如图 5.5.44 刀具类型选择）。

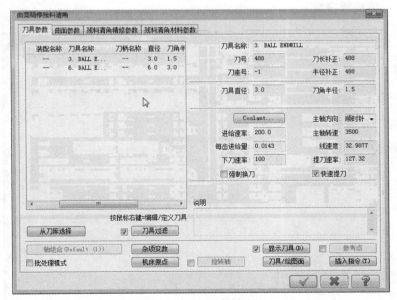

图 5.5.44　刀具类型选择

34. 曲面参数设置

打开【曲面参数】对话框→【下刀位置】【增量坐标】2 →【加工面预留量】0（如图 5.5.45

曲面参数设置）。

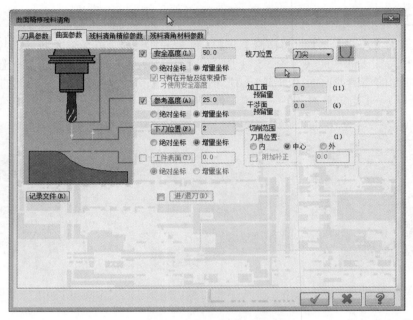

图 5.5.45　曲面参数设置

35. 残料清角精修参数

打开【残料清角精修参数】对话框→【最大切削间距】0.3→【从倾斜角度】0→【到倾斜角度】90→打开【间隙设置】对话框→勾选【切削顺序最优化】→【确定】→【确定】（如图 5.5.46 残料清角精修参数）。

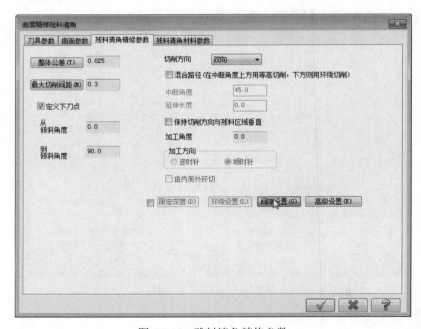

图 5.5.46　残料清角精修参数

36. 生成刀路

此时已经生成刀路（如图 5.5.47 生成刀路）。

> **浅平面精加工凹模剩余的残料区域**

37. 加工面的选择

选择主菜单【刀路】→【曲面精修】→【浅滩】→弹出【选择工件形状】未定义→弹出对话框【输入新 NC 名称】→点击【确认】→选择待加工的曲面（如图 5.5.48 加工面的选择）→【回车确认】→【干涉面】→选择待加工曲面的周围的曲面（如图 5.5.49 干涉面）→【切削范围】→选择毛坯的四边（如图 5.5.50 切削范围）→【指定下刀点】→指定后视镜左侧的点。

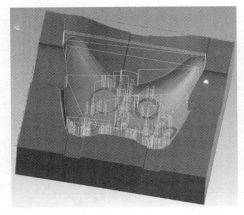

图 5.5.47　生成刀路

图 5.5.48　加工面的选择

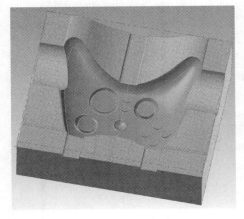

图 5.5.49　干涉面

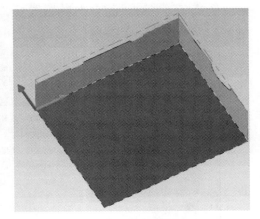

图 5.5.50　切削范围

38. 刀具类型选择

在系统弹出的【曲面精修浅滩】对话框→选择【刀具参数】选项卡→【刀具过滤】按钮→选择【全关】按钮，【刀具类型】→选择【球刀】→【确认】→【从刀库选择】按钮→在【选择刀具】对话框中选择 $\phi 3$ 的球刀→设置【进给速率】300→【主轴转速】3000→【下刀速率】120→勾选【快速提刀】（如图 5.5.51 刀具类型选择）。

39. 曲面参数设置

打开【曲面参数】对话框→【参考高度】【增量坐标】25→【下刀位置】【增量坐标】2→【加工面预留量】0（如图 5.5.52 曲面参数设置）。

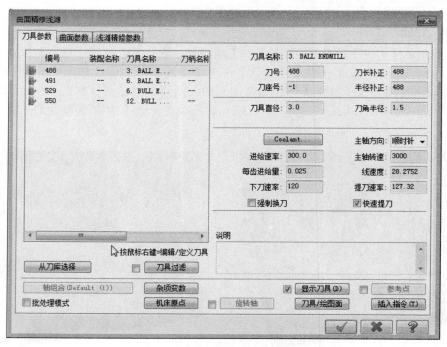

图 5.5.51　刀具类型选择

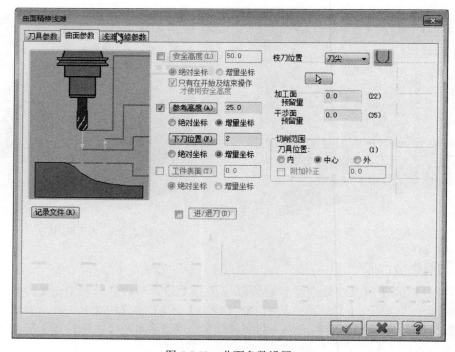

图 5.5.52　曲面参数设置

40. 曲面精修浅滩

打开【曲面精修浅滩】对话框→【最大切削间距】0.3→【从倾斜角度】0→【到倾斜角度】50→勾选【由内而外环切】→打开【间隙设置】对话框→勾选【切削顺序最优化】→【确定】→【确定】（如图 5.5.53 曲面精修浅滩）。

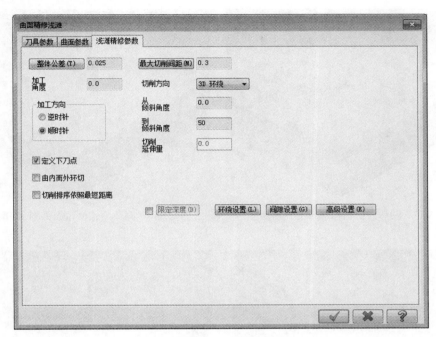

图 5.5.53　曲面精修浅滩

41. 生成刀路

此时已经生成刀路（如图 5.5.54 生成刀路）。

最终验证模拟

42. 实体验证模拟

选中所有的加工→打开【验证已选择的操作 】→【Mastercam 模拟】对话框→隐藏【刀柄】和【线框】→【调整速度】→【播放】→观察实体验证情况。

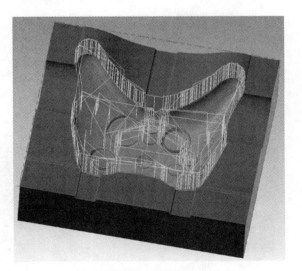

图 5.5.54　生成刀路

$\phi 12R3$ 的圆鼻刀挖槽粗加工的开粗操作（如图 5.5.55 圆鼻刀挖槽粗加工的开粗操作），$\phi 6R1$ 的圆鼻刀残料粗加工剩余的区域（如图 5.5.56 圆鼻刀残料粗加工剩余的区域），$\phi 6$ 的球刀平行铣削精加工游戏手柄外部 Y 向的曲面（如图 5.5.57 球刀平行铣削精加工游戏手柄外部 Y 向的曲面），$\phi 6$ 的球刀平行铣削精加工游戏手柄外部 X 向的曲面（如图 5.5.58 球刀平行铣削精加工游戏手柄外部 X 向的曲面），$\phi 6$ 的球刀等高外形精加工游戏手柄的陡峭曲面区域（如图 5.5.59 球刀等高外形精加工游戏手柄的陡峭曲面区域），$\phi 6$ 的球刀等高外形精加工未能一次加工的陡峭曲面区域（如图 5.5.60 球刀等高外形精加工未能一次加工的陡峭曲面区域），ϕ3 的球刀残料清角精加工剩余的凹模曲面区域（如图 5.5.61 球刀残料清角精加工剩余的凹模曲面区域），ϕ3 的球刀浅平面精加工凹模剩余的残料区域（如图 5.5.62 球刀浅平面精加工凹模剩余的残料区域）。

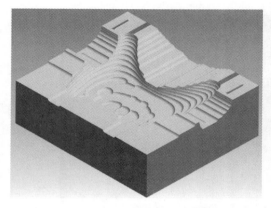

图 5.5.55 圆鼻刀挖槽粗加工的开粗操作

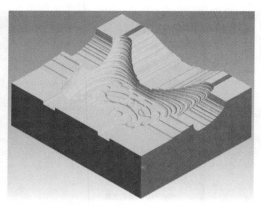

图 5.5.56 圆鼻刀残料粗加工剩余的区域

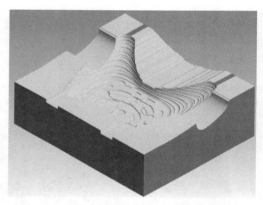

图 5.5.57 球刀平行铣削精加工游戏手柄外部 Y 向的曲面

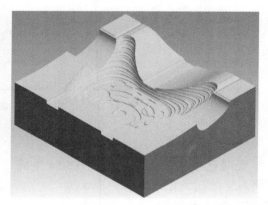

图 5.5.58 球刀平行铣削精加工游戏手柄外部 X 向的曲面

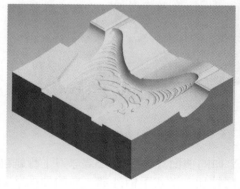

图 5.5.59 球刀等高外形精加工游戏手柄的陡峭曲面区域

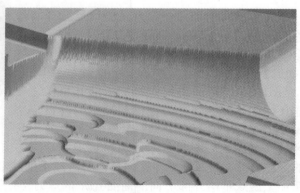

图 5.5.60 球刀等高外形精加工未能一次加工的陡峭曲面区域

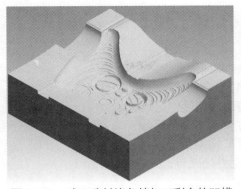

图 5.5.61　球刀残料清角精加工剩余的凹模曲面区域

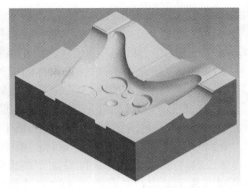

图 5.5.62　球刀浅平面精加工凹模剩余的残料区域

第六节　数控加工综合实例六——鼠标凹模

加工前的工艺分析与准备

1. 工艺分析

由图上我们可以看出鼠标凹模的基本形状是由挖槽的形状构成，具体细节可采用残料、等高、浅滩等操作完成（如图 5.6.1 数控加工综合实例六——鼠标凹模）。

数控加工综合实例六——鼠标凹模

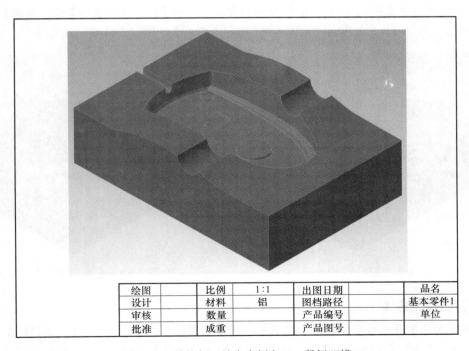

绘图		比例	1 : 1	出图日期		品名	
设计		材料	铝	图档路径		基本零件1	
审核		数量		产品编号		单位	
批准		成重		产品图号			

图 5.6.1　数控加工综合实例六——鼠标凹模

工件无尺寸公差要求。尺寸标注完整，轮廓描述清楚。零件材料为已经加工成型的标准铝块，无热处理和硬度要求。

① $\phi12R1$ 的圆鼻刀挖槽粗加工的开粗操作；

② $\phi7R1$ 的圆鼻刀残料粗加工剩余的区域；

③ $\phi12$ 的球刀平行铣削精加工鼠标凹模外部 X 向的曲面；

④ $\phi12$ 的球刀平行铣削精加工鼠标凹模外部 X 向凹槽的曲面；

⑤ $\phi5R1$ 的圆鼻刀等高外形精加工鼠标凹模的四周陡峭区域；

⑥ $\phi2$ 的球刀残料清角精加工鼠标凹模中间 X 向剩余的区域；

⑦ $\phi2$ 的球刀残料清角精加工鼠标凹模中间 Y 向剩余的区域；

⑧ $\phi12R1$ 的圆鼻刀平行铣削精加工剩余的交界处残料；

⑨ 根据加工要求，共需产生 8 次刀具路径。

2. 前期准备工作

（1）图形的导入　打开已绘制好的图形→按 F9 键打开坐标系→观察原点位置→然后再按 F9 键关闭。

（2）选择加工所使用的机床类型　选择主菜单【机床类型】→【铣床】→【默认】，进入铣床的加工模块。

（3）毛坯设置　在左侧的【刀路】面板中，打开【机床群组】→【属性】→【毛坯设置】→【机床群组属性】对话框→点击【所有图形】按钮→【确认】。

挖槽粗加工的开粗操作

3. 加工面的选择

选择主菜单【刀路】→【曲面粗切】→【挖槽】→弹出对话框【输入新 NC 名称】→点击【确认】→选择待加工的曲面（如图 5.6.2 选择加工面）→【回车确认】→【切削范围】→选择毛坯的四边（如图 5.6.3 选择切削范围）→【指定下刀点】→指定工件左下角的点。

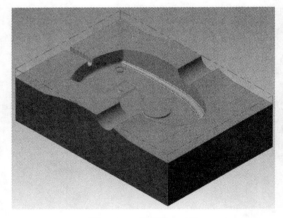
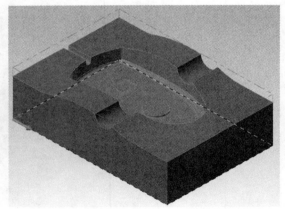

图 5.6.2　选择加工面　　　　　　　　　图 5.6.3　选择切削范围

4. 刀具类型选择

在系统弹出的【曲面粗切挖槽】对话框→选择【刀具参数】选项卡→【刀具过滤】按钮→选择【全关】按钮，【刀具类型】→选择【圆鼻刀】→【确认】→【从刀库选择】按钮→在【选择刀具】对话框中选择 $\phi12R1$ 的圆鼻刀→【进给速率】500 →【主轴转速】2500 →【下刀速率】150 →勾选【快速提刀】（如图 5.6.4 刀具类型选择）。

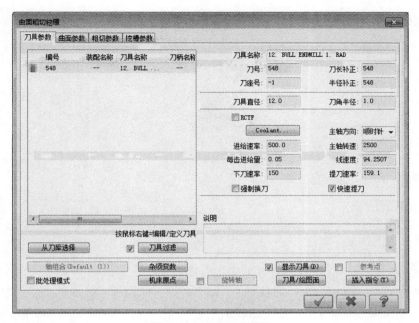

图 5.6.4　刀具类型选择

5. 曲面参数

打开【曲面参数】对话框→【下刀位置】【增量坐标】2→【加工面预留量】0（如图 5.6.5 曲面参数）。

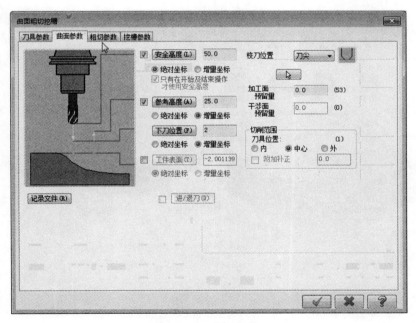

图 5.6.5　曲面参数

6. 粗切参数

打开【粗切参数】对话框→【Z 最大步进量】2.5→打开【间隙设置】对话框→勾选【切

削顺序最优化】→【确定】（如图 5.6.6 粗切参数）。

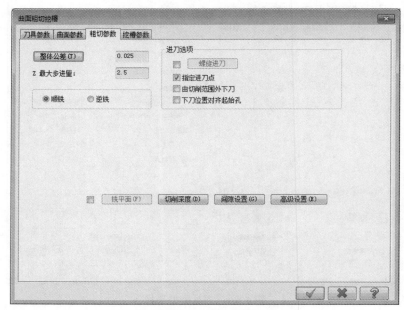

图 5.6.6 粗切参数

7. 挖槽参数

打开【挖槽参数】对话框→勾选【粗切】→【高速切削】→勾选【由内而外环切】→【确定】（如图 5.6.7 挖槽参数）。

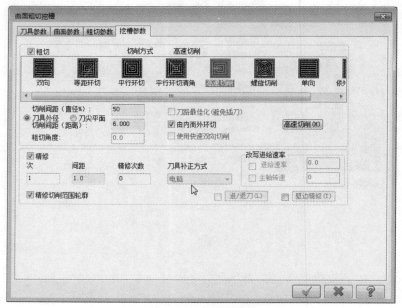

图 5.6.7 挖槽参数

8. 生成刀路

此时已经生成刀路（如图 5.6.8 加工刀路）。

残料粗加工剩余的区域

9. 加工面的选择

选择主菜单【刀路】→【曲面粗切】→【残料】→弹出【选择工件形状】未定义→弹出对话框【输入新 NC 名称】→点击【确认】→选择待加工的曲面（如图 5.6.9 选择待加工的曲面）→【回车确认】→【干涉面】→选择待加工曲面的周围的曲面（如图 5.6.10 干涉面）→【切削范围】→选择毛坯的四边（如图 5.6.11 切削范围）→【指定下刀点】→指定工件左下角的点。

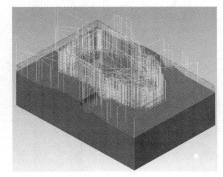

图 5.6.8　加工刀路

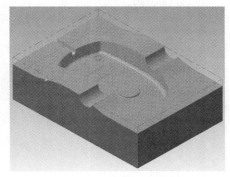

图 5.6.9　选择待加工的曲面

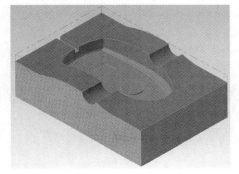

图 5.6.10　干涉面

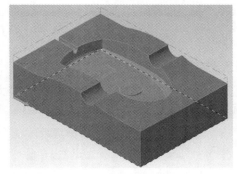

图 5.6.11　切削范围

10. 刀具类型选择

在系统弹出的【曲面残料粗切】对话框→选择【刀具参数】→【刀具过滤】按钮→选择【全关】按钮，【刀具类型】→选择【圆鼻刀】→【确认】→【从刀库选择】按钮→在【选择刀具】对话框中选择 $\phi 7R1$ 的圆鼻刀→【进给速率】400 →【主轴转速】3000 →【下刀速率】150 →勾选【快速提刀】（如图 5.6.12 刀具类型选择）。

11. 曲面参数

打开【曲面参数】对话框→

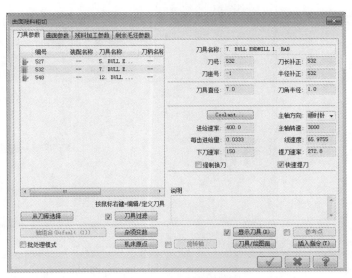

图 5.6.12　刀具类型选择

【下刀位置】【增量坐标】2 →【加工面预留量】0（如图 5.6.13 曲面参数）。

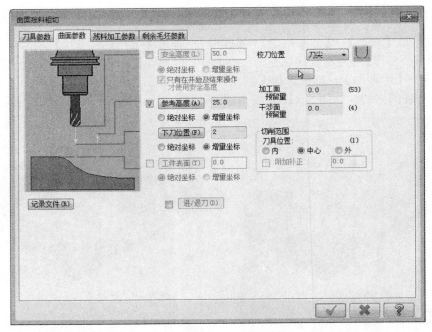

图 5.6.13　曲面参数

12. 残料加工参数

打开【残料加工参数】对话框→【Z 最大步进量】1.2 →【步进量】2.0 →勾选【切削顺序最优化】→【确定】（如图 5.6.14 残料加工参数）。

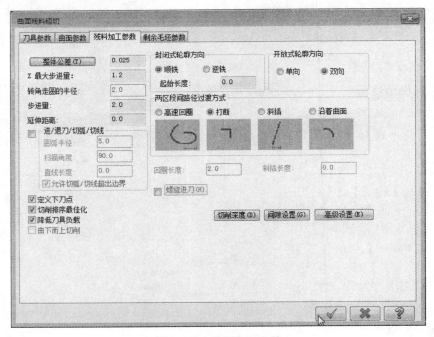

图 5.6.14　残料加工参数

13. 生成刀路

此时已经生成刀路（如图 5.6.15 生成刀路）。

平行铣削精加工鼠标凹模外部 X 向的曲面

14. 加工面的选择

选择主菜单【刀路】→【曲面精修】→【平行】→弹出【选择工件形状】未定义→弹出对话框【输入新 NC 名称】→点击【确认】→选择待加工的曲面（如图 5.6.16 选择待加工的曲面）→【回车确认】→【干涉面】→选择待加工曲面的周围的曲面（如图 5.6.17 干涉面）→【切削范围】→选择毛坯的四边（如图 5.6.18 切削范围）→【指定下刀点】→指定工件左下角的点。

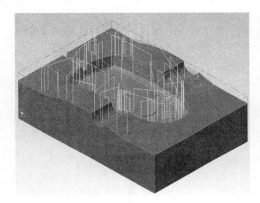

图 5.6.15　生成刀路

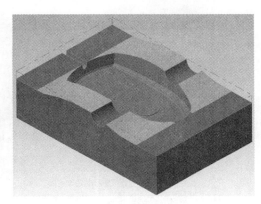

图 5.6.16　选择待加工的曲面

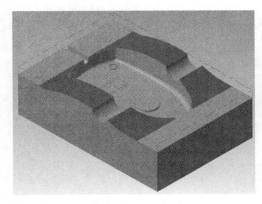

图 5.6.17　干涉面

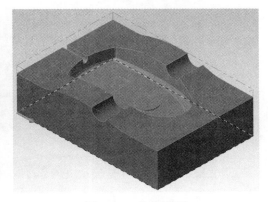

图 5.6.18　切削范围

15. 刀具类型选择

在系统弹出的【曲面精修平行】对话框→选择【刀具参数】选项卡→【刀具过滤】按钮→选择【全关】按钮，【刀具类型】→选择【球刀】→【确认】→【从刀库选择】按钮→在【选择刀具】对话框中选择 ϕ12 的球刀→设置【进给速率】300 →【主轴转速】3000 →【下刀速率】200 →勾选【快速提刀】（如图 5.6.19 刀具类型选择）。

16. 曲面参数设置

打开【曲面参数】对话框→【下刀位置】【增量坐标】2 →【加工面预留量】0（如图 5.6.20 曲面参数设置）。

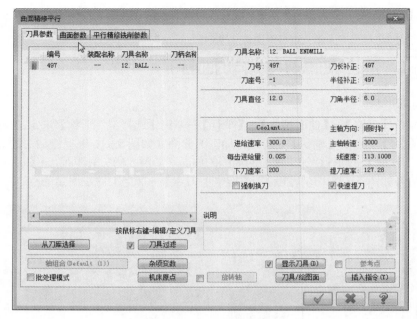

图 5.6.19　刀具类型选择

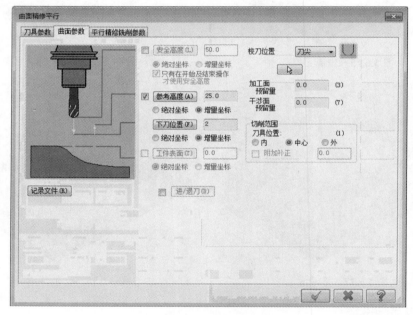

图 5.6.20　曲面参数设置

17. 平行精修铣削参数

打开【平行精修铣削参数】对话框→【最大切削间距】0.4→【加工角度】0→打开【间隙设置】对话框→勾选【切削顺序最优化】→【确定】→【确定】（如图 5.6.21 平行精修铣削参数）。

18. 生成刀路

此时已经生成刀路（如图 5.6.22 生成刀路）。

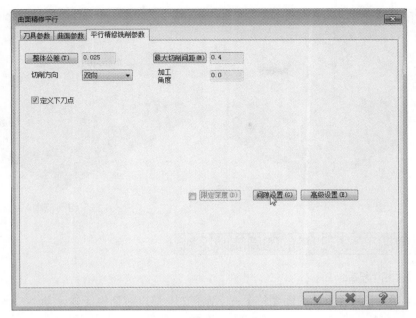

图 5.6.21　平行精修铣削参数

平行铣削精加工鼠标凹模外部 X 向凹槽的曲面

19. 加工面的选择

选择主菜单【刀路】→【曲面精修】→【平行】→弹出【选择工件形状】未定义→弹出对话框【输入新 NC 名称】→点击【确认】→选择待加工的曲面（如图 5.6.23 选择待加工的曲面）→【回车确认】→【干涉面】→选择待加工曲面的周围的曲面（如图 5.6.24 干涉面）→【切削范围】→选择毛坯的四边（如图 5.6.25 切削范围）→【指定下刀点】→指定待加工曲面左下角的点。

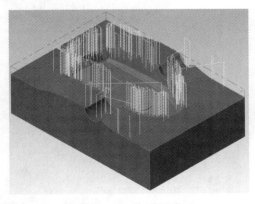

图 5.6.22　生成刀路

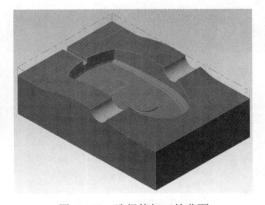

图 5.6.23　选择待加工的曲面

20.【刀具】【曲面参数】和【平行精修铣削参数】不变

21. 生成刀路

此时已经生成刀路（如图 5.6.26 生成刀路）。

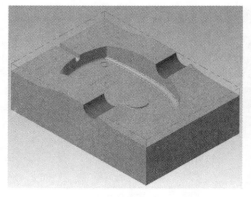

图 5.6.24　干涉面

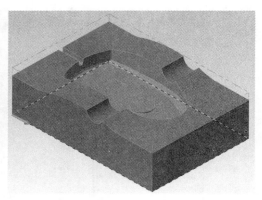

图 5.6.25　切削范围

等高外形精加工鼠标凹模的四周陡峭区域

22. 加工面的选择

选择主菜单【刀路】→【曲面精修】→【等高】→弹出对话框【输入新 NC 名称】→点击【确认】→选择待加工的曲面（如图 5.6.27 加工面的选择）→【回车确认】→【干涉面】→选择待加工曲面的周围的曲面（如图 5.6.28 干涉面）→【切削范围】→选择毛坯的四边（如图 5.6.29 切削范围）→【指定下刀点】→待加工曲面左下角的点。

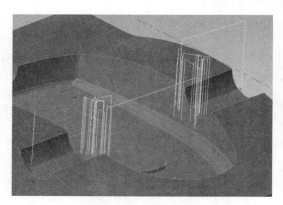

图 5.6.26　生成刀路

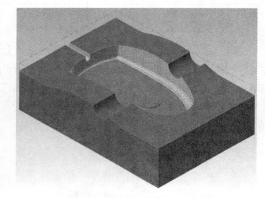

图 5.6.27　加工面的选择

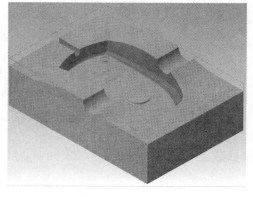

图 5.6.28　干涉面

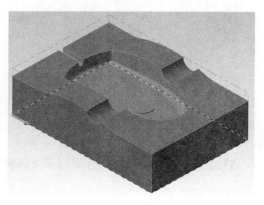

图 5.6.29　切削范围

23. 刀具类型选择

在系统弹出的【曲面精修等高】对话框→选择【刀具参数】选项卡→【刀具过滤】按钮→选择【全关】按钮，【刀具类型】→选择【圆鼻刀】→【确认】→【从刀库选择】按钮→在【选择刀具】对话框中选择 $\phi 5R1$ 的圆鼻刀→设置【进给速率】200 →【主轴转速】2500 →【下刀速率】100 →勾选【快速提刀】（如图 5.6.30 刀具类型选择）。

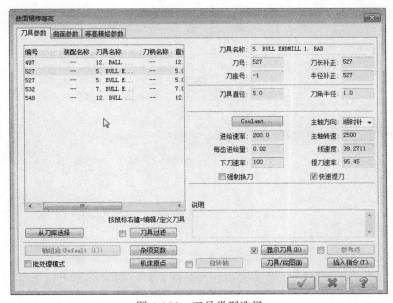

图 5.6.30　刀具类型选择

24. 曲面参数

打开【曲面参数】对话框→【下刀位置】【增量坐标】2 →【加工面预留量】0（如图 5.6.31 曲面参数）。

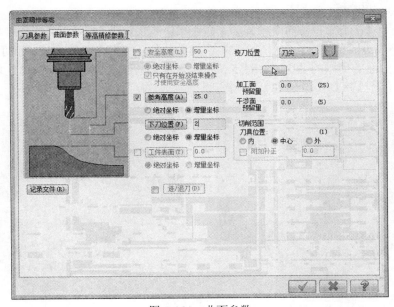

图 5.6.31　曲面参数

25. 等高精修参数

打开【等高精修参数】对话框→【Z 最大步进量】1 →勾选【切削排序最佳化】→【确定】（如图 5.6.32 等高精修参数）。

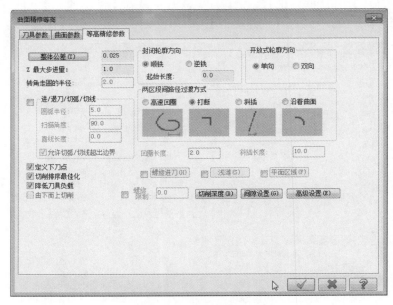

图 5.6.32　等高精修参数

26. 生成刀路

此时已经生成刀路（如图 5.6.33 生成刀路）。

残料清角精加工鼠标凹模中间 X 向剩余的区域

27. 加工面的选择

选择主菜单【刀路】→【曲面精修】→【残料】→弹出对话框【输入新 NC 名称】→点击【确认】→选择待加工的曲面（如图 5.6.34 选择待加工的曲面）→【回车确认】→【干涉面】→选择待加工曲面的周围的曲面（如图 5.6.35 干涉面）→【切削范围】→选择毛坯的四边（如图 5.6.36 切削范围）→【指定下刀点】→指定工件下侧的点。

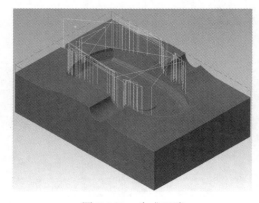

图 5.6.33　生成刀路

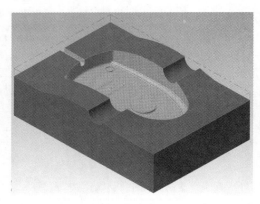

图 5.6.34　选择待加工的曲面

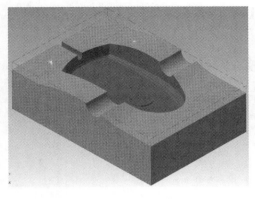
图 5.6.35 干涉面

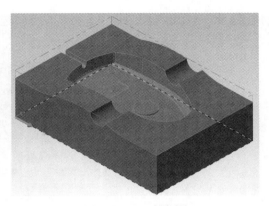
图 5.6.36 切削范围

28. 刀具类型选择

在系统弹出的【曲面精修残料清角】对话框→选择【刀具参数】选项卡→【刀具过滤】按钮→选择【全关】按钮，【刀具类型】→选择【球刀】→【确认】→【从刀库选择】按钮→【选择刀具】对话框中选择 $\phi 2$ 的球刀→设置【进给速率】120 →【主轴转速】4000 →【下刀速率】150 →勾选【快速提刀】（如图 5.6.37 刀具类型选择）。

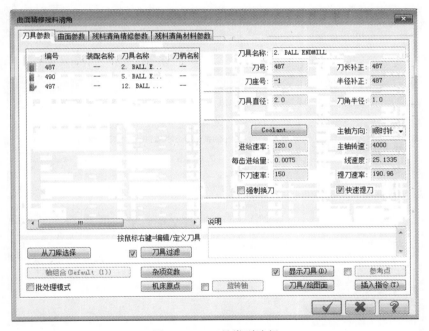
图 5.6.37 刀具类型选择

29. 曲面参数设置

打开【曲面参数】对话框→【下刀位置】【增量坐标】2 →【加工面预留量】0（如图 5.6.38 曲面参数设置）。

30. 残料清角精修参数

打开【残料清角精修参数】对话框→【最大切削间距】0.3 →【从倾斜角度】0 →【到倾

斜角度】90 →打开【间隙设置】对话框→勾选【切削顺序最优化】→【确定】→【确定】（如图 5.6.39 残料清角精修参数）。

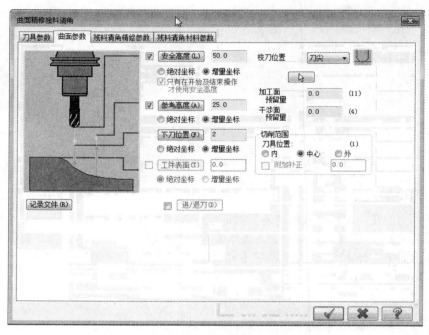

图 5.6.38　曲面参数设置

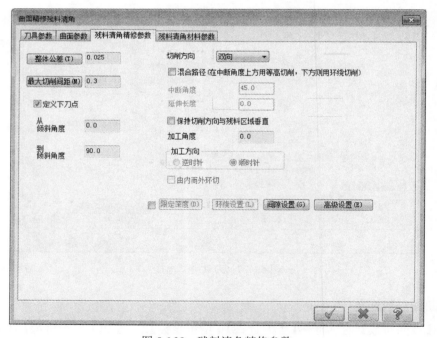

图 5.6.39　残料清角精修参数

31. 生成刀路

此时已经生成刀路（如图 5.6.40 生成刀路）。

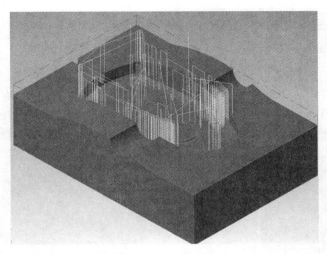

图 5.6.40　生成刀路

残料清角精加工鼠标凹模中间 Y 向剩余的区域

32. 残料清角精修

复制上一步操作→粘贴→点击复制后的【操作】→【参数】→打开【曲面精修残料清角】对话框→【残料清角精修参数】对话框→【最大切削间距】0.3 →【从倾斜角度】0 →【到倾斜角度】90 →【加工角度】90 →打开【间隙设置】对话框→勾选【切削顺序最优化】→【确定】→【确定】（如图 5.6.41 残料清角精修参数）。

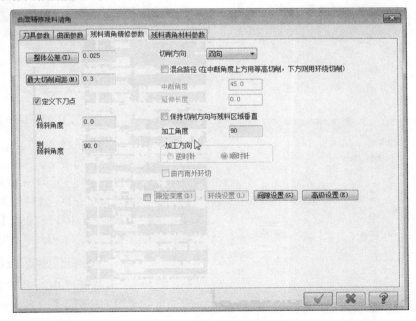

图 5.6.41　残料清角精修参数

33. 生成刀路

此时已经生成刀路（如图 5.6.42 生成刀路）。

587

平行铣削精加工剩余的交界处残料

34. 加工面的选择

选择主菜单【刀路】→【曲面精修】→【平行】→弹出【选择工件形状】未定义→弹出对话框【输入新 NC 名称】→点击【确认】→选择待加工的曲面（如图 5.6.43 选择待加工的曲面）→【回车确认】→【干涉面】→选择待加工曲面的周围的曲面（如图 5.6.44 干涉面）→【切削范围】→选择毛坯的四边（如图 5.6.45 切削范围）→【指定下刀点】→指定待加工曲面左下角的点。

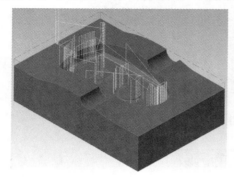

图 5.6.42　生成刀路

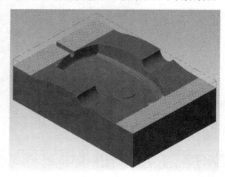

图 5.6.43　选择待加工的曲面

图 5.6.44　干涉面

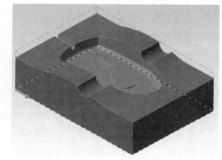

图 5.6.45　切削范围

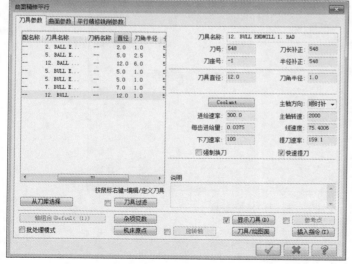

图 5.6.46　刀具类型选择

35. 刀具类型选择

在系统弹出的【曲面精修平行】对话框→对话框中选择 $\phi12R1$ 的圆鼻刀→设置【进给速率】300 →【主轴转速】2000 →【下刀速率】100 →勾选【快速提刀】（如图 5.6.46 刀具类型选择）。

36. 曲面参数设置

打开【曲面参数】对话框→【下刀位置】【增量坐标】2 →【加工面预留量】0（如图 5.6.47 曲面参数设置）。

37. 平行精修铣削参数

打开【平行精修铣削参数】

对话框→【最大切削间距】8→【加工角度】90→打开【间隙设置】对话框→勾选【切削顺序最优化】→【确定】→【确定】（如图 5.6.48 平行精修铣削参数）。

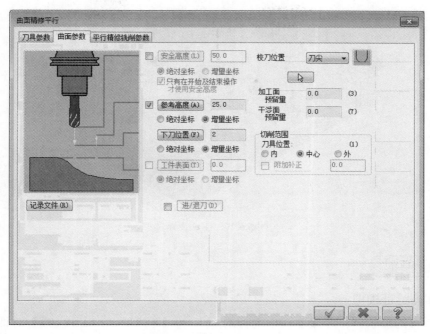

图 5.6.47　曲面参数设置

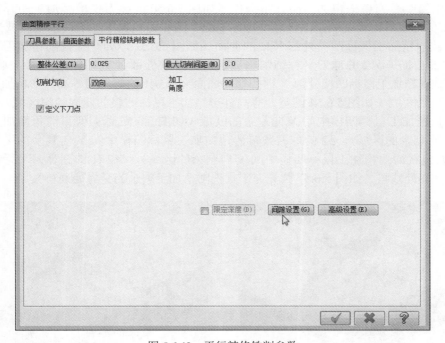

图 5.6.48　平行精修铣削参数

38. 生成刀路

此时已经生成刀路（如图 5.6.49 生成刀路）。

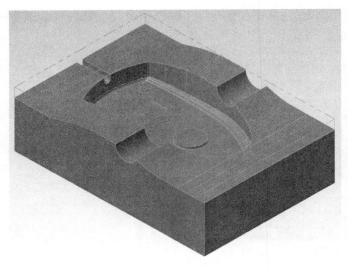

图 5.6.49　生成刀路

最终验证模拟

39. 实体验证模拟

选中所有的加工→打开【验证已选择的操作 🔲】→【Mastercam 模拟】对话框→隐藏【刀柄】和【线框】→【调整速度】→【播放】→观察实体验证情况。

ϕ12R1 的圆鼻刀挖槽粗加工的开粗操作（如图 5.6.50 圆鼻刀挖槽粗加工的开粗操作），ϕ7R1 的圆鼻刀残料粗加工剩余的区域（如图 5.6.51 圆鼻刀残料粗加工剩余的区域），ϕ12 的球刀平行铣削精加工鼠标凹模外部 X 向的曲面（如图 5.6.52 球刀平行铣削精加工鼠标凹模外部 X 向的曲面）ϕ12 的球刀平行铣削精加工鼠标凹模外部 X 向凹槽的曲面（如图 5.6.53 球刀平行铣削精加工鼠标凹模外部 X 向凹槽的曲面），ϕ5R1 的圆鼻刀等高外形精加工鼠标凹模的四周陡峭区域（如图 5.6.54 圆鼻刀等高外形精加工鼠标凹模的四周陡峭区域），ϕ2 的球刀残料清角精加工鼠标凹模中间 X 向剩余的区域（如图 5.6.55 球刀残料清角精加工鼠标凹模中间 X 向剩余的区域），ϕ2 的球刀残料清角精加工鼠标凹模中间 Y 向剩余的区域（如图 5.6.56 球刀残料清角精加工鼠标凹模中间 Y 向剩余的区域），ϕ12R1 的圆鼻刀平行铣削精加工剩余的交界处残料（如图 5.6.57 圆鼻刀平行铣削精加工剩余的交界处残料）。

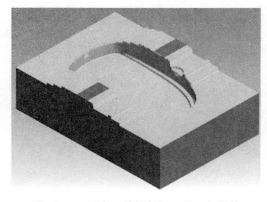

图 5.6.50　圆鼻刀挖槽粗加工的开粗操作

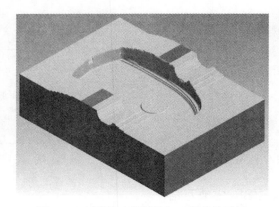

图 5.6.51　圆鼻刀残料粗加工剩余的区域

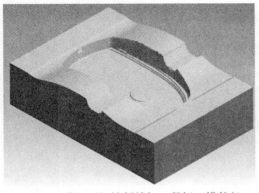

图 5.6.52　球刀平行铣削精加工鼠标凹模外部 X
向的曲面

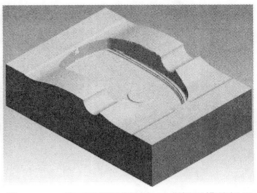

图 5.6.53　球刀平行铣削精加工鼠标凹模外部 X
向凹槽的曲面

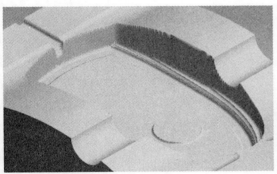

图 5.6.54　圆鼻刀等高外形精加工鼠标凹模的四周陡
峭区域

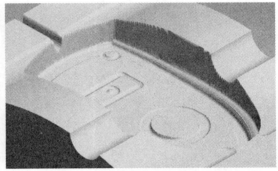

图 5.6.55　球刀残料清角精加工鼠标凹模中间 X 向
剩余的区域

图 5.6.56　球刀残料清角精加工鼠标凹模中间 Y 向剩
余的区域

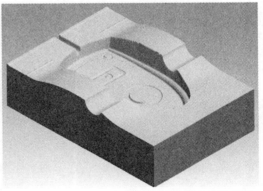

图 5.6.57　圆鼻刀平行铣削精加工剩余的交界处
残料

参 考 文 献

［1］张思弟，贺暑新 . 数控编程加工技术 . 北京：化学工业出版社，2005.

［2］任国兴 . 数控技术 . 北京：机械工业出版社，2006.

［3］刘蔡保 . 数控铣床（加工中心）编程与操作 . 北京：化学工业出版社，2010.

［4］刘蔡保 . UG NX8.0 数控编程与操作 . 北京：化学工业出版社，2016.

［5］詹友刚 . Mastercam X7 数控加工教程 . 北京：机械工业出版社，2014.